卓越工程师教育培养计划系列教材

新型功能材料

李 伟　李子亮　郝继功　等编

化学工业出版社

·北京·

内容简介

《新型功能材料》全面介绍了新型功能材料的基本原理、特性、制备技术和应用前景。第1章概述了本书的编写背景、目的和核心思想,为读者提供了研究新型功能材料的宏观视角;第2章电功能材料,深入探讨了导电材料的基础理论,包括半导体、超导体和介电材料,这些材料在电子和电力领域有着广泛的应用;第3章光功能材料,聚焦于发光材料和光电材料,这些材料在照明、显示和太阳能转换等领域扮演着关键角色;第4章磁功能材料,从磁学的基础理论出发,介绍了软磁、硬磁、磁致伸缩材料以及自旋电子器件,这些材料在数据存储和传感器技术中至关重要;第5章热功能材料,涵盖了热学基础和各类热管理材料,包括热膨胀材料、热电材料和相变储热材料,它们在温度控制和能量转换中发挥着重要作用;第6章力功能材料,介绍了超硬、超轻、梯度、形状记忆和非晶合金等材料,这些材料在航空航天、汽车制造和精密工程中具有重要应用。

本书可作为高等学校材料类各专业本科、研究生教学用书,也可供科研及工程技术人员参考。

图书在版编目(CIP)数据

新型功能材料/李伟等编. -- 北京:化学工业出版社,2025.3. -- (卓越工程师教育培养计划系列教材). -- ISBN 978-7-122-47249-6

I. TB34

中国国家版本馆CIP数据核字第2025CZ2406号

责任编辑:陶艳玲		文字编辑:蔡晓雅	
责任校对:宋 玮		装帧设计:关 飞	

出版发行:化学工业出版社
　　　　　(北京市东城区青年湖南街13号　邮政编码100011)
印　　装:河北鑫兆源印刷有限公司
787mm×1092mm　1/16　印张17¼　字数432千字
2025年6月北京第1版第1次印刷

购书咨询:010-64518888　　　　　售后服务:010-64518899
网　　址:http://www.cip.com.cn
凡购买本书,如有缺损质量问题,本社销售中心负责调换。

定　　价:58.00元　　　　　　　　版权所有　违者必究

前言

随着科技的飞速发展，新材料的探索与应用已成为推动现代工业和信息技术进步的关键因素。功能材料是一类具有特殊性能的材料，它们能够响应外部刺激，如温度、电磁场、压力、光照等，从而实现对能量和信息的转换、传输、存储和调控。在新型功能材料的研究领域中，电功能材料、光功能材料、磁功能材料、热功能材料和力学性能材料等几大类材料备受关注。

本书旨在系统地介绍新型功能材料的基本原理、性能特点、制备方法以及在各个领域的应用现状和发展趋势。通过对几类新型功能材料的深入探讨，本书期望为材料科学、电子工程、机械、物理学和人工智能等相关领域的研究者和工程技术人员提供一个知识平台，促进学术交流和技术合作。

第 1 章由主编李伟编写。第 2 章由李子亮、郝继功、李伟等编写，详细介绍了电功能材料的导电机制、主要类型及其在能源、通信等领域的关键应用。通过对半导体材料、超导材料、介电材料等典型功能材料的深入分析，更好地理解这些材料如何支撑起现代社会的复杂电子系统。第 3 章由王阳波、李子亮等编写，光功能材料部分强调了发光材料、光电材料等在照明、显示技术、光伏产业中的核心作用。特别是稀土材料的发光特性，为高级防伪、生物成像等领域提供了新的解决方案。第 4 章由胡成超等编写，磁性功能材料的讨论涵盖了磁学的基本理论、软磁材料、硬磁材料以及自旋电子器件等。磁性材料在数据存储、电机制造、医疗诊断等多个方面展现出了独特的价值。第 5 章由李玉超等编写，热功能材料的章节聚焦于热传导理论、热容、热膨胀以及热电材料。这些材料在节能技术、温度控制、热管理系统中扮演着关键角色。第 6 章由李伟、李玉超等编写，力学性能材料部分探讨了超硬材料、超轻材料、梯度材料和形状记忆材料等。这些材料的特性和应用在航空航天、汽车工业、精密仪器等领域具有重要意义。

通过本书的学习，读者将能够对新型功能材料的科学原理和技术应用有一个全面而深入的理解，进而在未来的研究和工作中发挥创新思维，推动功能材料科学的发展和产业化进程。

由于时间有限，书中难免有不足之处，敬请广大读者批评指正。

编者

2024 年 10 月

目录

第1章　绪论 ……………………………… 1

第2章　电功能材料 ……………………… 3

2.1　导电基础理论 …………………… 3
2.1.1　材料电性能的基本概念 ……… 3
2.1.2　材料导电的基本理论 ………… 4
2.1.3　电性材料的主要类型 ………… 11
2.2　半导体材料 ……………………… 13
2.2.1　半导体材料的主要性质 ……… 13
2.2.2　半导体材料的分类及应用 …… 24
2.3　超导材料 ………………………… 26
2.3.1　超导材料概述 ………………… 26
2.3.2　超导体的基本理论 …………… 30
2.3.3　超导材料的现状及应用 ……… 35
2.4　介电材料 ………………………… 40
2.4.1　介电材料概述 ………………… 40
2.4.2　压电材料 ……………………… 42
2.4.3　热释电材料 …………………… 57
2.4.4　磁电材料 ……………………… 73
2.4.5　储能介质材料 ………………… 83
参考文献 ………………………………… 97

第3章　光功能材料 ……………………… 103

3.1　发光材料 ………………………… 103
3.1.1　固体发光基础理论 …………… 104
3.1.2　LED灯用发光材料 …………… 110
3.1.3　稀土上转换发光材料 ………… 119
3.1.4　稀土电致发光材料 …………… 128

3.1.5　应力发光材料 ………………… 130
3.2　光电材料 ………………………… 135
3.2.1　光电材料的基本理论 ………… 135
3.2.2　光电发射材料与器件 ………… 138
3.2.3　光电导材料与器件 …………… 142
3.2.4　光伏材料及器件 ……………… 150
参考文献 ………………………………… 156

第4章　磁功能材料 ……………………… 163

4.1　磁学基本理论 …………………… 164
4.1.1　原子磁矩 ……………………… 164
4.1.2　物质的磁性 …………………… 165
4.1.3　磁畴理论 ……………………… 167
4.2　软磁材料 ………………………… 172
4.2.1　铁和硅钢 ……………………… 173
4.2.2　铁镍合金 ……………………… 174
4.2.3　铁钴合金 ……………………… 174
4.2.4　软磁铁氧体 …………………… 175
4.2.5　非晶态合金 …………………… 176
4.3　硬磁材料 ………………………… 176
4.3.1　铁氧体硬磁材料 ……………… 177
4.3.2　铝镍钴硬磁材料 ……………… 178
4.3.3　稀土硬磁材料 ………………… 178
4.4　磁致伸缩材料 …………………… 179
4.4.1　磁致伸缩现象 ………………… 179
4.4.2　典型的磁致伸缩材料 ………… 180
4.4.3　磁致伸缩材料的应用 ………… 181
4.5　自旋电子器件 …………………… 182
4.5.1　自旋电子效应 ………………… 182
4.5.2　典型的自旋电子器件 ………… 184

参考文献 …………………………… 189

第 5 章　热功能材料 …………… 192

5.1　材料热学基础 …………………… 192
5.1.1　固体热传导理论 …………… 192
5.1.2　热容 ………………………… 194
5.1.3　热膨胀 ……………………… 195
5.1.4　导热系数 …………………… 197
5.1.5　材料热稳定性 ……………… 199

5.2　热管理材料 ……………………… 201
5.2.1　发热材料 …………………… 202
5.2.2　导热材料 …………………… 203
5.2.3　隔热材料 …………………… 205
5.2.4　阻燃材料 …………………… 207

5.3　热膨胀材料 ……………………… 210
5.3.1　热双金属材料 ……………… 210
5.3.2　热膨胀材料应用 …………… 211

5.4　热电材料 ………………………… 212
5.4.1　热电原理 …………………… 212
5.4.2　常见热电材料 ……………… 213
5.4.3　提高材料热电性能途径 …… 214
5.4.4　热电材料的应用 …………… 214

5.5　相变储热材料 …………………… 217
5.5.1　相变蓄热技术原理 ………… 217
5.5.2　相变蓄热材料的分类 ……… 217
5.5.3　相变蓄热材料的遴选原则 … 219
5.5.4　相变蓄热材料的应用 ……… 219

参考文献 …………………………… 221

第 6 章　力学性能材料 …………… 222

6.1　超硬材料 ………………………… 222
6.1.1　超硬材料概述 ……………… 222
6.1.2　超硬材料的性质 …………… 224
6.1.3　超硬材料研究现状 ………… 226
6.1.4　超硬材料的应用 …………… 230

6.2　超轻材料 ………………………… 230
6.2.1　超轻型材料概述 …………… 230
6.2.2　超轻型材料的分类 ………… 231
6.2.3　超轻材料的研究进展 ……… 233
6.2.4　超轻材料的应用 …………… 237

6.3　梯度材料 ………………………… 237
6.3.1　梯度材料概述 ……………… 237
6.3.2　梯度材料的合成 …………… 239
6.3.3　梯度材料的研究进展 ……… 240
6.3.4　梯度材料的应用 …………… 246

6.4　形状记忆材料 …………………… 246
6.4.1　形状记忆材料概述 ………… 246
6.4.2　形状记忆合金 ……………… 246
6.4.3　形状记忆聚合物 …………… 255
6.4.4　形状记忆陶瓷 ……………… 257
6.4.5　形状记忆材料的应用 ……… 258

6.5　非晶态合金材料 ………………… 259
6.5.1　非晶态合金材料概述 ……… 259
6.5.2　非晶态合金材料的研究进展 … 261
6.5.3　非晶态合金材料的应用 …… 266

参考文献 …………………………… 267

第 1 章 绪论

功能材料是 21 世纪具有决定性意义的高新技术的集中体现,它是国家战略性新兴产业的基础与先导,对高新技术的发展起到极为重要的支撑与推动作用。功能材料不仅是发展国家信息技术、生物技术、能源技术等高新技术和国防建设的重要基础材料,而且是改造与提升国家基础工业和传统产业的基石、先导与依托,其研发与产业化水平直接影响国家装备制造的技术水平和资源、环境及社会的可持续发展。

1965 年美国贝尔实验室的 J. A. Morton 博士首先提出功能材料概念。功能材料是指那些具有优良的电学、磁学、光学、热学、声学、力学、化学、生物医学等功能,特殊的物理、化学、生物学效应,能完成功能相互转化,主要用来制造各种功能元器件而被广泛应用于各类高科技领域的材料。功能材料种类繁多、用途广泛,正在形成一个规模宏大的高技术产业群,有着十分广阔的市场前景和极为重要的战略意义。

功能材料的分类可以依据材料实质上的差异来划分,也可以从形式上的不同来划分,还可以从材料的应用技术领域来划分。基于材料的物质性的分类,即按材料的化学键、化学成分分类。例如,按化学键分类为:功能性金属材料、功能性无机非金属材料、功能性有机材料和功能性复合材料。基于材料的功能性的分类,即按材料的物理性质、功能来分类。例如,按材料的主要使用性能分类为:力学功能材料、声学功能材料、热学功能材料、电学功能材料、磁学功能材料、光学功能材料、化学功能材料、生物医学功能材料和核功能材料。按功能材料的应用技术领域可分为:光电材料、电工材料、太阳能材料、储氢材料、生物医学工程材料、仪器仪表材料、传感器材料和核材料等。

材料的功能显示过程是指向材料输入某种能量,经过材料的传输或转换过程,再作为输出而提供给外部的一种作用。功能材料按其功能的显示过程可分为一次功能材料和二次功能材料。向材料输入的能量和从材料输出的能量属于同一种形式时,材料起到能量传输部件的作用,这种功能称为一次功能。比如在力学功能中的高弹性、振动性和防震性;在声功能中的隔声性、吸声性;在热功能中的传热性、隔热性、蓄热性等;在电功能中的超导性、绝缘性和电阻等;在磁功能中的硬磁性、软磁性等;在光功能中的折射光性、反射光性、偏振光性、分光性、聚光性等;在化学功能中的吸附作用、气体吸收性、催化作用、酶反应等;在其他功能中的放射特性、电磁波特性等。向材料输入的能量和从材料输出的能量属于不同形式时,材料起能量转换部件作用,这种功能称为二次功能或高次功能。如力、电转换的压电材料;光、电转换的太阳能电池材料;电、热转换材料、电卡材料;光、力转换的光致伸缩材料;磁、力转换的磁致伸缩材料;磁、热转换的磁制冷材料。

在超导材料领域,高温氧化物超导体的出现,突破了温度壁垒,把超导应用温度从液氦

(4.2K)提高到液氮（77K）温区。同液氦相比，液氮是一种非常经济的冷媒，并且具有较高的热容量，给工程应用带来了极大的方便。另外，高温超导体都具有相当高的上临界场$[H_{c2}(4K)>50T]$，能够用来产生20T以上的强磁场，这正好克服了常规低温超导材料的不足。高温超导材料的研究工作已在单晶、薄膜、体材料、线材料等方面取得了重要进展。

太阳能电池材料是新能源材料研究开发的热点，IBM公司研制的多层复合太阳能电池，转换率高达40%。美国能源部在全部氢能研究经费中，约有50%用于储氢技术。固体氧化物燃料电池的研究十分活跃，关键是电池材料，如固体电解质薄膜和电池阴极材料，还有质子交流膜型燃料电池用的有机质子交换膜等，都是研究的热点。固体氧化物燃料电池是一种新型绿色能源装置，比质子交换膜燃料电池有更高的转换效率和节能效果，可减少二氧化碳排放50%，不产生NO_x，已成为各个国家重点研究开发的新能源技术。固体氧化物燃料电池的工作温度在800～900℃，其关键部件的材料制备总是成为制约固体氧化物燃料电池发展的瓶颈。研制出光电转换效率大于18%的低成本、大面积、可商业化的硅基太阳能电池及其组件仍是太阳能综合利用的关键。

生态环境材料是20世纪90年代在新材料研究中形成的一个新领域，其研究开发在日、美、德等发达国家十分活跃，主要研究方向是：a. 直接面临的与环境问题相关的材料技术，例如，生物可降解材料技术，CO_2气体的固化技术，SO_x、NO_x催化转化技术，废物的再资源化技术，环境污染修复技术，材料制备加工中的洁净技术以及节省资源和能源的技术；b. 开发能使经济可持续发展的环境协调性材料，如仿生材料、环境保护材料、绿色新材料等；c. 材料的环境协调性评价。

生物医用材料已进入一个快速发展的新阶段，其市场销售额正以每年16%的速度递增，预计20年内，生物医用材料所占的份额将赶上药物市场，成为一个支柱产业。生物活性陶瓷已成为医用生物陶瓷的主要方向；生物降解高分子材料是医用高分子材料的重要方向；医用复合生物材料的研究重点是强韧化生物复合材料和功效性生物复合材料，带有治疗功效的HA（羟基磷灰石）生物复合材料的研究也十分活跃。

功能材料的发展趋势将是开发高技术所需的新型功能材料，特别是尖端领域（如航空航天、分子电子学、高速信息、新能源、海洋技术和生命科学等）所需和在极端条件（如超高压、超高温、超低温、高烧蚀、高热冲击、强腐蚀、高真空、强激光、高辐射、粒子云、原子氧、核爆炸等）下工作的高性能功能材料。其次是功能材料的功能从单功能化向多功能化和复合或综合功能发展，从低级功能（如单一的物理性能）向高级功能（如人工智能、生物功能和生命功能等）发展。最终实现功能材料和器件的一体化、高集成化、超微型化、高密集化和超分子化。

功能材料迅速发展是材料发展第二阶段的主要标志，因此把功能材料称为第二代材料。功能材料是新材料领域的核心，是国民经济、社会发展及国防建设的基础和先导。它涉及信息技术、生物工程技术、能源技术、纳米技术、环保技术、空间技术、计算机技术、海洋工程技术等现代高新技术及其产业。功能材料不仅对高新技术的发展起着重要的推动和支撑作用，还对相关传统产业的改造和升级，实现跨越式发展起着重要的促进作用。

第 2 章 电功能材料

电学性质是材料的一种基本物理性质，而电功能材料（如导电材料、电阻材料、电热材料、光电材料、电介质材料、超导材料等）都是以材料的导电性能为基础发展起来的一类功能材料，在各个领域中具有极为重要的应用。不同类型的材料，都有其固有的导电性质，利用这些电学特性可以实现不同的功能化应用，进而服务于人类的生产和生活，因此电功能材料往往在人类的活动中具有举足轻重的地位。然而，材料的电性能并不是以单一形式存在，而是与其他一种或多种性质共存的，因此电性材料的种类繁多，分类也较为复杂。通常，按电导率的大小，可将电性材料划分为绝缘体材料、半导体材料、导体材料和超导体材料，这也是材料固有电性能的表现。本章主要介绍材料导电的基础理论以及传统电性材料的主要类型、性能特点及其应用领域等内容。

2.1 导电基础理论

2.1.1 材料电性能的基本概念[1]

除电解质外，材料的导电行为根据欧姆定律，可以将材料两端的电势差 U 和材料内部电流强度 I 跟这段导体的电阻 R 相联系，即：

$$I = \frac{U}{R} \tag{2.1}$$

其中，电阻的大小由材料的电阻率（ρ）、长度（l）和截面积（S）共同决定，即：

$$R = \rho \frac{l}{S} \tag{2.2}$$

其中，ρ 的单位为 $\Omega \cdot m$，它是材料的固有属性，与材料的形状、尺寸等因素无关，常用来表征材料导电性的优劣。此外，材料的导电性也可用电导率 σ 来表示：

$$\sigma = \frac{1}{\rho} \tag{2.3}$$

电导率的单位为西门子每米，记为 S/m。此时欧姆定律可以表述为：

$$J = \sigma E = \frac{E}{\rho} \tag{2.4}$$

式中，J 为流经导体的电流密度，即单位时间内通过电流方向上单位截面积的电量；E 为导体所处的电场强度。因此，从微观角度来看，欧姆定律的意义为：流经导体的电流密度 J 与其所处的电场强度 E 成正比，比例系数为电导率 σ。

材料中可以定向迁移的带电粒子称为载流子，常见的载流子有自由电子、空穴及正、负离子等。材料导电性的微观本质是载流子在电场作用下的定向迁移。此时材料的电导率可以表述为：

$$\sigma = nq\mu \qquad (2.5)$$

式中，n 为载流子浓度，单位为个/m³；q 为载流子的电量，单位为 C；μ 为载流子迁移率，单位为 m²/(V·s)。若材料中同时存在多种载流子，则总电导率为：

$$\sigma = \sum_{i=1}^{n} \sigma_i = \sum_{i=1}^{n} n_i q_i \mu_i \qquad (2.6)$$

除了电阻率 ρ 及电导率 σ 以外，工程中还经常采用相对电导率（IACS%）来表征材料的导电性。将 20℃时标准退火铜的电导率（$\sigma = 5.8 \times 10^7$ S/m）定义为 100%，其他材料的电导率与之相比的百分数即为该材料的相对电导率。表 2.1 列出了一些常见材料在室温条件下的导电性能。

表 2.1 常见金属材料的相对电导率

材料	IACS/%	材料	IACS/%
铜	100	白铁皮	15
银	105	铁	17
金	70	钢	10
铝	61	冷轧钢	17
黄铜	26	不锈钢	2
磷青铜	18	热轧硅钢	3.8
镍	20	高导磁硅钢	6

2.1.2 材料导电的基本理论

原子是构成物质最基本的单元。人类对原子认识的历史是漫长且无止境的。原子结构模型是科学家根据其认知对原子结构的形象描述，一种模型代表了人类对原子结构认识的一个阶段。科学家对原子模型的认识主要经历了道尔顿实心球模型、汤姆孙枣糕模型、卢瑟福行星模型及波尔量子轨道模型、薛定谔电子云模型等几个重要阶段，简明形象地表示出了人类对原子结构认识逐步深化的变过程。

人们对材料导电性物理本质的认知始于金属材料。首先，基于原子的基本结构组成，即原子核＋电子，德鲁德（P. Drude）及洛伦兹（H. A. Lorentz）等人提出了经典自由电子理论；随着量子力学的发展，索末菲（A. Sommerfeld）等人建立了索末菲模型来描述金属电子的运动，使得经典的电子气变成了量子的费米电子气，逐渐发展出了量子自由电子理论；在此基础上，布洛赫（F. Bloch）及威尔逊（A. H. Wilson）等人建立了能带理论，为接下来半导体材料及器件的研究和发展提供了理论依据。下面，我们将对这三种导电理论做简要介绍。

2.1.2.1 经典自由电子理论[1-2]

经典自由电子理论认为，在金属晶体中，正离子构成了晶体点阵，并在晶体中形成了一个均匀的电场。价电子是完全自由的，称为自由电子。自由电子随机分布在整个晶体点阵中，不同电子具有相同的能量，称为"电子气"。无外加电场作用时，自由电子在正离子构成的晶体点阵中做无规则运动，从统计学上看，自由电子沿各个方向的运动彼此抵消，因此不产生电流。施加外电场后，自由电子将沿电场方向定向迁移，形成电流。自由电子在定向迁移时将与正离子发生碰撞，使自由电子运动受阻，因而产生了电阻。根据该理论可推导出电导率的微观表达式为：

$$\sigma = \frac{ne^2 l}{2m\bar{v}} = \frac{ne^2 \tau_0}{2m} \tag{2.7}$$

式中，n 为载流子浓度；e 为基本电荷；l 为自由电子运动的平均自由程（即两次碰撞之间的平均位移）；m 为电子质量；$\bar{v}$ 为电子平均运动速度；τ_0 为弛豫时间（即两次碰撞之间的平均运动时间）。

此外，德国物理学家 Gustav Wiedemann 和 Rudolph Franz 于 1853 年由大量实验事实发现，以电子导电为主的材料，如金属、重掺杂 n 型半导体等，它们的载流子热导率（κ_C）与电导率（σ）之比与热力学温度（T）成正比，其比例系数为洛伦兹常数（L），这一规律被称为维德曼-弗兰兹定律（Wiedemann-Franz law），该关系可表述为：

$$\frac{\kappa_C}{\sigma} = LT \tag{2.8}$$

对于大部分金属及重掺杂半导体，经推导可知 $L = \frac{\kappa_C}{\sigma T} = \frac{1}{3}\left(\frac{\pi k}{e}\right)^2 \approx 2.443 \times 10^{-8}$ W·Ω/K^2。

经典自由电子理论存在不少缺陷，例如：a. 不能解释霍尔系数反常现象；b. 用该模型预测的电子平均自由程比实验测量值小得多；c. 用该模型估算的金属电子比热容远大于实验测量值；d. 无法从微观角度解释导体、半导体和绝缘体之间的区别。

2.1.2.2 量子自由电子理论[1, 3]

经典原子模型虽然简单易懂，但是它无法有效地解释不久后发现的线状氢光谱。为了说明氢原子光谱的实验结果，玻尔（Bohr，丹麦）于 1913 年结合已有的实验结果，并引用普朗克的量子理论，即微观粒子不能以连续的电磁波形式吸收或发射能量，而只能不连续地、一份一份地吸收或发射能量，提出了玻尔原子模型，该模型要点如下。

① 电子绕核运动的轨道是分立的，只能在一些半径为确定值 r_1、r_2…的轨道上运动。这种在确定半径轨道上运动电子的状态称为定态。每个定态的电子具有一定的能量 E，因为电子绕核运动的轨道半径只能取分立的数值，因此能量 E 也是分立的，称为能级的分立性。当电子由 E_1 能级跃迁至 E_2 能级时会发出（$E_1 > E_2$）或吸收（$E_1 < E_2$）频率为 ν 的电磁波，且电磁波频率与电子能级之间存在关系：

$$\Delta E = |E_2 - E_1| = h\nu \tag{2.9}$$

式中，$h = 6.626 \times 10^{-34}$ J·s，为普朗克常数。由于电子定态的能量 E 是分立的，所以原子光谱也是分立的。

② 处于定态的电子，其角动量 L 也只能取一些分立的数值，而且必须是约化普朗克常数的整数倍，即：

$$L = |\boldsymbol{r} \times m\boldsymbol{v}| = \frac{nh}{2\pi} = n\hbar \tag{2.10}$$

式中，$\boldsymbol{r}$、m、v 分别为电子运动时的径向矢量、质量及速度；n 为整数；h 及 $\hbar$ 分别为普朗克常数及约化普朗克常数。

能量的分立性以及角动量的量子化条件是玻尔理论的两条核心思想。玻尔理论虽然可以定性地解释原子的稳定性（即定态的存在）以及原子光谱，然而在解释电子的衍射现象时却遇到了困难，这是因为它是以牛顿力学为基础建立起来的原子运动的理论。因此，要克服此缺陷，就必须摒弃牛顿力学，采用波动力学（或量子力学）理论，即一切微观粒子的运动均具有波粒二象性。粒子性与波动性可以通过德布罗意物质波公式联系起来，即：

$$\lambda = \frac{h}{P} = \frac{h}{mv} \tag{2.11}$$

式中，λ 为波长；h 为普朗克常数；m 为粒子的质量；v 为粒子的运动速度；P 为动量。式(2.11)表明一个动量为 P 的微观粒子的运动状态（或属性）宛如波长为 λ 的波的属性。以电子为例，基于该观点，通过外加电场可以改变电子的动量，那么电子波的波长也会随之改变。通过合适的电场加速及磁场聚焦，可以使电子波的波长减小至晶体晶面间距的数量级（一般为 10^{-10} m 数量级），进而满足布拉格公式，发生电子衍射现象。

由于电子的运动具有波动性，因此描述电子在某一时刻的确切位置并无实际意义，只需要了解电子在某一位置出现的概率即可，一般用波函数 $\psi(x,t)$ 来定量描述电子的运动状态以及在某处出现的概率。$|\psi|^2$ 表示 t 时刻，在坐标 x 处的电子云密度（即单位体积内电子出现的概率），$\psi(x,t)$ 表示的是一维原子链模型，如果是三维空间，则应当用 $\psi(x,z,t)$ 表示。

波函数满足波动力学基本方程，也就是薛定谔方程：

$$i\hbar \frac{\partial \psi}{\partial t} = \hat{H}\psi \tag{2.12}$$

式中，i 为虚数单位；$\hbar$ 为约化普朗克常数；ψ 为波函数；t 为时间；$\hat{H}$ 为哈密顿算符，可表述为：

$$\hat{H} = -\frac{\hbar^2}{2m}\Delta + U \tag{2.13}$$

式中，U 为电子所处周期性势场的势能；m 为电子质量；Δ 为拉普拉斯算符，即：

$$\Delta = \nabla^2 = \frac{\partial^2}{\partial x^2} + \frac{\partial^2}{\partial y^2} + \frac{\partial^2}{\partial z^2} \tag{2.14}$$

原则上来说，只要给定了边界条件，即电子所处的周期性势场 $U(x,y,z)$，就可以求解出电子运动的波函数，进而推导出电子的能量 E、角动量 L 等物理量。

在求解孤立原子的波函数时，通常会涉及四个量子参数，即：主量子数（n）、轨道角动量量子数（l_i）、磁量子数（m_i）以及自旋量子数（s_i）[4]。

主量子数（n） 是决定原子中电子能量以及距离原子核平均距离（即电子所处的量子壳层）的主要参数，它仅限于正整数 1、2、3…，随着 n 的增加，电子能量依次增加，量子壳层可用一些大写英文字母表示，从内到外依次为 K($n=1$)、L($n=2$)、M($n=3$)…壳层。

轨道角动量量子数（l_i） 表示电子在同一量子壳层内所处的能级（电子亚层），它决定了电子轨道角动量的大小，取值为 0、1、2、3… $n-1$。例如 $n=2$，就有两个轨道角动量量子数 $l_2=0$ 和 $l_2=1$，即 L 壳层中，根据电子能量差别，还包含两个电子亚层。为方便起见，常用小写的英文字母来标注对应于轨道角动量量子数 l_i 的电子能级（亚层）：

l_i：　　0　1　2　3　4

能级：　　s　p　d　f　g

在同一量子壳层里，亚层电子的能量是按 s、p、d、f、g 的次序递增的，不同电子亚层的电子云形状不同，如 s 亚层的电子云是以原子核为中心的球状，p 亚层的电子云是纺锤形等。

磁量子数（m_i） 给出了每个轨道角动量量子数的能级数或轨道数。每个 l_i 下的磁量子数的总数为 $2l_i+1$，即 $m_i=0、\pm1、\pm2\cdots\pm l$，例如常见的 s、p、d、f 各轨道依次有 1、3、5、7 种空间取向，它决定了轨道角动量 l 在外磁场方向上的投影值。它决定了电子云的空间取向，用来描述原子轨道在空间中的伸展方向，一个取值对应着一个伸展方向。

自旋量子数（s_i） 是表示电子不同自旋方向的量子参数，它决定了自旋角动量在外磁场方向上的投影值，通常取值为 $+\frac{1}{2}$ 和 $-\frac{1}{2}$，用来描述电子的自旋方式，通常用 ↑ 和 ↓ 来表示，↑↑ 表示自旋方向相同，↑↓ 表示自旋方向相反。

基于对原子模型认识的不断深入和完善，德国物理学家阿诺德·索末菲（Arnold Sommerfeld）等人将量子力学的相关成果引入，对经典自由电子理论进行了补充，提出了量子自由电子理论。量子自由电子理论同样认为金属中正离子形成的电场是均匀的，自由电子与正离子之间没有相互作用。该理论还认为，金属原子的内层电子保持着单个原子时的能量状态，但最外层的价电子根据量子化规律具有不同的能级。研究不同材料的导电机理其实就是求解不同边界条件下电子运动状态的波函数，进而推导出电导率或者电阻率的微观表达式。以一价金属为例，自由电子的动能为：

$$E = \frac{1}{2}mv^2 = \frac{\hbar^2}{2m}K^2 \tag{2.15}$$

式中，m 为电子质量；v 为电子平均运动速度；$K=2\pi/\lambda$ 为波数（λ 为波长），是表征金属中自由电子可能具有的能量状态的参数。该式表明，自由电子的动能 E 与波数 K 之间存在抛物线关系。

不同电子的波数不同，根据式(2.15)可知其能量状态也不同，有的处于高能态，有的处于低能态。根据泡利不相容原理，每个能态中最多只存在自旋相反的一对电子，自由电子将从低能态至高能态依次排布。当温度为 0K 时，一群电子从最低能级 E_1 开始排布，布满所有的量子态后，再继续排 E_2 能级的量子态。把所有电子排完后，所能达到的最高能级，对应的能量叫做费米能 E_F，不同材料的费米能不同。金属中并非所有自由电子都参与导电，只有那些处于较高能态的电子（即费米面附近的电子）才能参与导电。

以电子传输的一维模型为例，自由电子只能沿 $+K$ 或 $-K$ 方向运动，波数 K 越大，则自由电子的动能 E 也越大，基于量子自由电子理论的一维自由电子的能量（E）与波数（K）的关系曲线如图 2.1 所示。如图 2.1 中曲线 a 所示，无外加电场时，E-K 曲线沿 E 轴对称，说明沿 $+K$、$-K$ 方向运动的电子数目相等，彼此相互抵消，因而材料中无电流产生。当施加外电场后，那些费米能附近

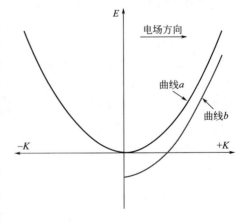

图 2.1 基于量子自由电子理论的一维自由电子的 E-K 曲线，曲线 a 和 b 分别代表无外加电场和施加外加电场情况下的 E-K 曲线

的电子将沿电场方向运动,因此沿＋K、－K 方向运动的电子数目不等,电场将使沿着电场方向运动的电子能量降低,而与电场方向相反运动的电子能量升高,最终结果如图 2.1 中曲线 b 所示,此时金属呈现出导电性。

基于量子自由电子理论,可推导出电导率的微观表达式为:

$$\sigma = \frac{ne^2 l_F}{2mv_F} = \frac{ne^2 \tau_F}{2m} \tag{2.16}$$

该式与式(2.7)非常相似,n 为载流子浓度,e 为元电荷,m 为电子质量。但其他参数的含义不同,l_F、v_F 及 τ_F 分别为费米面附近的电子平均自由程、电子平均运动速度及弛豫时间。采用量子自由电子理论可以解释一价碱金属的导电性,但其他金属如过渡金属,电子结构复杂,电子分布不再是简单的费米球,必须用能带理论才能对其导电性做出合理的解释。

2.1.2.3 能带理论[2-3]

1928 年,布洛赫(F. Bloch)从量子力学的角度研究了周期场中电子的运动问题,并采取了一些恰当的近似和简化,将傅里叶分析方法用于薛定谔方程,给出了严格的周期势场中单电子波函数和能谱的普遍规律,提出了研究晶格中电子运动的布洛赫定理,奠定了现代量子物理的基础。1931 年,威尔逊(A. H. Wilson)主张晶体中电子的可能能级会分裂成能带,不同晶体的能带数目及宽度均不相同,提出能带论,根据能带被电子占据的情况,把能带分为价带(满带)、禁带和导带(空带),定性地说明了导体与绝缘体的区别,并预言半导体的存在。1964,Walter Kohn 等建立密度泛函理论(density functional theory,DFT),借助于计算机,精确定量计算了高分子、纳米材料、介观器件等材料体系的分子和凝聚态的性质,其逐渐成为凝聚态物理计算材料学和计算化学领域最常用的方法之一。该理论的出现是量子力学与量子统计在固体中应用的最直接、最重要的结果,它成功地解决了 Sommerfeld 自由电子论处理金属问题时所遗留下来的许多问题,并为其后固体物理学的发展奠定了基础。

能带论的基本出发点是认为固体中的电子不再是完全被束缚在某个原子周围,而是可以在整个固体中运动的,称为共有化电子。但电子在运动过程中并不像自由电子那样,完全不受任何力的作用,电子在运动过程中受到晶格原子势场的作用。能带论的两个基本假设:a. 玻恩-奥本海默绝热近似,即所有原子核都周期性地静止排列在其格点位置上,因而忽略了电子与声子的碰撞;b. Hatree-Fock 平均场近似,即忽略电子与电子间的相互作用,用平均场代替电子与电子间的相互作用。即假设每个电子所处的势场完全相同,电子的势能只与该电子的位置有关,而与其他电子的位置无关。

(1) 近自由电子近似

对于某一维晶体,假设所有电子形成一个不变的平均势场,而正离子点阵形成周期性势场,则每个电子所处的势场仍是周期性的,即:

$$U(x) = U(x + na) \tag{2.17}$$

式中,U 为势能;x 是电子的空间位置坐标;a 是晶格常数;n 是整数。为求解电子在周期性势场中运动的波函数,需首先确定 $U(x)$ 的表达式,然后将其代入薛定谔方程求解。

为了便于方程求解,可作如下假设:a. 晶体无穷大,晶格点阵完整无缺陷,不考虑表面效应；b. 不考虑晶格振动对电子运动的影响；c. 不考虑电子之间的相互作用，每个电子的运动是相互独立的；d. 晶格周期性势场随空间位置的变化较小，可作为微扰处理。该假设称为准自由电子近似，在此假设下周期性势场 $U(x)$ 可展开为傅里叶级数：

$$U(x) = U_0 + \sum_{j=1}^{n} U_j e^{ij\pi x/a} \tag{2.18}$$

式中，U_0 为常数项；e 为自然对数的底数；i 为虚数单位；n 为整数；a 为晶格常数。将式（2.18）代入薛定谔方程的常规表达式化简，可得知电子在一维周期性势场中运动的薛定谔方程为：

$$\frac{d^2\psi}{dx^2} + \frac{2m}{\hbar^2}(E-U)\psi = 0 \tag{2.19}$$

式中，ψ 为波函数；x 为空间位置坐标；m 为电子质量；$\hbar$ 为约化普朗克常数；E 为电子能量；U 为电子在晶格中的势能。布洛赫等人证明了式（2.19）的解具有如下形式：

$$\psi(x) = e^{ikx} f(x) \tag{2.20}$$

式中，$f(x)$ 是 x 的周期性函数，$f(x) = f(x+na)$；k 为波矢。该结论称为布洛赫定理。在准自由电子近似下，利用布洛赫定理，可解薛定谔方程。

式（2.20）与自由电子波函数 e^{ikx} 相比，只相差一个周期性因子 $f(x)$。e^{ikx} 表示平面波，布洛赫定理表明晶体中运动电子的波函数是一个被周期性函数 $f(x)$ 所调制的平面波。根据准自由电子近似条件以及布洛赫定理可以求解不同边界条件下的薛定谔方程，进而描述电子的运动状态。

（2）固体的能带

在准自由电子近似下，利用布洛赫定理可解出薛定谔方程，得出 E-x 关系，为了表述方便，我们更习惯于绘制 E-K 曲线，其中 K 表示波数，如图 2.2 所示。此时电子的动能 E 与波数 K 的关系仍大致符合式（2.15）所描述的抛物线关系，但在 $K = \pm \dfrac{n\pi}{a}$ 处，能量 $E = E_n \pm |U_n|$ 不再是准连续的，电子在填满 $E = E_n - |U_n|$ 的能级后只能占据 $E = E_n + |U_n|$ 的能级，两个能级之间的能态是禁止的。此时，只要波数 K 的绝对值稍有增加，

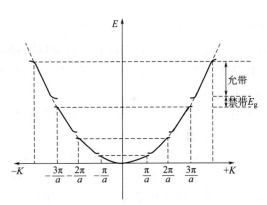

图 2.2 基于能带理论的一维自由电子的 E-K 曲线

电子便会发生能态的跃迁，不同能态之间的间隙即为能隙，通常用 E_g 表示。能隙所对应的能带称为禁带，即能态密度为零的能量区间。而能量允许的区域则称为允带。允带出现的区域通常可分为第一、第二、第三布里渊区，而禁带往往出现在布里渊区的边界上。允带与禁带相互交替，形成了晶体的能带结构。

图 2.3 描述了晶体中原子能级与固体能带之间的联系。基于量子力学的描述，在单原子中电子能级是分立的。随着原子的周期性规则排列形成晶体，由多个原子的共同作用使得单能级分裂为 N 个能级，看起来这些能级就像连续分布的，我们就叫它能带。能量低的带对应于内层电子的能级，而对内层电子而言，原子之间相互作用影响较小，因此能量低的带较窄。

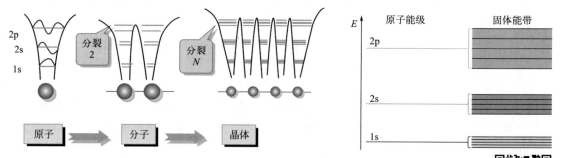

图2.3 原子能级与固体能带之间关系

根据能带理论的描述,材料的电导率为:

$$\sigma = \frac{n^* e^2 l_F}{2m^* v_F} = \frac{n^* e^2 \tau_F}{2m^*} \tag{2.21}$$

式中,n^*表示有效载流子浓度,即单位体积内实际参与导电过程的载流子数目;m^*表示载流子有效质量;l_F、v_F、τ_F分别为费米能级附近自由电子运动的平均自由程、电子平均运动速度、弛豫时间。考虑了晶体点阵对电场作用的结果,不同材料的n^*及m^*差异较大。

此处需要补充说明的是,以上结论均是基于单电子近似推导出来的结果,然而固体是一个粒子数密度很大的系统,一个原子又有若干个电子,因此该近似条件对于多数材料并不适用,此时需要采用多电子角度研究固体物理的量子理论,即多电子理论。多电子原子(除了氢原子之外的原子)有比氢原子复杂得多的能级结构和光谱结构。在多电子原子理论中,若电子之间的剩余库仑作用较强,自旋轨道相互作用较弱,先考虑电子之间的耦合作用,再考虑自旋轨道耦合,称为LS耦合;若电子自旋轨道之间的相互作用较强,而各电子之间的相互作用较弱,先考虑自旋轨道的耦合,然后再考虑电子之间的耦合作用,称为JJ耦合。单电子近似的结果常作为多电子理论的起点,在解决某些复杂问题时,两种理论是相辅相成的。

能带理论是目前研究固体电子运动状态的主流理论,广泛用于研究导体、半导体及绝缘体的电学性能,为光电、热电、压电等不同领域的电功能材料提供了一个统一的分析方法,并且该理论也经受住了大量实验的检验。由于能带理论的基础是单电子近似,将原本相互关联运动的微观粒子,看成在一定平均势场中彼此独立运动的粒子;因此,该理论并不是一个精确的理论,而只是一种近似理论,在应用中仍存在一定的局限性。例如超导体、晶体中电子的集体运动等,都需要考虑电子-声子以及电子-电子之间的关联作用,无法用基于电子近似发展起来的能带理论去解释。时至今日仍有不少物理学家不断地引入一些量子力学的最新成果以丰富该理论。

综上所述,晶体中的电子在占据能级时,服从能量最低原理及泡利不相容原理,即电子从最低能级至最高能级依次占据能带中的各个能级,每个能级最多只允许两个自旋相反的电子存在。在晶体中,多个原子的共同作用使得单能级分裂为N个能级,看起来这些能级就像连续分布的,于是衍生出了能级相关的概念。若一个能带中所有能级均已被电子填满,该能级称为满带(filled band),满带中的电子不参与导电;若某一能带中没有任何电子占据,则称为空带(vacancy band);在某一能带中,部分能级被电子占据,这种能带中的电子在外电场作用下具有导电性，称为导带（conduction band）；而由价电子形成的能带称为价带（valence band）；价带和导带之间的能态密度为零的能量区间称为禁带（band gap）；而价带顶与导带底之间的能量差，就是所谓半导体的禁带宽度，也被称为能隙（bandgap）。相关概念将在后续章节（2.2 半导体材料）进行详述。

2.1.3 电性材料的主要类型

电性材料是指利用物质的载流子传输特性制造具备不同功能性器件所需的材料，主要包括介电材料、半导体材料、压电与铁电材料、导电金属及其合金材料、磁性材料、光电子材料以及其他相关的功能材料。电性材料是现代电子工业和科学技术发展的物质基础，同时又是科技领域中的技术密集型学科。它涉及材料科学、物理化学、固体物理学、电工电子技术和材料微纳加工工艺基础等多学科知识。电功能材料的种类繁多、涉及面广，其分类暂无公认的统一标准。目前，电功能材料的大类主要根据材料的载流子传输特性进行分类，每种类型的功能材料还可以根据不同的分类标准继续细分。

根据常温下材料电导率的不同，一般可将常规电性材料划分为导体（$\sigma > 10^3$ S/m）、半导体（$10^{-10} \sim 10^3$ S/m）以及绝缘体（$\sigma < 10^{-10}$ S/m）。通常情况下，导体的电导率随着温度升高而减小，半导体的电导率一般随着温度升高而增大，绝缘体几乎不导电。导致上述现象的原因是不同材料的载流子浓度以及载流子迁移率与温度之间的关系不同，归根结底是材料的导电机制不同，只有对不同材料的导电机制有了正确的认识，才能合理调控材料的电性能。材料的电导（阻）率不同只是一种外在表象，其本质原因是能带结构不同。不同材料的能带结构不同，导致其导电性存在巨大差异。图 2.4 为不同电性材料的能带结构示意图。

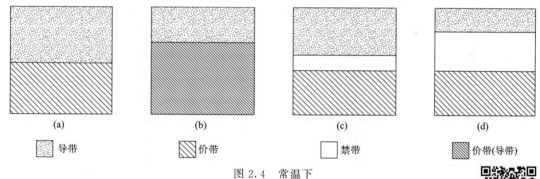

图 2.4　常温下导体（a）、（b）、半导体（c）和绝缘体材料（d）的能带结构

导体：导体的能带结构，分为两种情况，一种是价带与导带重叠，没有禁带；另一种是价带未被价电子填满，此时价带本身就是导带，如图 2.4(a) 和 (b) 所示。在这两种情况下，价电子就是自由电子，金属导体即使在温度较低的情况下仍具有大量自由电子，具有很强的导电能力。

而对于非导体，包括半导体和绝缘体，导带与价带被禁带隔开，在较低温度下，电子的能量不够，很难从价带跃迁至导带，因此电导率远低于导体。半导体与绝缘体的能带结构相似，其区别仅仅是禁带宽度的大小。禁带宽度也称为带隙，一般用 ΔE 或 E_g 表示。

半导体：如图 2.4(c) 所示，半导体的禁带宽度较小，一般 $E_g \leq 4.0$ eV，在外场（例如光照、高温、磁场、辐射等）作用下，价带中的部分电子将被激发越过禁带，进入导带。这样导带中有了导电的电子，而价带中相应地产生了空穴。在外电场作用下，导带中的电子定向迁移形成电流，同时价带中的电子可以跃迁至导带再产生新的空穴。这种电子的定向迁移相当于空穴沿电场方向定向迁移，称为空穴导电。在半导体中，价带中的空穴及导带中的价电子均可以参与导电，即半导体存在空穴导电和自由电子导电两种机理，相应的材料称为 P 型半导体和 N 型半导体，这是半导体与导体导电机理的最大不同。

绝缘体： 如图 2.4(d) 所示，绝缘体的能带结构与半导体相似，但其禁带宽度较大，一般 $E_g > 4.0 \text{eV}$，即便在外场作用下，电子也很难从价带跃迁至导带，因此其载流子浓度低，导电性极差。

与材料的电导率不同，晶体的能带结构不容易受到杂质或外场的影响，如有些半导体通过重掺杂，室温电导率可达到与导体相当的水平，但其禁带宽度未变，仍属于半导体。因此，今后在区分导体、半导体和绝缘体时应当优先将能带结构而非电导率（或电阻率）作为分类依据。表 2.2 总结列举了常规导体及非导体（半导体、绝缘体）的不同分类标准。

表 2.2 导体、半导体及绝缘体的分类标准

室温电学参数	传统导体	半导体	绝缘体
电导率/(S/m)	$>10^3$	$10^{-10} \sim 10^3$	$<10^{-10}$
禁带宽度/eV	≤ 0	$0.2 \sim 4.0$	>4.0

此外，需要补充的是，还存在一些新兴材料，它们的导电机制无法用传统的导电模型解释，这些材料具有独特的甚至至今都无法统一的导电机制，如超导材料、拓扑绝缘材料等。表 2.3 列举了电性材料的大致分类。

表 2.3 电性材料的分类

	分类	材料
导体	金属	Ag、Cu、Al 等
	合金	铜合金、铝合金、镍铬合金等
	无机非金属	结晶碳、炭黑、无定形碳、石墨烯等
	导电高分子	结构型高分子导电体、复合高分子导电体
半导体	元素半导体	Si、Ge 等
	化合物半导体	GaAs、GaP、InP、GaN、SiC、ZnS、ZnSe、GdTe、PbS、CuInSe$_2$、Cu(InGa)Se$_2$、Cu$_2$(InGa)Se$_2$、Cu$_2$ZnSnS$_4$ 等
	固溶体半导体	GaInAs、HgGdTe、SiGe、GaAlInN、InGaAsP 等
	非晶及微晶半导体	a-Si:H、a-GaAs、Ge-Te-Se、μc-Si:H、μc-SiC 等
	微结构半导体	纳米 Si、GaAlAs/GaAs、InGaAs(P)/InP 等超晶格及量子（阱、点、线）微结构材料
	有机半导体	C$_{60}$、萘、蒽、聚苯硫醚、聚乙炔等
绝缘体	绝缘陶瓷	Al$_2$O$_3$、MgO、BeO、MgSiO$_3$、云母等
	绝缘聚合物	聚氯乙烯(PVC)、聚四氟乙烯(PTFE)、聚酰亚胺(PI)等
	拓扑绝缘体	二维拓扑绝缘体 HgTe/CdTe 量子阱，三维拓扑绝缘体（如 BiSb、Bi$_2$Se$_3$、Sb$_2$Te$_3$、Bi$_2$Te$_3$ 等化合物）

续表

分类		材料
超导体	元素超导体	除碱金属、碱土金属、铁磁金属、贵金属外约50种
	合金超导体	Nb-Zr、Nb-Ti、Nb-Zr-Ti、Ni-Ti-Ta、Nb-Zr-Ta、Nb-Ti-Hf、V-Zr-Hf 等
	氧化物超导体	Y-Ba-Cu-O、Bi-Sr-Ca-Cu-O、Tl-Ba-Ca-Cu-O、Hg-Ba-Ca-Cu-O 等
	非氧化物超导体	C_{60}、铁基超导体、硼化物、石墨烯等
	有机超导体	$(TMTSF)_2PF_6$、$(TMTSF)_2ClO_4$ 以及 $(BEDT·TTF)_mX_n$ 系列有机超导体

2.2 半导体材料

半导体材料是当代社会各个领域的核心和基础，被广泛用于电子设备、通信、能源、医疗等领域，在作为世界文明三大支柱的信息、能源、材料领域中发挥着至关重要的作用。本节将在重点阐述半导体材料主要性质之后，简要介绍各种常见半导体材料的类型及重要的应用领域等内容。

2.2.1 半导体材料的主要性质[5-6]

半导体材料及相关器件之所以能够在现代社会中发挥着如此重要的作用，是因为其具有独特的物理性质。半导体的性质主要取决于其电子结构（主要是能带结构）特点和载流子的运动规律等因素。例如，当对半导体材料采用合适的元素掺杂或者将半导体与半导体、金属、绝缘体接触时，会产生多种物理效应，这些物理效应对外部条件（如光照、温度、湿度、气氛、电场、磁场等）非常敏感，人们利用这些效应和特性制造出了各式各样的功能性器件。接下来，我们将对半导体材料的基本性质做重点的介绍。

2.2.1.1 相关概念

（1）载流子

根据能带理论，在绝对零度和无外界影响的条件下，半导体的价带是满带，导带是空带，此时半导体材料没有或者具有非常微弱的导电性。在受到热或者光照激发的条件下，一部分价带中的电子吸收大于半导体带隙（E_g）的能量跃迁到导带中形成自由电子，同时在价带中留下了带正电荷的空位，即空穴，该过程如图2.5所示。价带中的其他电子在运动中极易占据空穴的位置，从而产生新的空穴，这等同于空穴的移动。施加外电场后，两种粒子均能够在晶体中自由移动，形成电流，从而使得半导体具有导电性。因此，跃迁至导带中的电子以及电子跃迁后在价带上留下的空穴均被视为载流子。

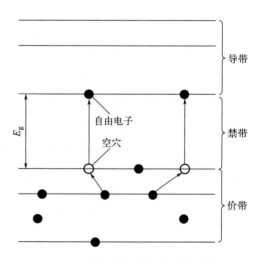

图 2.5 半导体材料本征激发过程

对于非简并半导体材料,在一定温度下载流子浓度是一定的,这种处于热平衡状态下的载流子浓度称为平衡载流子浓度。然而,在外界作用(如光注入、电注入等)下,材料中的电子浓度 n 和空穴浓度 p 都是偏离平衡值的,多出来的这部分载流子被称为非平衡载流子,也叫过剩载流子。非平衡载流子在半导体中具有非常重要的意义,半导体中许多物理现象及某些器件原理都是与非平衡载流子有关的。

① 载流子浓度

载流子浓度是指每立方厘米内自由电子或空穴的数目,分别用电子浓度(n)和空穴浓度(p)表示。若用光子能量大于禁带宽度的光照射半导体时,价带中的电子就可以跃迁至导带,形成非平衡载流子,此时导带上的电子载流子和价带上的空穴载流子的浓度为:

$$\left.\begin{array}{l} n = n_0 + \Delta n \\ p = p_0 + \Delta p \end{array}\right. \tag{2.22}$$

式中,n_0 和 p_0 分别表示热平衡电子和空穴载流子的浓度;Δn 和 Δp 分别表示受到激发后产生的非平衡电子和空穴载流子的浓度。在上述过程中,光照在导带上产生的电子必然同价带上所留下的空穴相等,所以有 $\Delta n = \Delta p$。

很显然,非平衡载流子的产生使载流子的浓度增加,半导体的电导率也相应随之增加。例如,当用合适的光照射半导体时,半导体的电导率增加,一般称这部分增加的电导率为光电导,利用这一现象可以制成光敏元件。

② 载流子迁移率(μ)

在外电场的作用下,半导体中的载流子就要受到电场力的作用,从而获得一定的漂移速度。电子的漂移方向与电场的方向相反,空穴的漂移方向与电场方向相同,从而在半导体中形成电流。

半导体中载流子的定向漂移运动是载流子在外电场的作用下被加速而获得的,由于各种各样的散射作用,载流子的加速运动不能无限制地进行,所以,当温度一定时,在一定的电场强度 E 下,载流子的定向漂移运动的平均速度为一常数,且有:

$$\left.\begin{array}{l} v_n = -\mu_n E \\ v_p = -\mu_p E \end{array}\right\} \tag{2.23}$$

式中,μ_n 和 μ_p 分别表示电子迁移率和空穴迁移率,单位为 $m^2/(V \cdot s)$。因此,漂移迁移率可定义为:半导体内自由电子或空穴在单位电场作用下漂移的平均速率。表2.4列出了几种常见的半导体材料在300K下的电子和空穴迁移率。在同一半导体中,自由电子的迁移率普遍高于空穴迁移率。

表 2.4 几种常见半导体材料在300K下电子和空穴迁移率

半导体材料	电子迁移率/[$cm^2/(V \cdot s)$]	空穴迁移率/[$cm^2/(V \cdot s)$]
Si	1900	500
Ge	3800	1850
纤锌矿 GaN	1245	370
闪锌矿 GaN	760	350
InN	3100	—
3C 闪锌矿 SiC	980	60

续表

半导体材料	电子迁移率/[cm²/(V·s)]	空穴迁移率/[cm²/(V·s)]
4H 纤锌矿 SiC	480	50
6H 纤锌矿 SiC	375	100
GaAs	9340	450
ZnO	226	180

③ 非平衡载流子的复合

当有外加光照等的作用使得半导体中增加（注入）了非平衡载流子后，该半导体系统即处于非平衡状态。这种状态是不稳定的，如果去掉这些产生非平衡载流子的作用，那么该系统就应当逐渐恢复到原来的（热）平衡状态。这就意味着，在去掉外加作用以后，半导体中的非平衡载流子将逐渐消亡（即非平衡载流子浓度衰减到 0）。由于非平衡载流子的消亡主要是通过电子与空穴的相遇而成对消失的过程来完成的，因此往往把非平衡载流子消亡的过程简称为载流子的复合。

复合按电子和空穴所经历的状态过程可分为直接复合、间接复合和表面复合。直接复合（带间复合）是导带电子直接跃迁到价带的某一空状态，砷化镓、砷化铟中主要为直接复合。间接复合是导带电子在跃迁到价带某一空状态之前还要经历某一（或某些）中间状态，称为间接复合。能促使这种间接复合的局域中心称为复合中心，一般为杂质和缺陷。材料表面常常存在各种复合中心，所以表面复合的本质也是间接复合。实验测得非平衡载流子表面寿命值低于体内寿命值，所以表面复合的存在，使晶体管注入电流放大系数下降、反向漏电增大，对晶体管的稳定性、可靠性、噪声都有严重影响。

④ 非平衡载流子寿命（τ）

非平衡载流子在完全复合之前平均存在的时间，定义为非平衡载流子的寿命（τ）。实验证实，复合过程不能在光照停止以后瞬间完成，表明非平衡载流子有一定的寿命。

非平衡载流子寿命是半导体材料最重要的参数之一，反映了半导体材料的质量，不同的材料非平衡载流子寿命不同，如在锗中的非平衡载流子寿命约在 $100\sim1000\mu s$，在硅中的非平衡载流子寿命约为 $50\sim500\mu s$，在砷化镓中的非平衡载流子寿命仅为 $10^{-3}\sim10^{-2}\mu s$ 或更低。材料中重金属杂质、晶体缺陷的存在、表面的性质都直接影响非平衡载流子寿命的长短，非平衡载流子寿命又影响着器件的性能，因此不同的器件对非平衡载流子寿命值也有不同的要求，对高频器件要求寿命要小，而对探测器要求寿命要大。

⑤ 热平衡载流子的分布

在一般温度下，导带上的自由电子主要集中在导带的底部而价带上的空穴主要集中在价带的顶部，由费米-狄拉克（Fermi-Dirac）统计分布函数经过适当简化处理，可得自由电子和空穴浓度存在如下关系：

$$np = N_n N_p \exp \frac{-E_g}{k_B T} \tag{2.24}$$

式中，N_n 和 N_p 分别表示导带上的电子和价带上的空穴等效密度；E_g 表示半导体的禁带宽度；k_B 代表玻尔兹曼常数；T 为温度。该式表明，对于一个给定的半导体材料，导带上的自由电子浓度和价带上的空穴浓度的乘积为常数，仅仅取决于半导体的禁带宽度，该关系也被称为质量作用定律。由于非平衡载流子一般是靠外部条件的作用而产生的，因而在半导体中各处的浓度不像平衡载流子那样是均匀的。以光注入为例，设以稳定的光均匀照射半导体表面，光只在表面极薄的一层产生非平衡载流子，由于浓度梯度的作用，对于 N 型样品，非平衡的空穴将向材料内部扩散，并形成稳定的分布。

（2）半导体材料的能级

① 费米能级（Fermi energy，E_F）

费米能级是温度为绝对零度时固体能带中充满电子的最高能级，常用 E_F 表示。对于固体试样，因为真空能级与表面情况有关，易改变，所以用该能级作为参考能级。电子结合能就是指电子所在能级与费米能级的能量差。严格来说，费米能级等于费米子系统在趋于绝对零度时的化学势。它是费米-狄拉克分布函数中的一个重要参量，主要和温度、半导体材料的导电类型、杂质的含量以及能量零点的选取有关，只要知道了它的数值，在一定温度下，电子在各量子态上的统计分布就完全确定了。

② 导带（conduction band，E_C）

在半导体材料中，导带是由自由电子形成的能量空间，即固体结构内自由运动的电子所具有的能量范围。对于半导体，所有价电子所处的能带是价带，比价带能量更高的能带是导带。在绝对零度温度下，半导体的价带是满带，受到光电注入或热激发后，价带中的部分电子会越过禁带进入能量较高的空带，空带中存在电子后即成为导电的能带——导带。

导带底是导带的最低能级，可看成是电子的势能。通常电子就处于导带底附近；离开导带底的能量高度，则可看成是电子的动能。当有外场作用到半导体两端时，电子的势能即发生变化，从而在能带图上就表现出导带底发生倾斜；反过来，凡是能带发生倾斜的区域，就必然存在电场（外电场或者内建电场）。

③ 价带（Valence band，E_V）

价带或称价电带，通常是指半导体或绝缘体中，在 0K 时能被电子占满的最高能带。对半导体而言，此能带中的能级基本上是连续的。全充满的能带中的电子不能在固体中自由运动。但若该电子受到光照，它可吸收足够能量而跳入下一个容许的最高能区，从而使价带变成部分充填，此时价带中留下的电子可在固体中自由运动。

④ 禁带宽度（band gap，E_g）

在半导体材料中通过光吸收，使电子自价带跃迁至导带称为本征吸收。能量小于禁带宽度的光子不能引起本征吸收。当光子能量达到禁带宽度时本征吸收开始，这一界限称为本征吸收边。从半导体材料的本征吸收边可以定出材料的禁带宽度 E_g，亦称为带隙、能隙。它是半导体材料的一个重要参量。

⑤ 直接带隙

指的是半导体的导带最小值与价带最大值对应 K 空间中的同一位置，价带电子跃迁到导带不需要声子的参与，只需要吸收能量，如图 2.6(a) 所示。

当价带电子往导带跃迁时，电子波矢不变，在能带图上即是竖直地跃迁，这就意味着电子在跃迁过程中，动量满足动量守恒定律。相反，如果导带电子下落到价带（即电子与空穴复合），也可以直接复合，即电子与空穴只要一相遇就会发生复合而不需要声子来接收或提供动量。因此，直接带隙半导体中载流子的寿命必将很短。

因为没有声子参与，故也没有把能量交给晶体原子，这种直接复合可以把能量几乎全部以光的形式放出。该类半导体的发光效率普遍较高，多被用于发光器件的制作。

⑥ 间接带隙

间接带隙半导体材料导带最小值（导带底）和价带最大值在 K 空间中处于不同位置，如图 2.6(b) 所示。

间接带隙半导体中的电子在跃迁时 K 值会发生变化，这意味着电子跃迁前后在 K 空间的位置不一样了，这样会有极大的概率将能量释放给晶格，转化为声子，变成热能释放掉。另外，对于间接跃迁型，导带的电子需要动量与价带空穴复合。这个过程中会有一部分能量以声子的形式浪费掉，因此从能量利用的角度上来说，对光的利用率相对于直接带隙半导体更低。

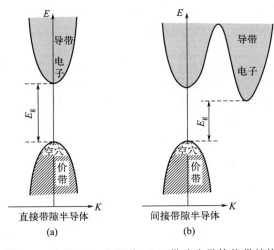

图 2.6　直接（a）和间接（b）带隙半导体能带结构

（3）掺杂

半导体材料大部分是共价键晶体，在理想情况下，半导体内不存在可以自由移动的电子。根据能带理论，当外界对半导体有如光照、加热等作用时，价电子获得足够跨越势垒 E_g 的能量时，将会摆脱共价键的束缚，形成本征激发而产生可进行电量传输的载流子。由于价电子要跨越的能量势垒较高，因此在此情况下获得的载流子浓度往往较低。本征半导体的电导率通常很低，往往需要通过掺杂来提高电导率。

杂质和缺陷对半导体材料的性质往往起着决定性作用。杂质和缺陷可以束缚电子或空穴，并在禁带内形成能级。一些杂质原子形成的杂质能级的电离能比较小（<100MeV），称为浅能级。在硅中的Ⅲ族和Ⅴ族杂质原子，Ⅲ~Ⅴ族化合物中的Ⅱ族和Ⅵ族杂质原子分别形成浅受主能级和浅施主能级。有些杂质原子或缺陷，以及二者的配合物可以在禁带中形成深能级。电子和空穴可以通过这些深能级复合，影响半导体内少数非平衡载流子寿命值。

2.2.1.2　半导体的本征性质

本征半导体是指未掺杂任何杂质元素且结构完整的半导体材料，常用来表征半导体本身的固有属性。对于本征半导体而言，导带上的自由电子完全来自于价带上的电子的本征激发，因此导带上的自由电子浓度和价带上空穴的浓度相等，即 $n = p = n_i$，以下所有讨论均基于该关系。

与金属不同，半导体在受热时，其导电能力增加是因为温度升高，价带中电子热运动加剧，使电子能够获得更高的能量，从而使跃迁到导带中的电子数增加，载流子浓度也随之增

加。这些受热激发到导带中的自由电子,其最低能量为导带的最低能量,此时载流子浓度也可以表示为:

$$n_i = (N_n N_p)^{1/2} \exp \frac{-E_g}{2k_B T} \tag{2.25}$$

由此可得,本征半导体费米能级与温度的关系为:

$$E_F = \frac{E_C + E_V}{2} + \frac{3}{4} k_B T \ln\left(\frac{m_h^*}{m_e}\right) \tag{2.26}$$

式中,m_h^* 为空穴的有效质量;m_e 为氢原子中电子在质心坐标系中的有效质量。当 $T=0K$ 时,费米能级为:

$$E_F = \frac{1}{2}(E_C + E_V) \tag{2.27}$$

绝对零度下的费米能位于禁带中央,随着温度的升高,费米能级逐渐增加。前面给出的是整个导带或价带上的载流子浓度,而载流子在能带中不同能级的分布实际是由态密度和费米-狄拉克分布函数共同决定的,最终载流子在不同温度下在能带上的分布情况如图 2.7(a)所示。禁带宽度同样对能带上载流子的分布有重要影响。图 2.7(b)为禁带宽度对本征半导体载流子密度在能带中的分布的影响。图中可以看出,载流子在不同能级上的分布实际上是由态密度和费米分布函数共同决定的,能隙越窄,空穴载流子越集中分布在价带顶部附近,电子越集中分布在导带底部附近。

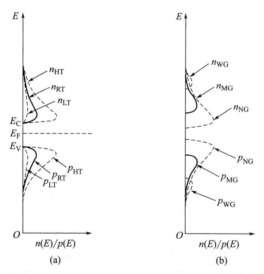

图 2.7 温度(a)和禁带宽度(b)对本征半导体载流子密度在能带中分布的影响(其中 HT、RT、LT、WG、MG 和 NG 分别代表高温、室温、低温、宽禁带、中间禁带和窄禁带)

在一定温度下,晶体的热振动吸收能量,半导体中不断产生自由电子和空穴,与此同时,空穴和电子在运动中复合,即导带中的自由电子又跃迁到价带空位上,使得电子-空穴对消失。在热平衡状态下本征半导体载流子浓度主要由温度决定,温度越高,载流子浓度也越高。在本征半导体中单位体积内的载流子浓度 n_i 可以表示为:

$$n_i = K_1 T^{3/2} e^{-E_g/(k_B T)} \tag{2.28}$$

式中,$K_1 = 4.82 \times 10^{15} K^{-3/2}$。由该式可知,本征载流子的浓度除了与温度有关外,还

与禁带宽度 E_g 有关。图 2.8 为三种半导体材料本征载流子浓度与温度的关系，随着温度在一定范围内变化，载流子浓度可以很容易地改变几个数量级。然而，本征半导体在室温下载流子浓度与金属自由电子浓度（约为 10^{22} 个/cm³）相比极小，因此它们只有很微弱的导电能力。

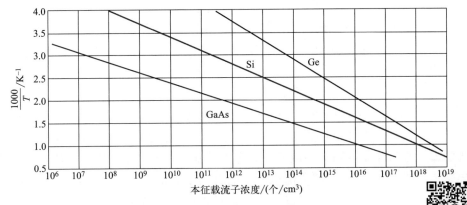

图 2.8　三种半导体材料本征载流子浓度与温度的关系曲线

在外电场的作用下，自由电子和空穴会发生漂移运动形成电流。半导体的电导率可以看作两者叠加的结果，故本征半导体的电导率可以表示为：

$$\sigma = n_i q(\mu_n + \mu_p) \tag{2.29}$$

温度升高会加剧半导体中价电子的热运动，从而有更多的自由电子跃迁到导带中，最终载流子数目增加促使半导体的电导率增大。这与金属随温度升高而电导率下降正好相反。结合式(2.28) 和式(2.29)，本征半导体电导率可以表示为：

$$\sigma = q(\mu_n + \mu_p) K_1 T^{3/2} e^{-E_g/(2k_B T)} \tag{2.30}$$

从该式可以看出，若忽略 $T^{3/2}$ 项的影响，本征半导体的电导率随温度升高呈指数型增加。通过半导体材料电导率和温度的关系就可以计算材料的禁带宽度 E_g，同时也可以根据 E_g 和 T 求出电导率 σ。

2.2.1.3　半导体的掺杂性质

在常温下，本征半导体中的载流子浓度普遍很低，导电能力差，并且其电导率受温度影响较大，不易控制，通常需要在本征半导体中掺入一定量的杂质元素来改善其电学性能。由于杂质元素，如元素周期表中的第 VA、ⅢA 族元素的电离能比本征半导体的禁带宽度小得多，杂质的电离和半导体的本征激发会发生在不同的温度区间，因此可以实现半导体材料中自由电子或空穴浓度的独立改变。目前，半导体的人工掺杂已成为设计半导体性质和制备半导体器件的重要方法。

当向半导体中掺杂高价杂质时，杂质原子提供的价电子数目多于半导体原子，多余的价电子很容易进入导带而成为电子载流子，半导体的电导率也随之增加，这种提供多余价电子的掺杂称为施主掺杂。当向半导体中掺杂低价杂质时，杂质原子提供的价电子数目少于半导体原子，很容易在价带中形成空穴，半导体的电导率同样随之增加，这种掺杂称为受主掺杂。施主掺杂的半导体称为 N 型半导体，受主掺杂的半导体称为 P 型半导体。

硅（Si）是一种极为重要的半导体材料，在电子技术中占有重要地位。这里我们以 Si

为例讨论半导体的施主掺杂和受主掺杂。

（1）施主掺杂

第ⅤA族元素，如P、As、Sb等，它们原子的未满壳层有5个价电子，可以同Si形成代位式固溶体，通常可以作为Si半导体施主掺杂的元素。这里以Si中掺P为例，讨论半导体的施主掺杂。

图2.9(a)为Si中掺P后的共价网络示意图。每个Si原子可以与周围4个Si原子形成4个共价键。当P原子取代Si原子后，P原子的5个价电子中4个价电子同周围Si原子形成4个共价键，但尚有一个"多余的"价电子。而P为+5价，当P同其周围的4个Si原子形成4个共价键以后，相当于带1个正电荷的离子，记为P^+。所以，这个多余的价电子同P^+存在库仑吸引作用，可以形成一个相对稳定的束缚态。这个束缚态使P原子提供的多余价电子做局域化运动，不能直接参与导电。但是，由于受到P^+周围共价键上电子的屏蔽作用，两者的库仑吸引作用很弱，相应的束缚态也非常不稳定，电子很容易从这个弱的束缚态中电离出来。由于Si的价带已经全部填满，电离出来的电子只能填充在导带底部，而成为电子载流子。由于Si中掺P以后可以更容易地提供电子载流子，因此称这种掺杂为施主掺杂，称上述的束缚态能级为施主能级，一般用E_d表示。

因为Si半导体本身的价带已被填满（满带），没有位置容纳多余的电子，所以额外的电子只能靠近导带的下方。因此，施主能级E_d通常靠近导带底的能级E_C。图2.9(b)给出了施主掺杂后的本征Si半导体能带示意图。从能带图可以看出，激发这些额外的电子进入导带形成自由电子所需的能量ΔE_d要远远小于半导体的禁带宽度E_g。因为电子施主能级跃

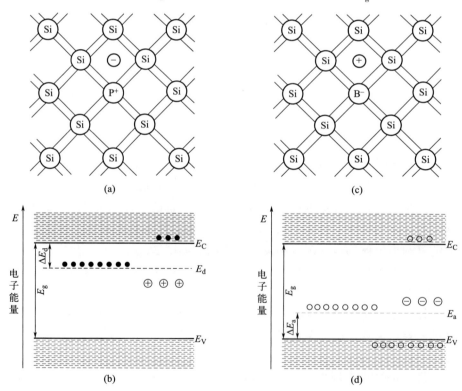

图2.9 (a) N型半导体电子结构示意图；(b) N型半导体能带示意图；
(c) P型半导体电子结构示意图；(d) P型半导体能带示意图

迁至导带远比电子从价带跃迁至导带的本征跃迁容易，所以向 Si 中进行施主掺杂以后，可以显著提高半导体的电导率。

对于施主掺杂的半导体而言，电子很容易从施主能级跃迁至导带（施主电离），所以施主掺杂半导体的主要载流子是导带上的电子（有时称为多数载流子或多子），而价带顶部的空穴则是少数载流子（有时称为少子），称这类半导体为 N 型半导体。

（2）受主掺杂

在本征 Si 中掺入少量第Ⅲ主族（三价）元素，如 B、Al、Ga、In 等，它们均可与 Si 形成代位式固溶体，所以向 Si 中掺杂第Ⅲ主族元素杂质可以实现受主掺杂。下面以 Si 中掺 B 为例介绍半导体的受主掺杂。

图 2.9(c) 为本征 Si 中掺 B 后的共价键网络示意图。由于每个 B 原子只能提供 3 个价电子，若 B 原子同周围的 4 个 Si 原子全部形成共价键时，必然在其他某个键上存在一个电子空位，这个空位相当于一个带正电荷的粒子。这个空位如果在 Si 中是非局域化的，那么它一定是在价带的顶部，实际上它就是可以作为载流子的空穴。

图 2.9(d) 给出了受主能级及受主电离示意图。当 B 与其相邻的 Si 原子均形成共价键以后，B 实际上相当于一个带负电的离子，用 B^- 表示。这样，空穴就与 B^- 离子之间存在一种比较弱的库仑相互作用，可以形成一个比较弱的束缚态。该束缚态能级称为受主能级，用 E_a 表示。受主的中性态（即束缚态）意味空穴占据了能级 E_a，其电离态是空穴跃迁至价带顶部，相当于电子从价带顶部跃迁至能级 E_a，所以，E_a 略高于价带顶能级 E_V。

因为电子从价带顶部跃迁至受主能级（在价带顶附近留下空穴）非常容易，所以对半导体进行受主掺杂同样会有效提高半导体的电导率。经受主掺杂后的半导体以空穴导电为主，因此也被称为 P 型半导体。

2.2.1.4 半导体的界面性质

（1） P-N 结

在同一块半导体材料中，一边是 P 型区，另一边是 N 型区，在相互接触的界面附近将形成一个结，叫作 P-N 结，它的空间电荷区如图 2.10 所示。P 区空穴多，电子少；N 区则电子多，空穴少。因此，当彼此接触后，N 区电子要向 P 区扩散，P 区空穴也要向 N 区扩散。这种电荷转移的结果是在 N 区一边出现由电离施主构成的正空间电荷，而在 P 区一边

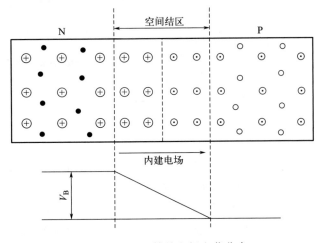

图 2.10　P-N 结的空间电荷分布

出现由电离受主构成的负空间电荷。在空间电荷区内形成从 N 区指向 P 区的内建电场,阻止 N 区的电子和 P 区的空穴越过分界面向对方扩散。对电子而言,边界 P 区一侧的势能高于 N 区,在结区形成了电子的势垒。

按照杂质的分布状况,P-N 结可分为两类,即突变结和缓变结。突变结结面两边的掺杂浓度是常数,但在界面处导电类型发生突变。缓变结的杂质分布是通过结面缓慢地变化。合金结和高表面浓度的浅扩散结一般可认为是突变结,而低表面浓度的深扩散结,一般可认为是缓变结。正因为 P-N 结的结构特点使其具有单向导电性,所以它成为了许多半导体电子器件(二极管、三极管、晶体管等)的基本结构单元,成为了现代超大规模集成电路的硬件基础。

由于结区中载流子浓度很低,是高阻区,如果加上正向偏压 V,我们可以认为其全降落在结区,V 使 P 区电势升高,则势垒降低,电子不断从 N 区向 P 区扩散,空穴也不断从 P 区向 N 区扩散,由于是多子(多数载流子)运动,所以随外加电压的增加,扩散电流显著增加;反之施加反向偏压 $-V$ 时,外加电场与自建电场一致,使势垒升高,漂移运动成了主要方面,由于是少子(少数载流子)运动,所以反向电流很小,且不随反向电场的增大有很大增加。正向偏压下,电流随偏压指数上升,反向偏压下,电流很小,且很快趋向饱和,即反向饱和电流仅几微安每平方厘米,此伏安特性具有单向导电的整流性质。典型 P-N 结的伏安特性曲线如图 2.11 所示。

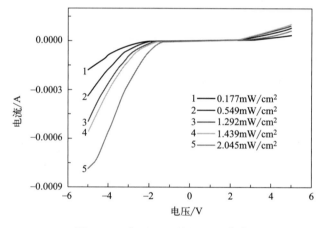

图 2.11 典型 P-N 结的 I-V 曲线

击穿特性是 P-N 结的一个重要特性。当反向偏压升到某电压值时,反向电流急剧增大,称为击穿,其电压为击穿电压 V_B。有两种击穿的情况,一种是当势垒区的电子和空穴受到强电场作用,动能增大,当达到 V_B 时,使载流子在势垒区内获得的动能大到足以引起碰撞电离的程度,把晶格原子的价电子激发至导带,产生电子-空穴对,进而使势垒区内载流子浓度倍增,迅速增大了反向电流,发生雪崩击穿。另一种是隧道击穿,是由隧道效应引起的一种击穿现象,即 P-N 结两边的掺杂浓度都很高,以致两边材料都高度简并化,而且势垒区非常薄,小正向偏压下,电流有一负微分电导区($d_J/d_V<0$),在较高的正向偏压下,逐渐趋于普通伏安特性,具有这种特性的二极管称为隧道二极管或江崎二极管。以击穿电压 V_B 作为检测器件是否合格的重要参数,同时也可利用击穿规律制作稳压二极管、微波振荡二极管等。

此外，P-N 结区在正向偏压下，随着外加电压的增加，势垒区的电场减弱，宽度变窄，空间电荷数量减少；而在反向偏压下，随着外加电压的增加，势垒区的电场加强，宽度变厚，空间电荷数量增加。类似于边界在充、放电，这种由于势垒区的空间电荷数量随外加电压的变化所产生的电容效应，实际为 P-N 结区的势垒电容。

（2）肖特基结

在半导体上沉积一层金属，形成紧密的金属-半导体接触，也称为肖特基结。

① 金属和半导体的接触电势差

预设一块金属和一块 N 型半导体拥有共同的真空静止电子能级，两者在未接触前的能级图如图 2.12 所示，其中 E_0 为真空中静止电子的能级，E_{fm} 为金属的费米能级，两者差值 W_m 即为金属的功函数。半导体的导带底和价带顶能级分别为 E_C 和 E_V，E_{fs} 为半导体费米能级。E_0 与 E_{fs} 的差值 W_s 为半导体的功函数，E_0 与 E_C 的差值为半导体的亲和能 X_E。

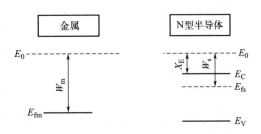

图 2.12 金属和半导体的功函数

假定金属的功函数大于半导体，即 $W_m > W_s$。若半导体无表面态，金属和半导体接触后成为统一的电子系统。由于半导体费米能级高于金属（$E_{fs} > E_{fm}$），因此半导体中电子向金属流动，并在表面形成由电离施主构成的空间电荷层，金属得到多余电子而表面带负电，导致金属电势降低和半导体电势提升，引起相应内部所有电子能级和表面处电子能级的变化。平衡状态下两者的费米能级在同一水平，无电子净流动，此时能带结构见图 2.13。在表面电场作用下，空间电荷层弯曲，半导体表面与内部间存在电势差（表面电势 U_s）。金属与半导体间产生的接触电势差 U_D（数值上等于表面电势 U_s）导致半导体原有的费米能级 E_{fs} 相对于金属的费米能级 E_{fm} 降低了 $W_m - W_s$，相应关系式如下：

$$qU_D = -qU_s = W_m - W_s \tag{2.31}$$

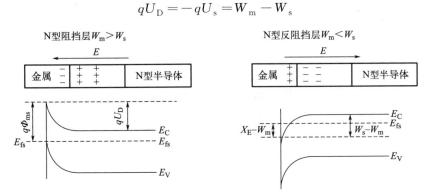

图 2.13 金属与 N 型半导体接触后的能带图

金属与 N 型半导体接触时，若 $W_m > W_s$，半导体表面形成一个正的空间电荷区，电场方向由体内指向表面，此时 $U_s < 0$ 且能带向上弯曲而形成表面势垒。势垒区内空间电荷主要由电离施主形成，电子浓度要比体内小得多，此区为高电阻区域，即主阻挡层或者肖特基势垒。若 $W_m < W_s$，电子从金属流向半导体并在半导体表面形成负的空间电荷区，电场方向由表面指向体内，此时 $U_s > 0$ 且能带向下弯曲。表面电子浓度比体内大得多，此区为高电导区域，称为反阻挡层。反阻挡层几乎不影响半导体和金属的接触电阻。

金属与 P 型半导体接触时，阻挡层的形成条件与 N 型半导体的情况刚好相反。当 $W_m<W_s$ 时，能带向下弯曲形成空穴的势垒，构成 P 型阻挡层；当 $W_m>W_s$ 时，能带向上弯曲形成 P 型反阻挡层。同种半导体的电子亲和能 X_E 为定值，当它与不同金属形成接触时，其势垒高度应该会直接随金属功函数而变化。但实验结果表明功函数相差较大的金属与半导体接触形成的势垒高度相差很小，说明金属功函数对势垒高度无太大影响，而主要与半导体表面态相关。

② 金属半导体接触整流效果

平衡态下由半导体进入金属的电子流和反向电子流大小相等、方向相反而构成动态平衡，无净电流流过阻挡层。在金属和半导体间加上一定电压后，压降集中在高电阻的阻挡层上。金属上加正电压时，半导体侧势垒降低，半导体到金属的电子数增加并超过了反向电子数，形成了从金属到半导体的由 N 型半导体中多数载流子组成的正向电流。外加电压越高，势垒下降越多且正向电流越大。金属上加负电压时，从半导体到金属的电子数目因半导体侧势垒增高减少，便形成了一股同方向的反向小电流。金属侧势垒不随外加电压变化，所以从金属到半导体的电子流保持恒定。反向电压提高后，半导体到金属的反向电流趋于饱和且可忽略不计。上述结果表明阻挡层的整流特性类似于 P-N 结（见图 2.14）。P 型阻挡层和 N 型阻挡层中正反向电压的极型正好相反。金属加负电压（$U<0$）时形成从半导体流向金属的正向电流，加正电压（$U>0$）时形成从金属到半导体的反向电流。无论何种阻挡层，正向电流都是多数载流子从半导体到金属所形成的电流。阻挡层较薄时，半导体内部的电子只要有足够能量都能超越势垒顶点后穿过阻挡层进入金属。相应地，金属中能超越势垒顶的电子也能到达半导体内，此时可用热电子发射理论对这种整流效应进行定量描述。

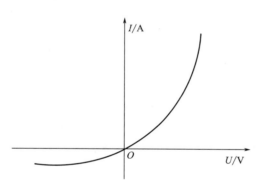

图 2.14 金属-半导体接触的伏安特性曲线

③ 肖特基势垒光伏探测器的工作原理

肖特基结型光伏探测器的电流-电压关系类似于 P-N 结光伏探测器，但又有显著特点：P-N 结正向导通时由 P(N) 区注入 N(P) 区的空穴（电子）都是少数载流子，待形成一定积累后靠扩散运动形成电流，而非平衡载流子的积累会对 P-N 结的高频性能产生不利影响。肖特基结是多数载流子器件，其正向电流主要由半导体进入金属的多数载流子形成。金属和 N 型半导体接触并正向导通时，电子从半导体越过势垒进入金属后并不会积累，而是直接成为漂移电流而流动，因而赋予结更好的高频特性。肖特基结的反向饱和电流要远大于相同势垒高度下的 P-N 结。

2.2.2 半导体材料的分类及应用

被誉为世界上第四大重要发明的半导体，其重要性不言而喻。生活中的手机、电视、电脑、汽车等电子产品、设备都与半导体器件息息相关。而半导体产业的基础是半导体材料，随着半导体产业的发展，半导体材料也在逐渐发生变化。半导体材料的种类十分丰富，按照不同的分类标准，半导体材料可进行如下分类。

根据化学组成的不同，半导体可分为无机半导体和有机化合物半导体，而无机半导体又有元素和化合物两种类型的半导体材料；根据结晶程度的不同，可分为晶体半导体、非晶半导体和微晶半导体等类型；根据晶体结构的不同，可分为金刚石型、闪锌矿型、纤锌矿型、黄铜矿型半导体；根据半导体材料维度的不同，又可以将半导体材料分为体块材料和低维纳米材料半导体，而低维纳米材料又可以按照其维度划分为零维（量子点、原子团簇等）、一维（纳米线、纳米带、纳米管、核壳结构的纳米线等）、二维（薄膜、纳米片等）、三维（纳米粒子、纳米花等）等纳米材料。典型半导体材料的分类如表2.5所示。

表 2.5　典型半导体材料的类型

主要类型			具体材料
无机半导体		元素半导体	硼、锗、硅、灰锡、锑、硒、碲等
	化合物半导体	金属氧化物	ZnO、Ga_2O_3、TiO_2、Al_2O_3、Cu_2O、NiO、V_2O_5 等
		尖晶石型化合物	$AgInSnS_4$、$FeMnCuO_4$、$CdCr_2S_4$、$CdCr_2Se_4$、$HgCr_2S_4$
		稀土氧、硫、硒、碲化合物	EuO、EuS、$EuSe$、$EuTe$
		Ⅲ-Ⅴ族	$CaAs$、$InSb$、GaP、InP、AlP
		Ⅱ-Ⅵ族	CdS、$CdSe$、$CdTe$、ZnS、$ZnSe$、$ZnTe$、BeS、$BeTe$
		Ⅳ-Ⅳ族	SiC、$GeSi$
		Ⅴ-Ⅵ族	Bi_2Te_3
有机半导体		有机物类	包括芳烃、染料、金属有机化合物，如紫精、酞菁、孔雀石绿、罗丹明B等
		聚合物类	包括主链为饱和类聚合物和共轭型聚合物的材料，如聚苯、聚乙炔、聚乙烯咔唑、聚苯硫醚等
		电荷转移络合物	由电子给予体与电子接受体两部分组成，典型的有四甲基对苯二胺与四氰基醌二甲烷复合物
非晶态半导体		硫系非晶态半导体	S、Se、Te 以及它们的"合金"； 硫系二元化合物：As_2S_3、As_2Se_3、As_2Te_3 以及它们的混合物； 多重组分的硫系玻璃：在硫系二元化合物的基础上加入不同比例的Ge、S、Sb、P 等元素，如 $As_{30}Te_{48}Si_{12}Ge_{10}$、$Si_{18}As_{27}Se_{16}Te_{39}$、$As_{31}Se_{21}Ge_{30}Te_{18}$ 等
		四配位非晶态半导体薄膜	Si、Ge、SiC 等； $A_{Ⅲ}B_{Ⅴ}$ 型化合物：InSb、GaAs 等

根据半导体材料发展的时间脉络，还可以对其进行如下分类。

第一代半导体材料是指由硅（Si）和锗（Ge）等元素构成的半导体材料。在1990年以前，以硅材料为主的第一代半导体材料由于自然界储存量较大、芯片制造工艺成熟等因素占据绝对的统治地位。由第一代半导体材料制成的晶体管取代了体积大、成本高、寿命短、制造烦琐、结构脆弱的电子管，推动了集成电路的飞快成长，重点被应用于低电压、低频、中功率器件。至2021年，全球以硅作为主要材料制造的半导体芯片和器件超过95%。第一代半导体材料奠定了计算机、网络和自动化技术发展的基础。

第二代半导体材料主要是指兴起于20世纪70年代的以砷化镓（GaAs）、磷化铟（InP）

为代表的化合物半导体材料。相比于第一代半导体材料硅，砷化镓在电子迁移率方面展现出了极大的优点，并具有较宽的带隙，可以满足高频和高速的工作环境，是制造高性能微波、毫米波器件及发光器件的优良材料。由于信息高速公路和互联网的迅速发展，卫星通信、现代移动通信、光通信、GPS 导航等行业也普遍地使用第二代半导体材料。虽然第二代半导体材料相较于第一代半导体材料有了较大的进步，但第二代半导体材料也有着严重的短板，其禁带宽度、击穿电场强度在高温、高功率等较为极端环境中并不能满足工作运行的条件。其次，第二代半导体的原材料不仅稀缺、价格昂贵，而且具有毒性，对环境和人体都不够友好，应用受到一定的局限。

第三代半导体材料通常是指禁带宽度大于 2.3eV 或等于 2.3eV 的半导体材料，也被称为宽禁带半导体材料或高温半导体材料，是以碳化硅（SiC）、氮化镓（GaN）、氧化锌（ZnO）等为代表的化合物半导体材料。其具有宽的禁带宽度、高电子饱和速率、高击穿电场、较高热导率、耐腐蚀以及抗辐射等优点，更适用于高温、高频等极端环境，被广泛应用于高电压、高功率等领域。碳化硅的显著优点是碳化硅器件在高温下具有很好的可靠性，适用于电力电子功率器件等领域。氮化镓的优势在高频领域，适合应用于通信基站、消费电子等场合。除此之外，氮化镓作为一种结构相当稳定、类似纤锌矿的化合物，又是高熔点并且坚硬的材料，因此适用于极端环境。氧化锌是在熔点、成本等方面表现出极大应用前景的化合物半导体材料。氧化锌研究的重要方向是压电器件和压电光电子器件应用。

第四代半导体材料氧化镓（Ga_2O_3）由于自身的优异性能，凭借比 SiC 和 GaN 更宽的禁带，在紫外探测、高频功率器件等领域吸引了越来越多的关注和研究。氧化镓是一种宽禁带半导体，其导电性能和发光特性良好，因此在光电子器件方面有广阔的应用前景，被用作 Ga 基半导体材料的绝缘层以及紫外线滤光片。得益于技术迭代，第四代半导体材料市场关注度日渐提升，全球布局企业数量不断增加。在国际市场上，随着研究不断深入，第四代半导体材料的研究已取得一定成果，但总体来看，目前第四代半导体材料仍处于产业化初期，距离规模化生产和应用仍较远。

此外，根据使用性能的不同，半导体可分为发光半导体、光电半导体、磁性半导体、热电半导体等类型。例如，利用半导体的光电效应（光电导效应、光伏效应、发光效应），可以实现半导体材料在光学成像、光催化、太阳能电池、发光等领域中的应用；利用半导体的热电效应（泽贝克效应、佩尔捷效应），可以用来制作温差发电机和半导体制冷器等半导体器件；利用半导体的磁电效应（霍尔效应、磁阻效应、热磁效应、光磁电效应），如利用霍尔效应可以判断半导体材料的导电类型，测量半导体载流子浓度，结合电阻率的测量，可测载流子的迁移率，而且利用霍尔效应制作的霍尔器件也得到了广泛的应用。

2.3 超导材料

2.3.1 超导材料概述

超导体（superconductor），又称为超导材料，是指在某一温度下，可以呈现超导现象的材料。自 1911 年超导现象被首次发现以来，众多科学家在超导领域不断取得重大突破，然而也不断面临新的挑战。迄今为止，超导领域已 5 次共 10 位科学家获得了诺贝尔奖，如图 2.15。除诺贝尔奖之外，目前专门在超导研究领域设立了 3 个重要奖项——马蒂亚斯奖、巴丁奖和昂纳斯奖，分别奖励在超导材料、超导理论和超导实验领域做出卓越贡献的科学家。而在我国，中国科学院物理研究所赵忠贤院士团队于1989年因"液氮温区氧化物超导电性的发现"获国家自然科学奖集体一等奖；中国科学技术大学陈仙辉院士团队于2013年凭借"铁基超导"方面的研究成果获得国家自然科学一等奖；此外，因对高温超导材料的突破性发现和对转变温度的系统性提升所做出的开创性贡献，两个团队还荣获了2023年未来科学大奖——物质科学奖。因此，无论是超导材料的研究、超导机理探索还是应用的拓展，都将对科学进步与国家发展具有重要意义[7]。

图2.15 超导历史上获得诺贝尔奖的10位科学家

超导现象的发现与低温研究密不可分。在18世纪，由于低温技术的限制，人们认为存在不能被液化的"永久气体"，如氢气、氦气等。1898年，英国物理学家杜瓦制得液氢。1908年，荷兰莱顿大学莱顿低温实验室卡梅林·昂纳斯教授团队成功将最后一种"永久气体"——氦气液化，并通过降低液氦蒸气压的方法，获得1.15~4.25K的低温。低温研究的突破，为超导体的发现奠定了基础，也开启了超导材料发现的新篇章，图2.16列出了百余年来各类超导材料发现的历史年鉴。1911年2月，掌握了液氦和低温技术的卡梅林·昂纳斯团队发现，在4.3K以下，铂的电阻保持为一常数，而不是通过一极小值后再增大。因此，卡梅林·昂纳斯认为纯铂的电阻应在液氦温度下消失。为了验证这种猜想，卡梅林·昂纳斯选择了更容易提纯的Hg作为实验对象。首先，卡梅林·昂纳斯将Hg冷却到零下40℃，使汞凝固成线状；然后利用液氦将温度降低至4.2K附近，并在Hg线两端施加电压；当温度稍低于4.2K时，汞的电阻突然消失，呈现零电阻状态。由于在低温物理和超导现象发现中的贡献，卡梅林·昂纳斯教授于1913年获得了诺贝尔物理学奖。

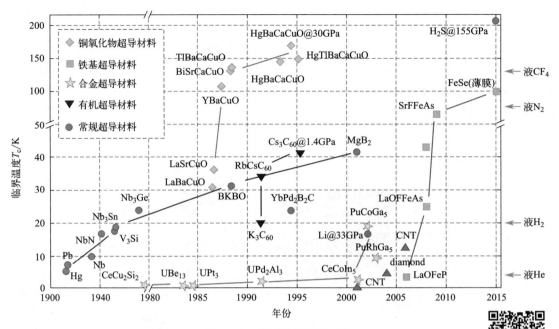

图 2.16 超导材料发现年鉴

原则上说，如果把高纯金属认为是理想导体，也可以具有零电阻态，但超导体与单纯零电阻态的理想导体有本质区别，具有更多的奇特性质。1933 年，德国物理学家迈斯纳（W. Meissner）和奥森菲尔德（R. Ochsenfeld）发现处于超导态的超导体内部磁感应强度为零，即具有完全抗磁性，超导态下磁化率为－1，这成为判断超导体的另一个重要特征指标。

此后，人们又陆续发现在元素周期表中，除了一些磁性金属（Mn、Co、Ni）、碱金属（Na、K、Rb）、部分磁性稀土元素、惰性气体和重元素等尚未观测到超导电性外，其他常见金属甚至非金属元素在特殊环境下（低温、高压等）都可以实现超导性。然而，金属和合金以及简单金属化合物的超导临界温度都很低，在 1911～1986 年间，仅从 Hg 的 4.2K 提高到 Nb_3Ge 的 23.2K。当时一些理论甚至明确指出，基于电声子相互作用机制的超导临界温度存在"麦克米兰极限"，即超导临界温度的最高值为 40K。这意味着实现超导态需要依赖非常昂贵的液氢来维持低温环境，极大制约了超导材料的研究和应用。然而，人们却从未放弃寻找具有更高转变温度的超导材料。

1986 年，德国科学家柏诺兹（J. G. Bednorz）和瑞士科学家缪勒（K. A. Müller）在具有钙钛矿结构的 La-Ba-Cu-O 体系中，发现了转变温度高达 35K 的氧化物陶瓷。这一发现也引发了世界范围高温超导的研究热潮，随后上演了一场空前激烈的 T_c 纪录的争夺战。1987 年 2 月，休斯顿大学的朱经武、吴茂昆研究组和中国科学院物理所的赵忠贤研究团队分别独立发现在 $YBa_2Cu_3O_{6+\delta}$ 体系存在 90K 以上的 T_c（临界温度），超导研究首次成功突破了液氮温区（77K），使得超导的大规模研究和应用出现了可能。随后，1988 年盛正直等人在 Tl-Ba-Ca-Cu-O 体系中发现 $T_c=125K$；1993 年席林（Schilling）等在 Hg-Ba-Ca-Cu-O 体系再次刷新 T_c 纪录至 135K；1994 年，朱经武研究组在高压条件下把 $Hg_2Ba_2Ca_2Cu_3O_{10}$ 体系的 T_c 提高到了 164K。在短短十年左右时间，铜氧化物超导体的 T_c 值翻了几番。相对于常规的金属和合金超导体（一般称为传统超导体），铜氧化物超导体具有较高的超导临界温度（突破麦克米兰极限），因此被称为高温超导体。高温超导材料的巨大突破，可以使液氮代替液氦作为超导制冷剂获得超导材料，使超导技术走向大规模开发应用，被认为是 20 世纪科学上最伟大的发现之一。柏诺兹和缪勒也于 1987 年获得了诺贝尔物理学奖，以表彰他们发现陶瓷材料中的超导电性所做出的贡献。

此外，人们还在诸多其他材料中，如金属氧化物（如钛氧化物、铌氧化物、铋氧化物、钌氧化物、钴氧化物等）、特殊金属化合物（如 $CeCu_6$、$CeCu_2Si_2$、$CeCoIn_5$、$YbAl_3$、UPt_3 等）、碳的同素异形体（如 C_{60}）、碱金属或碱土金属碳化物（如 KC_8、CaC_6 等）、其他一维和准二维有机材料 [如 k-$(BEDT-TTF_2)X$、λ-$BETS_2X$ 等]、碱金属掺杂菲和多苯环化合物等中发现了超导电性。2001 年，日本科研人员在具有简单二元结构的 MgB_2 材料中意外发现了 39K 的超导电性。但 MgB_2 的独特之处在于它的电子结构中有不止一个能带跨越费米面，电声耦合所造成的费米面失稳完全可能在两个能带的费米面处产生能隙，形成典型的两带结构。两类不同能带上的电子同时参与了超导电性，被认为是该材料实现高超导温度的原因，这为人们理解超导形成机理提供了新的思路。后来实验证实了它具有和常规金属超导体相同的超导机理，和铜氧化物超导机理截然不同，因此它不属于高温超导体的范畴。

2006 年，日本的细野秀雄（H. Hosono）研究小组发现 LaFePO 存在约 4K 的超导电性，随后在 2008 年又发现 $LaFeAsO_{1-x}F_x$ 中存在 26K 的超导电性。在随后的数月之内，中国科学家通过合成其他稀土铁砷化物将 T_c 成功提高到了 56K。经过科学家的共同努力，许多具有新结构体系的铁砷化物和铁硒化物超导体（如 LaFeAsO、$BaFe_2As_2$、LiFeAs、FeSe 等）被陆续发现。这些材料几乎在所有的原子位置都可以进行不同的掺杂而获得超导电性，这个新的超导体系被称为铁基超导体。目前保守估计的铁基超导家族成员至少有 3000 多种。铁基超导材料具有 40K 以上的超导电性，且它又和铜氧化物的超导机理有着深刻的类比之处，所以它是继铜氧化物高温超导体发现之后新的第二类高温超导体。在国家自然科学一等奖连续三年空缺之后，以赵忠贤、陈仙辉、王楠林、闻海虎和方忠为代表的中国科学院物理所和中国科学技术大学研究团队凭借"40K 以上铁基高温超导体的发现及若干基本物理性质研究"，获得了 2013 年度国家自然科学一等奖。目前，超导学界已发现的铁基超导体大致可分为 1111 型、122 型、111 型、11 型、1144 型结构超导体等五大类。科学家最新发现，同低温及铜氧化物超导体相比较铁基超导体更具备各向异性较低、上临界场极高等特点[8]。此外，由于中国科研人员在铁基超导领域的卓越贡献，美国《科学》杂志发表了题为"新超导体将中国物理学家推到最前沿"的评论，报道了我国物理学家在新型铁基超导体研究中所开展的富有重要影响的领先性工作[9]。

实现室温超导是超导研究者们一直以来的梦想。目前，超导研究者们正努力探索两个关键问题：一个是凝聚态物理学界"皇冠上的明珠"高温超导机理难题；另一个则是找到更多高温超导甚至室温超导体。近年来，无论在理论预测还是在实验中验证实现室温超导的报道更是层出不穷。

过去 40 年的经验表明，新超导材料的发现周期在变短，因此未来发现新高温超导材料的可能性也在逐渐变大。金属氢、硫化氢及含碳硫氢化合物等均是最有潜力实现室温超导的备选材料，然而，目前它们的室温超导性能的实现均是基于极端压力的情况，因此目前对其研究的意义仅限为相关机理研究提供素材。例如美国科学家马杜里·索马亚祖鲁在 2019 年报道在190万个大气压下,十氢化镧(LaH$_{10}$)可在逼近室温的260K(零下13℃左右)出现超导性。迄今,公认的超导温度最高的材料是极压碳质硫氢化物,在267GPa下的临界转变温度为+15℃。据不完全统计,历史上声称室温超导(接近或高于300K)的次数不少于7次,但都未得到证实或被学界质疑。2018年中国曹原博士在 *Nature* 主刊连发两篇长文[10],通过将两层自然状态的二维石墨烯材料相堆叠,并控制两层间的扭曲角度为1.1°,即可构建出性能出色的零电阻超导材料,然而其临界转变温度仅为约1.7K,与实际应用相距甚远。但魔角石墨烯超导的研究已成为聚态物理领域的一个重要方向,未来研究将继续探讨魔角石墨烯的电子结构、相互作用、超导对称性和拓扑性质,以期揭示这一奇特二维材料的超导机制,并为实际应用提供新的思路。

我们有理由相信,在充分满足超导材料的稳定性和制造成本的前提下,常压室温超导的发现必将带来新一轮的工业革命。因此,对超导材料的研究,无论在过去、现在还是将来都是一个充满发现与挑战的领域。

2.3.2 超导体的基本理论[11-12]

2.3.2.1 超导电性的微观机制

为阐明超导体的机理,科学家提出了多种理论,包括:1935年提出的,用于描述超导电流与弱磁场关系的伦敦(London)方程;1950~1953年提出的,用于完善London方程的皮帕德(Pippard)理论;1950年提出的,用于描述超导电流与强磁场(接近临界磁场强度)关系的G-L(Ginzburg-Landau)理论;1957年提出的,从微观机制上解释第一类超导体的BCS(Bardeen-Cooper-Schrieffer)理论等。其中比较重要的理论有G-L理论、BCS理论等。

(1) G-L理论

G-L理论以朗道(Landau)的二级相变理论为基础,假设了超导态和正常态之间的相变可以用一个所谓相变序参量来描述,从而推导出超导转变附近的临界行为。G-L理论的核心结论是:外磁场并不是完全不可以进入超导体,实际上它穿透进入了超导体的表面;即使在超导临界温度下,如果外磁场足够强,那么它也可以完全进入超导体而彻底破坏超导态,即恢复到正常态。能够破坏超导态的磁场称为临界场 H_c,一些超导体只存在一个临界场,称为第Ⅰ类超导体,如图2.17(a)所示。而实际上大部分超导体存在两个临界场,即下临界场 H_{c1} 和上临界场 H_{c2},这些超导体被称为第Ⅱ类超导体,如图2.17(b)所示。当磁场强度低于下临界场(H_{c1})时,超导体处于完全抗磁状态;当磁场增加到下临界场($H_{c1}<H<H_{c2}$)时,磁力线可以部分穿过超导体,完全抗磁性被破坏,但是超导电子对仍然以超导环流的形式存在,零电阻态还被保持,这个中间状态被称为混合态;当磁场进一步增强到上临界场(H_{c2})时,零电阻态也被彻底破坏,超导体恢复到有电阻的正常态。

1957年,阿布里科索夫(Abrikosov)从G-L方程导出,在第Ⅱ类超导体中,磁场其实是以量子化的量子磁通涡旋(涡旋线、磁通线)进入超导体内部的,一个磁通量子为 $\Phi_0 = h/(2e)$,其值约为 2.067×10^{-15} W。对于第Ⅱ类超导体,在低温和低场下,量子磁通涡旋将有序地离散排列,如图2.18所示。量子化的磁通很快就被实验所证实,并开辟了涉及超导应用的一个重要领域——超导体的磁通动力学研究。

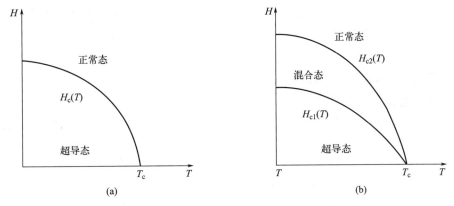

图 2.17　第Ⅰ类（a）和第Ⅱ类（b）超导材料的温度-磁场相图

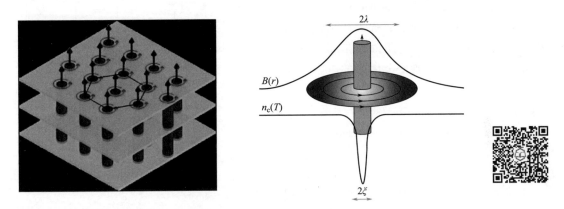

图 2.18　第Ⅱ类超导体中在混合态时磁通涡旋示意图

（2）BCS 理论

随着研究的深入，人们认识到，处于超导态的电子必须存在一个能隙才能保护超导态的稳定。同位素效应的实验发现说明了超导临界温度 T_c 和晶体中的原子热振动密切相关。原子热振动的能量准粒子（物质的运动单元，并不是作为物质结构单元的真实粒子）又叫作声子，因此超导很可能起源于电子和声子之间的相互作用。基于这些研究背景，1957 年美国科学家巴丁（J. Bardeen）、库珀（L. N. Cooper）和施里弗（J. R. Schrieffer）成功建立了常规金属超导体的微观理论，简称 BCS 理论。

BCS 理论认为，金属中自旋和动量相反的电子可以配对形成库珀对，库珀对在晶格当中可以进行无损耗的运动，形成超导电流。对于库珀对产生的原因，BCS 理论做出了如下解释：电子在晶格中移动时会吸引邻近格点上的正电荷，导致格点的局部畸变，形成一个局域的高正电荷区；这个局域的高正电荷区会吸引自旋相反的电子，和原来的电子以一定的结合能相结合配对；在很低的温度下，这个结合能可能高于晶格原子振动的能量，这样电子对将不会和晶格发生能量交换，没有电阻，形成超导电流。

BCS 理论的成功，不仅表现在它可以解释已经观察到的实验现象，而且在于它可以预言许多新的实验现象并被后来的实验所证实。通过 BCS 理论，可以导出库珀对的空间关联长度-相干长度、磁场穿透超导体表面的穿透深度、下临界磁场和上临界磁场、临界电流密度等一系列超导体特征物理量。BCS 理论在解释常规金属超导现象中获得了巨大的成功，它的许多物理概念和物理思想都在后续的超导研究中影响深远。因此，理论的提出者巴丁、库珀、施里弗获得1972年诺贝尔物理学奖。但BCS理论无法解释第Ⅱ类超导体存在的原因，尤其是根据BCS理论得出的麦克米兰极限温度（超导体的临界转变温度不能高于40K），早已被第Ⅱ类超导体突破。

2.3.2.2 超导体的基本物理特征

（1）零电阻效应

零电阻效应，指的是在常温时是导体或半导体甚至绝缘体的材料，当温度下降到某一特定值 T_c 时，它的直流电阻突然下降为零的现象。在实验中，若导体电阻的测量值低于 $10^{-25}\Omega$，可以认为电阻为零。材料没有了电阻，电流流经超导体时就不发生热损耗，电流可以毫无阻力地在导线中形成强大的电流，从而可以产生超强磁场。零电阻效应是超导材料的基本物理特征之一。典型金属汞的电阻随温度变化曲线如图2.19所示。

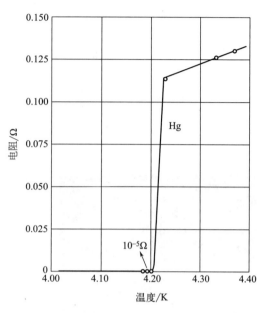

图 2.19 金属 Hg 在低温下的电阻的变化

（2）迈斯纳效应

迈斯纳效应是超导体从一般状态相变至超导态的过程中对磁场的排斥现象，是由 W. Meissner 和 R. Ochsenfeld 两位科学家于 1933 年在量度超导锡及铅样品外的磁场时发现的现象。

当一个磁体和一个处于超导态的超导体相互靠近时，磁体的磁场会使超导体表面中出现超导电流。此超导电流在超导体内部形成的磁场，恰好和磁体的磁场大小相等、方向相反。这两个磁场抵消，使超导体内部的磁感应强度为零（$B=0$），即超导体排斥体内的磁场。图 2.20 给出了超导材料在正常态和超导态磁感线穿过超导体的情况。迈斯纳效应是判断超导体的另外一个基本方法。

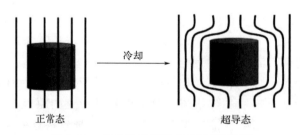

图 2.20 正常态和超导态的外磁场变化

零电阻效应和迈斯纳效应是超导材料的两个基本特性，是判断材料是否具备超导电性的基本判据。因此，只有同时出现以上两种效应的材料才可被认定为具有超导性。

2.3.2.3 超导体的临界参数

（1）临界温度（T_c）

超导体从正常态转变为超导态（0电阻）时的温度称为临界温度，又称超导转变温度，通常用 T_c 来表示，实际上它也是把库珀电子对解体开来的温度。当 $T>T_c$ 时，超导体呈正常态；当 $T<T_c$ 时，超导体由正常态转变为超导态。对于转变温度范围较宽的超导体（如高温超导体），临界温度可分为起始转变温度、中间临界温度和零电阻温度，如图 2.21 所示。

① 起始转变温度（T_c^{onset}），材料开始偏离正常态线性关系时的温度；

② 零电阻温度（$T_c^{R=0}$），材料理论电阻 $R=0$ 时的温度；

③ 转变温度宽度（ΔT_c），即 $(1/10 \sim 9/10)R_n$（R_n 为起始转变时，材料的电阻值）对应的温度区域宽度，其宽度越窄，说明材料的品质越高；

④ 中间临界温度（T_c^{mid}），即 $0.5R_n$ 对应的温度值。

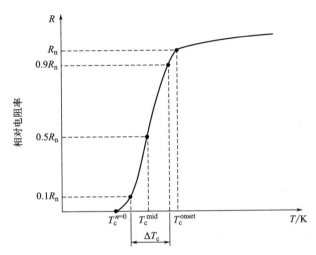

图 2.21　高温超导体的电阻转变与温度之间的关系曲线

（2）临界磁场强度（H_c）

材料的超导电性也可以被外加磁场所破坏，即有磁力线穿入超导体内，此时材料就从超导态转变为正常态。一般将可以破坏超导态所需的最小磁场强度称为临界磁场强度，用 H_c 表示。不同的超导体 H_c 不同，并且是温度的函数，即：

$$H_c = H_0 \left[1 - \left(\frac{T}{T_c}\right)^2\right] (T \leqslant T_c) \qquad (2.32)$$

式中，H_0 为绝对零度时的临界磁场强度；T_c 为临界温度。由此可见，当 $T=T_c$ 时，$H_c=0$，换句话说，超导体临界温度是在无磁场强度下超导体从正常态过渡到超导态的温度。随着温度的下降，H_c 升高，到绝对零度时达到最高。

根据超导材料在磁场中的行为，可将其划分为第Ⅰ类超导体和第Ⅱ类超导体两类，它们都表现出完全抗磁性。图 2.22 为第Ⅰ和第Ⅱ类超导体的磁场-温度相图。第Ⅰ类超导体在 H_c 以下显示超导性，当 $H>H_c$ 时立即转变为正常态。对于第Ⅱ类超导体，它存在两个临界磁场强度，分别用 H_{c1} 和 H_{c2} 表示，当 $H<H_{c1}$ 时，表现出完全抗磁性；当 $H_{c1}<H<H_{c2}$ 时，磁场可以部分穿透超导体，此时超导体处于超导态和正常态的混合态；当 $H>H_{c2}$ 时，超导性能消失，超导体转变为正常态。

（3）临界电流密度（J_c）

通过超导体的电流也会破坏超导态，当电流超过某一临界值时，超导体就出现电阻。将产生临界磁场强度的电流，即超导状态允许的最大电流称为临界电流，用 I_c 表示。这个现象可以从磁场破坏超导电性来说明。半径为 r 的超导线中通过电流 I 时，在超导线表面上产

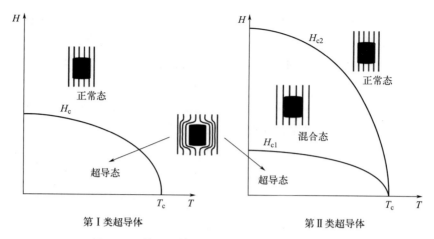

图 2.22 第Ⅰ和第Ⅱ类超导体的磁场-温度相图

生的磁场强度 H 为：

$$H = \frac{I}{2\pi r} \tag{2.33}$$

如果 I 很大，使 H 超过了 H_c，那么超导线的超导电性将被破坏，由此得到：

$$I_c = 2\pi r H_c = I_0 \left[1 - \left(\frac{T}{T_c}\right)^2\right] \tag{2.34}$$

I_0 为绝对零度时的临界电流。临界电流不仅是温度的函数，而且与磁场强度有着密切的关系。对于第Ⅰ类超导体，由于其相干长度较大，充当磁通钉扎中心的缺陷有位错、界面和沉淀相粒子。其相应的钉扎力形成机制有凝聚能机制（如非共格沉淀粒子）、内应力场机制（如位错）以及镜像力机制（如表面、界面和晶粒间界）。对于共格脱溶相而言，内应力场机制和凝聚能机制均有贡献。

对于第Ⅱ类超导体，在 H_{c1} 以下的行为与第Ⅰ类超导体相同，此时也可以按第Ⅰ类超导体考虑。当第Ⅱ类超导体处于混合状态时，超导体中正常导体部分通过磁力线与电流的作用，产生洛伦兹力使磁通线在超导体内发生运动，如图 2.23 所示，此时涡旋中心所受到的洛伦兹力（F_L）的大小可表示为：

$$F_L = JB \tag{2.35}$$

式中，J 为超导体中电流密度；B 为磁场强度。由于涡旋中心在洛伦兹力的作用下发生移动，将会导致超导体中能量的消耗，因此超导体会失去无阻传输的特性。

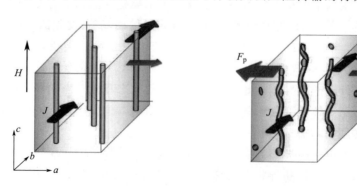

图 2.23 超导体在磁场下涡旋中心运动的示意图

但对于非理想的第Ⅱ类超导材料，其内部总是存在阻碍磁运动的"钉扎点"，如缺陷、杂质、第二相等。缺陷的磁通钉扎作用，将会阻碍涡旋中心的运动。当洛伦兹力小于最大钉扎力时，此时洛伦兹力和钉扎力相等，材料处于超导态。随着电流的增加，洛伦兹力超过了钉扎力，磁力线开始运动将会导致能量的损失，材料失去无阻传输特性。此状态下的电流是该超导体的临界电流，此时超导体的电流密度就是超导体的临界电流密度，有[13]：

$$F_p = J_c B \tag{2.36}$$

由此可见，钉扎力 F_p 越强，J_c 越大。在高温氧化物超导体中，由于其相干长度较短，大尺寸的缺陷已不能成为钉扎中心，只有尺寸小于相干长度的缺陷，如空位、微观晶格应变、小尺寸纳米粒子掺杂等才能作为有效的钉扎中心[14-15]。

超导体的三个基本临界参数，即临界温度 T_c、临界磁场强度 H_c 和临界电流密度 J_c，它们之间具有相互关联性，要使超导体处于超导状态，必须使这三个临界参数都满足规定的条件，任何一个条件如果遭到破坏，超导状态将会消失。三者之间的关系可用图 2.24 曲面来表示。在临界曲面以内的状态为超导态，其余均为正常态。

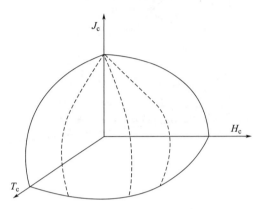

图 2.24 超导三个临界参数之间的关系

2.3.3 超导材料的现状及应用

2.3.3.1 超导线（带）材的制造[16]

截至目前，已发现的超导材料有上千种，但基于载流性能、热稳定性、成材能力等综合性能的筛选，具有实用化前景的超导材料并不是很多。通常根据各种材料超导 T_c 及超导电性的形成机理，将现有的几种实用化超导材料分为低温超导材料和高温超导材料两大类。NbTi（T_c=9.5K）和 Nb$_3$Sn（T_c=18K）是两种典型的实用化低温超导材料；$T_c \geqslant 25$K 的超导材料称为高温超导材料。目前具有实用价值的高温超导材料有：铋系超导体（Bi$_2$Sr$_2$CaCu$_2$O$_8$ 和 Bi$_2$Sr$_2$Ca$_2$Cu$_3$O$_{10}$）、REBa$_2$Cu$_3$O$_{7-x}$ 超导体（RE=Y、Gd 等稀土元素）、二硼化镁（MgB$_2$）和铁基超导体等。下面将分别对这几种实用化超导材料的特性和研究、应用现状进行介绍。

（1）低温超导材料

① NbTi 超导材料

NbTi 超导材料为单相 β 型固溶体，其上临界磁场（H_{c2}）在 4.2K 约为 12T。NbTi 超导体一般采用熔炼方法加工成合金，再使用集束拉拔工艺将其加工成以铜为基体的多芯复合超导线［如图 2.25(a) 所示］，最后通过结合时效热处理的冷加工工艺，获得由 β 单相合金转变为具有强钉扎中心的两相（α+β）合金的结构，其中 α 析出相作为钉扎中心提高材料的临界电流密度。20 世纪 90 年代初，NbTi 超导线材临界电流密度已达 3000A/mm^2（5T，4.2K）。同时，NbTi 超导线材性价比高、性能稳定，成为目前液氦温区使用最广泛的低温超导材料，被广泛应用于核磁共振成像仪（MRI）、核磁共振波谱仪（NMR）和大型粒子加速器的制造。在目前的实用化超导材料中，NbTi超导线材由于具有优异的中低磁场超导性能、良好的机械性能和加工性能，在实践中获得了大规模应用，因此具有非常大的市场份额，其用量占整个超导材料市场的90%以上。

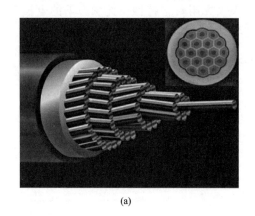
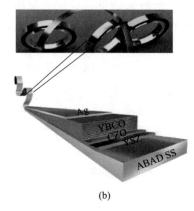

图 2.25　NbTi 合金线材（a）及 YBCO 带材（b）组成结构

② Nb_3Sn 超导材料

Nb_3Sn 是一种典型的具有 A15 型晶体结构的金属间化合物，具有较高的超导转变温度 T_c（约 18K），上临界磁场可以达到 27T。Nb_3Sn 超导线材的制备方法主要有内锡法和青铜法，其中内锡法 Nb_3Sn 超导线材临界电流密度更高，但是由于芯丝耦合严重，其交流损耗也随之增高；青铜法 Nb_3Sn 超导线材临界电流密度适中，但是由于芯丝通常不耦合，其交流损耗较低。因此这两种线材拥有不同的应用领域。

（2）高温超导材料

① Bi-Sr-Ca-Cu-O（BSCCO）铋系超导材料

主要包括 $Bi_2Sr_2CaCu_2O_8$（Bi-2212）和 $Bi_2Sr_2Ca_2Cu_3O_{10}$（Bi-2223）两种类型。Bi-2212 材料在低温、高磁场下具有优异的电流承载性能，是高场下（>25T）最具有应用前景的高温超导材料之一。Bi-2212 线材的制备工艺相对简单，可采用粉末装管法经过旋锻、拉拔加工成具有各向同性的圆形截面的线材。Bi-2212 的圆线结构使其更容易实现多芯化和电缆绞制，从而降低交流损耗，相比其他矩形截面的高温超导材料，更有利于制备管内电缆导体、卢瑟福电缆和螺线管线圈。Bi-2223 高温超导材料是目前临界转变温度（T_c=108~110K）最高的实用化高温超导材料。Bi-2223 晶体结构为层状，超导电性具有强烈的各向异性，实际使用时以扁形带材为主。Bi-2223 带材采用粉末装管法经过旋锻、拉拔、轧制和热处理加工成带材，是首先实现批量化制备的实用化高温超导材料。目前 Bi-2223 带材已经成功应用于液氮下运行的发电机、传输电缆、分流电压器、故障电流限制器、电动机以及储能装置等设备中。

② $REBa_2Cu_3O_{7-x}$ 涂层导体[17]

$REBa_2Cu_3O_{7-x}$（REBCO，RE 为稀土元素）涂层导体也被称为第二代高温超导带材，其通过柔性金属基带上的薄膜外延和双轴织构技术发展而来，解决了陶瓷性铜氧高温超导体的晶界弱连接和机械加工难等问题，是当前液氮温区运行下电磁性能较为优越的实用化高温超导材料。目前商业化的 REBCO 超导带材往往采用由金属基带、缓冲层、REBCO 超导层、保护层等构成的复合多层结构，如图 2.25（b）所示。REBCO 涂层导体具有极高的综合性能,使其成为目前高温超导材料产业化的热门研究方向。

经过20多年的研究,金属有机沉积(MOD)、脉冲激光沉积(PLD)、金属有机化学气相沉积法(MOCVD)和反应电子束共蒸发-沉积(RCE-DR)工艺等成为主流制备技术。韩国SuNAM公司开发的反应电子束共蒸发-沉积反应(RCE-DR)技术可实现4mm宽带材360m/h的高生产效率。日本藤仓公司(Fujikura)首先采用可编程逻辑器件(PLD)技术在离子束辅助沉积(IBAD)的$Gd_2Zr_2O_7$缓冲层上制备出YBCO超导层,并实现了千米级带材生产,近年来该公司的IBAD-MgO缓冲层也取得了千米级快速制备。美国SuperPower公司是国际上首家制备出千米级REBCO超导带材的公司,其在IBAD-MgO/哈氏合金缓冲层上采用MOCVD制备出了I_c达到300A的千米级超导带材。我国的上海上创超导科技有限公司、上海超导科技股份有限公司和苏州新材料研究所有限公司分别采用MOD、PLD和MOCVD技术各自先后实现了千米级REBCO超导带材的生产,使我国在第二代高温超导带材的产业化和应用方面与世界同步。

在超导带材生产成本控制方面,目前国内外多个知名研究单位,如巴塞罗那材料研究所、鲁汶大学、卡尔斯鲁厄理工学院、西南交通大学、清华大学、上海大学等,正在尝试发展化学溶液沉积法(CSD)实现REBCO超导带材的制备研究工作,有望实现成本的大幅度降低。然而,目前采用CSD法制备的YBCO薄膜均基于三氟乙酸盐溶液(TFA)作为前驱液,在生长的过程中会有HF气体放出,气体的排出速度对单晶薄膜的生长速度和质量将产生重要的影响[13]。

因此,巴塞罗那材料研究所Xavier Obradors教授研究团队[17]采用无氟前驱液,基于液相辅助生长策略成功实现了高质量YBCO薄膜的快速生长。

③ MgB_2超导材料

MgB_2是2001年发现的超导转变温度为39K的金属间化合物超导体,具有相干长度大、晶界不存在弱连接、材料成本低、加工性能好等优点。尽管其临界温度较低,但是MgB_2超导材料可以工作在制冷机温度范围内(10~20K),因此可以摆脱复杂昂贵的液氦冷却系统。MgB_2超导体可用于磁共振成像(MRI)系统、特殊电缆、风力发电机以及空间系统驱动电机等领域。

意大利的艾森超导(ASG Superconductors)公司采用先位法粉末装管工艺制备出12~37芯Cu/Ni基MgB_2多芯线材,在20K、1.2T的临界电流密度(J_c)可达$1000A/mm^2$。美国的Hyper Tech公司采用连续粉末填装与成形工艺制备出单根长度大于3km的Monel/Cu/Nb基多芯MgB_2线材,其J_c值在25K、1T达到$2000A/mm^2$。日本的日立(Hitachi)公司和韩国的三东(Sam Dong)公司也已形成千米级MgB_2线材的生产能力。我国西部超导材料科技股份有限公司和西北有色金属研究院能够制备千米量级长度19芯及37芯结构的MgB_2长线,其工程临界电流密度(J_e)在20K、1T下达到$250A/mm^2$。

④ 铁基超导材料[18-19]

自2008年铁基超导体被发现以来,已相继发现了上百种铁基超导材料,这些超导体的晶体结构均为层状,都含有Fe和氮族(P、As)或硫族元素(S、Se、Te),Fe离子为上下两层正方点阵排列方式,氮族或硫族离子层被夹在Fe离子层间。按照导电层以及为导电层提供载流子的载流子库层交叉堆叠方式和载流子库层的不同形成机制,主要分为1111体系(如SmOFeAsF、NdOFeAsF等)、122体系(如BaKFeAs、SrKFeAs等)、111体系(如

LiFeAs)、11体系（如 FeSe 和 FeSeTe）以及以 1144 相等为代表的新型结构超导材料体系。铁基超导体具有上临界场极高（100～250T）、各向异性较低、本征磁通钉扎能力强等许多明显的优势。

针对铁基超导材料具有脆性且硬度较高的性质，超导线只能采用粉末装管法和涂层导体制备技术两种制备方法。早在 2014 年，中国科学院电工所就采用了连续轧制工艺，成功研制出了长度达到 11m 的 $Sr_{0.6}K_{0.4}Fe_2As_2$ 带材，临界点 J_c 平均值为 184A/mm² （4.2K、10T）。经过进一步的工艺优化后，2018 年该团队又成功研制出世界首根 100 米量级铁基超导长线，其 J_c 提高至 300A/mm² （4.2K、10T），标志着铁基超导材料开始从实验室走向产业化。

2.3.3.2 超导材料的应用领域

自 1911 年超导现象被发现以来，在相当长的时间内没有实际应用。直到 20 世纪 60 年代，非理想第Ⅱ类超导体、约瑟夫森效应和量子干涉效应等相继被发现后，基于这些原理成功研制了超导磁体和超导量子干涉仪等器件，才使超导材料应用逐步展开。1986 年以后，高温超导的研究有了重大突破，尤其在材料的制备工艺、研究手段以及器件加工水平不断提高以后，超导体的大规模应用才真正开始。目前，高温超导材料在能源、量子计算、磁悬浮交通、核聚变等领域应用广泛，但维持低温环境的成本很高，因此寻找可以极大降低应用成本和提高应用便捷性的室温超导材料，仍旧是推广超导应用的最有效途径。然而在超导材料的发现和应用之间，仍有不小的距离。不过，和已经成熟的半导体工业相比，超导的应用，特别是高温超导体的应用，很多还处于刚刚起步的阶段，但其蕴含的巨大潜力仍期待人们去开发和挖掘。目前超导应用主要分强电应用及弱电应用两个方面。

（1）强电应用

超导体在低温下可以实现稳定的零电阻超导态，这意味着一方面超导体可以实现无损的电力输送，另一方面可以获得极大的电流，进而获得强磁场。因此，一切用到电和磁的领域都可以用到超导体。目前，超导强电强磁的应用是基于超导体材料的零电阻及完全抗磁特性的。

利用超导材料的"零电阻"特性，可以采用超导输电线进行远距离输电，从而大大降低输电过程中的能量损失。目前采用铜或铝导线的输电损耗约为 15%，我国每年的输电损耗就达 1000 亿度，如果采用超导输电线就可以节省相当于数十个发电厂的电力。然而，由于超导体仍需在低温下才能实现，成本和使用的便捷性仍是制约超导输电大规模应用的关键因素，因此当下的超导输电的应用仍处于试验阶段。此外，采用超导输电还可以简化变压器、电动机和发电机等的热绝缘并保证输电的稳定性，提高输电的安全性。

如果给闭合超导线圈通上电流，就可以维持较强的稳恒磁场，这便是超导磁体。常规稳恒磁体要实现强磁场就必须采用非常粗的铜导线，并将其泡在水中冷却，这使得磁体体积特别庞大，而且必须持续不断地通上电流，消耗更多的电能。相比之下，超导磁体具有体积小、稳定度高、耗能少等多种优势。正因如此，在生物学研究和临床医学上采用的高分辨核磁共振成像技术大都是采用超导磁体；在科学研究中一些物性测量系统的稳恒磁体也是采用超导材料制成的；一些大型粒子加速器的加速线圈也常采用超导磁体，例如欧洲大型强子加速器 LHC 的加速磁体和探测器都采用了超导磁体；作为未来能源问题突破口之一的磁约束受控核聚变（人工托卡马克），超导技术更将发挥不可替代的作用；跟常导磁悬浮技术相比，采用超导磁悬浮技术的磁悬浮列车将更为高速、稳定和安全。这是因为超导体内杂质和缺陷对进入体内的部分磁通线具有钉扎作用，所以它在因抗磁性而产生磁悬浮效应的同时，还能够磁约束住悬浮着的磁体，一旦磁体远离超导体，超导体还会将磁体"拉住"，因此超导磁悬浮物体运动过程是十分稳定的，一些演示用的超导磁悬浮小车甚至能够侧贴甚至倒挂在超导导轨上运动。另外，超导体一旦失去超导电性进入正常态，完全抗磁性将立刻消失，无摩擦的超导磁悬浮铁轨将恢复成有摩擦的正常铁轨，这对于紧急情况下列车制动非常有效。除了超导输电和超导磁体这两种强电应用外，利用超导转变时的电阻变化，还可以研制超导限流器，用以维护电网的安全。

（2）弱电应用

1962 年，约瑟夫森（B. D. Josephson）从理论上证明了超导隧道结中存在约瑟夫森效应，即超导电子对可以隧穿两个超导体之间很薄的绝缘层，其隧穿电压高度依赖于外加磁场。以超导隧道效应为基础发展起来的约瑟夫森器件是超导体材料在弱电弱磁中的典型应用，如超导开关、超导计算机、超导量子干涉仪、超导晶体管等。

利用约瑟夫森效应制备的超导量子干涉仪（SQUID）是最为精确的微弱磁场探测器之一，最高精度达到 5×10^{-18} T。利用 SQUID 可以进行高精度的磁测量，它能够检测出地球磁场的几亿分之一的变化，在探索地下矿藏储备及地壳结构方面具有重要的应用；它们也能够探测 $10^{-9}\sim 10^{-6}$ T 之间的生物磁场，因此心磁图和脑磁图是未来医学诊断中在心电图和脑电图之外的有效补充检查手段之一。灵敏的磁探测器能够大大促进生物磁的研究，比如"飞鸽传书"靠的就是鸽子头部和啄部对地磁场的灵敏感应来准确判断飞行方向，海豚、金枪鱼、海龟、候鸟、蝴蝶甚至某些微生物内，都有微小磁体，它们具体是如何影响生物功能的，至今尚不清楚。基于 SQUID 技术，人们还可以设计超导量子比特器件，是量子计算机的基本元件之一，而量子计算机的多通道快速并行计算将为未来的人类生产和生活带来革命性的变化。2012 年 3 月，IBM 研究院的科学家正式宣布一次可进行百万项计算的量子计算机研制成功。也许在不遥远的将来，传统计算机一整天的运算量在量子计算机上只要一秒，最终量子计算机将成为信息时代的主角。

此外，世界上最精密的模数转换器和最精密的陀螺仪也是采用超导材料制备的。高温超导微波器件是采用高温超导薄膜为波导材料制备的微波滤波器、超导天线及微波子系统等。高温超导滤波器具有很高的信噪比，相比传统滤波器的性能有很大的提高。

在军事和国防领域，超导滤波器可用于卫星和雷达通信；在民用领域，可以服务于移动通信。目前，我国的部分移动通信基站已经开始采用铜氧化物高温超导滤波器，高温超导滤波器也已经悄然开始了产业化和规模化生产和应用。

超导体有许多神奇的性质，目前的超导应用仅仅利用了零电阻、完全抗磁性和约瑟夫森效应等几个最主要的物理特征。由于我们对非常规超导体展现出的新奇量子现象还缺乏理解，因此微观量子态的应用十分稀少。随着超导研究的深入，新的超导材料也必将会被发现并应用。如同半导体的发现和应用让人类社会发生翻天覆地的变化一样，超导的应用前景也将会十分乐观，并给人类带来无尽的福祉。

总之，超导材料是一门涉及化学、材料科学、凝聚态物理、电工电子学等多学科交叉的研究领域，自超导现象被发现以来的百余年的时间内，该领域吸引了无数优秀的科研人员不断地进行探索。实现室温超导是我们不断追求的梦想，而室温超导的实现与最终的工程应用也仍存在一定的距离。超导应用的成本、便捷性、稳定性等仍是亟待解决的问题。迄今为止，超导仍是一个充满着机遇与挑战的研究领域，仍需新一代科研人员为实现室温超导可能带来的新工业革命的梦想砥砺奋进、不断前行。

2.4 介电材料

介电材料又称电介质，具有很高的电阻率（$>10^8\Omega\cdot m$）。介电材料能够在外加电场的作用下产生极化现象，即电场作用下导致电介质内部电荷分布发生变化，产生偶极子和束缚电荷。这种特殊性质使得介电材料在电子学、通信学、光学等领域得到了广泛的应用。例如，在电子学中，介电材料常用于制作电容器、滤波器、振荡器等器件；在光学中，介电材料常用于制作光纤、光学滤波器等器件；在通信学中，介电材料常用于制作天线、介质波导等器件；在医学中，介电材料常用于制作医用电极、医用超声传感器等器件。

2.4.1 介电材料概述

2.4.1.1 介电材料的发展

20世纪初，电气设备中的电机、电线、电缆及开关等部件的绝缘都采用天然的介电材料，如云母、绝缘纸、大理石板、沥青、矿物油、天然橡胶等，但是它们的电气性能，如绝缘电阻、耐压等都较低。随着大容量电机及高压输电设备的发展，新型的绝缘介质得到快速发展。在20世纪50年代，新型合成高分子材料绝缘性能良好、易加工的特点，使得高分子绝缘介质材料获得了很多应用。经过近代的研究和发展，聚合物介质已成为各种新型绝缘介质的主体，如电线电缆绝缘逐渐发展为塑料绝缘，电机中的主绝缘采用环氧云母和合成纤维纸板作介质并浸渍硅有机漆。随后，随着计算机的广泛使用和新型电力电子器件及电气设备的发展，具有电-机械、光电转换等性能的新型功能介质材料与器件得到迅速发展，电介质研究领域就从绝缘领域逐渐扩展到电子功能器件领域，如ZnO压敏电阻避雷器、应用于电力电子器件中的导热绝缘材料等。

近年来，随着电子技术、空间技术、激光技术等新技术的兴起以及基础理论和测试技术的发展，功能陶瓷介质发挥着越来越多的作用。这类材料主要有：a.电子功能陶瓷，包括高温高压绝缘陶瓷、高导热绝缘陶瓷、低热膨胀陶瓷、半导体陶瓷、超导陶瓷、导电陶瓷等；b.电光陶瓷和光学陶瓷，包括铁电陶瓷、压电陶瓷、热电陶瓷、透光陶瓷、光色陶瓷、玻璃光纤等；c.功能高分子介质材料，如导电高分子材料、光电转换高分子材料、导热绝缘高分子材料、吸波高分子材料以及低损耗塑料光导纤维等。

2.4.1.2 介电材料的主要物理参数

(1) 介电常数

介电常数是表示电介质绝缘能力特性的系数，以字母ε表示，单位为法/米（F/m）。介电常数可理解为在单位电场强度下电介质单位体积中所存储的能量，它描述了介电材料在外加电场作用下极化程度的大小。介电常数大的材料极化程度较高，能够有效地存储电荷，因此在电容器、电池等器件中得到了广泛的应用；而介电常数小的材料则具有较低的极化程度，主要应用于高频电子器件、光学器件等领域。图2.26为介电常数的测量方法。如果将某一均匀的电介质作为电容器的介质而置于其两极之间，则由于电介质的极化使电容器的电容量比真空为介质时的电容量增加若干倍。物体的这一性质称为介电性，其使电容量增加的倍数即为该物体的相对介电常数，以下为具体的推导公式。

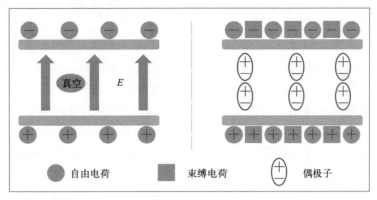

图 2.26　介电常数测量方法

真空平板电容器的介电常数 ε_0 和电容 C_0 之间的关系：

$$C_0 = \frac{Q}{V} = \frac{\varepsilon_0(V/d)A}{V} = \varepsilon_0 A/d \tag{2.37}$$

式中，A 为极板有效面积；d 为极板间距；ε_0 为真空介电常数，$8.85\times10^{-12}\mathrm{F/m}$。

插入电介质后，介电常数 ε 与电容 C 的关系：

$$C = C_0 \times \frac{\varepsilon}{\varepsilon_0} = C_0 \varepsilon_r \tag{2.38}$$

$$\varepsilon_r = \frac{\varepsilon}{\varepsilon_0} \tag{2.39}$$

$$\varepsilon_r = \frac{C}{C_0} = \frac{1}{\varepsilon_0} \times \frac{Cd}{A} \tag{2.40}$$

式中，ε 为电介质的介电常数；ε_r 为相对介电常数。

（2）介电损耗

电介质在电场作用下其电能往往会部分转变为其他形式的能（如热能），即发生电能的损耗，将电介质在电场作用下单位时间消耗的电能定义为介电损耗，常用介电损耗角正切值 $\tan\theta$（介质损耗因数）来表示其大小。对于一般电介质要求损耗越小越好，但对于衰减陶瓷、吸波和隐身材料等则要求有较大的介电损耗。高频陶瓷电容器、微波介质材料要求 $\tan\theta$ 小于 10×10^{-4}。用作大功率、发射型的压电陶瓷，也需要介电损耗越小越好，以免工作过程中发热失效，一般而言，压电陶瓷在低电场（几伏）下的损耗与强电场下（几百伏）的损耗差别较大，从使用的角度看，强场损耗对于压电换能器是一个重要指标。

（3）介电强度

当电场强度超过某一临界值时，介质由介电状态变为导电状态，这种现象称为介质的击穿，相应的临界电场强度称为介电强度或击穿电场强度，介电强度的大小对于介质材料在高电场下的极化影响很大。通常将介质材料的击穿分为三种类型：电击穿、热击穿和化学击穿。

电击穿：在强电场下，固体导带中因冷或热发射存在一些电子，这些电子一方面在外电场作用下被加速获得动能，另一方面与晶格振动相互作用，把电场能量传递给晶格。当两个过程在一定的温度和场强下平衡时,介质材料有稳定的电导;当电子从电场中得到的能量大于传递给晶格振动的能量时,电子的动能就越来越大,当电子能量大到一定值时,电子与晶格振动的相互作用导致电离产生新电子,使自由电子数迅速增加,电导进入不稳定阶段,电击穿发生。

热击穿:处于电场中的介质,由于其中的介质损耗而受热,当外加电场足够高时,将会从散热与发热的热平衡状态转入不平衡状态,介质温度愈来愈高,直至出现永久性损坏。热击穿属于非本征击穿,与材料性能、绝缘结构、环境温度等有关。

化学击穿:电介质在强电场下产生的电流在高温等某些条件下可以引起电化学反应,例如离子导电的固体电介质中出现的电解、还原等,使得电介质结构发生了变化,造成局部电导增加而出现局部击穿,并逐渐扩展成完全击穿。

2.4.1.3 电介质材料的主要种类

电介质按照性能可分为介电材料、压电材料、热释电材料和铁电材料,四类材料的范围是依次包含关系,如图 2.27 所示。

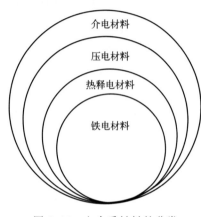

图 2.27 电介质材料的分类

对于无机介质材料而言,主要是按照其晶体结构是否有对称中心以及是否具有极性来划分的。七大晶系三十二种点群中可以分为具有对称中心和没有对称中心两类,其中十一种具有对称中心,剩余二十一种没有对称中心,除 432 点群外,在无对称中心的二十种点群的晶体中均能够具有压电性,为压电晶体。在压电晶体中,有十种点群的晶体为极性点群,存在自发极化,因此这类材料具有热释电性,为热释电晶体。而在热释电晶体中,有若干种点群的晶体不但具有自发极化,而且其自发极化的取向可通过外电场重新定向,即具有铁电性,这类晶体为铁电晶体。本节我们将重点介绍介电材料中的压电材料和热释电材料,介绍其相关理论和研究的进展。此外,这些材料所具有的多种功能特性的组合又形成了一些新的材料,表现出新的性质,如磁电效应、储能特性,因此在这一节中我们还介绍磁电材料和储能介质材料的相关原理和研究进展。

2.4.2 压电材料

2.4.2.1 压电材料概述

压电材料是具有压电效应的功能材料,能够实现机械能和电能的互相转换。压电效应可分为正压电效应和逆压电效应,图 2.28 为压电效应示意图。某些电介质在沿一定方向上受到外力的作用而变形时,其内部会产生极化现象,同时在它的两个相对表面出现正负相反的电荷。当外力去掉后,它又会恢复到不带电的状态,当作用力的方向改变时,电荷的极性也随之改变,这种现象称为正压电效应。相反,当在电介质的极化方向上施加电场,这些电介质也会发生变形,电场去掉后,电介质的变形随之消失,这种现象称为逆压电效应。

1880 年,居里兄弟首先在石英晶体中观察到了压电效应。然而,在这之后的 30 多年中,不论从科学层面还是技术层面,压电效应并没有引起太多的关注。直到 1917 年,法国科学家朗之万利用石英晶体的压电效应发明了世界上第一台水下超声探测器(声呐),用于

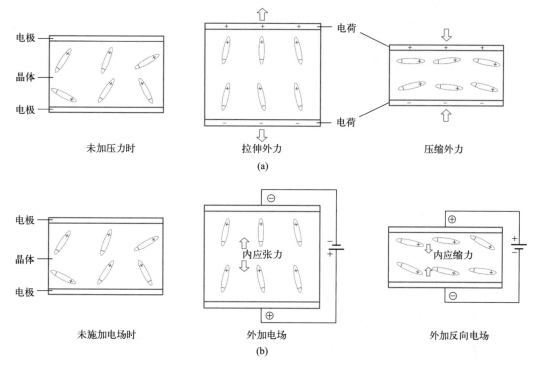

图 2.28 压电效应示意图：(a) 正压电效应；(b) 逆压电效应

探测潜水艇，在第一次世界大战期间发挥了非常重要的作用，揭开了压电材料应用史篇章。压电材料及其应用取得划时代的进展应归咎于第二次世界大战中发现了 BaTiO$_3$（简称 BT）陶瓷，1947 年，美国的 Roberts 在 BaTiO$_3$ 陶瓷上，施加高压进行极化处理，获得了压电陶瓷的压电性。随后，日本积极开展利用 BaTiO$_3$ 压电陶瓷制作超声换能器、高频换能器、压力传感器、滤波器、谐振器等各种压电器件的应用研究。20 世纪 50 年代到 90 年代，因以锆钛酸铅 Pb(Zr$_x$Ti$_{1-x}$)O$_3$（简称 PZT）为代表的铅基压电材料具有优异的压电性能和良好的温度稳定性，促使压电器件的应用研究向前推进了一大步。2000 年之后，基于可持续发展及人类环保意识的增强，欧盟立法委员会于 2003 年将"铅（Pb）"等列入需要被安全材料取代的有毒物质范围内。随后，我国工业和信息化部也于 2006 年颁布了《电子信息产品污染控制管理办法》，严格规定有毒元素（如铅、汞、镉等）在电子信息产品中的使用，促进了无铅压电材料的迅速发展。压电材料已成为现代科学技术中不可或缺的关键材料，压电材料的研制、开发、生产和应用在国内外经济和高新技术的发展中起到了关键作用。

2.4.2.2 压电材料的主要性能参数

(1) 压电常数

压电常数是压电材料把机械能转变为电能或把电能转变为机械能的比例系数。它反映压电材料弹性（机械）性能与电性能之间的耦合关系。在正压电效应中，压电常数表示为电荷密度（电位移 D）与应力 T 的正比例关系；在逆压电效应中，压电常数表示为应变 S 与电场强度 E 的正比例关系，分别表示为：

$$D = d \cdot T \tag{2.41}$$

$$S = d \cdot E \tag{2.42}$$

式中，d 为压电常数。理论上它在正、逆压电效应中的大小是相同的，即：

$$d = \frac{D}{T} = \frac{S}{E} \qquad (2.43)$$

压电常数是压电材料的重要特性参数，其值越大，表明材料弹性性能与介电性能之间的耦合越强。

实际上，D、E 均为矢量，T、S 均为二阶对称张量，压电常数则是三级张量，即有 33 个分量，其中有 18 个独立分量，因此完整表示压电效应的表达式为：

$$\boldsymbol{D}_i = \boldsymbol{d}_{ij}\boldsymbol{T}_j \qquad (2.44)$$

$$\boldsymbol{S}_j = \boldsymbol{d}_{ij}^{\mathrm{T}}\boldsymbol{E}_i \qquad (2.45)$$

其中，下标 $i=1$、2、3 表示电的方向；下标 $j=1$、2…6，表示力的方向；上标 T 表示转秩矩阵。

（2）压电电压系数

压电电压系数 $g(\mathrm{V\cdot m/N})$ 表示为单位应力 T 所产生的电场强度 E。

$$g = \Delta E / T \qquad (2.46)$$

g 也能够反映材料的压电性能，常用于接收型换能器、拾声器、高压发生器等场合。

（3）机电耦合系数

机电耦合系数是反映压电材料机械能与电能之间相互转换程度的参数，表示为：

对于正压电效应：

$$K^2 = \frac{\text{电能转变的机械能}}{\text{输入的电能}} \qquad (2.47)$$

对于逆压电效应：

$$K^2 = \frac{\text{机械能转变的电能}}{\text{输入的机械能}} \qquad (2.48)$$

从能量守恒定律可知，由于电能与机械能之间的转换总不是完全的，因此机电耦合系数总是小于 1。此外，机电耦合系数仅表示能量转换的有效性，并不能代表实际应用中的实际工作效率。压电元件的机械能与元件尺寸和振动模态密切相关。相应的机电耦合因子有平面机电耦合系数（k_p）、横向机电耦合系数（k_{31}）、纵向机电耦合系数（k_{33}）、厚度剪切机电耦合系数（k_{15}）、厚度伸缩机电耦合系数（k_t）等。

（4）机械品质因数

机械品质因数表征压电材料谐振时因克服内摩擦而消耗的能量，表示为：

$$Q_{\mathrm{m}} = 2\pi \frac{\text{谐振时振子储存的机械能}}{\text{谐振周期振子机械损耗的能量}} \qquad (2.49)$$

由此可知，机械品质因数 Q_{m} 没有量纲，其值反映压电材料在振动转换时，材料内部能量损耗的程度，Q_{m} 越高，能量损耗就越小，适用于大功率压电器件。比如在滤波器、谐振换能器、压电音叉等谐振子中，要求高的 Q_{m} 值。

2.4.2.3 压电材料的种类和发展现状

压电材料已然成为许多高新技术领域的关键材料。根据相关统计，2020 年全球压电器件市场为 289 亿美元。随着电子元器件小型化、集成化和高效化的发展趋势，压电材料由于具有响应快、没有电磁干扰等优点，展现出诱人的研究前景，在医疗、电子通信、航空航天等领域备受瞩目。然而，越来越多压电器件的应用对压电材料的性能提出了更高的要求。为了提高压电材料的综合性能，研究者从压电材料的制备工艺、掺杂改性、相结构调控、铁电畴调控等方面展开了大量的研究，取得了众多的研究成果。

常见的压电材料可分为压电陶瓷、压电单晶、压电薄膜、有机压电聚合物等，如图 2.29 所示[20]。压电单晶性能卓越，但由于其工艺复杂、生产成本高、加工较难等缺点限制了其应用范围，目前主要用于高精度检测器件中。此外，压电单晶在断裂韧性等方面的力学性能较差，限制了其在大功率器件中的应用。有机压电聚合物主要用于可穿戴式设备中，可用于能量收集、人体健康监测等方面。压电薄膜近年来主要用于超大规模的集成化的半导体存储元件，大部分应用仍处于实验室研究阶段，但由于其丰富的功能特性，在未来器件小型化的潮流中会有较为广阔的应用前景。压电陶瓷具有压电性能强、制备方法简单、易于制成各种形状等诸多优势，因此在各类压电材料中，其应用最为广泛。压电陶瓷的压电性能随烧结工艺和配方成分的不同而存在较大差异，因此其种类丰富且性能各异，广泛用于制造超声换能器、水声换能器、电声换能器、陶瓷滤波器、陶瓷变压器、陶瓷鉴频器、高压发生器、红外探测器、声表面波器件、电光器件、引燃引爆装置和压电陀螺等器件。鉴于压电陶瓷的广泛应用，本节重点介绍压电陶瓷的发展现状。

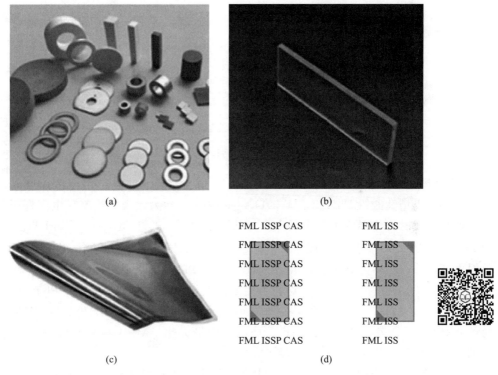

图 2.29　四类常见的压电材料：（a）压电陶瓷；（b）压电单晶；
（c）有机压电聚合物；（d）压电薄膜

压电陶瓷按其结构可以分为钙钛矿结构型、铋层状结构型以及钨青铜结构型。其中，钙钛矿结构型的压电陶瓷种类最多，压电性能也最为突出，是压电陶瓷中研究和应用最为广泛的一类。钨青铜结构型压电陶瓷具有低介电常数、高居里温度以及较大自发极化等特点，同时电光性能和热释电性能优良，在电子材料领域中已经成为仅次于钙钛矿型材料的第二大类电子材料。铋层状结构型压电陶瓷具有居里温度高、介电击穿强度大、介电损耗低、机械品质因数高以及老化特性好等特点，主要应用于高温领域。

（1）钙钛矿结构型压电材料

钙钛矿型压电陶瓷是第一大类压电材料。图 2.30 为钙钛矿结构的晶胞图，在钙钛矿 ABO_3 晶格中，半径较大的 A 阳离子位于顶点位置，而较小的 B 阳离子位于体心位置，氧离子位于面心位置，形成氧八面体。ABO_3 有多种组合形式，包括 $A^{1+}B^{5+}O_3$、$A^{2+}B^{4+}O_3$ 和 $A^{3+}B^{3+}O_3$，常见的材料体系有 $Pb(Zr_{1-x}Ti_x)O_3$、$Pb(Mg_{1/3}Nb_{2/3})O_3$-$PbTiO_3$（简称 PMN-PT）、$BaTiO_3$、$(K_{0.5}Na_{0.5})NbO_3$（简称 KNN）、$(Bi_{0.5}Na_{0.5})TiO_3$（简称 BNT）等。钙钛矿结构化合物在高温下（高于居里温度 T_C）表现出立方结构，由于其晶胞高度对称，因此不表现出任何自发极化和压电性。当温度低于居里温度 T_C 时，立方结构可以通过阳离子位移、氧八面体的倾斜或扭曲转变为多种不对称结构，正负电荷中心不再重合，从而产生自发极化，表现出压电性和铁电性。根据正负电荷相对位移矢量的方向，钙钛矿铁电体在居里点以下可出现三方相、正交相以及四方相结构。

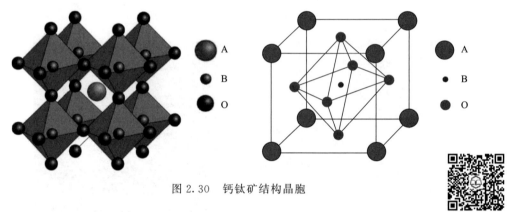

图 2.30 钙钛矿结构晶胞

① 铅基压电材料

目前，以锆钛酸铅 $Pb(Zr_{1-x}Ti_x)O_3$（简称 PZT）为代表的铅基压电陶瓷因其优异的压电性能和宽泛的工作温区仍是市场上主导的压电材料。PZT 是由铁电体 $PbTiO_3$ 和反铁电体 $PbZrO_3$ 组成的二元固溶体，图 2.31 是 $PbTiO_3$-$PbZrO_3$ 二元固溶体的相图[21]。在高于居里温度 T_C 时，材料为顺电相。在 T_C 以下，当 $PbZrO_3$ 含量小于 53% 时材料为四方铁电相，当 $PbZrO_3$ 含量小于 47% 时材料为菱方铁电相，因此当 $PbZrO_3$ 与 $PbTiO_3$ 的含量比例为 47∶53 时，材料出现了一个不受温度影响的相界，称为准同型相界（MPB）。在压电陶瓷的 MPB 附近，多种晶体结构并存，压电效应最大化。MPB 增强 PZT 压电材料的压电性能的理念也广泛应用于无铅材料体系中。

在 $PbTiO_3$-$PbZrO_3$ 二元固溶体的基础上，通过添加第三组元可以进一步改善陶瓷的性能，如 $Pb(Mg_{1/3}Nb_{2/3})O_3$-$PbTiO_3$-$PbZrO_3$（PMN-PZT）。从结构上讲，大多数多元系材料中，A 位元素仍是 Pb，所改变的只是处于八面体中的 B 位元素，在钙钛矿型结构的三维八面体网中，在相互固溶的情况下，八面体中心将有四种或更多电价不一定为 4 的元素统计地均匀分布，改变其元素种类或配比，就可调整、优选出一系列具有特殊性能的压电陶瓷。从工艺上讲，由于多种氧化物出现，使最低共熔点降低，因而可使陶瓷的烧结温度降低，使烧结过程中铅挥发量显著减少，故在多元系压电陶瓷中能较好地控制含铅量。另外，在多种化合物形成固溶体的过程中，自由能有所降低，促进烧结进行，还可以通过各种异相物质的引

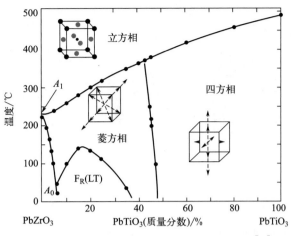

图 2.31 PbTiO₃-PbZrO₃ 二元固溶体的相图[21]

[F_R（LT）表示低温下为菱方相]

入抑制局部晶粒的过分长大，获得均匀致密、气孔率少、机械强度高的压电陶瓷。PMN-PZT 是三元系弛豫性铁电材料，作为早期的研究热点，综合性能优异。目前，普遍认为弛豫铁电材料特有的介电弛豫特性是造成 PMN-PZT 优异性能的主要原因。因此，研究弛豫铁电体的介电弛豫特性对于探究它们的巨压电性的来源具有非常重要的意义。对于弛豫铁电体材料的介电弛豫特性的起源，研究者们提出了一系列的研究模型，主要包括"组分起伏模型"、"局域随机场模型"、"超顺电模型"以及"高畴壁密度模型"等。通过对目前现有模型进行总结，可以将 PMN-PZT 体系弛豫铁电体材料的介电弛豫特性归纳如下：PMN-PZT 弛豫铁电体中，不同 B 位阳离子复合会在材料内部的局部区域形成结构异质性，从而在材料内部形成局域场，而且结构异质性越强，局域场越强，增强的局域场会严重地破坏铁电体内部长程有序的铁电态（铁电畴），进而形成长程无序的极性纳米微区，而静态的极性纳米畴以及它们在外场作用下的动力学行为决定了弛豫铁电材料的介电弛豫特性。

2018 年，西安交通大学李飞团队提出了一种新的有效提高 PMN-PT 压电材料压电常数的方法，突破了以往仅仅通过调节 MPB 来获得高压电性能的瓶颈[22]。他们通过稀土离子掺杂引入局部结构异质，利用局部结构异质带来的界面能平滑了材料的吉布斯自由能曲线，从而使材料偶极子在极化过程中转向更为容易，大幅提高了陶瓷的压电性能，如图 2.32 所示。利用这一点，该团队制备了 Sm^{3+} 掺杂的 PMN-PT 陶瓷，其压电常数可达 1500pC/N。

② 无铅压电材料

在过去的半个世纪以来，以锆钛酸铅（PZT）为代表的铅基压电材料凭借其优异的压电性能和良好的温度稳定性而被广泛使用在各个领域，在商业市场上占有主导地位。然而，铅基陶瓷的主要原料是氧化铅，而氧化铅是易挥发的有毒物质，在制备、使用、回收和废弃处理过程中，氧化铅不仅会对人体健康有非常大的影响，还会对生态环境造成危害。21 世纪以来，世界各国先后颁布了一系列法令限制或禁止使用含铅的电子材料。因此，发展环境友好的无铅压电材料已经成为目前国际上功能材料领域的重要科学前沿和技术竞争焦点。

a. 钛酸钡。钛酸钡（$BaTiO_3$）（简称 BT）是发现最早的压电陶瓷材料，具有典型的

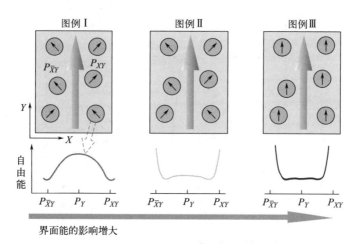

图 2.32 压电陶瓷自由能随界面能变化的关系图[22]

ABO$_3$型结构，Ba^{2+}占据 A 位，Ti^{4+}占据 B 位。纯的 BT 陶瓷室温下为四方相结构，其压电常数 d_{33} 约为 190pC/N。BT 基压电陶瓷从低温到高温变化的过程中依次经历三方铁电相-正交铁电相（R-O）、正交铁电相-四方铁电相（O-T）、四方铁电相-立方顺电相（T-C）三个相的转变，如图 2.33 所示。BT 由于其较高的介电常数（室温时约 2000）和较低的介电损耗，从 20 世纪 50 年代就开始被广泛应用于制造多层陶瓷介电电容器。目前，BT 基压电材料仍是制备电子陶瓷元件的母体原料，被称为"电子陶瓷工业的支柱"。作为高介电材料，BT 在多层陶瓷电容器领域具有重要地位。对于其压电性能方面，因其居里温度仅有 120℃，压电性只能稳定地存在于较窄的工作温区中，因此限制了其应用范围。

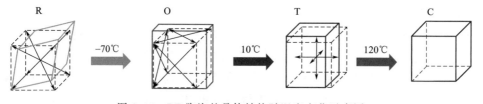

图 2.33 BT 陶瓷的晶体结构随温度变化示意图

众所周知，相界工程是改善压电陶瓷电性能的有效途径，而离子取代是调控 BT 基压电陶瓷相变温度的有效手段。有研究证实，通过 A/B 位离子取代或第二组元可有效调控相转变温度，如 Zr、Hf、Sn 在 B 位取代 Ti 可以降低 T_{T-C} 以及增加 T_{R-O} 和 T_{O-T}，而在 A 位加入 Ca 会同时降低 T_{T-C}、T_{R-O} 和 T_{O-T}[23]。表 2.6 列出了具有不同相界 BT 基压电陶瓷的电学性能。由此可知，通过化学取代将 T_{R-O} 和 T_{O-T} 移动到室温附近是提升材料压电性能最有用的方法。2009 年，西安交通大学任晓兵团队在 $(1-x)\text{Ba}(\text{Ti}_{0.8}\text{Zr}_{0.2})\text{O}_3\text{-}x(\text{Ba}_{0.7}\text{Ca}_{0.3})\text{TiO}_3$（BZT-BCT）体系中构造出四方、三方、立方共存的三相点，使得 BT 基压电陶瓷的压电常数（d_{33} 约 620pC/N）达到了商用 PZT-5H 陶瓷的性能指标[24]。2018 年，四川大学吴家刚团队在 $(1-x)\text{Ba}(\text{Ti}_{1-y}\text{Sn}_y)\text{O}_3\text{-}x(\text{Ba}_{1-z}\text{Ca}_z)\text{TiO}_3$ 体系中构建出了多相连续性转变的相界区域，在 BT 基陶瓷体系中获得了 (700 ± 30)pC/N 的超高压电常数，并阐述了该体系"纳米尺度上多相共存与自发极化逐渐过渡"和"极低的能垒促进极化翻转"的高压电性能物理起源[25]。2020 年，谢菲尔德大学王大伟等人[26] 在 $\text{Ba}(\text{Ti}_{0.89}\text{Sn}_{0.11})\text{O}_3+0.6\%$

MnO_2 材料中构建了室温 R-O-T-C 四相共存,获得了 $d_{33}=1120pC/N$ 的巨大压电性能。如图 2.34 所示,通过宏观多相共存和微观局部结构异质性的协同设计,展平吉布斯自由能密度曲线,并利用第一性原理计算、相场模拟和朗道理论分析,结合高分辨扫描透射电子显微镜验证了材料 C、T、O 和 R 四相共存。

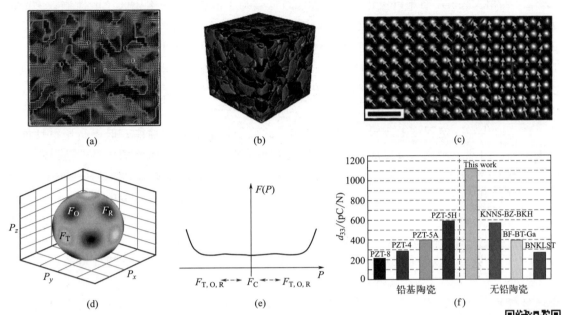

图 2.34 $Ba(Ti_{0.89}Sn_{0.11})O_3+0.6\%MnO_2$ 材料:(a)、(b) R-O-T-C 四相共存的二维和三维相场模拟;(c) STEM 图片;(d)、(e) R-O-T-C 四相共存的朗道自由能;(f) 与其他压电陶瓷压电性能对比[26]

表 2.6 近年来报道的高性能 BT 基压电陶瓷材料[27]

组分	d_{33}/(pC/N)	T_C(居里温度)/℃	k_p	相结构
$0.5Ba(Zr_{0.20}Ti_{0.80})O_3$-$0.5(Ba_{0.70}Ca_{0.30})TiO_3$	620	约 90	—	R-T
$(Ba_{0.85}Ca_{0.15})(Ti_{0.9}Zr_{0.1})O_3$	650	约 110	0.53	R-T
$(Ba_{0.85}Ca_{0.15})(Ti_{0.95}Zr_{0.05})O_3$	458	约 85	—	O-T
$(Ba_{0.9}Ca_{0.1})(Ti_{0.98}Zr_{0.02})O_3$	375	约 115	0.44	O-T
$0.52Ba(Hf_{0.16}Ti_{0.84})O_3$-$0.48(Ba_{0.7}Ca_{0.3})TiO_3$	410	约 106	0.47	O-T
$(Ba_{0.85}Ca_{0.15})(Ti_{0.9}Zr_{0.1})O_3$	572	约 82	0.57	R-O-T
$(Ba_{0.94}Ca_{0.06})(Ti_{0.9}Sn_{0.1})O_3$	600	约 50	0.50	R-O-T
$(Ba_{0.85}Ca_{0.15})(Ti_{0.9}Hf_{0.1})O_3$	540	约 85	0.52	R-O-T
$(Ba_{0.85}Ca_{0.15})(Ti_{0.9}Zr_{0.1})O_3+0.5\%$(质量分数)$Li_2CO_3$	493	约 70	0.45	R-O-T
$(Ba_{0.95}Ca_{0.05})(Ti_{0.9}Sn_{0.1})O_3$-$2\%CuO$	683	约 50	0.55	R-O-T
$0.55(Ba_{0.9}Ca_{0.1})TiO_3$-$0.45Ba(Sn_{0.2}Ti_{0.8})O_3$	630	约 60	0.52	R-O-T
$0.82Ba(Ti_{0.89}Sn_{0.11})O_3$-$0.18(Ba_{0.7}Ca_{0.3})O_3$	约 700	—	约 0.50	R-O-T-C
$Ba(Ti_{0.89}Sn_{0.11})O_3+0.6\%MnO_2$	1120	—	0.55	R-O-T-C

b. 钛酸铋钠。 钛酸铋钠（$Bi_{0.5}Na_{0.5}TiO_3$）（简称 BNT）是 A 位复合钙钛矿结构的铁电体，其铁电性是 1960 年由苏联 Smolensky 等人发现的。它在室温下为三方晶系，其居里温度 $T_c=320℃$；BNT 陶瓷具有铁电性强（$P_r=38\mu C/cm^2$）、介电常数较小（ε 为 240~340）及声学性能佳（其频率常数 $N_p=3200Hz\cdot m$）等优点，但纯的 BNT 陶瓷室温下矫顽场较大（$E_c=73kV/cm$）而难以极化，压电性能较低。为了改善 BNT 陶瓷的压电性能，多元固溶和离子取代构建相界是常采用的方法。BNT 基陶瓷存在两种类型的相界：一种是由铁电三方相和四方相组成的相界[MPB（Ⅰ）]，通常产生较大的压电性，如 $Bi_{0.5}Na_{0.5}TiO_3$-$BaTiO_3$（BNT-BT）和 $Bi_{0.5}Na_{0.5}TiO_3$-$Bi_{0.5}K_{0.5}TiO_3$（BNT-BKT）体系等；另一种是铁电（极性）相-弛豫（非极性）相变区域 MPB（Ⅱ），可以产生较大的应变响应，如 $Bi_{0.5}Na_{0.5}TiO_3$-$BaTiO_3$-$K_{0.5}Na_{0.5}NbO_3$ 体系等。

离子取代在一定程度上改善了 BNT 基陶瓷的烧结性能和电学性能，但提高压电性能的幅度不大，因此，研究人员更加重视通过构建相界来改善 BNT 基陶瓷的压电性能。借助在 PZT 中构建 MPB 的经验，研究者在（$1-x$）BNT-xBT 二元固溶体系中构建了 MPB，并获得了良好的压电性能：在 $x=0.06$~0.07 时，$k_p=0.29$、$d_{33}=125pC/N$[28]；（$1-x$）BNT-xBKT 体系的 MPB 位于 $x=0.16$~0.20 时，材料的压电性能也能得到很大的提升（$d_{33}=157pC/N$，$k_{33}=0.56$）[29]。此后，大量的研究围绕 BNT-BT 和 BNT-BKT 开展。另外，BNT 压电性能的提升也均以牺牲退极化温度（T_d）为代价，很难维持理想的高温稳定性。另外一方面，在 BNT 基材料中，由于退极化温度 220℃ 附近存在的铁电-弛豫相变，使得该材料又具有温度-相变特征，在该相变温度处，材料出现"双电滞回线"，进而诱发出可以与铅基陶瓷相媲美的电致应变。如，在 $Bi_{0.5}Na_{0.5}TiO_3$-$BaTiO_3$-$K_{0.5}Na_{0.5}NbO_3$ 三元固溶体系中发现高的应变响应，其在 80kV/cm 的大电场作用下获得了 0.45% 的应变量，达到了铅基压电材料的水平[30]。因此，近年来围绕着 T_d 温度附近的铁电-弛豫相变开展的高电致应变材料的设计成为研究热点[31]。近期，中山大学研究团队提出了一种利用离子掺杂形成与基体自发极化取向一致的缺陷偶极子的设计思想，采用反应模板晶粒生长法制备了 <00l> 取向的 $Bi_{0.5}(Na_{0.82}K_{0.18})_{0.5}TiO_3$-Sr/Nb（BNKT-SrNb）织构陶瓷，通过构建 <111> 取向的（V''_A-$Nb^{\cdot}_{Ti}$）缺陷偶极子，获得了巨大单极电致应变（1.6%），其性能媲美铅基压电单晶，如图 2.35 所示[32]。

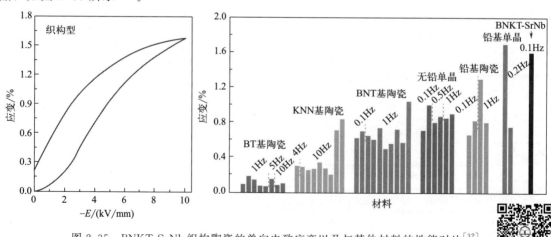

图 2.35 BNKT-SrNb 织构陶瓷的单向电致应变以及与其他材料的性能对比[32]

c. 铌酸钾钠。铌酸钾钠[(K,Na)NbO₃]是铁电体 KNbO₃ 和反铁电体 NaNbO₃ 形成的二元固溶体。1959 年，美国学者发现当 KNbO₃ 和 NaNbO₃ 的摩尔比为 1∶1 时，形成的 $(K_{0.5}Na_{0.5})NbO_3$（KNN）陶瓷表现出最佳的电学性能。KNN 存在三个相转变点，分别是三方-正交相转变（T_{R-O}）、正交-四方相转变（T_{O-T}）和四方-立方相转变（T_{T-C}，即居里温度 T_C），所对应的温度分别为 $T_{R-O}=-123℃$，$T_{O-T}=210℃$ 和 $T_{T-C}=410℃$，如图 2.36 所示[33]。然而，KNN 陶瓷在烧结过程中碱金属元素易挥发容易导致致密性差，陶瓷压电性能较低，经过几十年各国科研学者的共同努力，通过对 KNN 陶瓷进行组分设计、相界设计、制备工艺优化等方法，取得了系列研究进展[33-34]。

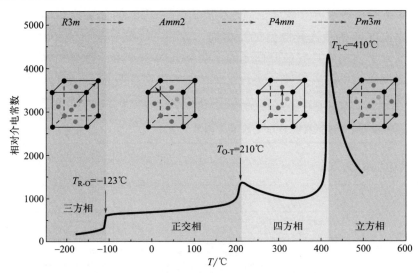

图 2.36　KNN 陶瓷的介电常数随温度的变化图谱[33]

2004 年，日本科学家 Satio 通过反应模板晶粒生长法制备出高性能的 KNN 基织构陶瓷，其压电常数 d_{33} 高达 416pC/N，达到商用 PZT-4 陶瓷的应用水平[35]。此成果的发现使 KNN 基无铅压电陶瓷掀起新一轮的研究热潮，而且其所采用的织构工艺以及在室温下构建的相界引起了科研人员的广泛思考。KNN 的相界与 PZT 体系中的 MPB 相界不同，KNN 中的相界不仅与材料的成分密切相关，而且对温度的变化也非常敏感，常称为多晶型相变（PPT），如图 2.37 所示[36]。通常，利用离子取代、添加第二组元或多组元化合物以及调节钾钠比等方法，可以在室温下构建出相界。在相界中，由于多相共存，存在更多的极化方向，电畴在外场的作用下更容易翻转，从而促进压电性能的提升。

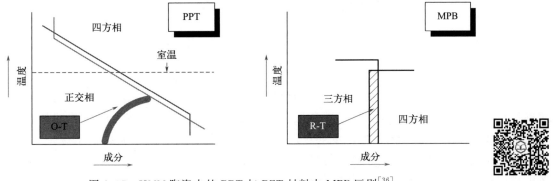

图 2.37　KNN 陶瓷中的 PPT 与 PZT 材料中 MPB 区别[36]

受 PZT 中 MPB 的启发，研究者将关注点集中在构建 R-T 或 R-O-T 相界上。通过在 KNN 基陶瓷中添加多种离子或组元，在降低 T_{O-T} 的同时提高 T_{R-O}，在室温附近构建 R-O-T 相界，如果进一步压缩相变温度的区域，还可以进一步形成 R-T 相界。表 2.7 为室温下具有 R-O-T 或 R-T 相界的 KNN 压电陶瓷的电学性能[34]。2014 年，四川大学吴家刚团队采用传统的固相烧结法获得了室温下具有 R-T 相界的高压电性能 KNN 基压电陶瓷（d_{33}=490pC/N）[37]。随后，该团队在此基础上又制备了 $(1-x-y)K_{1-w}Na_wNb_{1-z}Sb_zO_3$-$y$BaZrO$_3$-$xBi_{0.5}K_{0.5}HfO_3$ 陶瓷体系，通过构建 R-T 相界获得了高压电性能（d_{33} 约 570pC/N）。2018 年，同济大学翟继卫团队通过采用织构化工艺以及两步烧结工艺制备出具有高织构度的 KNN 基压电陶瓷，其压电常数 d_{33} 高达 700pC/N，机电耦合系数 k_p 为 76%，同时该材料具有高的居里温度和相对优异的温度稳定性，如图 2.38 所示[38]。2021 年，四川大学吴家刚团队利用流延工艺构建具有成分梯度的多层复合陶瓷并成功诱导出梯度变化的相结构，从而获得优异温度稳定性的新策略，实现了 KNN 基陶瓷优异的压电常数温度稳定性（d_{33} 约 330pC/N，室温至 100℃，d_{33} 变化率<6%）[39]。

表 2.7 室温下具有 R-O-T 或 R-T 相界的 KNN 基压电陶瓷的电学性能

组分	d_{33} /(pC/N)	T_C /℃	k_p	相结构
0.961(K$_{0.48}$Na$_{0.52}$)NbO$_3$-0.004BiGaO$_3$-0.035(Bi$_{0.5}$Na$_{0.5}$)ZrO$_3$	312	341	0.44	R-O-T
0.96(K$_{0.5}$Na$_{0.5}$)NbO$_3$-0.04[NaSbO$_3$+Bi$_{0.5}$(Na$_{0.8}$K$_{0.2}$)$_{0.5}$(Zr$_{0.5}$Hf$_{0.5}$)O$_3$]	452	约 270	0.63	R-O-T
0.9675(K$_{0.48}$Na$_{0.52}$)(Nb$_{0.865}$Ta$_{0.05}$Sb$_{0.035}$)O$_3$-0.0325Bi$_{0.5}$(Na$_{0.82}$K$_{0.18}$)$_{0.5}$ZrO$_3$	400	240	0.46	R-O-T
0.96K$_{0.4}$Na$_{0.6}$Nb$_{0.96}$Sb$_{0.04}$O$_3$-0.04Bi$_{0.5}$K$_{0.5}$Zr$_{0.9}$Hf$_{0.1}$O$_3$	451	258	0.52	R-O-T
0.95(K,Na)(Nb,Sb)O$_3$-0.04(Bi,Na)ZrO$_3$-0.01BaZrO$_3$	610	241	0.58	R-O-T
0.944K$_{0.48}$Na$_{0.52}$Nb$_{0.95}$Sb$_{0.05}$O$_3$-0.04Bi$_{0.5}$(Na$_{0.82}$K$_{0.18}$)$_{0.5}$ZrO$_3$-0.4%Fe$_2$O$_3$-0.016AgSbO$_3$	650	约 180	—	R-O-T
0.96K$_{0.5}$Na$_{0.5}$Nb$_{0.96}$Sb$_{0.04}$O$_3$-0.04Bi$_{0.5}$Na$_{0.5}$Zr$_{0.8}$Sn$_{0.2}$O$_3$	465	240	0.51	R-T
0.96(K$_{0.48}$Na$_{0.52}$)(Nb$_{0.95}$Sb$_{0.05}$)O$_3$-0.04Bi$_{0.5}$(Na$_{0.82}$K$_{0.18}$)$_{0.5}$ZrO$_3$	490	227	0.46	R-T
0.965K$_{0.45}$Na$_{0.55}$Nb$_{0.96}$Sb$_{0.04}$O$_3$-0.035Bi$_{0.5}$Na$_{0.5}$HfO$_3$	419	242	0.45	R-T
0.96K$_{0.48}$Na$_{0.52}$Nb$_{0.95}$Sb$_{0.05}$O$_3$-0.04(Bi$_{0.5}$Na$_{0.5}$)$_{0.9}$(Li$_{0.5}$Ce$_{0.5}$)$_{0.1}$	485	227	0.48	R-T
0.964K$_{0.4}$Na$_{0.6}$Nb$_{0.955}$Sb$_{0.045}$O$_3$-0.006BiFeO$_3$-0.03Bi$_{0.5}$Na$_{0.5}$ZrO$_3$	550	237	—	R-T
0.95K$_{0.6}$Na$_{0.4}$Nb$_{0.965}$Sb$_{0.035}$O$_3$-0.02BaZrO$_3$-0.03Bi$_{0.5}$K$_{0.5}$HfO$_3$	570±10	约 190	—	R-T
0.96(K$_{0.5}$Na$_{0.5}$)$_{0.98}$Ag$_{0.02}$(Nb$_{0.96}$Sb$_{0.04}$)O$_3$-0.04(Bi$_{0.5}$Na$_{0.5}$)ZrO$_3$	440	250	0.50	R-T

经过十余年的努力，KNN 基无铅压电陶瓷取得了长足的进步，部分 KNN 基无铅压电陶瓷的压电性能已经可以满足一部分压电器件的性能要求。然而，KNN 中构建的新型相界，不仅对成分敏感，还有较大的温度依赖性。因此，如何提高材料的温度稳定性是 KNN 压电材料应用的重要前提。KNN 体系的另一个缺点是制备工艺重复性差。因此，如何提高工艺的稳定性也是 KNN 基无铅压电陶瓷未来面向工业化的挑战。

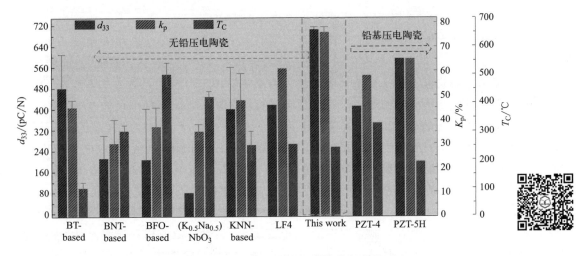

图 2.38 KNN 基织构陶瓷与铅基压电陶瓷性能的对比

（2）铋层状结构型压电材料

铋层状结构氧化物压电陶瓷在 1949 年由 Aurivillius 首次合成。铋层状结构铁电体的化学通式可由 $(Bi_2O_2)^{2+}(A_{m-1}B_mO_{3m+1})^{2-}$ 表示，它由铋氧层 $(Bi_2O_2)^{2+}$ 和不同层数的类钙钛矿结构 $(A_{m-1}B_mO_{3m+1})^{2-}$ 沿着 c 轴方向按照一定规律排列成特定的结构。该结构中 A 位一般为 Li^+、Na^+、Ba^{2+}、Sr^{2+}、Ca^{2+}、Bi^{3+} 等配位数为 12 的低价大尺寸阳离子，B 位一般为 Co^{3+}、Fe^{3+}、Ti^{4+}、Nb^{5+}、W^{6+} 等配位数为 6 的小尺寸阳离子。而结构中的 m 是指氧化铋层之间的类钙钛矿氧八面体的层数，其值为 1～5，如图 2.39 所示。

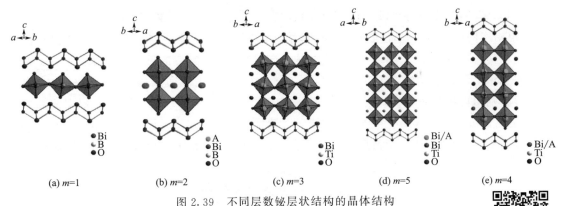

图 2.39 不同层数铋层状结构的晶体结构

同钙钛矿结构型压电陶瓷材料相比，铋层状结构压电陶瓷具有居里温度高、介电击穿强度大、机械品质因数较高、谐振频率的时间和温度的稳定性高等特点。如 $SrBi_4Ti_4O_{15}$ 的居里温度为 521℃、$CaBi_2Nb_2O_9$ 的居里温度高达 936℃。一般来说，压电材料的最高使用温度通常为居里温度的 1/2～3/4。因此，铋层状压电陶瓷是目前最适合应用于高温压电器件的研究体系。然而，作为高温压电材料，它也存在着明显的缺点：一是由于受二维结构限制使得自发极化转向困难造成的压电活性低，二是高矫顽场使得材料难以极化。目前，铋层状结构无铅压电陶瓷体系主要有：a. $Bi_4Ti_3O_{12}$ 基无铅压电陶瓷；b. $ABi_4Ti_4O_{15}$ 基无铅压电陶瓷 (A=Ca、Ba、Sr、$Bi_{0.5}Na_{0.5}$、$Bi_{0.5}K_{0.5}$)；c. $ABi_2B_2O_9$ 基无铅压电陶瓷 (A=Ca、Ba、Sr、$Bi_{0.5}Na_{0.5}$、$Bi_{0.5}K_{0.5}$；B=Nb、Ta)；d. Bi_3TiBO_9 基无铅压电陶瓷（B=Nb、Ta）；e. 复合铋层状结构无铅压电陶瓷。

为了提高铋层状无铅压电陶瓷的压电活性，研究人员主要从制备工艺技术和离子掺杂方面对材料进行改性[40]。制备工艺方面，主要有热处理技术（热压、热铸、热锻）、晶粒定向技术和特殊烧结（如放电等离子烧结）等方法，由于铋层状无铅压电陶瓷具有明显的各向异性，因此可以通过控制其晶粒的取向，使该类陶瓷材料在某一方向呈现出最佳电学性能。采用放电等离子烧结制备的 $CaBi_2Nb_2O_9$ 陶瓷，压电常数可由传统固相烧结样品的 7.5pC/N 提升至 19.5pC/N。相对于放电等离子烧结，模板法制备的织构化陶瓷，其取向程度更高，性能提升程度更高。如模板晶粒生长制备的 $CaBi_4Ti_4O_{15}$，其压电常数 d_{33} 可由传统制备样品的 7pC/N 提高至 45pC/N。然而，这些特殊工艺方法制备的压电陶瓷流程复杂、成本较高，不适合规模化生产。另外，采用离子掺杂取代改变晶体结构是改善铋层状结构陶瓷电学性能的有效措施，并且该类方法制备成本低，工艺简单，适合广泛应用。目前。对于铋层状压电陶瓷的掺杂改性方式主要有 A 位取代和 B 位取代。针对该结构中 A 位元素 Bi^{3+} 在高温烧结过程中易挥发形成氧空位的缺点，最常用且最有效的掺杂方式是采用镧系元素掺杂，进而提高陶瓷的压电性能。如在 $CaBi_4Ti_4O_{15}$-$Bi_4Ti_3O_{12}$ 中引入 La^{3+} 取代 A 位的 Bi^{3+}，可以有效抑制 Bi^{3+} 挥发，降低了介电损耗并将压电常数提升至 23.4pC/N。B 位掺杂主要是采用价态较高的 Zr^{4+}、V^{5+}、W^{5+} 等离子取代 Ti^{4+}、Nb^{5+} 等离子，减少了体系缺陷的产生，进而改善陶瓷体系的电学性能，如采用 Zr^{4+} 取代 $Sr_2Bi_4Ti_5O_{18}$ 中的 Ti^{4+}，提高了材料的居里温度并降低了其介电损耗。

（3）钨青铜结构型压电材料

钨青铜结构化合物来源于 $K_{0.57}WO_3$，1949 年由 A. Magne 首次合成，通式为 M_xWO_3（$0<x<1$）。其特征是存在 BO_6 氧八面体（B 为 Nb^{5+}、Ta^{5+} 或 W^{6+} 等离子），这些氧八面体以顶角相连构成骨架，从而堆积成钨青铜结构，如图 2.40 所示。钨青铜型结构晶体的晶胞由 10 个氧八面体共顶点连接构成网络结构，包含四个 15 配位的五边形空隙（A_2）、两个 12 配位的四边形空隙（A_1）和四个三角形空隙（C）。其化学通式为 $A_6B_{10}C_4O_{30}$，其中，A、B 可分别由两种离子占据，可写为 $[(A_1)_2(A_2)_4C_4][(B_1)_2(B_2)_8]O_{30}$。根据间隙位置的填充情况，可将钨青铜氧化物分类为完全充满型（A、B、C 位全充满）、充满型（A、B 位全充满，C 位空缺）与非充满型（A 位部分充满，B 位全充满，C 位空缺）三大类。

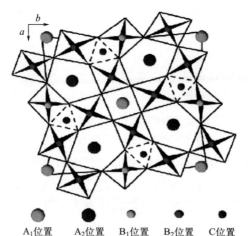

图 2.40　钨青铜结构沿<001>方向的投影示意图

关于完全充满型与非充满型钨青铜的研究最为充分。前者一般为正常铁电体，作为非线性光学材料有着重要的应用；后者一般为弛豫铁电体，作为非线性光学材料与压电材料而受到重视。近年来，对充满型钨青铜钛铌酸盐 $M_{6-p}R_pTi_{2+p}Nb_{8-p}O_{30}$（M 为 Ba 或 Sr；R 为稀土元素；$p=1,2$）的研究表明，随着 A 位离子半径差的减小，材料由正常铁电体经弥散铁电体最终转变为弛豫铁电体。钨青铜结构化合物具有自发极化大、居里温度较高、介电常数较低、光学非线性较大等特点，因而在全息存储、集成光学与光信号处理等领域具有广泛的应用前景。同时又由于钨青铜型结构晶体中存在大量不同类型的结构空位，因此可以通过引入其他离子，来提高材料的各种性能。近年来钨青铜结构晶体材料凭借其优良的介电、铁电、热释电、压电以及电光性能而越来越受到关注，并且在电容、压电、存储、光学等领域有着广泛的用途。

2.4.2.4　压电材料的应用

以 PZT 为代表的商用压电陶瓷具有优良的压电、介电性能，由于其稳定性好、精度高、能量转换效率高、响应速度快被广泛应用于压电传感及驱动领域。随着无铅化产业的推进，无铅压电材料也逐渐获得了一些应用，本节重点介绍无铅压电材料的一些最新的应用。

（1）正压电效应器件

压电能量收集器利用正压电效应原理将环境中的振动能转化为可用的电能，由于它具有与微机电系统技术的高度兼容性，因此易于小型化与集成化，从而展现出在低功耗自供电微传感器领域的应用。压电能量收集器中常用的压电材料为压电陶瓷，因此材料的机电转换性能是影响能量收集效率的关键因素之一，压电陶瓷同时需要具有高的压电电压常数和高的压电电荷常数。如以 Mn 元素改性的 $(K_{0.5}Na_{0.5})NbO_3$ 无铅压电陶瓷为原型材料，通过悬臂梁式压电能量收集器的设计，如图 2.41(a) 所示，在加速度为 $40m/s^2$ 时，其输出功率为 $85\mu W$，电压峰-峰值为 16V。此外，在 10^6 次循环情况下，KNN-Mn 压电能量收集器仍表现出优异的抗疲劳性能，证实了其在无线传感器网络系统自供电电源方面的应用价值。$0.99K_{0.5}Ba_{0.5}Nb_{(1-x)}Ta_xO_3$-$0.01Bi(Ni_{2/3}Nb_{1/3})O_3$ 织构陶瓷具有良好的压电性能（$d_{33}=435pC/N$，$k_p=0.71$，$T_C=360℃$），将其制作成圆膜片型压电能量收集器，如图 2.41(b) 所示[41]，该能量收集器具有较高的输出电压（$U\approx 13V$）和输出功率（$W\approx 3mW$），同时在 200℃下保持 30min 后，性能仍保持在 60% 以上，在高温压电能量收集器中具有应用价值。

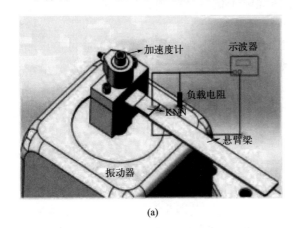

图 2.41　(a) 悬臂梁型压电能量收集器；(b) 圆膜片型压电能量收集器

（2）逆压电效应器件

压电马达是利用压电陶瓷的逆压电效应原理制作的，在交变电场作用下，陶瓷产生振动和微小的变形，将电能转换成旋转或移动等机械运动形式，从而实现大行程的精密定位和位移输出。目前，压电马达已经在航空航天、仪器仪表、家用电器等领域得到了广泛应用。压电马达需要压电材料同时具有高压电常数、高机电耦合系数、高机械品质因数、高机械强度及低介电损耗。将具有良好压电性能的 0.95（$Na_{0.49}K_{0.49}Li_{0.02}$）($Nb_{0.8}Ta_{0.2}$)$O_3-0.05CaZrO_3$+2‰$MnO_2$ 陶瓷（d_{33}=320pC/N，k_p=0.47）制备成一种环形压电超声马达（图2.42），并嵌入数码相机的商业化自动对焦模块中[42]。当输入电压 110～120V 时，超声马达转速高达 7r/min，扭矩约 0.5N/cm。尽管与 PZT 相比，其整体性能还有差距，但由于具有较高的电容，因此在运行中具有较低的功率损耗和较高的电能效率。

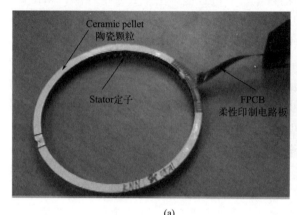

图2.42　环形振动器和电极：(a) 定子振动器；(b) 超声马达[42]

（3）正、逆压电效应结合压电器件

基于压电效应原理的压电变压器是电力和电子信息装备领域的重要器件。与传统的电磁变压器相比，压电变压器具有耐高温高压、转换效率高、升压比大及抗电磁干扰等优点，广泛应用于笔记本电脑、智能手机、空气净化器等电子信息产品中。经典的 Rosen 型压电陶瓷变压器可以看作压电陶瓷驱动器和压电陶瓷传感器的结合。图2.43（a）为压电变压器的结构和工作原理示意图。在输入端通过逆压电效应将电能转换成机械能，再通过输出端基于正压电效应将机械能转换为电能，利用阻抗变换与机电能量的二次转换实现升压。谐振状态下 Rosen 型压电陶瓷变压器在空载时的升压比（A_∞）为：

$$A_\infty \approx \frac{4}{\pi^2} Q_m k_{31} k_{33} \frac{l}{t} \tag{2.50}$$

最大效率（η_∞）为：

$$\eta_\infty = \frac{1}{1+[\pi^2/(2k_{33}^2 Q_m)]} \tag{2.51}$$

式中，Q_m、k_{31} 和 k_{33} 分别为机械品质因数、横向机电耦合系数和纵向机电耦合系数；l、t 分别为压电陶瓷变压器发电部分的长度和压电陶瓷变压器的厚度。由上式可知，为了实现高升压比和高转换效率，需要压电陶瓷材料具有高机电耦合系数和高机械品质因数，同时需要低介电损耗防止器件发热失效。

由 MnO_2 改性 $K_{0.5}Na_{0.5}NbO_3$-$K_{5.4}Cu_{1.3}Ta_{10}O_{29}$ 压电陶瓷具有良好的综合性能（d_{33}=90pC/N，k_p=0.40，Q_m=1900）[43]。利用该体系制作了 Rosen 型压电变压器，并对压电变压器的工作特性进行了表征。结果显示，当温度升高 14℃ 时，变压器的最大输出功率为 0.7W；当温度升高 33℃ 时，变压器的最大输出功率为 1.8W。采用（$Na_{0.5}K_{0.5}$）（$Nb_{0.9}Ta_{0.1}$）O_3（Q_m=1563，k_p=0.42，$\tan\delta$=0.4%）制备了圆盘形压电陶瓷变压器，如图 2.43（b）所示[44]。测试结果表明，在其谐振频率时，可得到空载升压比大于 42 的无铅压电陶瓷变压器，显示出无铅压电陶瓷在压电变压器中的应用潜力。

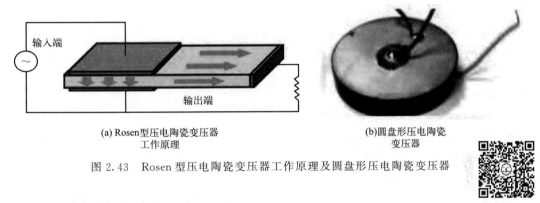

(a) Rosen型压电陶瓷变压器工作原理　　(b)圆盘形压电陶瓷变压器

图 2.43　Rosen 型压电陶瓷变压器工作原理及圆盘形压电陶瓷变压器

2.4.3　热释电材料

热释电材料（pyroelectric material）是利用温度随时间的波动将热能转换为电能的一种材料，即具有热释电效应的材料。热释电效应是指由于温度变化时的热膨胀作用而使电介质材料极化强度变化，引起自由电荷的充放电现象。当温度发生变化时，由温度变化引起电介质的极化状态的改变不能及时被来自电介质表面上的自由电荷所补偿，使电介质对外显电性。

约在公元前 300 年人们就发现了热释电效应。古希腊《论石头》记载，电气石（硼硅酸盐）不仅能够吸引麦秸屑和小木片，也能吸引铜或铁薄片，但当时并不清楚来自于热释电材料的自发极化。1824 年，英国物理学家布儒斯特在罗谢尔盐（酒石酸钾钠）中发现热释电现象，正式引入了热释电的概念。19 世纪末到 20 世纪初，人们开始测量热释电效应，研究热释电材料。20 世纪 60 年代，红外成像和激光技术的发展促进了热释电探测器和红外成像仪的需求，多种热释电材料被开发。热释电材料目前主要用于能量转换器件及探测装置，由于其响应范围宽、灵敏度高、性能易于调节，近年来得到了广泛的应用。

2.4.3.1　热释电效应

热释电材料是一种压电材料，是不具有中心对称性的晶体。图 2.44 为热释电效应机理图，当压电材料极化以后，靠近极化矢量两端的表面附近便出现束缚电荷。在热平衡状态，这些束缚电荷被来自体内的等量反号的自由电荷所屏蔽，所以压电体对外界并不显示电的作用。当温度改变时，极化发生变化，原先的自由电荷不能再完全屏蔽束缚电荷，于是表面出现了自由电荷，它们在附近的空间形成电场，对带电微粒有吸入或排斥作用。如果与外电路连接，则可在电路中观测到电流，升温和降温两种情况下电流的方向相反。

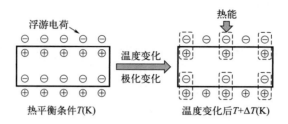

图 2.44　热释电效应机理

热释电效应的强弱用热释电系数来表示。当整个压电晶体的温度均匀地改变了一个小量 ΔT，则极化的改变 ΔP 可由下式给出：

$$\Delta P = \boldsymbol{p} \Delta T \tag{2.52}$$

式中，P 是自发极化强度，$\mu C/cm^2$；ΔP 为自发极化强度变化量；$\boldsymbol{p}$ 是热释电系数，$C/(m^2 \cdot K)$，它是一个矢量，一般有三个非零分量。

$$p_m = \frac{\partial P_m}{\partial T}, m = 1, 2, 3 \tag{2.53}$$

热释电系数符号通常是相对于晶体压电轴的符号定义的。按照 IRE 标准的规定，晶轴的正端为沿该轴受张力时出现正电荷的一端。在加热时，如果靠正端的一面产生正电荷，就定义热释电系数为正，反之为负。

除热释电系数外，热释电优值因子 FoMs，也被用于评估材料在不同工作模式下的器件输出响应，包括电流响应优值（F_i）、电压响应优值（F_v）、探测优值（F_D）、能量收集优值（F_E）等。当热释电材料应用于热检测和红外检测等方面时，产生的热释电电流或电压是性能衡量的主要参数。电流响应优值（F_i）、电压响应优值（F_v）、探测优值（F_D）、能量收集优值（F_E）的表达式分别为：

$$F_i = \frac{\boldsymbol{p}}{C_v} \tag{2.54}$$

$$F_v = \frac{\boldsymbol{p}}{C_v \varepsilon_0 \varepsilon_r} \tag{2.55}$$

$$F_D = \frac{\boldsymbol{p}}{C_v (\varepsilon_0 \varepsilon_r \tan\delta)^{1/2}} \tag{2.56}$$

式中，C_v 为体积热容；ε_r 和 $\tan\delta$ 分别是材料的相对介电常数和介电损耗角正切；ε_0 为真空介电常数。由上述公式可以看出，当热释电材料用于热检测及红外检测器件等方面时，需要较高的器件响应（探测优值），则要求热释电材料具有高的热释电系数、小的体积热容、小的介电常数和低的介电损耗。与应用于探测装置不同，当热释电材料应用于热电能量转换器件时，能量收集成为最重要的考虑因素，因此需要更大的能量收集优值（F_E）。

$$F_E = \frac{\boldsymbol{p}^2}{\varepsilon_p} \tag{2.57}$$

式中，ε_p 为恒定压力下热释电材料在极化方向上的介电常数。

可以看出，理想的热电能量转换材料需要较大的热释电系数和较小的介电常数。

2.4.3.2　热释电材料种类

近年来，热释电领域的研究工作在全球范围内得到了迅速发展。图 2.45 为过去 20 年在热释电领域的出版物的数目,可以看到从 2000 年到 2021 年上半年,有关热释电的论文总数呈逐渐上升趋势。在过去的 20 年里,越来越多的研究人员加入了热释电研究领域,获得一系列的开创性成果,如热释电材料的制备和热释电器件的研发。常见的热释电材料可以分为四个主要类别,包括单晶、陶瓷、薄膜、聚合物及其复合材料。为了提高热释电材料的性能,研究者采取了诸多的工艺,包括离子掺杂、微观结构设计、纳米结构控制等。通过优化材料的热释电性能,所制备的热释电材料已经在热能收集、紫外线和红外线探测、制氢、染料降解、灭菌和消毒等方面展现出巨大的应用价值[45]。

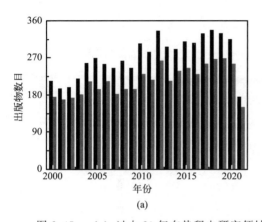
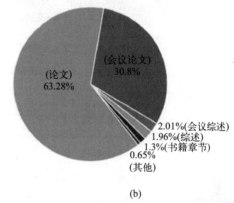

图 2.45 (a)过去 20 年在热释电研究领域出版物的数目(黑条:热释电材料的总出版物;灰条:材料科学、工程、化学、化学工程、能源和生物化学领域的部分出版物);(b)热释电研究领域出版物的分类[45]

(1) 热释电单晶

具有热释电效应的晶体称为热释电晶体。热释电晶体除要求结构上不具有对称中心之外,还要求具有自发极化。因此,只有十种点群(即 1、2、m、$mm2$、4、$4mm$、3、$3m$、6、$6mm$)的晶体才可能具有热释电效应。热释电单晶常见的有三甘氨酸硫酸盐、钽酸锂和铌酸锶钡。

三甘氨酸硫酸盐,是一类重要的热释电晶体,其分子式为(NHCHCOOH)$_3$·H$_2$SO$_4$,简称 TGS,是由甘氨酸和硫酸以 3:1 的摩尔比例配制成饱和水溶液,然后用降温生长获得,较容易得到大的优质单晶体,如图 2.46(a)所示[45]。TGS 结构属单斜晶系,C_2-2 点群,空间群 $P2_1$,TGS 单晶热释电系数 p 较大、介电常数 ε_p 较小,光谱响应范围宽、响应灵敏度高,在红外探测方面有着广泛的应用。但 TGS 居里温度 T_C 较低(约为 49℃),稳定性差,很大程度上限制了其使用温度,如图 2.46(b)所示[45]。此外,TGS 单晶热释电材料易吸潮、机械强度差以及存在退极化现象。为了保证探测结果的可靠性,需要将其适当密封以避免材料受潮。为进一步提高 TGS 的热释电性质特别是提高其居里点,防止退极化,常采用在重水中培养或掺入有益杂质的方法生长 TGS 晶体。如将 TGS 氘化为 DTGS 可以有效提高 T_c(>62℃);掺入氨基酸(如 L-丙氨酸)和其他的有机掺杂剂(如尿素和硝基苯胺)可防止 TGS 晶体退极化,并有效提高热释电品质因数。掺入金属离子如 Li$^+$、Mg^{2+}、Cd^{2+}、Mn^{2+}、Be^{2+} 以及少量 L-丙氨酸形成双掺晶体也可提高热释电品质因数并防止退极化[46-47]。

氧化物热释电晶体可在高温下用提拉法生长,生长速度比水溶液法快。块体物化性质稳

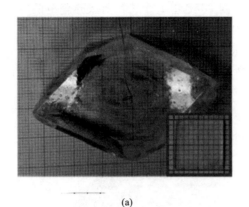
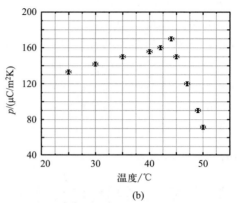

图 2.46 (a) TGS 晶体的光学图像，插图是正方形薄样品（边长 10mm，厚度为 1mm）切割后样品的照片；(b) 含有平均直径为 20nm 的 TGS 纳米晶体的透明圆形热释电薄膜的热释电系数随温度的变化[45]

定，机械强度高，但生长设备较复杂。已得到实际应用的晶体主要有钽酸锂（$LiTaO_3$）和铌酸锶钡（$Sr_{1-x}Ba_xNb_2O_6$）晶体。钽酸锂（$LiTaO_3$）晶体，属三方晶系，c 轴是极轴，具有钙钛矿 ABO_3 晶体结构。该材料居里温度 T_C 较高（620℃），不易退极化，在很宽温度范围里性能稳定，且没有水解问题，适合制作工作温度范围大的高稳定性器件。其介电损耗可低于 2×10^{-4}，是一类高归一化探测度的热释电探测器材料。这类材料的主要缺点是介电常数大，热释电系数小，热释电优值较低。相比 $LiTaO_3$ 晶体，$Sr_{1-x}Ba_xNb_2O_6$（SBN）单晶具有更显著的热释电效应，但由于该材料的介电常数大，因此热释电优值并不高。该系列晶体的性能可由组分 x 调节，减小 x 可提高热释电系数，但 x 太小则会因居里温度低而影响稳定性。加入少量的 Pb 或 La、Nd、Sm 等元素能改善其热释电性能。例如 $Sr_{0.5}Ba_{0.5}Nb_2O_6$ 晶体的热释电系数大、热导率低、介电损耗小、性能稳定且机械强度高，易加工成薄片的热释电红外探测器灵敏元。由于 SBN 晶体介电常数大，因此不利于高频、大面积情况下使用，但用于低频、小面积热释电红外探测器以及非致冷红外焦平面阵列热像仪却是优良的材料。

传统热释电晶体材料存在热释电系数较小、探测优值偏低、容易潮解、使用温度有限，且需要施加偏置电场等缺点，大大限制了高性能红外热释电器件的研制与应用。因此，探索具有高性能与容易加工的特点，同时在紫外、可见光和红外探测领域获得广泛应用的新型热释电材料成为当前的研究热点。2004 年，中国科学院上海硅酸盐研究所罗豪甦课题组在弛豫铁电单晶 [如 $(1-x)Pb(Mg_{1/3}Nb_{2/3})O_3-xPbTiO_3$，简称 PMN-PT] 的研究基础上，率先发现该类材料具有优异的热释电综合性能[48-49]，如表 2.8 所示。室温下，其热释电系数超过 $15.3\times10^{-4}C/(m^2\cdot K)$，探测能力优于 $LiTaO_3$ 和 TGS 等热释电单晶材料；同时 PMN-PT 单晶具有比较低的热扩散系数，非常有利于热图像的存储和处理。基于 PMN-PT 单晶，采用 Mn 掺杂后的单晶介电损耗更低（0.0005），与 $LiTaO_3$ 晶体相当，同时，热释电系数远远高于 $LiTaO_3$ 晶体，达到 $17.2\times10^{-4}C/(m^2\cdot K)$，探测优值达到 $40.2\times10^{-5}Pa^{-1/2}$。研究团队还生长出了高居里温度的 $Pb(In_{1/2}Nb_{1/2})O_3-Pb(Mg_{1/3}Nb_{2/3})O_3-PbTiO_3$（PIN-PMN-PT）弛豫铁电单晶，居里温度可提升至 180℃，大大拓宽了弛豫铁电单晶可使用的温度范围，提高了热释电红外探测器在使用中的温度稳定性。

表 2.8　热释电单晶材料的热释电性能列表[48-50]

单晶组分	T_C/℃	p/[10^{-4}C/(m²·K)]	ε_r	$\tan\delta$/%	F_i/[10^{-10}(m/V)]	F_v/(m²/C)	F_D/10^{-5}Pa$^{-1/2}$
TGS	50	5.5	55	2.5	2.1	0.43	6.1
DTGS	—	5.5	43	2	2.3	0.6	8.3
LiTaO$_3$	620	2.3	47	0.05	0.72	0.17	15.7
SBN	121	5.6	390	—	—	—	—
PMN-26PT	122	15.3	643	0.28	6.1	0.11	15.3
PMN-21PT	95	17.9	961	0.003	7.2	0.08	14.2
Mn:PMN-26PT	120	17.2	660	0.05	6.88	0.12	40.2
41PIN-17PMN-42PT	253	5.7	487	0.3	228	0.05	6.34
21PIN-49PMN-30PT	180	7.54	529	0.096	3.02	0.064	14.2
Mn:15PIN-55PMN-30PT	161	10.1	526	0.03	4.03	0.09	34.1

（2）热释电薄膜

薄膜是适应集成化要求的必然选择，薄膜热释电材料体积比热小有助于提高热释电红外探测器的响应速度、灵敏度和集成度。热释电薄膜是制作薄膜型热释电红外探测器的首选材料，主要分为有机聚合物薄膜和无机氧化物薄膜，如表 2.9 所示。有机薄膜材料的主要优点是容易制成大面积的薄膜，虽然其热释电系数比好的无机薄膜材料低一个数量级，但由于介电常数小、热导率低，因此电压响应优值并不低。

表 2.9　热释电薄膜材料的热释电性能列表

薄膜组分	ε_r	$\tan\delta$/%	p/10^{-4}[C/(m²·K)]	F_v/[10^{-10}(C·cm/J)]	F_D/[10^{-8}(C·cm/J)]
ZnO	10.3		0.09	—	—
KTa$_{0.55}$Nb$_{0.45}$O$_3$	1412	0.025	51	1.32	3.15
(Pb$_{0.9}$La$_{0.1}$)TiO$_3$	—	—	30.6	—	—
PbTiO$_3$	15	0.01	2.9	0.6	0.74
(Pb$_{0.95}$La$_{0.05}$)Ti$_{0.875}$O$_3$	180	0.01	3.37	0.59	0.79
(Pb$_{0.9}$La$_{0.1}$)Ti$_{0.975}$O$_3$	200	0.01	4.54	0.71	1.00
(Pb$_{0.85}$La$_{0.15}$)Ti$_{0.9625}$O$_3$	210	0.01	5.25	0.78	1.13

聚偏氟乙烯（PVDF）具有很高的极性和电荷分布特性。当 PVDF 受到外部热源的刺激时，其分子结构会发生变化，导致电荷的重新分布，呈现出较好的热释电效应。PVDF 具有居里温度较高、介电常数小、价格便宜、柔韧性高以及容易制成大面积的薄膜等优点。

PVDF 薄膜的热释电系数与晶体材料 LiNbO$_3$ 的相近,用 PVDF 薄膜设计制作的辐射探测器把热释电红外探测器从红外及弱激光的监测发展到强激光、等离子体、微波和 X 射线辐射的测量并取得了满意的结果[51]。然而,PVDF 等高分子有机聚合物的热释电系数通常远远低于陶瓷材料,将有机聚合物和陶瓷复合可以弥补聚合物在热释电性能上的不足,是发展高性能热电材料的一条途径[52-53]。其制备工艺是将铁电陶瓷或单晶超细颗粒加入高分子有机聚合物[如树脂、硅胶、PVDF、P(VDF/TrFE)等]中均匀复合。这样制备的复合材料能兼具二者的优点,并通过改变掺入铁电陶瓷或单晶超细颗粒的体积比调节复合材料的热释电优值和探测优值。比如,钛酸铅 PT 掺杂 PVDF/TrFE 聚合物薄膜兼具陶瓷良好的热释电、压电性能和聚合物高弹性、可加工性、密度小以及强度小的优点;采用纳米级钙和镧改进的钛酸铅陶瓷(PCLT)及聚偏氟乙烯/三氟乙烯(VDF/TrFE)纳米复合物,其探测优值比纯 P(VDF/TrFE)高 22.4%[53];由 PZT 微粉和 PVDF 复合而成的热释电复合材料 PZT-PVDF 具有较好的热释电性能,且材料在室温至 100℃的温区内具有相当好的应用前景[54]。

无机氧化物薄膜热释电材料体积比热小,有助于提高热释电红外探测器的响应速度、灵敏度和集成度,热释电-铁电薄膜是制作薄膜型热释电红外探测器的首选材料。早期被应用于热释电红外探测器的薄膜材料主要是以 PT、(Pb$_{1-x}$La$_x$)TiO$_3$(PLT)和 PZT 为代表的铅基钙钛矿铁电薄膜材料[51],通过调整组分可以显著地改善薄膜的热释电性能,例如,PLT 热释电薄膜随 La 的掺入量增加,居里温度降低,热释电系数显著增大,含微量 Zr 的 PLT 铁电薄膜比相应的 PLT 薄膜有更好的热释电性能。另外,当沉积的薄膜具有取向性时,可获得更好的热释电性能。例如:在衬底与 PLT 薄膜之间采用适当的过渡层,如 LaNiO$_3$ 和 SrRuO$_3$,沉积的薄膜具有更好的取向性,薄膜的热释电性能获得了很大改善。

随着绿色环保和人类可持续发展的迫切需要,开发无铅热释电材料成为研究热点[45]。通过原子层沉积制备出致密的 Si:HfO$_2$ 薄膜[如图 2.47(a)],并调节 Si 的掺杂含量优化薄膜的居里温度和热释电系数[图 2.47(b)、(c)]。适量的 MnO 掺杂可以进入 NBT-KBT(钛酸铋钠-钛酸铋钾)的晶格,并提高 NBT-KBT 的热释电性能[图 2.47(d)],当 MnO 的掺杂含量(摩尔分数)为 1.0%,NBT-KBT 薄膜室温下取得了最大的热释电系数。与未掺杂的 NBT-KBT 薄膜相比,掺杂 1.0%(摩尔分数)MnO 的 NBT-KBT 薄膜的热释电系数在温度从 20℃升高到 75℃的过程中增加了近 750%[图 2.47(e)]。通过溶胶-凝胶法制备了致密的 BST 的薄膜[图 2.47(f)],室温下的热释电系数达 1860μC/m^2·K,在热红外探测和成像方面具有应用潜力。

(3)热释电陶瓷

陶瓷是目前使用最广泛的材料之一,在压电、热释电、铁电的应用方面起着重要的作用,热释电陶瓷制备简单、成本低、机械性能和电学性能优良,表现出巨大实际应用潜力,并引起了越来越多的关注。热释电陶瓷的性能可以通过引入适当的添加剂或掺杂物、改进合成工艺、优化相结构等方式进行调控。铁电陶瓷依据晶体结构可分为钙钛矿结构、钨青铜结构、铌酸锂结构、铋层状结构等,在无铅铁电陶瓷的热释电效应研究中,有关钙钛矿结构的研究报道最为广泛。

目前,实际应用的热释电陶瓷大多数是含铅{材料体系,如锆钛酸铅[Pb(Zr$_{1-x}$Ti$_x$)O$_3$]陶瓷、钙改性钛酸铅[(Pb$_{1-x}$Ca$_x$)TiO$_3$]陶瓷,以及铌镁酸铅-钛酸铅[Pb(Mg$_{1/3}$Nb$_{2/3}$)O$_3$-

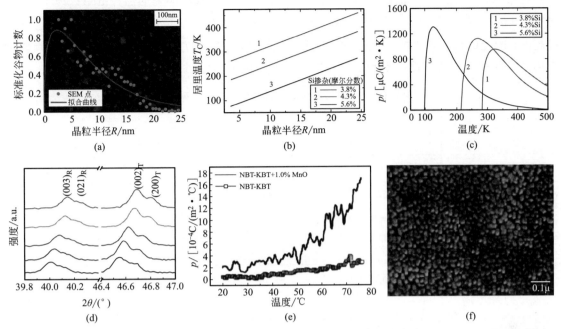

图 2.47 (a) Si：HfO_2 薄膜表面扫描电镜图像；(b)、(c) 不同掺杂硅含量 Si：HfO_2 薄膜的居里温度和热释电系数的变化；(d) MnO 掺杂 NBT-KBT 薄膜的 XRD 图谱；(e) 掺杂 1.0%（摩尔分数）MnO 的 NBT-KBT 薄膜和 NBT-KBT 薄膜的热释电系数随温度的变化；(f) $Ba_{0.64}Sr_{0.36}TiO_3$（BST）薄膜表面扫描电镜图像[45]

$PbTiO_3$]陶瓷。这些体系中铅含量超过 60%，在陶瓷生产和加工过程中伴随着大量铅损耗和挥发，会对生态环境和人体健康造成极大危害。随着环保理念的持续深入和可持续发展战略的提出，各国先后实施了一系列限制或禁止含铅材料使用的法规，使得无铅热释电陶瓷得到了快速的发展[55]。

钛酸钡（$BaTiO_3$，简称 BT）基陶瓷是研究最早、应用最广的一类无铅铁电材料，具有优异的介电、压电和铁电性能，是电子陶瓷最具代表性的材料之一。对 BT 陶瓷热释电性能的研究最早可追溯到 20 世纪 50 年代，纯 BT 陶瓷室温热释电系数仅 $2.0×10^{-8}C/(cm^2·K)$，由于 BT 陶瓷介电常数较大，其热释电优值 FoMs 较低。为了提高 BT 陶瓷的热释电性能，常采用的手段有 A/B 位离子取代、复合掺杂、添加其他组元形成固溶体以及构筑相界等。表 2.10 列出了 BT 基无铅铁电陶瓷体系及其热释电性能[55]。在 A/B 位取代方面，主要采用 Ca^{2+}、Sr^{2+} 等离子取代 A 位 Ba^{2+} 离子，或者采用 Zr^{4+}、Hf^{4+}、Sn^{4+} 等离子取代 B 位 Ti^{4+} 离子，均可以有效提高 BT 陶瓷的热释电性能。复合掺杂方面，常用 Ce^{4+}、Nd^{3+} 等稀土离子和过渡族金属离子进行掺杂，通过结构的调控和微结构优化改善 BT 陶瓷的热释电性能。构筑相界部分，主要通过引入 $CaTiO_3$、$BaZrO_3$ 钙钛矿组元形成多组元固溶体，并通过调整组分形成准同型相界（MPB）、多型相变（PPT）、三相共存点（TTP）等相变边界，提高 BT 陶瓷铁电畴的活性，进而增强 BT 体系的本征热释电效应。比如 MPB 相界处的 $0.5Ba(Zr_{0.2}Ti_{0.8})O_3$-$0.5(Ba_{0.7}Ca_{0.3})TiO_3$ 陶瓷的热释电系数达 $5.84×10^{-4}C/(m^2·K)$，PPT 相界处的 $(Ba_{0.85}Ca_{0.15})(Zr_{0.1}Ti_{0.9})O_3$ 陶瓷热释电系数高达 $8.6×10^{-4}C/(m^2·K)$，电压响应优值 F_v 为 $1.5×10^{-2}m^2/C$，在此基础上通过 Sr^{2+}、Sn^{4+} 掺杂进一步提高了陶瓷的热释电系数，$(Ba_{0.84}Ca_{0.15}Sr_{0.01})(Zr_{0.09}Ti_{0.9}Sn_{0.01})O_3$ 陶瓷的热释电系数为 $11.17\times 10^{-4} C/(m^2 \cdot K)$。需要指出的是，虽然通过离子掺杂取代或形成固溶体构筑相界能够大幅提高 BT 陶瓷的热释电性能，但通常会降低陶瓷的居里温度 T_C，从而严重影响 BT 陶瓷的应用稳定性和工艺适应性，不利于材料在热释电领域中的应用。

表 2.10　BT 热释电陶瓷材料的热释电性能列表[55]

材料组分	$T_C/℃$	ε_r	$\tan\delta/\%$	p /[10^{-4} C/(m²·K)]	F_i /(pm/V)	F_v /(m²/C)	F_D /$\mu Pa^{-1/2}$
$BaTiO_3$	120	1200	—	2.00	80	0.0080	4.20
$Ba_{0.95}Ca_{0.05}TiO_3$	113	—	—	约 2.00	—	—	—
$Ba_{0.90}Sr_{0.10}TiO_3$	108	1088	0.016	4.70	—	0.0173	—
$Ba_{0.80}Sr_{0.20}TiO_3$	77	1419	0.018	4.20	—	0.0118	—
$BaSn_{0.05}Ti_{0.95}O_3$	77	2520	0.029	4.32	228	0.0100	8.20
$BaZr_{0.025}Ti_{0.975}O_3$	105	—	—	7.50	—	—	—
$BaCe_{0.10}Ti_{0.90}O_3$	83	—	—	7.82	339	0.0110	10.39
$0.5Ba(Zr_{0.2}Ti_{0.8})O_3$-$0.5(Ba_{0.7}Ca_{0.3})TiO_3$	93	—	—	5.84	—	—	—
$(Ba_{0.85}Ca_{0.15})(Zr_{0.1}Ti_{0.9})O_3$-1%(质量分数)Li	79	2590	0.033	8.60	407.6	0.0150	15.80
$(Ba_{0.85}Ca_{0.15})(Zr_{0.1}Ti_{0.9})O_3$	46	4691	0.041	14.00	600	0.0150	14.50
$(Ba_{0.84}Ca_{0.15}Sr_{0.01})(Zr_{0.09}Ti_{0.9}Sn_{0.01})O_3$	83	4200	0.020	11.70	479	0.0130	18.10

$(Bi_{0.5}Na_{0.5})TiO_3$（BNT）是复合钙钛矿型无铅弛豫铁电体，具有强铁电性能。室温时，BNT 陶瓷的剩余极化强度 P_r 高达 $38\mu C/cm^2$，相对介电常数约为 500，因此，BNT 陶瓷在热释电应用方面具有很大潜力。对于纯的 BNT 陶瓷而言，高的矫顽场（$E_c=73kV/cm$）使得陶瓷极化困难，难以发挥出较好的压电和热释电性能；另外，BNT 陶瓷 Bi、Na 元素在烧结过程中易挥发，影响陶瓷的化学计量比和致密度，进而影响陶瓷的热释电性能。因此，纯的 BNT 陶瓷的热释电系数仅 $2.5\times 10^{-4} C/(m^2 \cdot K)$[55]。目前，通过引入其他组元构筑相界提高铁电畴活性、通过掺杂改性改善陶瓷烧结性能和降低漏导是两种提高热释电系数的主要途径。表 2.10 为 BNT 热释电陶瓷材料的热释电性能列表。通过引入 BT、$(Bi_{0.5}K_{0.5})TiO_3$（BKT）、$Ba(Zr_{0.055}Ti_{0.945})O_3$（BZT）等组元形成准同型相界 MPB 区域可以有效提高 BNT 陶瓷的热释电性能。如 $(1-x)$BNT-xBT 陶瓷 MPB 组分（$x=0.06$）的热释电系数约为 $3.15\times 10^{-4} C/(m^2 \cdot K)$，在此基础上，通过调整 Bi/Na 比和 Ba 含量可进一步提高 BNT 陶瓷热释电系数至 $6.99\times 10^{-4} C/(m^2 \cdot K)$，另外通过掺杂 La^{3+}、Ta^{3+} 等离子可进一步提高 MPB 组分的热释电系数，如 0.5%La 掺杂样品的热释电系数为 $7.42\times$

10^{-4} C/(m^2·K),而 0.5%La+0.2%Ta 共掺杂样品的热释电系数为 12.92×10^{-4} C/(m^2·K)。引入 BZT 对提高 BNT 陶瓷的热释电性能也十分有帮助,如 $(1-x)$BNT-xBZT 陶瓷 MPB 组分 ($x=0.07$) 的热释电系数为 5.7×10^{-4} C/(m^2·K),在此基础上通过 Mn 进一步掺杂改性提高热释电系数至 6.1×10^{-4} C/(m^2·K)。另外,通过改变 $(1-x)$BNT-xBZT 中 BZT 的含量和 Zr/Ti 的比例,可以进一步优化 BNT 基陶瓷的热释电性能,如 0.94(Bi$_{0.5}$Na$_{0.5}$)TiO$_3$-0.06Ba(Ti$_{1-x}$Zr$_x$)O$_3$(BNT-BT$_{1-x}$Z$_x$,$x=0.25$)陶瓷的热释电系数高达 27.2×10^{-4} C/(m^2·K),这是因为 Zr/Ti 比例的调整使得材料的铁电-反铁电相变温度(T_d)下降到室温附近,引起宏观自发极化的剧烈变化,进而大幅提高材料的热释电系数,如图 2.48 所示[56]。

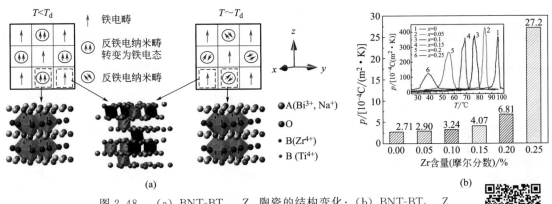

图 2.48 (a) BNT-BT$_{1-x}$Z$_x$ 陶瓷的结构变化;(b) BNT-BT$_{1-x}$Z$_x$ 陶瓷的热释电系数随 Zr 含量的变化[56]

改善 BNT 基陶瓷体系热释电效应的另外一个途径是改善 BNT 陶瓷烧结性能、降低矫顽场和漏导,提高陶瓷的铁电剩余极化。如 BNT-Ba(Ni$_{0.5}$Nb$_{0.5}$)O$_3$ 固溶体、铌酸钠(NaNbO$_3$)和铌酸钾钠(K$_{0.5}$Na$_{0.5}$NbO$_3$)改性的 BNT-BaAlO$_3$ 陶瓷体系、玻璃助烧的 0.715BNT-0.22SrTiO$_3$-0.065BaTiO$_3$ 陶瓷均获得较好的热释电性能,如表 2.11 所示。

表 2.11 BNT 热释电陶瓷材料的热释电性能列表[55]

材料组分	T_d/℃	ε_r	tanδ/%	p/[10^{-4}C/(m^2·K)]	F_i/(pm/V)	F_v/(m^2/C)	F_D/μPa$^{-1/2}$
(Bi$_{0.5}$Na$_{0.5}$)TiO$_3$	—	—	—	2.50	—	—	—
0.94BNT-0.06BT	115	396	0.044	3.15	112	0.0210	9.08
0.94(Bi$_{0.52}$Na$_{0.52}$)TiO$_3$-0.06BT	200			6.99	250	0.0470	16.630
0.94BNT-0.06BT-0.5%La+0.2%Ta	40	671	0.047	12.92	461	0.0780	2.760
0.94BNT-0.06BT-0.5%La	69	—		7.42	265	0.0480	1.400

续表

材料组分	T_d/℃	ε_r	$\tan\delta$/%	p/[10^{-4}C/(m²·K)]	F_i/(pm/V)	F_v/(m²/C)	F_D/μPa$^{-1/2}$
0.94BNT-0.06Ba$_{1.02}$TiO$_3$	85	—	—	3.54	124	0.095	8.300
0.80BNT-0.20BT	209			2.42		0.0268	15.300
0.93BNT-0.07Ba(Zr$_{0.055}$Ti$_{0.945}$)O$_3$	87	—	—	5.70	203	0.0220	10.500
0.93BNT-0.07Ba(Zr$_{0.055}$Ti$_{0.945}$)O$_3$-0.125%Mn	72	—	—	6.10	217	0.0230	12.600
0.94BNT-0.06Ba(Zr$_{0.25}$Ti$_{0.75}$)O$_3$	38	1462	0.046	27.20		0.0750	—
0.95(0.95BNT-0.05BKT)-0.05BT	—	853	0.028	3.25	1945	0.026	13.430
0.82BNT-0.18BKT-0.8%Mn	约150	605	0.016	17.00		—	65.600
0.88BNT-0.084BKT-0.036BT	165	933	0.024	3.66	215	0.0260	15.408
0.98BNT-0.02BA	190	330	0.011	3.87	138	0.0471	23.300
0.98(0.98BNT-0.02BA)-0.02NN	155	372	0.011	7.48	266	0.0807	42.200
0.97(0.99BNT-0.01BA)-0.03KNN	118	512	0.029	3.70	132	0.0289	11.500
0.98(0.98BNT-0.02BA)-0.02KNN	—	880	0.040	8.42	303	0.0390	17.200
0.715BNT-0.22ST-0.065BT-0.4%（质量分数）玻璃	—	734	0.143	6.80	—	0.0370	8.850
0.98BNT-0.02BN	195	465	0.008	4.42	171	0.0382	27.400
0.97BNT-0.03BNN	143	549	0.009	5.60	217	0.041	30.100

铌酸钾钠（K$_{0.5}$Na$_{0.5}$）NbO$_3$陶瓷近年来在压电领域的研究比较多，而在热释电方面的应用研究相对较少。纯KNN陶瓷具有较高的居里温度，室温下的热释电系数较低，为1.4×10^{-4}C/(m²·K)。通过A/B位离子掺杂、设计相界可以有效提高KNN陶瓷的热释电性能。离子掺杂方面，Ta^{5+}、Li$^+$、Sb^{5+}等A/B位离子掺杂KNN陶瓷的热释电系数为1.9×10^{-4}C/(m²·K)；Mn改性0.97KNN-0.03BKT陶瓷的热释电系数为2.2×10^{-4}C/(m²·K)。可以看出，通过离子掺杂对KNN热释电性能的提高幅度比较有限，同BNT材料相比，KNN基陶瓷的热释电性能有较大差距。另外提高KNN基热释电性能的途径是设计相

界，比如通过调整 K/Na 比和引入 LiSbO$_3$ 将 KNN 陶瓷的正交－四方铁电相降低至室温附近，大幅提高材料的热释电系数至 15×10^{-4} C/(m^2·K)。另外，与 KNN 结构类似的 AgNbO$_3$ 反铁电材料的热释电效应也有少数的报道，比如将 LiTaO$_3$ 引入 AgNbO$_3$ 基体，形成二元固溶体系，通过构筑反铁电-铁电（AFE-FE）相界获得增强的热释电效应，室温下的热释电系数为 3.68×10^{-4} C/(m^2·K)[55]。

2.4.3.3 热释电材料的应用

热释电材料目前主要用于能量转换器件和探测装置，由于其响应范围宽、灵敏度高、性能易于调节，近年来在热电传感与成像、热能收集以及电化学反应制氢/染料降解/杀菌消毒等应用领域得到了诸多的应用。

（1）传感和检测

热释电材料最重要的应用是热释电传感器和红外成像焦平面。在温度/红外辐射传感器应用方面，热释电传感器凭借价格低廉、性能稳定、可远距离/非接触探测等优点，在防盗报警、火灾警报、非接触式开关、红外探测等领域获得广泛应用。其基本原理为：任何物体只要温度高于 0K，就会向外辐射红外线，温度越高，红外辐射越强，而且能够显著地被物体吸收转变成热量；当热释电温度/红外辐射传感器检测范围内物体有温度变化时，就会使传感器内的热释电材料温度发生变化，在两个电极表面产生电荷和电压，检测电压大小，就能获知物体的温度变化量。

热释电红外传感器结构如图 2.49 所示，由以下部件构成：一个菲涅耳透镜，用来聚焦红外线，减少环境中的红外辐射的干扰，并且将检测区域分为可见区和盲区，当物体移动时，能产生变化的电信号；一个多层膜干涉滤光片，滤掉可见光和无线电波，只让红外线经过菲涅耳透镜和滤光片照到热释电材料上；一对极化相反的热释电元件，环境温度变化时背景辐射在两个热释电元件上产生的电信号互相抵消，只探测检测区域的温度变化；测量电路，测量热释电元件产生的电压大小，有一些高端的传感器拥有专门的信号处理电路，能够有效地解决普通热释电温度/红外辐射传感器探测灵敏度低、稳定性低、易受环境干扰的缺点。热释电温度/红外辐射传感器采用的热释电材料需要拥有较高的热释电系数和热释电优值，目前常采用的材料有 PZT、PT 陶瓷和 PVDF 薄膜等。

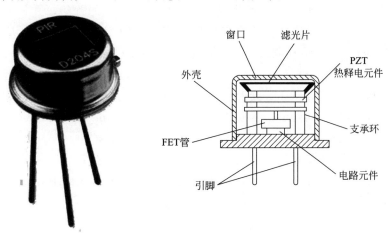

图 2.49 热释电红外传感器结构与器件

① 温度传感

对于大多数电子传感器件来说，温度传感是最基本的功能之一。利用热释电材料实现温度传感已被广泛报道和应用，近年来很多的研究工作采用热释电材料作为核心功能元件实现了器件的温度传感效应[45]。如，利用热能收集技术制备了PZT微丝基热释电纳米发电机，实现了自供电温度传感。该热释电装置的结构相对简单，以银为电极，由透明的聚二甲基硅氧烷（PDMS）弹性体封装。图2.50（a）为手指触摸前后该装置的光学图像及对应的电压变化曲线。可以看到通过手指触摸产生周期性的负、正电压（箭头所示），响应时间为0.9s，可检测到最小温差为0.4K[57]。研究人员基于商用换能器（P-876.A11）制成了热释电装置，手指或手掌循环触摸时该装置可以观察到周期性的输出电压。根据温度与电信号的对应关系，该热释电装置可实现精确的自供电温度传感，响应时间快至121ms。此外自供电温度传感器可以根据五指触摸所产生的热释电电流的差异，准确检测五指的温度和触摸程度，如图2.50（b）所示[58]。

研究人员基于热释电$(1-x)$Pb(Mg,Nb)O$_3$-xPbTiO$_3$单晶丝制作了一种柔性混合纳米发电机，用于从人体运动中获取机械能和热能。通过研究和计算，该器件的热释电系数为$980\mu C/(m^2 \cdot K)$，在0.2K/s时的峰值电流为20nA，峰值功率密度为$2mW/cm^2$。为了验证热释电装置的温度传感功能，将装置浸入温水中，然后将其从温水中取出，置于空气中，根据器件温度变化引起的输出热释电电压变化[如图2.50（c）、（d）所示]，可以检测到温水温度约40℃，与实际水温基本一致[59]。利用热释电BaTiO$_3$陶瓷作为温度传感的核心单元，研究人员研制了一种具有多通道结构的可弯曲温度传感系统。对于BaTiO$_3$陶瓷核心单元，随着温差的增大，对应的温度变化率增大，输出热释电电压线性增大，温度灵敏度为0.048V/K。将上述单元设计成4×4阵列传感器系统：该系统由透明的PDMS硅树脂封装，具有良好的柔韧性和弯曲性，其中BaTiO$_3$陶瓷作为手指触摸传感器。通过手指依次触摸核心单元1~4，能够引起传感器系统电信号的变化，基于BaTiO$_3$陶瓷热释电效应和压电效应可以检测到手指的触摸温度和力的大小[60]。

② 紫外/红外检测

紫外、红外等光探测器在环境、医药、工业等重要领域得到了广泛的应用和关注。热释电光电探测器由于具有高性能和结构简单等特点，显示出巨大的优势，并得到了广泛的研究。研究人员提出了一种基于热释电效应实现高性能近红外探测的新方法。基于n-ZnO纳米线与p-Si基体之间的异质结构制成的热释电光电探测器可以探测到近红外1064nm的光[如图2.51（a）所示]。该器件结构简单、体积小（边长仅为几厘米），且具有良好的柔韧性[图2.51（b）所示]。当1064nm光照射到热释电器件上时，瞬时热偏振和光致激发分别在ZnO纳米线和ZnO/Si异质结中被诱导出来，在1064nm光（功率密度为$4.8mW/cm^2$）照明下，该器件输出了1.05×10^{-3}A的超高热释电电流和10^{-10}A量级的超低光电流[图2.51（c）所示][61]。除了对近红外光的探测外，研究人员还设计了不同结构和形貌的ZnO热释电材料实现了对紫外光和中红外光的探测。以ZnO/CH$_3$NH$_3$PbI$_3$异质结构为主体材料，制备了一种热电效应增强、自供电的UV光探测器[图2.51（d）所示]，其中ZnO纳米线直径约60nm，长度约500nm。在325nm光（功率密度为9.0×10^{-6}~3.7×10^{-3}W/cm^2）的照射下，光诱导光电流I_{photo}和峰值电流$I_{photo+pyro}$都是单调增加的[图2.51（e）所示]。研究者后续比较了器件在325nm和442nm光照下的短路I-t特性曲线，得出ZnO

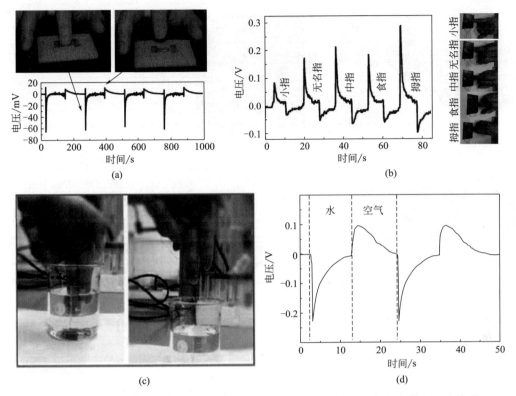

图 2.50 热释电温度传感器件：(a) PZT 微丝热释电纳米发电机实现自供电温度传感；
(b) 基于商用换能器 (P-876.A11) 制作成的温度传感器在五指触摸时所产生的
热释电电流；(c)、(d) 基于热释电 $(1-x)$ Pb (Mg, Nb) O_3-xPbTiO$_3$
单晶丝制作的柔性混合纳米发电机根据器件温度变化引起的输出热释电电压
变化实现测温功能

纳米线在 325nm 光照下产生了热释电电流，而在 442nm 光照下不能产生热释电效应 [图 2.51 (f) 所示]，进而实现了对紫外光进行筛选，获得可用于特定光电检测的紫外线[62]。此外，研究人员利用 BiFeO$_3$ 陶瓷热释电-光伏耦合效应，以透明 ITO 为上电极，Ag 膜为下电极，研制出高性能的自供电 UV 光探测器。在 450nm 光（功率密度为 0.86mW/cm^2）的照射下，由光伏-热电耦合效应引起的光探测器的特定检测率与纯光伏效应相比提高了 900%以上。为了进一步明确该器件的光探测能力，研究人员进一步设计了一种 3×3ITO 阵列电极的多通道器件，该器件可根据各通道实时电信号变化，实现自供电 450nm 光及相应照明位置的探测[63]。

③ 热成像和辐射热计

热释电材料常被应用于热成像、热释电测辐射热计及余热管理等。这些热电装置可以有效地防止火灾和追踪入侵者，进而减少甚至消除安全隐患和财产损失，对社会和环境安全至关重要。利用热成像技术制成的红外热像仪在各个领域具有广泛的应用。不同温度的物体能够发出强弱不同的红外光，红外热像仪能够对这些红外光进行成像从而突破人眼的可见光观测范围。红外热像仪的工作原理：锗透镜过滤掉比红外光束波长短的光学信号并进行聚焦，然后将光学信号通过光学斩波器聚焦到热释电阵列上，导致电信号的变化，通过电路系统和

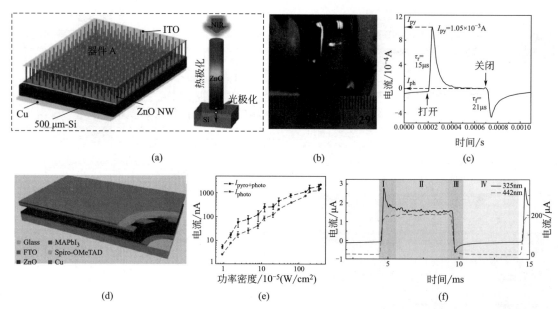

图 2.51 紫外/红外探测用热释电材料[45]：(a) ZnO NW-Si 热释电异质结构器件及近红外光探测原理图；(b) 器件光学图像；(c) 器件一个周期的 1064nm 光致热释电电流；(d) 自供电 ZnO 基紫外光电探测器原理图；(e) 在不同功率密度 325nm 光照下的短路电流响应；(f) 器件在 325 和 442nm 光照下的 I-t 特性

视频后处理模块对电信号进行调制，物体的温度分布就可以形象地呈现在显示器上，如图 2.52 所示。

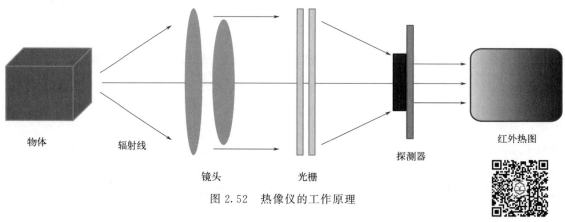

图 2.52 热像仪的工作原理

在室温下工作的非制冷红外焦平面阵列（UFPA）是红外热像仪的核心器件，UFPA 由一个铁电场效应晶体管探测器构成（热释电探测器），其中热释电探测器利用材料的热释电效应来探测红外辐射。热释电探测器的性能参数是影响整机性能的关键因素，包括响应率、噪声等效功率、噪声等效温差、探测率、最小可分辨温度和热响应时间等。UFPA 基的红外热像仪已经广泛应用于工业监测探测、战场侦察监视探测与瞄准、红外搜索与跟踪、消防与环境监测、医疗诊断、海上救援、遥感等领域。这里我们将主要介绍热释电材料用于热成像技术中的最近的研究进展。研究人员利用 PVDF 热电薄膜作为具有强红外吸收的间隔层、透明石墨烯层作为顶部电极阵列,制造成了红外传感器。由于 PVDF 红外传感器与参考背景在吸收性能上存在较大差异,因此可以实现精确的热成像,为生物医学成像提供了实际指导[63];研究人员还基于 P(VDF-TrFE)共聚物薄膜,设计了一种用于热成像的高性能等离子体超表面吸收器(PMBA):在不透明的等离子体接地板上涂覆热释电 P(VDF-TrFE)共聚物薄膜作为绝缘体和间隔层,将金属盘阵列附着在热释电薄膜上,形成夹层结构。为了验证 PMBA 器件的热成像功能,在背景矩阵上设计了由许多 PMBA 器件组成的两个字母"IR",在长红外光谱区域下,可以清楚地观察到字母区域(PMBA)的吸收性能明显高于背景矩阵,$980cm^{-1}$ 吸收峰值下"IR"字母吸收数据的三维图像也能够呈现出清晰的图像,如图 2.53 所示,说明 PMBA 具有良好的热成像特性和实际应用潜力[64]。

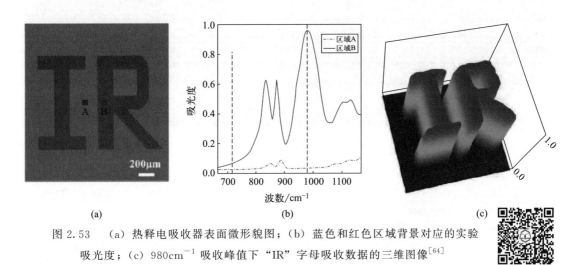

图 2.53 (a)热释电吸收器表面微形貌图;(b)蓝色和红色区域背景对应的实验吸光度;(c)$980cm^{-1}$ 吸收峰值下"IR"字母吸收数据的三维图像[64]

由于具有不需要冷却的优点,测辐射热仪已成为高性能中红外光电探测器的首选。研究人员设计了基于 $LiNbO_3$ 单晶的热释电测辐射热仪,其高温电阻系数高达 $900\%/K$,并可检测到 $15\mu K$ 的最小温度变化。热电辐射热计在 $560\mu W$、光功率为 $1100cm^{-1}$ 的循环照明下产生的响应率为 $0.27mA/W$,归一化电流响应率为 $2\times10^4\%/W$[65]。

(2)能量收集

热释电材料作为利用热释电效应将热能直接转化为电能的材料,被广泛应用于制造高性能的热释电发电机。基于热释电材料的器件具有优良的压电性能,通过采集热能和机械能,可以同时传递由热释电和压电信号组成的增强电信号。这些设备作为可穿戴电子设备,通过从人体中收集热能和生物机械能,实现自供电人体温度和运动检测。

① 热能收集

研究人员采用 PZT 微丝设计了热释电纳米发电机,将 PZT 微丝置于以银浆为电极的玻璃基体上,然后用透明柔性的 PDMS 硅胶封装,以提供良好的柔韧性,避免外部污染,减少气流干扰。当所制作的器件接触热源时,输出电压会随着温度变化率的增加而线性增加。当热源温度足够高时,可获得高达 3V 的较高输出电压,可为许多小型电子设备供电。进一步研究发现,当器件接触 200℃热源时,热释电纳米发电机可以正常为液晶屏供电[57]。基于 PZT 薄膜,研究人员设计了一种柔性的小型热电纳米发电机(PENG),其热释电系数为

80nC/(cm^2·K),产生的电能可以存储在锂离子电池中,为 LCD 和 LED 供电,如图 2.54(a)所示[66]。研究人员基于商用换能器(P-876.A11)制作成了热释电装置,用于收集水蒸气的热能[58]。随着水汽温度的升高,输出电压逐渐增大,如图 2.54(b)所示。在 310~340K 温度周期变化条件下,热释电装置产生的热释电信号最高可达 1.5V/1.5μA,输出功率密度为 0.034μW/cm^2。通过使用整流器为一些小功率电子设备供电,产生的电能可以存储在电容器中。

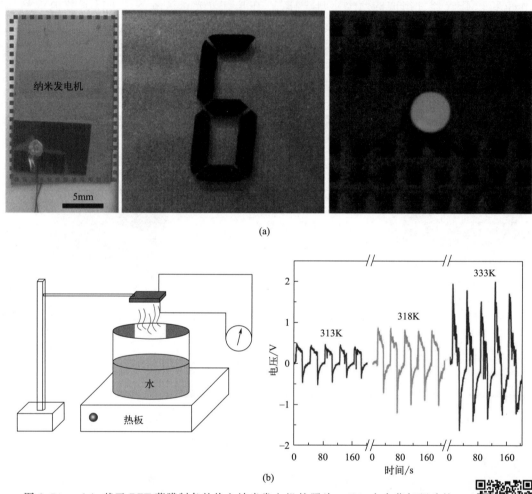

图 2.54 (a)基于 PZT 薄膜制备的热电纳米发电机的照片;(b)由水蒸气驱动的热释电纳米发电机原理图和不同水蒸气温度下对应的输出电压

② 热能和机械能混合收集

在我们的生活环境中,热能和机械能往往是共存的,同时收集热能和机械能来发电具有重要意义。研究人员设计出基于热释电材料的混合纳米发电机,既可以依靠热释电效应收集热能,又可以通过压电效应或摩擦电效应收集机械能。研究者以 $CH_3NH_3PbI_3$ 为基体,采用静电纺丝法加入 PVDF 热释电纳米纤维,制备了热释电-压电混合纳米发电机。在 298~336K 温度区间周期性加热-冷却过程中,混合式纳米发电机可获得 18.2nA 的热释电电流和 41.78mV 的热释电电压,对应的热释电系数为 44pC/(m^2·K)。通过施加频率为 4Hz 的周期性压力接触,该纳米发电机可以输出 220mV 的压电电压,压电常数为 19.7pC/N[67]。研究人员还设计了一种多功能混合纳米发电机,可以从水蒸气中收集热能,并从间歇性的风中获取机械能。混合纳米发电机主要包括两部分,由氟化乙丙烯(FEP)作为摩擦电层形成的摩擦电纳米发电机和 PVDF 基热电压电纳米发电机。与单独的纳米发电机相比,该混合型纳米发电机可以获得输出电压为 350V、电流为 $50\mu A$ 的更高的电信号,并直接驱动 LED 和数字手表,实现自供电温度传感[68]。

2.4.4 磁电材料

磁电材料是一种具有磁电转换功能的新材料,即具有磁电效应。磁电效应是一种典型的铁性多功能耦合效应,当给磁电材料施加磁场的时候,可以产生相应的电场;反之,当给磁电材料施加一定的电场的时候则可以诱导出相应的磁场。即材料在外磁场作用下电偶极矩发生变化或者在外电场作用下磁矩发生变化。1894 年,P.Curie 提出用磁场使非运动介质电极化或者用电场使非运动介质磁极化的现象,磁化效应的概念在后续发展中逐渐形成,比如,1926 年 Debye 首次提出了"magnetoelectric"这个词,尽管他当时认为这种效应不太可能实现。直到 20 世纪 60 年代,磁电效应材料才首次在 Cr_2O_3 氧化物中得到实验验证。Cr_2O_3 磁电材料的发现掀起了磁电效应研究的小高潮,此后被发现具有磁电效应的材料还有 Ti_2O_3、$GaFeO_3$、一些磷酸盐和石榴石系列材料等,到 1973 年第一届晶体中的磁电交互现象研讨会召开时,已陆续有八十多种材料被证明具有磁电效应。1994 年,Schmid 提出了多铁性(multiferroics)的概念,用来描述单相化合物同时兼具两种或两种以上铁性的现象,包括这些铁的基本性能:铁电性(反铁电性)、铁磁性(反铁磁性、亚铁磁性)和铁弹性。多铁性材料在一定的温度下同时存在自发极化和自发磁化,正是这些现象的同时存在使它们能引起磁电耦合效应,使多铁性体具有特殊的物理性质,而且通过铁性的耦合复合协同作用,可以使用磁场控制电极化或者使用电场控制磁极化,同时还会引发一些新的效应,大大拓宽了铁性材料的应用范围。多铁性材料已成为当前国际上研究的一个热点,到目前为止,已知的多铁化合物已有二百多种,这种多功能耦合效应在传感器、数据存储器、调制器、开关等电子及计算机元件以及微波、高压输电线路的电流测量等领域中有着十分诱人的潜在应用[69]。

2.4.4.1 磁电效应的相关机理

磁电效应又分为正磁电效应和逆磁电效应。正磁电效应,即磁场诱导介质电极化,表示为:

$$P = \alpha H \tag{2.58}$$

式中,P 为电极化强度;H 为外加磁场强度;α 为磁电耦合系数。

逆磁电效应,即电场诱导介质磁极化:

$$M = \alpha E \tag{2.59}$$

式中,M 为磁化强度;E 为电场强度;α 为磁电耦合系数。

人们常说的磁电效应一般都是磁场诱导介质电极化的正磁电效应。因为磁电材料在外加磁场强度 H 的作用下产生电极化强度 P,所以采用磁电转换系数表征磁电效应的大小,表示为:

$$\alpha' = \partial P / \partial H \tag{2.60}$$

实际中则常用磁电电压转换系数来表征磁电效应的大小,表示为:

$$\alpha_E = \partial E / \partial H \tag{2.61}$$

其物理意义是磁电材料在单位外加磁场强度 H 作用下所产生的电场强度 E 的大小。此外，磁电材料的磁电性能还可以用材料两端的电势差 V 与外加磁场 H 的比值来衡量，表示为：

$$\alpha_V = \partial V / \partial H \tag{2.62}$$

其中，α_V 是与磁电电压转换系数和磁电材料的厚度相关的系数，表示为 $\alpha_V = \alpha_E / d$[70]。

磁电材料包括单相磁电材料和多相复合磁电材料，单相磁电材料是指材料中只有一种相结构，如 $BiFeO_3$、Cr_2O_3、$YMnO_3$ 等纯单相物质以及 $BiFeO_3\text{-}BaTiO_3$ 等单相固溶体。多相复合磁电材料是指材料中一般包含两种相结构，如铁电相和铁磁相共存，保持各自的性质，比如 $NiFe_2O_4\text{-}PZT$、$BiFeO_3/BaTiO_3$、$La_{0.7}Ca_{0.3}MnO_3/Ba_{1-x}Sr_xTiO_3$ 等氧化物体系。不管是单相磁电材料还是多相复合磁电材料，磁电转换系数 α' 是表征磁电效应的物理量。

对于单相磁电材料，又可分为磁-电材料与铁电-铁磁性材料。磁-电材料是指只具有自旋-轨道有序，而不具有铁电有序的物质，因此该种材料对外不显铁电性，如 Cr_2O_3、$GaFeO_3$、$Y_3Fe_5O_{12}$ 等材料，这类材料磁电效应产生的外加电场能够通过静电力的作用来改变电子的自旋状态，从而改变物质的磁性，或外加磁场能够通过静磁力和洛伦兹力的作用改变电子的运动状态，从而改变物质的介电性质。铁电-铁磁性材料是指具有自发的自旋磁化和铁电极化的磁电材料，即具有铁电性或反铁电性，又具有铁磁性或反铁磁性，这种材料的磁电耦合来源于外场下的耦合以及本征耦合[69]。

对于多相复合材料，磁电效应的产生一般认为是磁电材料中铁电相的压电效应与铁磁相的磁致伸缩效应的乘积效应，表示为：

$$dE/dH = k_1 k_2 x(1-x)(dS/dH)(dE/dS) \tag{2.63}$$

式中，dE/dH 为复合材料的磁电转换系数；dS/dH、dE/dS 分别为复合材料中铁磁相的磁致伸缩效应与铁电相的压电效应；x 及 $(1-x)$ 分别为复合材料中铁磁相和铁电相的体积分数；k_1 和 k_2 是因两相材料相互稀释引起的各单相特性的减弱系数。从上述公式可以看出，多相复合材料磁电效应取决于材料内部的磁-机-电相互耦合作用，耦合作用可用公式表示为：

$$磁电效应 = \frac{磁}{机械} \times \frac{机械}{电} \tag{2.64}$$

$$磁电效应 = \frac{电}{机械} \times \frac{机械}{磁} \tag{2.65}$$

其中，"磁""机械""电"分别表示磁场、机械应变（或者应力）和电场。

磁电作用的机理可用图 2.55 表示。当对磁电复合材料施加磁场的时候，磁致伸缩相因磁致伸缩效应在磁的作用下产生应变或应力，随后通过黏结层将应变或应力传递给压电相，进而再通过逆压电效应产生极化电压或电场，从而实现磁-电之间的转换，即正磁电效应。反之，当对磁电复合材料施加电场时候，材料中的压电相由于逆压电效应产生应力，并通过黏结层将应力传递给磁致伸缩相，磁致伸缩相由于压磁效应产生磁化状态变化，即逆磁电效应。

2.4.4.2 磁电材料的发展

自从 19 世纪末法国物理学家居里首先在单相材料中发现了磁电效应以来，人们已经发现了 $BiFeO_3$、Cr_2O_3、$YMnO_3$、$Ni_3B_7O_{13}$ 等许多单相的磁电材料。尽管如此，磁电材料

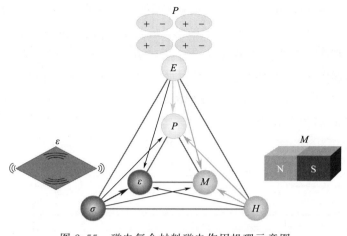

图 2.55 磁电复合材料磁电作用机理示意图

在很长一段时间内并未受到应有的关注，这是因为单相材料的铁磁居里点（反铁磁奈耳点）与铁电居里点很少同时高于室温，且材料的磁电转换系数大多很微弱，只有 $10^{-2}\sim1\mathrm{mV}/(\mathrm{cm\cdot Oe})$❶数量级，所以未能设计出具有应用价值的铁磁器件[69]。20 世纪末到 21 世纪初，随着有关磁电异质结（包括铁磁/铁电多层薄膜与其他形式的铁磁/铁电异质结）、磁电复相陶瓷以及单相固溶体磁电复合材料的研究带来重大突破，磁电材料的应用前景变得十分光明，其相关研究也越来越活跃，特别是多铁性概念的提出，使得以 $BiFeO_3$ 为代表的多铁材料受到极大关注[69-74]，2008 年被 Science 评为国际 7 大研究热点之一。

（1）单相磁电材料

单相磁电材料包括纯单相材料和单相固溶体材料，目前在纯单相磁-电材料方面的研究主要有 Cr_2O_3、$GaFeO_3$、$Y_3Fe_5O_{12}$ 等。在铁电-铁磁性方面的研究主要以 $BiFeO_3$ 为主，在单相固溶体方面的研究目前有 $Pb(Fe_{0.5}Nb_{0.5})O_3$、$Pb(Fe_{0.5}Ta_{0.5})O_3$、$Pb(Fe,W)O_3$ 等含铁元素的弛豫型铁电体及其与铁电体的固溶体，以及 $BiFeO_3$ 与铁电体的固溶体。从应用价值来说，$BiFeO_3$ 及其固溶体是极少数在室温下具有磁电耦合效应的材料，因此，目前对单相磁电材料的研究主要集中在 $BiFeO_3$ 及其固溶体方面，比如二元系固溶体 $BiFeO_3$-$BaTiO_3$、$BiFeO_3$-$SrBi_2Nb_2O_9$ 等，三元系固溶体 $BiFeO_3$-$PrFeO_3$-$PbTiO_3$、$BiFeO_3$-$Dy(La,Pr)FeO_3$-$BaTiO_3$ 等。

① $BiFeO_3$

$BiFeO_3$ 是目前广泛研究的室温多铁性材料，室温时的晶体为三方结构、空间群为 $R3c$，通过两个变形的钙钛矿单元以顶对顶的方式沿<111>方向排列构建。三方晶胞晶格常数为 $a_r=5.638\text{Å}$、$\alpha_r=59.348°$、$Z=2$，六方晶胞晶格常数为 $a_h=5.581$、$c_h=13.876\text{Å}$、$Z=6$；氧八面体绕 3 重轴旋转，旋转角 $\pm\alpha=13.8°$，Fe—O 键长为 1.952Å 和 2.105Å，Fe-O-Fe 键角为 $154.1°$；铋离子和铁离子沿 3 重旋转轴（$[001]_h$ 或者 $[111]_c$）偏离对称中心，位移量分别为 0.54Å 和 0.13Å[75]。

铁电性方面，$BiFeO_3$ 为位移型铁电体，$BiFeO_3$ 结构中 Bi^{3+} 的 $6s^2$ 孤对电子与其 $6p^0$ 空

---

❶ $1\mathrm{Oe}=79.577\mathrm{A/m}$。

轨道或者 O^{2-} 轨道进行杂化，导致电子云的非对称中心扭曲，是 $BiFeO_3$ 产生铁电性的主要原因。其自发极化产生的原因是沿（111）方向 Bi^{3+} 相对 Fe-O 八面体发生位移。理论上 $BiFeO_3$ 铁电极化高于 100 μC/cm²，但是由于很难制备出纯的 $BiFeO_3$，其中存在二次相和各种缺陷，导致很难测出其真实的铁电极化，通常在 $BiFeO_3$ 陶瓷中测得的铁电极化不足。采用熔盐法生长的高阻 $BiFeO_3$ 单晶样品，表现出优异的铁电性，如图 2.56（a）所示[76]，其剩余极化强度 $P_{r[012]}=60$ μC/cm²、外推饱和极化强度 $P_{[001]}\approx 100$ μC/cm²。随着薄膜技术的发展，已经能够制备出外延的 $BiFeO_3$ 薄膜，测得的铁电极化和理论值十分接近。如，采用激光脉冲沉积在 $(001)_c$、$(110)_c$ 和 $(111)_c$ 取向的 $SrTiO_3$ 单晶衬底上生长的 $BiFeO_3$ 薄膜的剩余极化强度分别达 55 μC/cm²、80 μC/cm² 和 100 μC/cm²[75]，如图 2.56（b）所示。

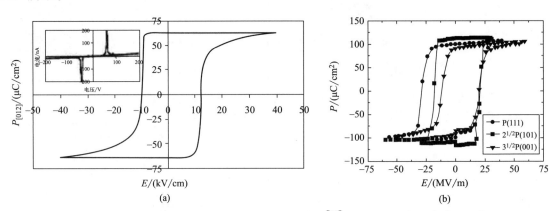

图 2.56　(a) $BiFeO_3$ 单晶室温电滞回线与电流-电场曲线[76]；(b) 采用激光脉冲沉积在 $(001)_c$、$(110)_c$ 和 $(111)_c$ $SrTiO_3$ 单晶衬底上生长的 $BiFeO_3$ 薄膜的电滞回线[75]

铁磁性方面，$BiFeO_3$ 具有 G 型的反铁磁性，$BiFeO_3$ 的结构是由立方结构沿着（111）方向拉伸而成的，沿此方向 Bi^{3+} 相对于 Fe-O 八面体产生位移使晶体结构不均匀，自旋沿着（110）面排列成螺旋结构，螺旋周期约为 62nm。这种 G 型反铁磁有序结构中每个 Fe^{3+} 被 6 个自旋取向与之方向平行的 Fe^{3+} 包围，相邻的两个铁原子磁矩相对 [111] 轴转一定角度造成（111）面内具有净磁矩，宏观上表现为弱的铁磁性，如图 2.57 所示[73]。

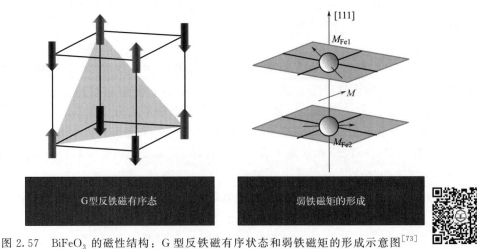

图 2.57　$BiFeO_3$ 的磁性结构：G 型反铁磁有序状态和弱铁磁矩的形成示意图[73]

铁磁耦合性能方面,$BiFeO_3$ 的本征大自发极化提供了很好的磁电耦合基础,但本征极化难以表现以及受磁螺旋结构制约的磁性难以调控等弊端阻碍了其大磁电耦合效应的实现[77]。早期通过外场调控,以超强磁场破坏磁螺旋结构来诱导磁电耦合。磁螺旋结构的存在使得 $BiFeO_3$ 中任何大磁电耦合效应都是高阶的[78]。早期,研究者在大于 20T 的磁场中通过破坏磁螺旋结构实现了一阶线性磁控电,极化随着磁场的增加线性减小。但是不足的是,使用这种方式诱导出的磁电耦合强度较弱。后续通过进一步外推大磁场下的线性磁化强度发现零场下的净磁化强度依然较小,仅约为 0.3emu/g❶。近几年的研究发现,通过 A 位稀土掺杂、B 位过渡金属掺杂以及晶粒纳米化等手段可以提高 $BiFeO_3$ 陶瓷的铁电和铁磁性能,并实现磁控电及电控磁。比如,通过将 Dy 掺杂到 $BiFeO_3$ 陶瓷中获得了 0.23mV/(cm·Oe) 的磁电耦合系数,如图 2.58 所示[79]。通过 Co^{3+} 离子的 B 位掺杂,在 $BiFeO_3$ 陶瓷中获得了 11.3mV/(cm·Oe) 的大磁电耦合系数,且在 1T 磁场以下保持稳定。

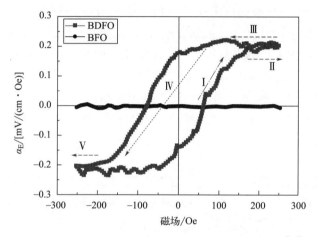

图 2.58 稀土 Dy 掺杂 $BiFeO_3$ 陶瓷的磁电耦合性能[79]

② Bi 系简单钙钛矿

在 $BiFeO_3$ 的启发下,研究者采用高温高压固相反应法相继合成了 $BiCrO_3$、$BiMnO_3$、$BiCoO_3$、$BiNiO_3$、$Bi(Fe,Cr)O_3$ 等 Bi 系钙钛矿氧化物。Spaldin 提出 A 位 Bi^{3+} 离子 $6s^2$ 孤对电子配位活性产生铁电性,B 位 Mn^{3+}、Cr^{3+} 等过渡金属离子产生磁性的多重铁电共存机制,这些 Bi 系钙钛矿氧化物有可能会呈现出铁磁-铁电多重铁电效应[74]。

$BiCrO_3$ 最先由 Sugawara 等人[80]在 1965 年用高压的方法合成,并认为它是赝三斜单胞的畸变钙钛矿结构。在 123K 以下,$BiCrO_3$ 具有反铁磁有序,并伴随着弱的寄生铁磁性出现,在常压下,温度升到 410K 时,$BiCrO_3$ 会发生从赝三斜到赝单斜的一级结构相变。2004 年,Niitaka 等人[81]在 4GPa 的高压、720℃ 的高温调价下合成了 $BiCrO_3$ 多晶样品,并用变温同步辐射 X 射线衍射观察了 $BiCrO_3$ 的结构相变过程,不同于 Sugawara 等人早期提出的结构结果,他们实验观察到 $BiCrO_3$ 在室温下是单斜(属于 $C2$ 的空间群)结构,在 440K 时会发生单斜到正交(属于 $Pnma$ 空间群)的结构相变,与此同时,也会伴随着介电

---

❶ 1emu 磁场强度定义为真空中相距 1cm 等强度磁极间的作用力为 1 达因时的磁场强度。1emu/g=1T=1A/m=10^4G/g。

常数的异常变化，提供了铁电相变的可能。通过磁测量发现，$BiCrO_3$ 在 114K 以下具有寄生铁磁性。2008 年，Belik 等人[82] 用 6GPa、1380℃ 固相反应合成的 $BiCrO_3$ 初步实验，在 440K 附近观测到一个 *Pnma* 正交-*C*2 单斜铁电相变，在 110K 存在一个磁相变、低温磁性相位 G 型反铁磁或寄生弱铁磁。

$BiMnO_3$ 铁电相变的居里温度约为 770K，由空间群为 *Pbnm* 的高温正交相转变为空间群为 *C*2 的单斜相，铁磁相变的临界居里温度 $T_C=105K$，结构对称性不发生变化，在 105K 以下时同时具有铁磁性和铁电性[83]。介电温谱测量发现铁电相变温度 $T_{C(FE)}=760K$。另外，$BiMnO_3$ 室温是否为铁电相仍然存在争议。另外采用第一性原理计算也反映出 $BiMnO_3$ 钙钛矿是铁磁-铁电多重铁电体[84]。在高温高压条件下，研究者合成了单相钙钛矿结构的 $BiMnO_3$ 烧结体[85-86]，如 4GPa、800℃、1h 合成的 $BiMnO_3$ 样品磁性性能良好，在 90K 的测试温度条件下，样品比饱和磁化强度为 33emu/g，矫顽力为 37.6Oe[85]。

$BiCoO_3$ 也被认为是一种潜在的多铁性材料，但是目前还没有关于 $BiCoO_3$ 铁电性能的相关报道。通过中子粉末衍射可以得到其空间群为 *P*4*mm*，其磁性是在 470K 附近存在一个反铁磁相变的磁有序。为了得到 $BiCoO_3$ 的本征性能，研究者基于密度泛函理论的第一性原理计算，得出 $BiCoO_3$ 基态的晶体结构、磁性能以及能带宽度[87]。结果表明 $BiCoO_3$ 基态的磁结构为 C 型的反铁磁相互作用，而这个反铁磁相互作用主要存在于 *ab* 面内，而其铁电性和磁性共存主要是 Bi—O 键和 Co—O 键的杂化以及它们之间的相互作用，另外加上 Co^{3+} 离子的局域磁矩共同作用[88]。

③ Bi 系双钙钛矿

Bi_2FeCrO_6 单相多铁材料是在 2005 年首先由 Spaldin 通过理论计算预测的一种新的多铁材料。通过第一性原理计算，得到了 Bi_2FeCrO_6 单相多铁材料理论上的结构是 *R*3 结构，在这种有序结构中，由于 Bi^{3+} 离子的 $6s^2$ 孤对电子的存在，造成 Bi 离子和 O 离子的相对位移，通过计算，得到极化强度和饱和磁矩分别是 $80\mu C/cm^2$ 和 $283emu/cm^3$[89]，有着优良的磁性和铁电性能。研究者通过高温高压的方法制备出了单相 $BiFe_{1/2}Cr_{1/2}O_3$ 多铁材料，发现该体系有超结构的 *R*3*c* 的三方结构，如图 2.59（a）、（b）、（c）中的选区电子衍射所示，并在室温下测得了该材料的铁电性，如图 2.59（d）所示，并且发现在磁相变附近存在着明显的介电异常和介电弛豫，如图 2.59（e）所示[90]。

Bi_2NiMnO_6 单相多铁材料是 2005 年由 Azuma[91] 在高压高温条件下制备的一类 Bi 系双钙钛矿材料，该材料是一种铁磁和铁电共存的多铁材料。研究者通过同步辐射 X 光揭示了其结构是一个高度畸变的层状钙钛矿结构，其铁电性是由 Bi^{3+} 离子的 $6s^2$ 孤对电子的存在和 Bi—O 键提供的，介电温谱测量发现 Bi_2NiMnO_6 陶瓷在 485K 附近存在一个铁电结构相变。在畸变的层状钙钛矿结构中，Ni^{3+} 和 Mn^{3+} 离子沿着畸变钙钛矿结构的体对角线方向形成有序排列，产生 Ni-O-Mn-O-Ni 双交换作用，其铁磁有序温度为 140K。另外，通过理论计算出的晶格参数和实验的结果是十分相近的。采用离子模型计算的铁电极化强度为 $20\mu C/cm^3$。在 500K 温度时晶体空间群为 $P2_1/n$，晶格常数 $a=5.4041(2)$ Å、$b=5.5669(1)$ Å、$c=7.7338(2)$ Å、$\beta=90.184(2)°$。

④ 固溶体钙钛矿

通过不同组元之间的固溶形成固溶体钙钛矿也是实现铁电-铁磁共存的一种有效技术途径。$BiFeO_3$ 的合成温度窗口窄，产物中易于伴生第二相，如 $Bi_2Fe_4O_9$、$Bi_{36}Fe_2O_{57}$ 等，导

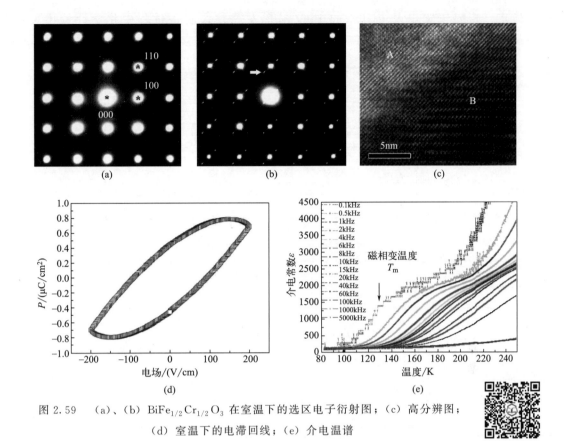

图 2.59 （a）、（b）$BiFe_{1/2}Cr_{1/2}O_3$ 在室温下的选区电子衍射图；（c）高分辨图；
（d）室温下的电滞回线；（e）介电温谱

致其漏导大，难以检测到饱和电滞回线；同时宏观磁性能弱，磁电耦合系数较小，为了提高 $BiFeO_3$ 材料的电学和磁性能，与 $BaTiO_3$、$PbTiO_3$、$PbZrO_3$ 和 $Pb(Fe_{0.5}Nb_{0.5})O_3$ 等其他 ABO_3 型铁电体形成固溶体是非常有效的方式。这些 ABO_3 型铁电体的引入不仅能够稳定 $BiFeO_3$ 基材料的钙钛矿结构，抑制杂相，提高电阻率，而且形成的固溶体还可以形成准同型相界，提高材料的电学和磁性能。在上述固溶体中，$BiFeO_3$-$ATiO_3$（A＝Ba、Pb）固溶体钙钛矿是研究最为广泛的体系。

$xBiFeO_3$-$(1-x)PbTiO_3$（xBF-PT）是二元系固溶体，由 Venevtsev[92] 等人在 1960 年首次成功合成，随后 Fedulov 等人[93] 绘制了该体系的相图，如图 2.60 所示。xBF-PT 是连续固溶体。Θ_f 是顺电-铁电相区分界线，在分界线温度以上为顺电相，以下为铁电相。随着 BF 含量增多，xBF-PT 固溶体的居里温度 T_C 呈现单调上升的趋势，由纯 PT 材料的 490℃ 上升至纯 BF 材料的 850℃。室温下，$x>0.73$ 时，固溶体为三方相（图中Ⅲ区）；$x<0.66$ 时，固溶体是四方相（图中Ⅰ区）；$0.66\leqslant x\leqslant 0.73$ 时，固溶体中三方和四方共存（图中Ⅱ区）。Θ_N 是顺磁-弱铁磁相区分界线，在分界线温度以上为顺磁相，以下是弱的铁磁相。当 $x\geqslant 0.25$ 时，xBF-PT 的奈耳温度 T_N 均高于室温，且随 BF 含量的增大单调升高至 380℃（$x=1$）。xBF-PT 固溶体 MPB 的确切宽度、位置以及相界附近组分的物相组成一直存有争议。早期的研究表明，相界的组分位于 $0.66<x<0.73$ 附近，宽度为 0.07，相界处三方相和四方相共存。也有研究认为，MPB 在 $0.6<x<0.7$ 之间，宽度约为 0.1，还有报道认为 xBF-PT 固溶体的三方和四方相在 $0.69<x<0.72$ 之间稳定共存，MPB 宽度为 0.03，MPB 宽度和位置相差较大，可能与 xBF-PT 固溶体中相界附近组分中的物相结构本

身不稳定、相界较宽以及 Bi_2O_3 和 PbO 易挥发等导致制备过程中化学计量比难控制有关[94]。

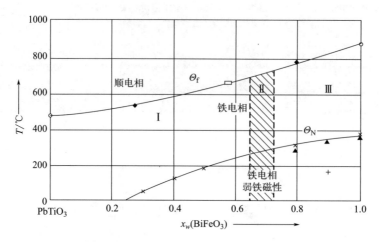

图 2.60　$BiFeO_3$-$PbTiO_3$ 固溶体的相图

xBF-PT 二元陶瓷的矫顽场约为 100kV/cm，电畴难以在电场下转动，同时绝缘性差，因此难以极化，压电和铁电性能鲜有报道；此外，宏观磁性能弱，难以检测到其室温磁滞回线。为了提高 xBF-PT 的绝缘、压电、铁电以及磁学性能，国内外众多课题组尝试通过元素掺杂、与其他 ABO_3 铁电材料形成三元固溶体以及工艺改进等方法对其改性，如表 2.12 所示[73]。

表 2.12　$BiFeO_3$-$PbTiO_3$ 体系的电性能和磁性能参数

组分	相结构	d_{33}/(pC/N)	P_r/(μC/cm²)	E_c/(kV/cm)	M_r/(emu/g)	T_C/℃
$(1-x)$BF-xPT($x=0.3$)	R-T	—	—	—	—	—
$(1-x)$BF-xPT($x=0.20\sim0.28$)	T-M	—	—	—	—	—
$(1-x)$BF-xPT($x=0.325$)	R-T	87	63	45	—	600
$(1-x)$BF-xPT($x=0.30\sim0.35$)	R-T	—	62	—	—	610
$(1-x)(0.9$BF-0.1DyFeO$_3$)-xPT	R-T	—	20.2	39	0.782 ($x=0.25$)	—
$(1-x)(0.7$BF-0.3CoFe$_2$O$_4$)-xPT	R3C	—	—	—	6.88~13.63 (5K)	—
0.511BF-0.326PbZrO$_3$-0.163PT	R-T	101	—	—	—	431
0.648BF-0.053PbZrO$_3$-0.299PT	R-T	64	15	—	—	560
$(1-x-y)$BF-xBi$_{0.5}$K$_{0.5}$TiO$_3$-yPT	R-T	—	—	36.4	—	427
$(0.8-x)$BF-0.2BaZrO$_3$-xPT($x=0.47$)	R-T	270	约 25	约 15	—	270
0.575BF-0.15(K$_{0.5}$Bi$_{0.5}$)TiO$_3$-0.275PT	R-T	—	34	40	—	575
$(0.9-x)$BF-xPT-0.1BaTiO$_3$($x=0.22$)	R-T	100	60	51	—	600
$(1-x)$BF-xPb(Zr$_{0.52}$Ti$_{0.48}$)O$_3$($x=0.30$)	M	—	6.464	6.63	约 0.46	—

续表

组分	相结构	d_{33}/(pC/N)	P_r/(μC/cm^2)	E_c/(kV/cm)	M_r/(emu/g)	T_C/℃
(0.6BF-0.4PT)-%(质量分数)La	R-T	—	10	—	0.075	—
0.63(Bi$_{0.94}$La$_{0.06}$)(Ga$_{0.05}$Fe$_{0.95}$)O$_3$-0.37PT	R-T	63	30	45	—	532
0.7Bi(Fe$_{1-x}$Ga$_x$)O$_3$-0.3PbTiO$_3$	R-T	—	3.5	55	—	—

注：表中 R 表示三方相，T 表示四方相，M 表示单斜相。

（2）复相磁电材料

按铁电相与铁磁相的复合形式，磁电复合材料主要分为颗粒磁电复合材料、层状磁电复合材料和磁电复合薄膜材料。

① 颗粒磁电复合材料

颗粒磁电复合材料是将铁磁相粉末与铁电相粉末通过一定的方式混合在一起，形成磁致伸缩颗粒均匀分布于压电相基体或压电颗粒均匀分布于磁致伸缩基体中的磁电复合材料，即混相法。常见的混相法有原位复合法、烧结法和聚合物固化法等，形成的磁电复合材料分别为原位复合材料、固相烧结复合材料和聚合物固化复合材料。三种方法相比而言，原位复合磁电材料制备技术要求严格、不易控制，而且获得的磁电性能并不突出，因此并未被广泛推广。目前来看，固相烧结磁电复合材料和聚合物固化磁电复合材料更有优势。

固相烧结磁电复合材料是通过传统的粉末冶金工艺烧结形成的一种陶瓷材料。固相烧结法比原位复合法具有工艺简单、成本低、可通过自由选择两单相材料及调节其混合比来获得最佳磁电性能的优点。研究者通过将 BaTiO$_3$ 粉末、Ni(Co,Mn)Fe$_2$O$_4$ 粉末和过量 TiO$_2$ 进行简单的固相烧结，获得了铁电-铁磁复合材料，最佳组分的磁电电压转换系数为 80mV/(cm·Oe)[95]。近年来，随着纳米技术的发展，以纳米铁磁粉末与铁电粉末为原料进行固相烧结，可以有效降低材料的烧结温度，提高磁电复合材料的致密度，进而提高铁电相与铁磁相的乘积耦合效应[96]。

聚合物固化复合材料是以有机聚合物为基体，将铁电相与铁磁相混合均匀后，加入液态的聚合物单体（如 PVDF）中，然后在一定的条件下引入聚合物单体，使之固化而得到的一种磁复合材料。聚合物固化法可以实现铁电相与铁磁相的均匀混合，工艺简单，可加工性强，而且可以充分利用有机聚合物柔韧性强的特点，制备出磁电复合材料的薄膜，如 Terfenol-D、PZT、PVDF 聚合物三相颗粒磁电复合体，样品最大磁电转换系数为 42mV/(cm·Oe)[97]。但是由于基体材料是有机聚合物，会在一定程度上影响铁电相的压电效应和铁磁相的磁致伸缩效应，从而影响复合体的磁电效应，另外材料的抗腐蚀性和抗老化性能不是很好，使用温度不能太高。

② 层状磁电复合材料

层状磁电复合材料是利用胶体将块体铁电相材料与铁磁相材料采用特定结构模式粘接在一起组成的磁电复合材料。如，用上下两层 Terfenol-D 薄片夹持一层 PZT 薄片，然后层与层之间通过黏结剂黏结在一起，形成图 2.61 所示的结构。材料的磁电电压转换系数 dE/dH 随着介电层厚度的减小而增大，复合材料室温磁电电压转换系数 dE/dH 最大值达到 4680mV/(cm·Oe)[98]。层状磁电复合材料结构简单，制备方法简单；而且由于铁电相与铁磁相之间没有直接接触，获得的磁电电压转换系数 dE/dH 大。但由于黏结工艺限制，层状磁电复合材料难以小型化以制备微型器件。

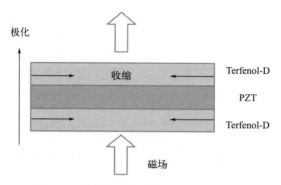

图 2.61　层状磁电复合材料结构示意图

2.4.4.3　磁电材料的应用

作为一种新型的功能材料，磁电材料具有独特的磁电耦合效应，能够实现磁场与电场的相互转换，在磁电传感器、磁记录和微波器件等领域具有广泛的应用。

（1）磁电传感器

磁电效应最初的用途是磁电传感器，特别是用来检测磁场，灵敏度可以达到 10^{-12} T。磁电转换系数的测量主要涉及 3 个物理量，即偏置磁场、交变磁场振幅及交变磁场的频率。固定其中任意两个物理量参数就可以检测磁电转换系数随另一个物理量的变化。因此磁电复合材料可以用做磁场探测器以探测交变磁场或直流磁场。

相对于霍尔磁场探测器而言，磁电探测器更加廉价、简单和精确。磁电薄片复合材料机械共振反应速度极快，可准确测量一些电气设备和大功率电动设备系统产生的磁场泄漏信号。

（2）磁记录

由于磁电材料在发生磁电感应时具有磁滞效应，因此这些材料可以应用于存储记忆设备。多晶磁电材料在退火过程中，如果磁场和电场方向彼此平行，则磁电感应系数为正；如果反平行，则磁电感应系数为负。利用这一特点就可将信息存储成两个不同的状态"0"和"1"。目前磁电材料在磁记录方面的主要研究有多态存储器、多铁性内存、磁读电写硬盘等[95]，这些研究工作基本都致力于使存储器件获得更高的存储密度、更快的读写速度和更低的能耗。与磁性存储器、铁电存储器和相变存储器等相比，磁电存储器主要是通过多铁性磁电耦合效应实现电场控制磁化强度或者磁场控制电极化强度。磁电存储器兼具 FeRAMs（铁电随机存储器）和 MRAMs（磁随机存储器）的众多优点，读写速度快，数据保存时间长，存储密度大，可以与微电子工艺相兼容，功耗很低，能实现多态存储。在存储读头技术方面，以多铁性磁电材料制作的传感器为核心的磁电读头，具有可分辨、存储密度高、功耗小、结构简单以及尺寸小等优点。因此，无论在存储器方面还是读头技术方面，多铁性磁电材料都具有十分广阔的应用前景。

（3）微波器件

磁电材料由于其微波磁电效应也可用来制备磁场、电场可调的信号加工器件，如共振器、滤波器、移相器、延迟线和衰减器等。磁电材料用来制备这些器件的最大优点是电场可调。磁场调节的微波器件非常慢且有噪声，需要很大的能量才能操作。而用电场调节的器件很快而且噪声小，需要的能量小，器件可微型化[88]。

2.4.5 储能介质材料

2.4.5.1 简介

如今产业技术革新的速度逐步加快，能源的大量生产及高效储存便成为了当下的全球性研究热点。生产生活中能源的产出与消耗总额逐年增加，使得能源的发展面临着各种挑战。因此，出于对环境的保护以及对人们健康生活的保障，开发绿色环保可持续、高效低廉的可再生能源已然成为热点话题。随之，一系列能够高效储存且新型环保的储能器件应运而生。

目前主要有介质电容器、电化学电容器、电池和固体氧化物燃料电池等四种能源存储途径，不同电能存储装置的功率密度及能量密度对比关系如图 2.62 所示[99]。其中，介质电容器通过外加静电场的施加与退场从而得以积聚和释放能量的行为，使其具有着几百～几千伏的大范围工作电压、兆瓦级的超高功率密度、微秒级的超快充放电速度等优异特点，由此，在大功率/脉冲功率电子系统、新能源动力汽车、高频逆变器和尖端科技的激光武器等方面有良好的应用前景，并在新兴产业领域具有广泛的应用价值（如图 2.63 所示[100]）。介质电容器虽兼具高能量密度和高功率密度，但其储能密度偏低。因此，现阶段主要以得到更高的储能密度为目标来研究介质电容器。

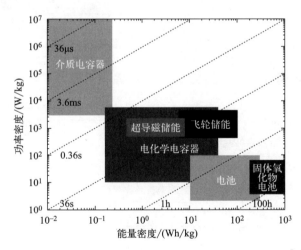

图 2.62 不同电能存储装置的功率密度及能量密度对比[99]

对于介质电容器所使用的材料，往往分为两种，一种为聚合物基介质材料，另一种为陶瓷基介质材料，二者各有优劣。聚合物基介质材料具有较优异的耐击穿性能，但是在高温（或高压）环境下，温度稳定性较差、漏电流大，导致在实际应用中状态不稳定；陶瓷基介质材料具有大的介电常数、稳定性优异，且具有可期望的低损耗性、制备成本低，可进行大规模的生产应用，近年来，研究者开展了大量的工作，已经在多种介质储能陶瓷体系中获得了优异的储能性能，如图 2.64 所示[101-105]。

当介质材料处于静电场中，不同结构类型的介质材料会表现出不同的极化行为。依据极化行为的不同，将介质材料分为线性电介质和非线性电介质两种。其中，非线性电介质又可

图2.63　介质电容器代表性的新兴应用[100]

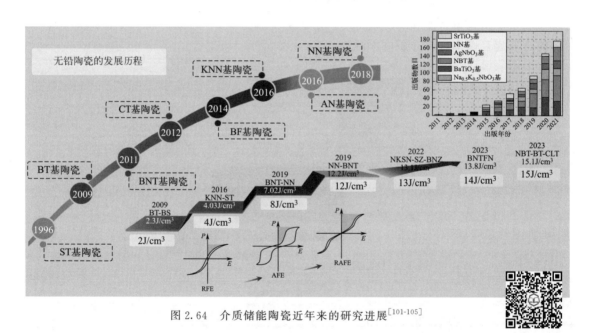

图2.64　介质储能陶瓷近年来的研究进展[101-105]

以分为铁电材料、弛豫铁电材料和反铁电材料三大类。对于线性电介质材料而言，其具有介电常数不随电场的变化而改变的性质，晶体结构较为稳定，不存在偶极子，因此耐击穿强度较高；且极化强度随电场的增加呈现高度的线性相关性，介电损耗极小，由此表现出优异的储能效率。但由于饱和极化强度较低、介电常数较低，因此储能密度较低。对于非线性电介质材料而言，其储能过程的充放电行为建立在内部畴结构的改变、畴壁的迁移以及偶极子的排列上，因此，可以通过不同工艺或结构调控进行相关储能参数的改善，以此得到优异的储能性能。

2.4.5.2 介质储能的基本原理

介质电容器是由上下两块电极板，中间夹杂介质材料以构成回路而形成的平行板结构（如图 2.65 所示）。电容是电容器储能性能的表征参数，是导体或导体组电量储存量的重要指标。对于理想电容器，电容的大小只跟导体的几何形状（电容器有效面积、电介质厚度等）有关而不受其他因素的影响，其电容值近似等于导体所带电荷量与电压的比值，如式（2.66）所示。

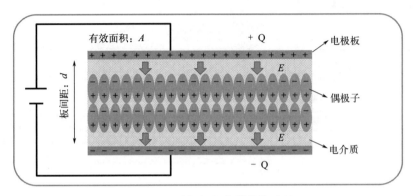

图 2.65 平行板电容器储能过程

$$C = \frac{dQ}{dV} \tag{2.66}$$

但在实际情况下，往往还要考虑介电常数对电容的影响，其电容值的计算如式（2.67）所示。

$$C = \varepsilon_0 \varepsilon_r \frac{A}{d} \tag{2.67}$$

其中，ε_0 是真空介电常数（$\varepsilon_0 = 8.854 \times 10^{-12}$ F/m）；ε_r 是电介质的介电常数（即相对介电常数）；A 是平行板电容器的有效面积；d 是电极板间距。

电介质电容器充电和储存能量的能力与电介质的介电常数 ε_r 和电容器的几何形状是有关联的。电容器进行能量的积聚与释放，是通过介质中的电荷随电场发生运动转向产生极化和退极化效应而实现的，如图 2.66 所示。

当对电介质电容器施加一定电压时，电极处会聚集符号相反且大小相等的电荷，称为充电过程，积累的电荷形成一个与外电场方向相反的内电场，此时电介质内部的偶极子呈现同向排列。当累积电荷所感应的内部电场与外部电场相等时，充电过程结束，能量存储于电介质材料中；当电压撤去后，电容器的介质材料开始退极化，偶极子排列呈现原始的杂乱无序状态，充电过程中存储的静电能向负载输出，称为放电过程。偶极子进行运动，便会涉及做功，因此将电能存储于电极板之间，存储的总能量 U 可用式（2.68）表示。

$$U = \int_0^{Q_{\max}} V dq \tag{2.68}$$

其中，$Q_{\max}$ 为充电结束后电极板的最大电荷量；dq 为电荷的增量；V 为对电介质电容器施加的电压。

为了衡量不同电容器存储量的大小，常用单位体积介质材料存储的能量多少作为衡量标准，即储能密度 W，可用式（2.69）和式（2.70）表示。

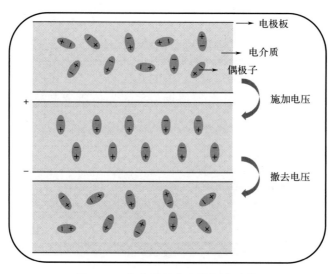

图 2.66　电介质极化和退极化过程

$$W = \frac{U}{Ad} = \frac{\int_0^{Q_{max}} V dq}{Ad} = \int_0^{D_{max}} \boldsymbol{E} d\boldsymbol{D} \tag{2.69}$$

$$D = \frac{Q}{A}, E = \frac{V}{d} \tag{2.70}$$

其中，电位移矢量 $\boldsymbol{D}$ 代表电容器平行板的电荷密度；D_{max} 为最大外加电场下电介质的电位移；E 为外加电场。

电介质的电位移可以用 $\boldsymbol{D} = \varepsilon_0 \boldsymbol{E} + \boldsymbol{P}$ 表示（其中 $\boldsymbol{D}$、$\boldsymbol{E}$、$\boldsymbol{P}$ 均为矢量，$\boldsymbol{D}$ 为 $\boldsymbol{E}$、$\boldsymbol{P}$ 在某种矢量意义上的加和），极化强度 $\boldsymbol{P}$ 代表表面电荷密度。对于高介电常数的介质材料，其电位移 $\boldsymbol{D} \approx \boldsymbol{P}$，利用介质中高斯定理边界条件可得 $\boldsymbol{D} = \varepsilon \boldsymbol{E} = \varepsilon_0 \varepsilon_r \boldsymbol{E}$，$\varepsilon$ 为介电常数。因此，可以将式（2.69）书写成式（2.71）。

$$W = \int_0^{P_{max}} \boldsymbol{E} d\boldsymbol{P} = \int_0^{E_{max}} \varepsilon_0 \varepsilon_r \boldsymbol{E} d\boldsymbol{E} \tag{2.71}$$

其中，P_{max} 为最大外加电场下极化强度；E_{max} 为最大外加电场。

在实际的充放电过程中，当非线性介质材料处于交变电流的环境中，在施加一定电场强度时，其极化强度会发生非线性的变化，当达到饱和状态 P_{max} 时，再随电场强度的降低而降回。在电场降为 0 时，介质中的部分偶极子不能回到原始状态，因此会发生一定的滞后现象，此时的极化数值为 P_r（剩余极化强度），这种现象便会产生材料的电滞回线，如图 2.67 (a) 所示。当电场从 0 增加达到最大值 E_{max} 时，极化强度也达到最大值，此时能量全部储存于电容器中，储能密度为 W_{tot}；随着电场降到 0，发生上述的"滞后现象"，导致放电过程并不能将能量全部释放，因此存在能量损耗。其中，放电过程能够释放的可恢复储能密度为 W_{rec}，被损失能量密度表示为 W_{loss}，且 $W_{tot} = W_{rec} + W_{loss}$。因此，储能的效率 η 可由式（2.72）表示。

$$\eta = \frac{W_{rec}}{W_{tot}} \times 100\% = \frac{W_{rec}}{W_{rec} + W_{loss}} \times 100\% \tag{2.72}$$

对于线性电介质而言，其介电常数与外加电场无关，因此，储能密度 W 近似可由式

(2.73)来表示。

$$W = \int_0^{E_{max}} \varepsilon_0 \varepsilon_r \boldsymbol{E} \, \mathrm{d}\boldsymbol{E} = \frac{1}{2} \varepsilon_0 \varepsilon_r \boldsymbol{E}^2 \tag{2.73}$$

由此可知，线性电介质作为储能材料时，其储能密度与介质的介电常数成正比，与外加电场的平方成正比，放电过程中能量可得到全部释放，如图 2.67 (b)。

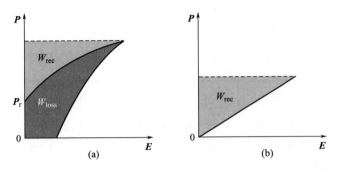

图 2.67　(a) 非线性铁电材料储能；(b) 线性电介质材料储能

充放电性能是衡量电容器实际应用性能的重要指标。储能电容器需要能够在较长时间内储存能量，并在短时间内以高电压和电流的形式将其释放。通常采用基于 R-C 电路设计的充放电系统（如图 2.68 所示）。其原理为：在由电阻 R 及电容 C 组成的直流串联电路中，当开关 K 接通位置 a 时，电源对电容器 C 充电，直至充电饱和；当开关 K 接通位置 b 时，电容 C 与电阻 R 连通，进行电容器放电过程。

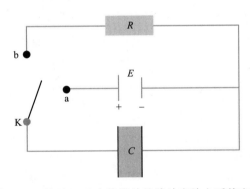

图 2.68　基于 R-C 电路设计的脉冲充放电系统电路

在测试过程中，使用与示波器相连的线圈来获得可以转化为放电电流波的电压。最后得到电流（i）关于时间（t）的函数。因此，W_d（实际充放电过程中电容器放电能量密度）可以计算为：

$$W_d = R \frac{\int i^2(t) \mathrm{d}t}{V} \tag{2.74}$$

对输出的放电曲线通过公式可以计算得到电容器的电流密度（C_D）和功率密度（P_D）：

$$C_D = \frac{I_{max}}{S} \tag{2.75}$$

$$P_{\mathrm{D}} = \frac{EI_{\max}}{2S} \qquad (2.76)$$

其中，R 为测试时的负载电阻值；i 为输出电流；t 为时间；V 为陶瓷样品的有效体积；$I_{\max}$ 为电流最大值；S 为样品的有效面积；E 为施加的电场。

2.4.5.3 介质储能材料的研究进展

电介质材料可分为线性电介质、铁电体、弛豫铁电体和反铁电体四种，其对应的电滞回线，如图 2.69 所示。线性电介质材料介电损耗极低，击穿强度较高，且由于材料的介电常数与外加电场无关，储能密度正比于电场的平方，因此增大材料的耐击穿强度可获得最大的储能密度，但由于其具有低的饱和极化强度和低的介电常数，因此得到的储能密度普遍偏低。铁电体材料，其内部具有畴结构，因此极化强度与外加电场呈现非线性关系。该材料的饱和极化强度较高且具有适中的耐击穿强度，但由于其剩余极化强度偏高、矫顽场偏大，因此得到的储能密度和储能效率都偏低。弛豫铁电体材料内部形成极性纳米微区（PNRs），经过电场的施加和释放，PNRs 能够进行快速的反转与复始，从而这类材料具有较低的剩余极化强度，并且由于所达到的饱和极化较高、耐击穿强度也较高，因此有效储能密度和储能效率均较优异。反铁电材料，与铁电材料相比，其表现为"双电滞回线"的形式，该材料内部具有反向排列的双偶极子结构，因此对外无极化现象。施加电场时，低电场下其剩余极化强度较低，高电场下，反铁电态可转变为铁电态，产生高极化行为，得到优异的储能效果。

综上，若想开发出具有高储能密度的材料与器件，重点考虑两个方面：a. 增大饱和极化强度 $P_{\max}$ 与剩余极化强度 P_{r} 的差值，即 $\Delta P = P_{\max} - P_{\mathrm{r}}$；b. 提升击穿强度（$E_{\mathrm{b}}$）。本节对以上四种介质材料的研究进展进行简述。

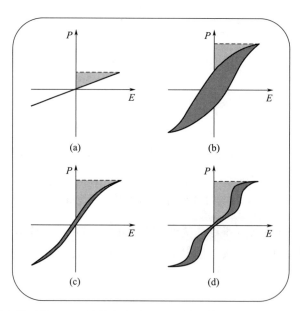

图 2.69 介质材料电滞回线：(a) 线性电介质；(b) 铁电体；(c) 弛豫铁电体；(d) 反铁电体

（1）线性介质材料

线性电介质材料有陶瓷、聚合物以及聚合物复合材料等。线性电介质有较高的击穿强度，但因其饱和极化强度低，导致材料的储能密度并不理想。为了提升储能性能，近年来研究者开展了丰富的研究工作。

① 线性储能聚合物及复合材料

聚合物电介质材料具有较高的击穿场强、机械柔韧性好、质轻、易于加工、成本低廉等优点，在电介质储能的实际应用领域具有一定的价值。其中，聚酰亚胺（PI）因其具有高击穿强度、优良的耐热性、简单的合成工艺以及分子结构的易设计性，成为了广大研究者的关注热点，是一种极具潜力的高温电介质材料。

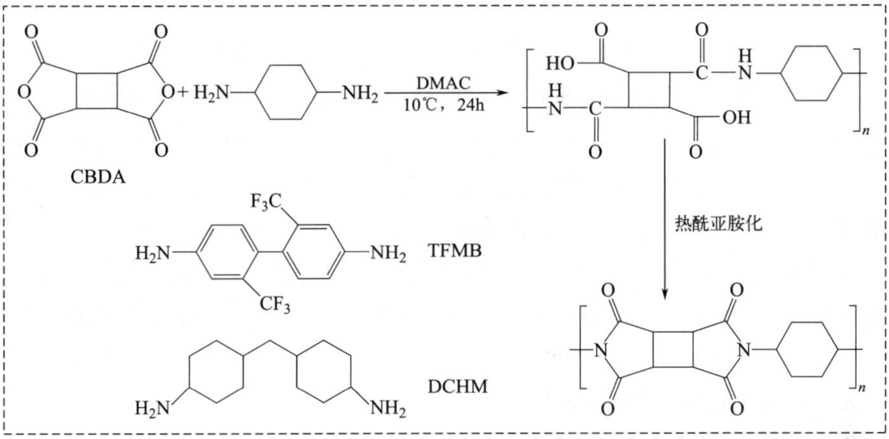

图 2.70　聚酰亚胺的分子结构

聚酰亚胺是由二胺单体和二酐单体聚合而成的，其分子结构如图 2.70 所示。传统单一的聚酰亚胺，击穿强度较低且介电常数较小，高温环境下的储能效率不够理想，因此满足不了当下的实际应用需求。首先，通过分子结构设计对聚酰亚胺进行改造，可以提高材料的击穿场强，从而提高高温储能效率；其次，利用聚酰亚胺的多相结构，引入分子半导体、氮化硼纳米填料和硅氧烷等可以同时提高聚酰亚胺材料的介电常数和击穿场强，从而获得优异的高温储能性能。

由于传统聚酰亚胺材料存在低带隙（E_g）问题，因此，会引起高温环境下的材料不稳定性和高损耗率。Song 等人[106]利用分子结构设计的方式，引入脂环族结构来合成脂环族聚酰亚胺，成功解决了低带隙问题。结果显示，脂环聚酰亚胺在 200℃下的最大放电能量密度 W_{rec} 为 5.01J/cm^3，在 600MV/m 下的充放电效率 η 可达 78.1%，储能性能远超传统的聚酰亚胺材料。Ji 等人[107]通过构建聚酰亚胺/BaTiO$_3$ 的多层纳米复合材料，实现了击穿强度和介电常数协同提高，在击穿强度（486.34kV/mm）下，能量密度最大值可达 7.44J/cm^3。Dai 等人[108]通过在聚酰亚胺（PI）中引入聚酰胺酸（PAA），采用热化学技术制备了具有不同 PI 量的 PI-PAA 共聚物薄膜，获得了高的击穿强度（616MV/m）和大的能量密度（8.9J/cm^3）。

② 线性储能陶瓷

CaTiO$_3$ 和 SrTiO$_3$ 是典型的线性电介质陶瓷材料，具有大击穿场强和高储能效率，近年来受到越来越多的关注。通过传统固相烧结法制备的纯 CaTiO$_3$ 陶瓷，尽管 E_b 可高达 435kV/cm，但其 W_{rec} 仅有 1.5J/cm^3 [109]。Li 等人[110]采用在线性 CaTiO$_3$ 电介质中构建 PNRs 以形成新型弛豫铁电体的策略，设计了 $(1-x)$CaTiO$_3$-x[0.955(Na$_{0.5}$Bi$_{0.5}$)TiO$_3$-0.045Ba(Al$_{0.5}$Ta$_{0.5}$)O$_3$] 体系 [CT-x(BNT-BAT)]，结果显示：CT-0.2(BNT-BAT) 在 700

kV/cm 的高击穿强度下，实现了高的 W_{rec}（≈6.39J/cm³）和超高 η（≈94.4%），并且具有优异的充放电性能（放电速率 $t_{0.9}$≈28.4ns）。Zhang 等人[111]设计了 $(1-x)(Ca_{0.5}Sr_{0.5}TiO_3)$-$xSmNbO_4$ 陶瓷体系，研究了 $SmNbO_4$ 对线性电介质 $Ca_{0.5}Sr_{0.5}TiO_3$ 陶瓷晶体结构、微观结构、介电性能和储能性能的影响。$SmNbO_4$ 有助于促进晶界和晶界之间的电荷迁移，能够帮助电荷从局域态向弥散态的迁移扩散。在 510kV/cm 时，陶瓷（$x=0.005$）实现了 5.43J/cm³ 的储能密度和 95.1% 的储能效率，并且具有快速的充放电能力，其 $t_{0.9}$ 仅为 29ns。

$SrTiO_3$ 储能陶瓷同样存在 W_{rec} 较低的缺点。近年来，为了提高 ST 陶瓷的 W_{rec}，研究者从组分设计和优化制备工艺方面对 $SrTiO_3$ 陶瓷进行了结构调控和性能优化。组分优化方面，Sn^{4+}、Cu^{2+}、Mg^{2+}、Nb^{5+}、Zn^{4+} 等离子被用来提高 $SrTiO_3$ 陶瓷的储能性能[112-115]。铁电组元 $0.95Bi_{0.5}Na_{0.5}TiO_3$-$0.05BaAl_{0.5}Nb_{0.5}O_3$[116]、$BiFeO_3$[117] 等的加入也都起到非常好的储能提升效果。在 $SrTiO_3$ 陶瓷中，通过高极化 $BiFeO_3$ 组元的引入，诱导 $SrTiO_3$ 陶瓷由顺电相到铁电弛豫相转变，并产生极性纳米微区。在此基础上，采用两步烧结进一步优化了陶瓷的微观形貌，通过细化晶粒显著提高了陶瓷的击穿强度和储能性能，获得了高的有效能量密度（$W_{rec}=8.4$J/cm³）和优异储能效率（约 90%）。优化烧结工艺方面，两步烧结[118]、等烧结辅助两步烧结[119] 和放电等离子烧结[120] 均能起到细化晶粒的作用，提高陶瓷的击穿场强，有利于储能性能提升。

（2）非线性介质材料

① 非线性储能聚合物及复合材料

聚偏氟乙烯（PVDF）及其共聚物和三元共聚物是最典型的铁电聚合物，具有较高的介电常数和击穿强度，是制备高能量密度材料的理想材料。PVDF 的结构式很简单，其重复单元为—CH_2—CF_2—，且通常具有 3%~6%（摩尔分数）的头-头/尾-尾键，因这些结构缺陷的存在，其结晶度质量分数在 50% 附近，因此 PVDF 是一种半结晶聚合物[121]。提升 PVDF 储能性能的主要手段有提升介电常数和提升击穿强度。介电常数提升策略方面，可通过有机填料、陶瓷填料以及导电填料和 PVDF 复合，形成 PVDF 基复合材料。其中将铁电性的陶瓷粒子与 PVDF 复合提升介电常数的效果最为显著。常见的陶瓷粒子有钛酸钡、钛酸锶钡及各种掺杂陶瓷粒子，如 Feng 等[122] 制备了 BT@C 核壳结构填料，并与 PVDF-HFP 进行复合，在体积分数为 30% 时，BT@C/PVDF-HFP 介电常数高达 1044，较于纯 PVDF-HFP 介电常数 8.8 有明显提升，核壳结构中表面 C 层为电荷的产生提供了条件，产生了较大的界面极化。陶瓷填料的引入，对于复合体系介电常数有巨大提升，一方面是因为引入高介电常数粒子，导致基体平均电场增强，另一方面由于陶瓷粒子与 PVDF 基体之间的差异在两相界面处积累了大量电荷，形成了界面极化。随着填料含量的增加，界面电荷量增加，导致界面极化密度增强，从而提高了整体复合材料的介电常数[121]。

在提升击穿场强方面，采用无机纳米填料表面修饰和形貌优化的途径调整纳米颗粒界面，以提高纳米颗粒在基体中的分散性和纳米颗粒和 PVDF 的相互作用，增强纳米填料与基体的相容性，达到提升击穿强度与储能密度的作用。Zhang 等人[123] 采用多巴胺对钛酸钡进行表面改性，制备了含有少量填充改性后钛酸钡的 PVDF 复合膜，研究发现，在低负载下，复合薄膜的击穿强度与储能密度较于纯 PVDF 而言，均有明显提升，其中当钛酸钡含量为 3% 时，样品的击穿强度达 525MV/m，储能密度达 18.12J/cm³。Sun 等人[124] 将 BNNSs/PVDF-PMMA 作为三明治层状结构的最外层，BN 纳米片的引入可进一步提高绝缘层的耐电压性能。在507MV/m的电场下，层状结构纳米复合材料同时表现出20.1J/cm³的高放电密度和76%的高充放电效率。

② 铁电体

在能量存储的研究领域，由于铁电体存在较大的剩余极化，因此其储能性能并不高，不适用于储能器件的实际应用，当下的研究主要着重于对铁电体材料进行工艺改善或组分调控，解决其本征结构带来的性能缺陷，由此得到较好的储能效果。

钛酸钡（BT）是一种典型的铁电体钙钛矿材料，在室温下具有高的介电常数（约300~350），并且无铅、环保，符合可持续发展的战略。研究者近年来在BT薄膜和陶瓷的储能性能方面展开了研究。薄膜方面，利用化学掺杂进行晶相/非晶相调控工程是增强介电薄膜储能应用的一种简单有效的方法。Geng等人[125]利用相结构调控的方式对$BaTiO_3$薄膜的储能性能进行了研究。在$Pt/Ti/SiO_2/Si$衬底上，采用溶胶-凝胶法制备了无铅Mn掺杂的$BaTiO_3$薄膜。实验证明：在纯的$BaTiO_3$中掺杂少量的Mn可以使退火温度降低，并且增强了极化强度。最终，在640℃的退火温度下，BT-8%Mn样品的储能密度和储能效率分别高达72.4J/cm³、88.5%，并且样品在20~200℃范围内具有良好的温度稳定性。除了化学改性，制备技术的优化也是提升材料储能效果的重要途径。为进一步提高薄膜电容器的储能性能，Wang等人[126]采用A、B位共掺杂的方式，并结合缓冲层技术，对$(Ba_{0.95}Sr_{0.05})(Zr_{0.2}Ti_{0.8})O_3$（BSZT）组分薄膜进行了研究，成功在Sr基底上实现了纳米尺度晶粒和晶界的均匀弥散分布。实验结果显示，BSZT薄膜的有效储能密度高达148J/cm³，储能效率可达90%，且由于BSZT薄膜电容器的工作温度范围极宽（约为-175~300℃），因此其温度稳定性和频率稳定性均保持在优异的状态。

陶瓷方面，由于铁电体陶瓷电滞回线相对饱和，存在较大的剩余极化，因此其储能性能并不高，当下的研究主要着重于对铁电体材料进行组分调控，将铁电体转变为弛豫铁电体，进而在保持较大极化强度的情况下，减小剩余极化强度，进而提高铁电陶瓷的储能性能，目前公认的铁电增强弛豫行为的方法是在铁电基质中引入顺电或线性组元以诱导无序结构或纳米畴，比如$BT-BaZrO_3$和$BF-SrTiO_3$等。类似地，通过将顺电组元$SrTiO_3$（ST）或Sr^{2+}引入室温下呈R相的BNT陶瓷的A位点，可以在BNT-ST弛豫体系中实现菱方（$R3c$，R）和四方（$P4bm$，T）相纳米畴的共存结构。这部分我们将在弛豫铁电体部分进行详细介绍。

③ 弛豫铁电体

弛豫铁电体内部可形成极性纳米微区（PNRs），该结构在电场的施加和退去时，会发生快速的反转与复始，因此，弛豫铁电体的电滞回线细长，极化滞后现象远小于铁电体。由于其饱和极化强度与铁电体相差不大，因此极化差值ΔP更优于铁电体，且耐击穿强度较高，是脉冲系统储能器件材料的重要选择之一。但就目前的研究来看，储能器件的实际应用对材料的选择仍然在提出新的要求，弛豫铁电体在储能方面的研究也在不断丰富。

Li等人[127]通过复合掺杂和改善工艺对$BaTiO_3$基陶瓷储能材料进行了研究，制备了$(1-x)(Ba_{0.65}Sr_{0.245}Bi_{0.007})TiO_3-xCaTiO_3$（BT-SBT-$x$CT）储能陶瓷，在480kV/cm的电场下，BT-SBT-0.015CT陶瓷的有效储能密度W_{rec}达4.0J/cm³，$\eta>81\%$，材料在30~150℃的温度范围内，其W_{rec}保持在3.01~3.25J/cm³之间，变化率小于8%。Li等人[128]在$(Bi_{0.5}Na_{0.5})_{0.7}Sr_{0.3}TiO_3$（BNST）弛豫铁电陶瓷中引入$Bi(Mg_{1/3}Ta_{2/3})O_3$（BMT）组

元,设计出一种 R 相和 T 相极性纳米微区(PNRs)嵌入 C 相顺电基体的异质结构。通过组分调制优化 R 相和 T 相纳米畴的比例,实现畴的最平顺切换路径,在保持最大极化的同时最小化极化滞后。结果显示,该体系材料同时具有高的 W_{rec} 值($10.28J/cm^3$)和 η 值(97.11%)。此外,该陶瓷在宽温范围(25~200℃)内具有较高的性能和温度稳定性($W_{rec} \approx 6.35J/cm^3 \pm 0.57J/cm^3$,$\eta \approx 94.8\% \pm 3\%$)。

当把介质陶瓷材料置于电场中时,界面处会富集大量的电荷,从而引起界面极化,导致局部电场的不均匀度增加,该现象可以用晶粒相与晶界相电阻活化能的差值($\Delta \Phi$)来描述。研究发现,当 $\Delta \Phi$ 趋向于 0 时,材料将进入一种处于晶粒和晶界之间的临界状态,这种状态会使材料的击穿场强 E_b 急剧增强。因此,通过抑制界面极化,可以增强陶瓷材料的储能密度,提高储能性能。近期,Cao 等人[104]便通过抑制界面极化的方式,在($Na_{0.5}Bi_{0.5}$)TiO_3-$BaTiO_3$(NBT-BT)基体中加入线性电介质 $Ca_{0.7}La_{0.2}TiO_3$(CLT),以此来调控晶粒和晶界的电阻,在弛豫铁电陶瓷中得到了优异的储能性能。研究发现,CLT 掺杂量(摩尔分数)为 38% 时,样品 $\Delta \Phi$ 趋向于 0,表示该样品中界面极化消失,电场在晶粒与晶界之间均匀分布。最终,该体系获得了高储能密度($W_{rec}=15.1J/cm^3$)和储能效率($\eta=82.4\%$),且具有超快的充放电速度($t_{0.9}=32ns$)和优异的温度、频率稳定性。Wang 等人[129]运用纳米畴调控工程,对弛豫铁电陶瓷 $0.7Bi_{0.5}Na_{0.5}TiO_3$-$0.3Na_{0.91}Bi_{0.09}Nb_{0.94}Mg_{0.06}O_3$(BNT-NBNM)进行了研究。在 BNT-NBNM 基体中引入低容忍因子的 $CaZrO_3$(CZ),形成了四方 $P4bm$(T)、正交 $P2_1ma$(O)与 $Pnma_2$(R_2)三相共存的纳米畴,获得了优异的储能性能,储能密度 W_{rec} 达 $7.5J/cm^3$,储能效率 η 高达 94.5%。

熵(entropy),是热力学中表征物质状态的参量之一,其物理意义是对一个体系混乱程度大小的表示。利用熵工程,可实现高熵材料的能带结构工程和多尺度层次结构的协同效应进行促进材料性能的提升。熵值的增加,是以提高混乱度为目的,来增大无序程度,因此,在高熵材料中可获得稳定的均匀单相结构。Yang 等人[130]提出了将构型熵作为定量评估局部成分不均匀性的标准,通过运用熵工程,可以使局部不均匀性和弛豫特征得到加强,如图 2.71 所示,得到了弛豫性和储能性显著提高的弛豫铁电体材料。在 $Bi_4Ti_3O_{12}$ 基的熵薄膜中,实现了优异的储能性能,得到了具有 $178.1J/cm^3$ 的高能量密度和超过 80% 的储能效率。

Chen[131] 等提出无铅储能陶瓷的高熵材料设计策略,通过设计一种基于 KNN 基陶瓷的"局部多态畸变",形成包含菱方-正交-四方-立方的多晶相纳米团簇和随机的氧八面体倾斜,产生非常小的纳米极性区域,获得了高的击穿电场材料,储能密度 W_{rec} 为 $10.06J/cm^3$,储能效率 90.8%。Chen[103] 等以 BNT 为基体,在不改变钙钛矿 A 位构型的情况下,通过 Fe^{3+} 和 Nb^{5+} 双异价离子进行 B 位调控增加构型熵,构建了低熵—中熵—高熵—最高熵的逐级演变,在高熵无铅弛豫铁电体中实现了 $13.8J/cm^3$ 的储能密度以及 82.4% 的效率,与低熵材料相比,实现了近十倍的储能密度提升。

在制备工艺方面,Li 等人[132] 基于钙钛矿晶体电致伸缩效应的各向异性特点,提出了一种新的设计思路,即通过控制晶粒取向来降低陶瓷电容器在强场下所产生的应变和应力,避免微裂纹和拉伸应力所导致的陶瓷击穿,从而提高其击穿电场强度和储能密度。利用流延-模板法成功制备了织构度达 91% 的高质量<111>取向的钛酸锶铋钠(NBT-SBT)多层织构陶瓷电容器,大幅降低了陶瓷在强场下的电致应变,提高了击穿电场(100MV/m),获

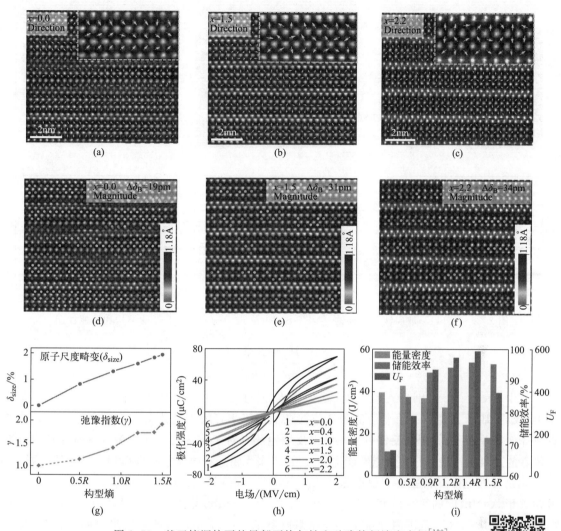

图 2.71 基于熵调控下的局部不均匀性和弛豫特征演变表征[130]

得了高达 21.5J/cm³ 的储能密度，如图 2.72 所示。

④ 反铁电体

反铁电体材料内部具有反向排列的双偶极子结构，没有宏观极化。低电场下极化现象较弱，产生的介电损耗较小且剩余极化强度较低；但在高电场下，因为偶极子的定向排列使得反铁电态转变为铁电态（能量为 E_f），产生高极化行为，与铁电体的退极化现象类似，反铁电体在电场退去时，偶极子的定向平行排列会被破坏，最终回到原始的反铁电态（能量为 E_a）。因此，反铁电体具备的高极化能力和较低的介电损耗，显示了其具有优异的储能效果。对于反铁电体材料的储能性能优化方式，主要通过：a. 离子掺杂降低晶粒尺寸，减少缺陷以增强击穿场强；b. 降低 P_r，增强 E_f 和 E_a，并降低 ΔE 值，减少储能损耗，增强反铁电性；c. 工艺改善，从结构角度细化晶粒，增强耐击穿强度。为了提升反铁电相的稳定性，根据离子掺杂的规律，可通过 Goldschmidt 容差因子 t 进行判断，如式（2.77）所示。

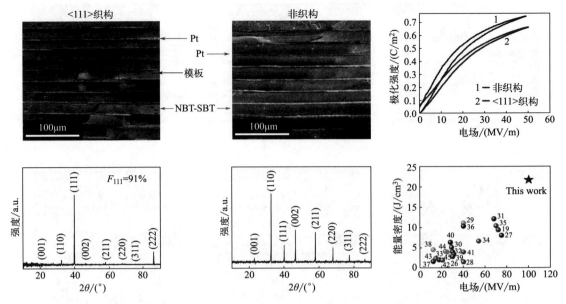

图2.72 <111>取向钛酸锶铋钠（NBT-SBT）多层织构陶瓷电容器的结构和储能性能

$$t = \frac{R_A + R_O}{\sqrt{2}(R_B + R_O)} \tag{2.77}$$

式中，R_A、R_B分别为A位、B位的离子半径；R_O为O^{2-}的离子半径。当A位的掺杂离子半径小于基体A位离子的半径，在B位掺杂的离子半径大于基体B位离子的半径时，能够有效降低容差因子t，提高反铁电性，稳定反铁电相。对于传统的反铁电陶瓷，研究较多且性能较好的主要是铅基材料（储能性能优异）。近年来无铅反铁电体材料也得到了长足的发展。

无铅反铁电体材料主要有铌酸银（AgNbO₃）、铌酸钠（NaNbO₃）等。对于AgNbO₃，最初关于AgNbO₃的系统研究发表于1958年，Francombe等人合成了AgNbO₃和AgTaO₃陶瓷，并在0~700℃范围内测量了其晶格点阵参数；2007年，有研究结果表明，在220kV/cm的高电场下，AgNbO₃表现出类双电滞回线特性，具有较低的剩余极化，证明AgNbO₃是一种反铁电材料；2019年研究人员通过TEM手段证实了铁电体AgNbO₃的结构在微观尺度上是极性的，并对其各个介电异常峰进行了全面解释。

在AgNbO₃材料的改性研究中，Feng等人[133]通过在流动的氧气中对$Ag_{1-3x}Bi_x Nb_{1-3/5x}Sc_xO_3$体系进行固相合成，通过在AgNbO₃的A位上掺杂$Bi^{3+}$、B位上掺杂$Sc^{3+}$来增强从反铁电（AFE）到铁电（FE）的场致相变对应的电场强度。在$x=0.02$时，材料获得了稳定的无序反铁电相，得到了优异的储能性能，在21.5MV/m的击穿强度下，有效储能密度为3.65J/cm³，储能效率为84.31%。

当下的反铁电材料虽然呈现较为优异的储能效果，但储能效率仍然普遍过低。为了解决这一的问题，近年来研究人员提出了构建弛豫反铁电相界的新思路。Jiang等人[134]在反铁电陶瓷NaNbO₃中掺杂$(Bi_{0.8}Sr_{0.2})(Fe_{0.9}Nb_{0.1})O_3$（BSFN）组元，并研究了其储能性能。BSFN组元的容忍因子小于NaNbO₃，有利于反铁电相的稳定，增强铁电性。并且通过引入Bi^{3+}、Sr^{2+}、Fe^{3+}等不同种类的离子，有利于构建局域电场，破坏长程反铁电有序性，从而形成短程有序的反铁电纳米畴。当BSFN引入量为0.12时，材料表现出高的击穿电场强度（E_b＝98.3kV/mm）和优异的储能性能，其有效储能密度 W_{rec} 为 16.5J/cm³，能量效率 η 为 83.3%。

2.4.5.4 储能介质材料的应用

当下，储能介质材料主要用于高功率脉冲系统及其相关器件，应用领域包括：高储能多层电容器、脉冲电源；半导体激光器、电力输送、新能源汽车、人工智能、高端医疗器械、地质勘测等方面（日常生活和技术开发等领域）。

（1）多层电容器

与传统的基于化学反应储存能量的电池不同，介质电容器的工作原理是电场诱导极化。因此，介质电容器不存在由于化学反应缓慢且不可逆而导致充放电时间长、寿命短等问题。介质电容器物理结构简单，漏电流小，工作电压范围（kV）大。对于其中的介电薄膜电容器，还具有缺陷密度低、质量轻、设计小型化和高电场耐受性等优点。介质电容器经过不断发展其实际应用范围越来越广，成为重要的新型功率储能器件。

过去，研究学者趋向于将铁电陶瓷与聚合物材料进行复合来得到优异的性能，但这种方法往往会使介电损耗增加和储能效率降低。因此，近些年研究人员转变思路，趋向于一种新的调控方式——多层结构调节。对于陶瓷基介质材料的多层结构应用主要是多层陶瓷电容器（MLCCs），MLCCs 的结构原理图及制备工艺如图 2.73 所示[135]。近年来通过对 MLCCs 多层结构的调控，获得了较大的储能密度[136]，介质电容器在日常生活中得到了广泛的使用，如谐振、缓冲和耦合电容器在手机、汽车和笔记本电脑中的应用。

图 2.73 MLCCs 的结构原理图及制备工艺[135]

表 2.13 为不同 MLCCs 的储能特性。Li 等[137] 制备了 $(Na_{0.5}Bi_{0.5})TiO_3$-0.45$(Sr_{0.7}Bi_{0.2})TiO_3$ 多层陶瓷电容器，获得了优异的储能密度（9.5J/cm³）和高储能效率（92%）；Wang 等人[138] 在 0.57BF-0.30BT-0.13BLN 的 MLCCs 中实现了约 13.8J/cm³ 的储能密度；Cai

等人[139-140]在工艺改善方面，对 MLCCs 的电极结构和工艺中的烧结速率进行了优化，获得了较好的研究结果。

表 2.13　不同 MLCCs 的储能特性研究[135]

材料	厚度/μm	内部电极	E_b/(kV/mm)	W_{rec}/(J/cm^3)	η/%
$0.7BaTiO_3$–$0.3BiScO_3$	25	Pt	73	6.1	—
$Ca(Zr,Ti)O_3$	10	Pt	150	4	—
[0.94(0.75NBT-0.25NN)−0.06BT]-$0.1CaZrO_3$	30	Ag/Pd(70/30)	12	0.34	88
$BaTiO_3$-$0.12Bi(Li_{0.5}Ta_{0.5})O_3$	30	Pt	28	4.05	95
$0.75(Bi_{0.75}Nd_{0.15})FeO_3$-$0.25BaTiO_3$-0.1(质量分数)$MnO_2$	32	Pt	54	6.74	77
$BaTiO_3$-$0.13Bi[Zn_{2/3}(Nb_{0.85}Ta_{0.15})_{1/3}]O_3$	11	Ag/Pd(60/40)	75	8.13	95
$BaTiO_3$-$(Bi_{0.5}Na_{0.5})TiO_3$	30	Ag/Pd	45	2.76	84
$BaTiO_3$-$0.12Bi(Li_{0.5}Nb_{0.5})O_3$	29	Pt	45	4.5	91
$BiFeO_3$-$0.3BaTiO_3$-$0.08Nd(Zr_{0.5}Zn_{0.5})O_3$	16	Pt	70	10.5	87
$0.62Na_{0.5}Bi_{0.5}TiO_3$-$0.3Sr_{0.7}Bi_{0.2}TiO_3$-$0.08BiMg_{2/3}Nb_{1/3}O_3$	8	Pt	100	18	93

（2）脉冲电源（脉冲功率电容器）

脉冲功率（pulsed power）的实质是将脉冲能量在时间尺度上进行压缩，以获得在极短时间内（20～100ns）的高峰值功率输出。在脉冲功率系统中，脉冲电源是脉冲储能的核心器件之一，在稳定系统的能量存储与释放方面起着主导性作用。研究人员[141]通过将气溶胶沉积的纳米弛豫铁电 $Pb(Mg_{1/3}Nb_{2/3})O_3$-$PbTiO_3$ 电容器和压电 $Pb(Zr_xTi_{1-x})O_3$ 收集器集成在一起，成功制得了一种柔性自充电、超快放电时间、高功率密度（SUHP）的电容器系统。这类柔性超高压电容器系统在人体手指生物力学弯曲力作用下，可产生开路电压为 172V、短路电流为 $21\mu A$ 的电能，并可以储存在集成的柔性电容器部分，然后在 480ns 的超快时间内，以 2.58J/cm^3 的高能量密度释放。此外，该柔性超功率电容器的功率密度为 5.38MW/cm^3。这种能量装置，不仅能从外部机械运动中提取电能，而且能在短时间内储存/释放电能，在驱动柔性电子产品的可持续脉冲电源方面，是一项重要的进展。

（3）半导体激光器

1962 年，半导体激光器开发成功，随后在 1970 年，实现了室温下的连续输出；后经改性，研究人员开发出双异质接合型激光及条纹型构造的激光二极管（laser diode）等。半导体激光器使用领域主要有光纤通信、光盘、激光打印机、激光扫描器、激光笔，广泛应用于日常生活的各个方面。$CaTiO_3$ 是一种线性介质材料，将其用于制备半导体激光器（LD）时，其诱导极化直接与外加电场成正比，导致没有滞后。与其他无机介质系统相比，这种特性有助于实现低的能量损失和更高的储能效率，且具有极高的温度和频率稳定性。但当电荷在系统中迁移时，会降低材料的导电性、提高材料的导热性，因此为了使 $CaTiO_3$ 体系实现更好的储能性能以满足 LD 在储能领域的实际应用,性能改善至关重要[142],不同 LD 材料的储能性能如表 2.14 所示。

表 2.14 不同 LD 材料的储能性能[142]

LD 材料	电场强度/(kV/cm)	$(W/W_{rec})/(J/cm^3)$	η/%
$CaTiO_3$	435	1.5	—
等离子体烧结 $CaTiO_3$	910	6.9	—
$CaTiO_3$(Al_2O_3 作为电荷阻挡层)	1188	11.8	—
$CaZr_xTi_{1-x}O_3$	756	2.7	—
$CaTiO_3$-$BiScO_3$	270	1.55	90.4
$Ca_{1-x}Sr_xTi_{1-y}Zr_yO_3$	390	2.05	85
$Bi_{0.48}La_{0.02}Na_{0.48}Li_{0.02}Ti_{0.98}Zr_{0.02}O_3$(掺杂 $SrTiO_3$)	323	2.59	85
Mn 掺杂 $CaTiO_3$-$CaHfO_3$	1200	9.5	—
$SrSn_xTi_{1-x}O_3$	255	1.1	87
$Ca_{0.6}Sr_{0.4}TiO_3$(HfO_2 掺杂)	289	0.96	95

参考文献

[1] 贺显聪. 功能材料基础与应用. 北京:化学工业出版社,2021.
[2] 田莳. 材料物理性能. 北京:北京航空航天大学出版社,2004.
[3] 黄昆. 固体物理学. 北京:高等教育出版社,2020.
[4] 胡赓祥,蔡珣,戎咏华. 材料科学基础. 上海:上海交通大学出版社,2010.
[5] 赵连城,国凤云. 信息功能材料学. 哈尔滨:哈尔滨工业大学出版社,2004.
[6] 张骥华,施海瑜. 功能材料及其应用. 北京:机械工业出版社,2017.
[7] 韩汝珊. 超导百年. 北京:北京大学出版社,2013.
[8] Cheng Z,Zhang X,Dong C,et al. 1144-type iron-based superconducting materials:status and prospect. Chinese Science Bulletin,2022,67:758-769.
[9] Cho A,New superconductors propel Chinese physicists to forefront. Science,2008,320:432-433.
[10] Cao Y,Fatemi V,Fang S,et al. Unconventional superconductivity in magic-angle graphene superlattices. Nature,2018,556:43-50.
[11] 张裕恒. 超导物理.3 版. 合肥:中国科学技术大学出版社,2009.
[12] 马衍伟. 超导材料科学与技术. 北京:科学出版社,2022.
[13] Obradors X,Puig T,Ricart S,et al. Growth,nanostructure and vortex pinning in superconducting $YBa_2Cu_3O_7$ thin films based on trifluoroacetate solutions. Superconductor Science and Technology,2012,25:123001.
[14] Llordés A,et al. Nanoscale strain-induced pair suppression as a vortex-pinning mechanism in high-temperature superconductors. Nature Materials,2012,11:329-336.
[15] Li Z,Coll M,Mundet B,et al. Control of nanostructure and pinning properties in solution deposited $YBa_2Cu_3O_{7-x}$ nanocomposites with preformed perovskite nanoparticles. Scientific Reports,2019,9:5828.
[16] 张平祥,闫果,冯建情,等. 强电用超导材料的发展现状与展望. 中国工程科学,2023,25:60-67.
[17] Obradors X,Puig T. Coated conductors for power applications:materials challenges. Superconductor Science and Technology,2014,27:044003.
[18] Soler L,Jareño J,Banchewski J,et al. Ultrafast transient liquid assisted growth of high current density superconducting films. Nature Communications,2020,11:344.

[19] Rasi S, Queraltó A, Banchewski J, et al. Kinetic control of ultrafast transient liquid assisted growth of solution - derived YBa$_2$Cu$_3$O$_7$-x superconducting films. Advanced Science,2022,9:22038.

[20] Trolier-McKinstry S, Zhang S J, Bell A J, et al. High-performance piezoelectric crystals, ceramics, and films. Annual Review of Materials Research,2018,48:191-217.

[21] Sawaguchi E. Ferroelectricity versus antiferroelectricity in the solid solutions of PbZrO$_3$ and PbTiO$_3$. Journal of the Physical Society of Japan,1953,8(5):615-629.

[22] Li F, Lin D B, Chen Z B, et al. Ultrahigh piezoelectricity in ferroelectric ceramics by design. Nature Materials,2018,17:349-354.

[23] Zhao C L, Huang Y L, Wu J G. Multifunctional barium titanate ceramics via chemical modification tuning phase structure. InfoMat,2020,2:1163-1190.

[24] Liu W F, Ren X B. Large piezoelectric effect in Pb-free ceramics. Physical Review Letters,2009,103:257602.

[25] Zhao C L, Wu H J, Li F, et al. Practical high piezoelectricity in barium titanate ceramics utilizing multiphase convergence with broad structural flexibility. Journal of the American Chemical Society,2018,140:15252-15260.

[26] Wang D W, Fan Z M, Rao G H, et al. Ultrahigh piezoelectricity in lead-free piezoceramics by synergistic design. Nano Energy,2020,76:104944.

[27] Zheng T, Wu J G, Xiao D Q, et al. Recent development in lead-free perovskite piezoelectric bulk materials. Progress in Materials Science,2018,98:552-624.

[28] Takenaka T, Maruyama K, Sakata K. (Bi$_{1/2}$Na$_{1/2}$)TiO$_3$-BaTiO$_3$ system for lead-free piezoelectric ceramics. Japanese Journal of Applied Physics,1991,30:2236-2239.

[29] Sasaki A, Chiba T, Mamiya Y, et al. Dielectric and piezoelectric properties of (Bi$_{0.5}$Na$_{0.5}$)TiO$_3$-(Bi$_{0.5}$K$_{0.5}$)TiO$_3$ systems. Japanese Journal of Applied Physics,1999,38:5564-5567.

[30] Zhang S T, Kounga A B, Aulbach E, et al. Giant strain in lead-free piezoceramics Bi$_{0.5}$Na$_{0.5}$TiO$_3$-BaTiO$_3$-K$_{0.5}$Na$_{0.5}$NbO$_3$ system. Applied Physics Letters,2007,91:112906.

[31] Hao J G, Li W, Zhai J W, et al. Progress in high-strain perovskite piezoelectric ceramics. Materials Science and Engineering:R:Reports,2019,135:1-57.

[32] Lai L X, Li B, Tian S, et al. Giant electrostrain in lead-free textured piezoceramics by defect dipole design. Advanced Materials,2023,35:2300519.

[33] 吴家刚. 铌酸钾钠基无铅压电陶瓷的发展与展望. 四川师范大学学报:自然科学版,2019,42:143-153.

[34] 邢洁,谭智,郑婷,等. 铌酸钾钠基无铅压电陶瓷的高压电活性研究进展. 物理学报,2020,69:127707.

[35] Saito Y, Takao H, Tani T, et al. Lead-free piezoceramics. Nature,2004,432:84-87.

[36] Lv X, Zhu J G, Xiao D Q, et al. Emerging new phase boundary in potassium sodium-niobate based ceramics. Chemical Society Reviews,2020,49:671-707.

[37] Wang X P, Wu J G, Xiao D Q, et al. Giant piezoelectricity in potassium-sodium niobate lead-free ceramics. Journal of the American Chemical Society,2014,136:2905-2910.

[38] Li P, Zhai J W, Shen B, et al. Ultrahigh piezoelectric properties in textured (K,Na)NbO$_3$-based lead-free ceramics. Advanced Materials,2018,30:1705171.

[39] Zheng T, Yu Y G, Lei H B, et al. Compositionally graded KNN-based multilayer composite with excellent piezoelectric temperature stability. Advanced Materials,2022,34:2109175.

[40] Zheng M P, Hou Y D, Yan X D, et al. A highly dense structure boosts energy harvesting and cycling reliabilities of a high-performance lead-free energy harvester. Journal of Materials Chemistry C,2017,5:7862-7870.

[41] Lin J F, Cao Y B, Zhu K, et al. Ultrahigh energy harvesting properties in temperature-insensitive eco-friendly high-performance KNN-based textured ceramics. Journal of Materials Chemistry A,2022,10:7978-7988.

[42] Hong C H, Han H S, LeeJ S, et al. Ring-type rotary ultrasonic motor using lead-free ceramics. Journal of Sensor Science and Technology,2015,24:228-231.

[43] Guo M S, Lam K H, Lin D M, et al. A rosen-type piezoelectric transformer employing lead-free K$_{0.5}$Na$_{0.5}$NbO$_3$ ceramics. Journal of Materials Science,2008,43:709-714.

[44] 席凯彪,侯育冬,于肖乐,等,压电器件用KNN基无铅压电陶瓷的研究进展. 压电与声光,2022,44:557-564.

[45] Zhang D, Wu H T, Bowen C R, et al. Recent advances in pyroelectric materials and applications. Small, 2021, 17: 2103960.

[46] 房昌水, 王民, 卓洪升, 等. 掺杂改性TGS晶体的研究. 硅酸盐学报, 1992, 20: 138-142.

[47] 李兆阳, 郑吉民, 车云霞. 一种改性的TGS: Be^{2+}热释电单晶体. 人工晶体学报, 1999, 28: 62-64.

[48] 李龙, 罗豪甦, 刘林华, 等. 新型热释电单晶材料与红外探测器的研究. 红外, 2013, 34: 12-15.

[49] 罗豪甦, 焦杰, 陈瑞, 等. 弛豫铁电单晶的多功能特性及其器件应用. 人工晶体学报, 2021, 50: 783-802.

[50] Yu P, Tang Y X, Luo H S. Fabrication, property and application of novel pyroelectric single crystals-PMN-PT. Journal of Electroceramics, 2010, 24: 1-4.

[51] 侯识华, 宋世庚, 陶明德. 热释电材料及其应用. 电子元件与材料, 2000, 19: 26-28.

[52] 赵宁, 乔双, 马雯, 等. 热释电材料性能及应用研究进展. 稀有金属, 2022, 46: 1225-1234.

[53] 汪丽华, 许祖勋, 王世敏, 等. 有机及有机-无机复合热释电材料研究进展. 化工文摘, 2006, 5: 52-53.

[54] 邹小平, 张良莹, 姚熹, 等. 热释电复合材料PZT-PVDF的介电性与热释电性. 西安交通大学学报, 1996, 30: 14-19.

[55] 郭少波, 闫世光, 曹菲, 等. 红外探测用无铅铁电陶瓷的热释电特性研究进展. 物理学报, 2020, 69: 127708.

[56] Shen M, Li W R, Li M Y, et al. High room-temperature pyroelectric property in lead-free BNT-BZT ferroelectric ceramics for thermal energy harvesting. Journal of the European Ceramic Society, 2019, 39: 1810-1818.

[57] Yang Y, Zhou Y S, Wu J M, et al. Single micro/nanowire pyroelectric nanogenerators as self-powered temperature sensors. ACS Nano, 2012, 6: 8456-8461.

[58] Sultana A, Alam M M, Middya T R, et al. A pyroelectric generator as a self-powered temperature sensor for sustainable thermal energy harvesting from waste heat and human body heat. Applied Energy, 2018, 221: 299-307.

[59] Chen Y, Zhang Y, Yuan F F, et al. A flexible PMN-PT ribbon-based piezoelectric-pyroelectric hybrid generator for human-activity energy harvesting and monitoring. Advanced Electronic Materials, 2017, 3: 1600540.

[60] Song K, Zhao R D, Wang Z L, et al. Conjuncted pyro-piezoelectric effect for self-powered simultaneous temperature and pressure sensing. Advanced Materials, 2019, 31: 1902831.

[61] Wang X F, Dai Y J, Liu R Y, et al. Light-triggered pyroelectric nanogenerator based on a pn-junction for self-powered near-infrared photosensing. ACS Nano, 2017, 11: 8339-8345.

[62] Wang Z N, Yu R M, Pan C F, et al. Light-induced pyroelectric effect as an effective approach for ultrafast ultraviolet nanosensing. Nature Communications, 2015, 6: 8401.

[63] Kulkarni E S, Heussler S P, Stier A V, et al. Exploiting the IR transparency of graphene for fast pyroelectric infrared detection. Advanced Optical Materials, 2015, 3: 34-38.

[64] Pan X H, Xu H, Gao Y Q, et al. Spatial and frequency selective plasmonic metasurface for long wavelength infrared spectral region. Advanced Optical Materials, 2018, 6: 1800337.

[65] Sassi U, Parret R, Nanot S, et al. Graphene-based mid-infrared room-temperature pyroelectric bolometers with ultrahigh temperature coefficient of resistance. Nature Communications, 2017, 8: 14311.

[66] Yang Y, Wang S H, Zhang Y, et al. Pyroelectric nanogenerators for driving wireless sensors. Nano Letters, 2012, 12: 6408-6413.

[67] Sultana A, Ghosh S K, Alam M M, et al. Methylammonium lead iodide incorporated poly(vinylidene fluoride) nanofibers for flexible piezoelectric-pyroelectric nanogenerator. ACS Applied Materials & Interfaces, 2019, 11: 27279-27287.

[68] Zheng H W, Zi Y L, He X, et al. Concurrent harvesting of ambient energy by hybrid nanogenerators for wearable self-powered systems and active remote sensing. ACS Applied Materials & Interfaces, 2018, 10: 14708-14715.

[69] 刘小辉, 屈绍波, 陈江丽, 等. 磁电材料的研究进展及发展趋势. 稀有金属材料与工程, 2006, 35: 13-16.

[70] Bichurin M I, Petrov V M, Srinivasan G. Theory of low-frequency magnetoelectric effects in ferromagnetic-ferroelectric layered composites. Journal of Applied Physics, 2002, 92: 7681-7683.

[71] Nan C W, Bichurin M I, Dong S X, et al. Multiferroic magnetoelectric composites: Historical perspective, status, and future directions. Journal of Applied Physics, 2008, 103: 03110.

[72] Spaldin N A, Fiebig M. The renaissance of magnetoelectric multiferroics. Science, 2005, 309: 391-392.

[73] Wu J G, Fan Z, Xiao D Q, et al. Multiferroic bismuth ferrite-based materials for multifunctional applications: Ceramic bulks, thin films and nanostructures. Progress in Materials Science, 2016, 84: 335-402.

[74] 于剑, 褚君浩. 钙钛矿结构铁性功能材料. 北京: 科学出版社, 2022.

[75] Li J F, Wang J L, Wuttig M, et al. Dramatically enhanced polarization in (001), (101), and (111) $BiFeO_3$ thin films due to epitaxial-induced transitions. Applied Physics Letters, 2004, 84: 5261-5263.

[76] Lebeugle D, Colson D, Forget A, et al. Very large spontaneous electric polarization in $BiFeO_3$ single crystals at room temperature and its evolution under cycling fields. Applied Physics Letters, 2007, 91: 022907.

[77] Ederer C, Spaldin N A. Weak ferromagnetism and magnetoelectric coupling in bismuth ferrite. Physical Review B, 2005, 71: 060401.

[78] 李方喆, 柯华, 张洪军, 等. 多铁性铁酸铋陶瓷研究进展. 现代技术陶瓷, 2022, 43: 151-172.

[79] Pan L L, Yuan Q, Liao Z Z, et al. Superior room-temperature magnetic field-dependent magnetoelectric effect in $BiFeO_3$-based multiferroic. Journal of Alloys and Compounds, 2018, 762: 184-189.

[80] Sugawara F, Iida S, Syono Y, et al. New magnetic perovskites $BiMnO_3$ and $BiCrO_3$. Journal of the Physical Society of Japan, 1965, 20: 1529.

[81] Niitaka S, Azuma M, Takano M, et al. Crystal structure and dielectric and magnetic properties of $BiCrO_3$ as a ferroelectromagnet. Solid State Ionics, 2004, 172: 557-559.

[82] Belik A A, Iikubo S, Kodama K, et al. Neutron powder diffraction study on the crystal and magnetic structures of $BiCrO_3$. Chemistry of Materials, 2008, 20: 3765-3769.

[83] Montanari E, Calestani G, Migliori A, et al. High-temperature polymorphism in metastable $BiMnO_3$. Chemistry of Materials, 2005, 17: 6457-6467.

[84] Hill N A, Filippetti A. Why are there any magnetic ferroelectrics. Journal of Magnetism and Magnetic Materials, 2002, 242: 976-979.

[85] 鄂元龙, 马根龙, 贾洪声, 等. $BiMnO_3$ 的高压合成及其磁性研究. 材料导报, 2015, 29: 34-38.

[86] 贾洪声, 鄂元龙, 李海波, 等. $BiMnO_3$ 的高温高压合成及其结构和磁性研究. 功能材料, 2014, 45: 19015-19019.

[87] Cai M Q, Liu J C, Yang G W, et al. First-principles study of structural, electronic, and multiferroic properties in $BiCoO_3$. Journal of chemical physics, 2007, 126: 154708.

[88] 朱金龙, 冯少敏, 王丽娟, 等. 多铁材料高压效应. 科学通报, 2008, 53: 1149-1166.

[89] Baettig P, Spaldin N A. Ab initio prediction of a multiferroic with large polarization and magnetization. Applied Physics Letters, 2005, 86: 012505.

[90] Zhu J L, Yang H X, Feng S M, et al. The multiferroic properties of Bi($Fe_{1/2}Cr_{1/2}$)O_3 compound. International Journal of Modern Physics B, 2013, 27: 1362023.

[91] Azuma M, Takata K, Saito T, et al. Designed ferromagnetic ferroelectric Bi_2NiMnO_6. Journal of the American Chemical Society, 2005, 127: 8889-8892.

[92] Venevtsev Y N, Zhdanov G S, Solovev S P, et al. Crystal chemical studies of substances with perovskite type structure and special dielectric properties. Kristallografiya, 1960, 5: 620.

[93] Fedulov S A, Ladyzhinskii P B, Pyatigorskaya I L, et al. Complete phase diagram of the $PbTiO_3$-$BiFeO_3$ system. Soviet Physics-Solid State, 1964, 6: 375-378.

[94] 陈建国. 铁酸铋-钛酸铅多铁性固溶体的掺杂改性及性能表征. 上海: 上海大学, 2010.

[95] Boomgaard J, Born R A J. A sintered magnetoelectric composite material $BaTiO_3$-Ni(Co, Mn)Fe_2O_4. Journal of Materials Science, 1978, 13: 1538-1548.

[96] Jiang Q H, Shen Z J, Zhou J P, et al. Magnetoelectric composites of nickel ferrite and lead zirconnate titanate prepared by spark plasma sintering. Journal of the European Ceramic Society, 2007, 27: 279-284.

[97] Nan C W, Liu L, Cai N, et al. A three-phase magnetoelectric composite of piezoelectric ceramics, rare-earth iron alloys, and polymer. Applied Physics Letters, 2002, 81: 3831.

[98] Ryu J, Carazo A V, Uchino K, et al. Magnetoelectric properties in piezoelectric and magnetostrictive laminate composites. Japanese Journal of Applied Physics, 2001, 40: 4948.

[99] Yang L T, Kong X, Li F, et al. Perovskite lead-free dielectrics for energy storage applications. Progress in Materials Science, 2019, 102: 72-108.

[100] Yao F Z, Yuan Q, Wang Q, et al. Multiscale structural engineering of dielectric ceramics for energy storage applications: from bulk to thin films. Nanoscale, 2020, 12: 17165-17184.

[101] Yang Z T, Du H L, Jin L, et al. High-performance lead-free bulk ceramics for electrical energy storage applications: design strategies and challenges. Journal of Materials Chemistry A, 2021, 9: 18026-18085.

[102] Xie A W, Fu J, Zuo R Z, et al. Supercritical relaxor nanograined ferroelectrics for ultrahigh-energy-storage capacitors. Advanced Materials, 2022, 34: 2204356.

[103] Chen L, Yu H F, Wu J, et al. Large energy capacitive high-entropy lead-free ferroelectrics. Nano-Micro Letters, 2023, 15: 65.

[104] Cao W J, Lin R J, Hou X, et al. Interfacial polarization restriction for ultrahigh energy-storage density in lead-free ceramics. Advanced Functional Materials, 2023, 33: 2301027.

[105] Huai K, Robertson M, Che J B, et al. Recent progress in developing polymer nanocomposite membranes with ingenious structures for energy storage capacitors. Materials Today Communications, 2023, 34: 105140.

[106] Song J H, Qin H M, Qin S Y, et al. Alicyclic polyimides with large band gaps exhibit superior high-temperature capacitive energy storage. Materials Horizons, 2023, 10: 2139-2148.

[107] Ji M Z, Min D M, Li Y W, et al. Improved energy storage performance of polyimide nanocomposites by constructing the meso-and macroscopic interfaces. Materials Today Energy, 2023, 31: 101200.

[108] Dai Z Z, Bao Z W, Ding S, et al. Scalable polyimide-poly (amic acid) copolymer based nanocomposites for high-temperature capacitive energy storage. Advanced Materials, 2022, 34: 2101976.

[109] Zhou H Y, Liu X Q, Zhu X L, et al. $CaTiO_3$ linear dielectric ceramics with greatly enhanced dielectric strength and energy storage density. Journal of the American Ceramic Society, 2018, 101: 1999-2008.

[110] Li C Y, Liu J K, Lin L, et al. Superior energy storage capability and stability in lead-free relaxors for dielectric capacitors utilizing nanoscale polarization heterogeneous regions. Small, 2023, 19: 2206662.

[111] Zhang X Q, Pu Y P, Ning Y T, et al. Improved energy-storage properties accompanied by reduced interfacial polarization in linear $Ca_{0.5}Sr_{0.5}TiO_3$ ceramic. Ceramics International, 2023, 49: 27589-27596.

[112] Liu G, Dong J, Zhang L Y, et al. $Na_{0.25}Sr_{0.25}Bi_{0.25}TiO_3$ relaxor ferroelectric ceramic with greatly enhanced electric storage property by a B-site ion doping. Ceramics International, 2020, 46: 11680-11688.

[113] Ding Y Q, Li P, He J T, et al. Simultaneously achieving high energy-storage efficiency and density in Bi-modified $SrTiO_3$-based relaxor ferroelectrics by ion selective engineering. Composites Part B-engineering, 2022, 230: 109493.

[114] Shi L N, Ren Z H, Jain A, et al. Enhanced energy storage performance in Sn doped $Sr_{0.6}(Na_{0.5}Bi_{0.5})_{0.4}TiO_3$ lead-free relaxor ferroelectric ceramics. Journal of the European Ceramic Society, 2019, 39: 3057-3063.

[115] Pan W G, Cao M H, Jan A, et al. High breakdown strength and energy storage performance in (Nb, Zn) modified $SrTiO_3$ ceramics via synergy manipulation. Journal of Materials Chemistry C, 2020, 8: 2019-2027.

[116] Yan F, Yang H B, Lin Y, et al. Dielectric and ferroelectric properties of $SrTiO_3$-$Bi_{0.5}Na_{0.5}TiO_3$-$BaAl_{0.5}Nb_{0.5}O_3$ lead-free ceramics for high-energy-storage applications. Inorganic Chemistry, 2017, 56: 13510-13516.

[117] Yan F, Bai H R, Ge G L, et al. Composition and structure optimized $BiFeO_3$-$SrTiO_3$ lead-free ceramics with ultrahigh energy storage performance. Small, 2022, 18: 2106515.

[118] Liu J K, Ding Y Q, Li C Y, et al. A synergistic two-step optimization design enables high capacitive energy storage in lead-free $Sr_{0.7}Bi_{0.2}TiO_3$-based relaxor ferroelectric ceramics. Journal of Materials Chemistry A, 2023, 11: 609-620.

[119] Yang S L, Zuo C Y, Du F, et al. Submicron $Sr_{0.7}Bi_{0.2}TiO_3$ dielectric ceramics for energy storage via a two-step method aided by cold sintering process. Materials & Design, 2023, 225: 111447.

[120] Liu L L, Liu Y, Hao J G, et al. Multi-scale collaborative optimization of $SrTiO_3$-based energy storage ceramics with high performance and excellent stability. Nano Energy, 2023, 109: 108275.

[121] 查俊伟, 查磊军, 郑明胜. 聚偏氟乙烯基复合材料储能特性优化策略. 物理学报, 2023, 72: 318-330.

[122] Feng Y, Li W L, Wang J P, et al. Core-shell structured BaTiO$_3$@carbon hybrid particles for polymer composites with enhanced dielectric performance. Journal of Materials Chemistry A, 2015, 3: 20313-20321.

[123] Zhang R R, Li L L, Long S J, et al. Enhanced energy storage performance of PVDF composite films with a small content of BaTiO$_3$. Journal of Materials Science: Materials in Electronics, 2021, 32: 24248-24257.

[124] Sun Q Z, Wang J P, Sun H N, et al. Simultaneously enhanced energy density and discharge efficiency of layer-structured nanocomposites by reasonably designing dielectric differences between BaTiO$_3$@SiO$_2$/PVDF layers and BNNSs/PVDF-PMMA layers. Composites Part A: Applied Science and Manufacturing, 2021, 149: 106546.

[125] Geng J L, Li D X, Hao H, et al. Tunable phase structure in Mn-doped lead-free BaTiO$_3$ crystalline/amorphous energy storage thin films. Crystals, 2023, 13: 649.

[126] Wang K, Zhang Y, Wang S X, et al. High energy performance ferroelectric (Ba, Sr)(Zr, Ti)O$_3$ film capacitors integrated on Si at 400℃. ACS Applied Materials & Interfaces, 2021, 13: 22717-22727.

[127] Li Y, Tang M Y, Zhang Z G, et al. BaTiO$_3$-based ceramics with high energy storage density. Rare Metals, 2023, 42: 1261-1273.

[128] Li D, Xu D M, Zhao W C, et al. A high-temperature performing and near-zero energy loss lead-free ceramic capacitor. Energy & Environmental Science, 2023, 16: 4511-4521.

[129] Wang H, Wu S Y, Fu B, et al. Hierarchically polar structures induced superb energy storage properties for relaxor Bi$_{0.5}$Na$_{0.5}$TiO$_3$-based ceramics. Chemical Engineering Journal. 2023, 471: 144446.

[130] Yang B B, Zhang Q H, Huang H B, et al. Engineering relaxors by entropy for high energy storage performance. Nature Energy, 2023, 8: 956-964.

[131] Chen L, Deng S Q, Liu H, et al. Giant energy-storage density with ultrahigh efficiency in lead-free relaxors via high-entropy design. Nature Communications, 2022, 13: 3089.

[132] Li J L, Shen Z H, Chen X H, et al. Grain-orientation-engineered multilayer ceramic capacitors for energy storage applications. Nature Materials, 2020, 19: 999-1005.

[133] Feng D N, Du H L, Ran H P, et al. Antiferroelectric stability and energy storage properties of Co-doped AgNbO$_3$ ceramics. Journal of Solid State Chemistry, 2022, 310: 123081.

[134] Jiang J, Li X J, Li L, et al. Novel lead-free NaNbO$_3$-based relaxor antiferroelectric ceramics with ultrahigh energy storage density and high efficiency. Journal of Materiomics, 2022, 8: 295-301.

[135] Hong K, Lee T H, Suh J M, et al. Perspectives and challenges in multilayer ceramic capacitors for next generation electronics. Journal of Materials Chemistry C, 2019, 7: 9782-9802.

[136] Feng M J, Feng Y, Zhang T D, et al. Recent advances in multilayer-structure dielectrics for energy storage application. Advanced Science, 2021, 8: 2102221.

[137] Li J L, Li F, Xu Z, et al. Multilayer lead-free ceramic capacitors with ultrahigh energy density and efficiency. Advanced Materials, 2018, 30: 1802155.

[138] Wang G, Lu Z L, Yang H J, et al. Fatigue resistant lead-free multilayer ceramic capacitors with ultrahigh energy density. Journal of Materials Chemistry A, 2020, 8: 11414-11423.

[139] Cai Z M, Wang H X, Zhao P Y, et al. Significantly enhanced dielectric breakdown strength and energy density of multilayer ceramic capacitors with high efficiency by electrodes structure design. Applied Physics Letters, 2019, 115: 023901.

[140] Cai Z M, Zhu C Q, Wang H X, et al. High-temperature lead-free multilayer ceramic capacitors with ultrahigh energy density and efficiency fabricated via two-step sintering. Journal of Materials Chemistry A, 2019, 7: 14575-14582.

[141] Peddigari M, Park J H, Han J H, et al. Flexible self-charging, ultrafast, high-power-density ceramic capacitor system. ACS Energy Letters, 2021, 6: 1383-1391.

[142] Balaraman A A, Dutta S. Inorganic dielectric materials for energy storage applications: A review. Journal of Physics D: Applied Physics, 2022, 55: 183002.

第 3 章 光功能材料

3.1 发光材料

发光是自然界和日常生活中一种常见且重要的现象，例如太阳、夜明珠、萤火虫、火焰、形形色色的照明和显示光源等。物质吸收能量发射出光的现象称为发光。具有发光行为的材料则称为发光材料。并不是所有光辐射现象都属于发光，例如高温金属（比如高温钢铁）也辐射出光，但不属于发光现象，而是一种热辐射。热辐射是一种平衡辐射，起因于物体的温度，只要物体达到一定温度，就处于该温度下的热平衡状态，产生这一温度下的热辐射。温度在 0K 以上的任何物体都有热辐射，但温度不够高时辐射波长大多在红外区；物体的温度达到 5000℃以上时，辐射的可见光部分变强，例如烧红了的铁、白炽灯中的灯丝等。而发光是一种非平衡辐射，即在外界能量激发下，物质偏离原来的热平衡态，在回到平衡态时，多余的能量以光辐射的形式释放。因此，发光物质一般具有和室温接近的温度，因此发光也被称为"冷光"。

发光是一种受激发射过程，可根据激发能量的形式分为光致发光、电致发光、应力发光、阴极射线发光、X 射线发光、放射线发光、化学发光和生物发光等。根据组成和结构，发光材料可分为有机发光材料和无机发光材料。类似于原子能级或离子能级，有机材料有很多分子能级，电子由最高占据分子轨道向最低空置分子轨道或更高能级跃迁时产生对激发能量的吸收；反之，电子由最低空置分子轨道或更高能级向最高占据分子轨道的跃迁则产生能量的释放，该过程如果以光辐射的形式释放能量则形成有机发光。无机发光材料主要有半导体发光材料、稀土发光材料、过渡金属发光材料和主族元素发光材料等。半导体发光材料通常有合适的带隙，电子在价带、导带及缺陷态能级之间的跃迁产生能量的吸收和释放，形成发光。目前研究较多的半导体发光材料有很多类型，例如：ⅠB-ⅥA 型（Cu_2S 等），ⅠB-ⅦA 型（AgBr 等），ⅡB-ⅥA 型（CdSe、CdS、ZnSe、ZnS、ZnO 和 CdTe 等），ⅢA-ⅤA 型（GaAs、GaSb、InAs 和 InP 等），ⅣA-ⅥA 型（PbS、PbSe 和 PbTe 等），ⅠB-ⅢA-ⅥA 型（$CuInS_2$、$CuInSe_2$ 和 $AgInS_2$ 等），ⅣA 型（C 和 Si 的量子点，石墨烯及其氧化物等），ⅤA 型（黑磷等），过渡金属氧属化物（MoS_2、$MoSe_2$、WS_2、WSe_2 等），以及近期研究较多的钙钛矿结构材料（$MPbX_3$ 及类似组成材料，M 为 Cs 或 CH_3NH_3，X 为 Cl、Br 或 I；无铅钙钛矿结构材料，如 $Cs_2AgInCl_6$、$Cs_3Cu_2I_5$、$Cs_3Cu_2Cl_5$、Rb_2CuCl_3、$Rb_3Sb_2I_9$ 和 $CH_3NH_3SnI_3$ 等）。

稀土发光材料、过渡金属发光材料和主族元素发光材料一般以离子掺杂型材料的形式存在，是最常见的无机发光材料。稀土离子（从 Ce 到 Yb 的镧系离子，f 电子跃迁发光）、过渡金属离子（Mn^{2+}、Mn^{4+}、Cr^{3+} 和 Ni^{2+} 等，d 电子跃迁发光）和主族元素离子（Bi^{3+} 和 Pb^{2+} 等，s 电子跃迁发光）是直接产生发光的离子，主要决定材料的发光性质，被称为激活剂（activator）。这些激活剂离子作为少量杂质离子掺杂在无机基质中形成发光材料，基质（host）作为材料主体，本身不发光或发光性能弱，主要承载或固定激活剂离子，为激活剂离子提供合适的晶体场，对材料的发光性质有重要影响。基质材料主要是金属离子化合物，包括氧化物、卤化物、硫化物、磷酸盐、硅酸盐、铝酸盐、钨酸盐和钒酸盐等。例如，在灯用荧光粉 $Y_2O_3:Eu^{3+}$（红光）和 $CeMgAl_{10}O_{17}:Tb^{3+}$（绿光）中，$Eu^{3+}$ 和 Tb^{3+} 是产生发光的激活剂离子，Y_2O_3 和 $CeMgAl_{10}O_{17}$ 是基质材料。在一些发光材料中，为增强对激发能量的吸收，会引入敏化剂（sensitizer），敏化剂离子可以高效吸收激发能量并传递给激活剂离子，增强激活剂离子的发光。常见的敏化剂离子有 Ce^{3+}、Yb^{3+}、Nd^{3+}、Tb^{3+}、Eu^{2+}、Mn^{2+} 和 Bi^{3+} 等。例如，在稀土上转换发光材料中，Yb^{3+} 对 980nm 激发光的吸收截面（约 $10^{-20} cm^2$）比发光离子 Er^{3+}（约 $10^{-21} cm^2$）更大[1]，通常作为敏化剂离子与 Er^{3+} 共掺杂在材料中以实现 Er^{3+} 更强的上转换发光。

3.1.1 固体发光基础理论

3.1.1.1 能级与电子跃迁

现代量子物理学认为原子核外电子的可能状态对应的能量值是不连续的，这些能量状态用能级（energy level）表示。在正常状态下，原子处于最低能级，电子在离核最近的轨道上运动的定态称为基态（ground state）。原子吸收能量后从基态跃迁到较高能级，电子在较远的轨道上运动的定态称为激发态（excited state）。原子或离子能量状态依次由电子与原子核的库仑作用、电子之间的库仑作用和自旋-轨道耦合作用决定（如图 3.1）。在大多数情况下，前两种作用对能级的影响较大，而自旋-轨道耦合作用对能级影响较小，能级可用光谱项（term）表示，符号为 ^{2S+1}L，其中，$2S+1$ 为自旋多重度，L 为轨道角动量量子数（L 为 0、1、2、3、4、5…时，分别用 S、P、D、F、G、H…表示）。当不能忽略自旋-轨道耦合作用时，能级用光谱支项表示，符号为 $^{2S+1}L_J$，J 为总角动量量子数，表示轨道和自旋的耦合作用。显然，能级能量状态与总自旋量子数 S、轨道角动量量子数 L 和总角动量量子数 J 有关。当原子或离子处于电场中（如晶体场）时，能级会发生进一步分裂，即 Stark（斯塔克）效应。进一步考虑磁场的影响，m_J 为总角动量的磁场分量，即总磁量子数，对于给定的 J，m_J 所取的数值有 $2J+1$ 个，故每一个光谱支项还包括 $2J+1$ 个状态，当忽略自旋和轨道相互作用时，这些状态均属于同一能级，但当存在外磁场时，总角动量在 z 轴方向有 $2J+1$ 个不同取向，从而分裂成更细的 $2J+1$ 个能级，这就是 Zeeman（塞曼）效应。

电子在不同能级之间的跃迁（transition）产生能量的吸收和释放，从而产生发光现象。但并不是任意两个能级之间都能产生跃迁，能级之间的跃迁有一定的规律，称为能级跃迁选律。两个重要的跃迁选律是自旋选律（spin selection rule）和轨道选律（orbital selection rule）。根据自旋选律，自旋多重度（$2S+1$）相同（即 $\Delta S=0$）的能级间的跃迁是允许跃迁，而自旋多重度不同的能级间的跃迁是禁阻跃迁，这是因为需要供给较多的能量才有可能改变电子的自旋状态。轨道选律是指角量子数相同（$\Delta l=0$）的能级之间的跃迁是禁阻的，

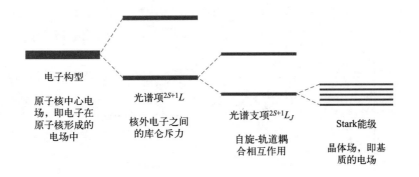

图 3.1　库仑作用、自旋-轨道耦合作用和晶体场对原子或离子能量状态的影响

而 $\Delta l = \pm 1$ 的能级跃迁是允许的，轨道选律又称为 Laporte 定则。从对称性角度来说，原子轨道的角度部分有中心对称（g）和反对称（u）之分：轨道角量子数 l 为零和偶数的轨道（s，d）具有 g 对称性，角量子数 l 为奇数的轨道（p，f）具有 u 对称性。根据轨道选律，d 层内、f 层内、s 层和 d 层之间等对称性不变的能级之间的跃迁是不允许的，称为宇称禁阻跃迁；而 d-f 跃迁这样的对称性改变的能级之间的跃迁是允许的，称为宇称允许跃迁。因此，轨道选律也表现为宇称选律（parity selection rule）。

能级跃迁选律是考虑某一电子跃迁过程产生的吸收或发射强弱的重要依据。但跃迁选律也不是绝对的，在固体中，由于自旋-轨道耦合、电子-振动耦合以及不对称晶体场等作用，跃迁选律可能稍微放松。例如，三价镧系离子（Ln^{3+}）的 f-f 跃迁和锰、铬等过渡金属离子的 d-d 跃迁都是宇称禁阻跃迁，但当这些离子掺杂在晶体中时，不对称的晶体环境在一定程度上打破了禁阻，仍可以观察到这些离子的发光现象。

3.1.1.2　位形坐标图

分立离子的能级可以用简单的横直线表示，将核外电子可能的能量状态按能量高低次序用一组横直线表示，即形成能级图。在固体中，离子的能量状态还受到晶格振动（即声子能，phonon energy）的影响，需要将发光离子与周围晶格离子看成一个整体来考虑其能量状态。简单的能级图显然不能表示晶格振动对离子能量状态的影响，因此需要引入位形坐标图。如图 3.2(a) 所示，在位形坐标图中，纵坐标仍然表示能量 E，横坐标 R 表示中心离子和周围离子的位形，该位形是随离子振动变化的一个结构参数，是包括离子之间相对位置在内的一个笼统的位置概念。抛物线状的曲线Ⅰ表示离子在基态时体系的能量与离子位置的关系；最低点 A 代表离子在平衡位置时的能量；以平衡位置为中心，离子在振动中，相对位置有一个范围，体现在图中的振幅范围 $A_1 \sim A_2$；抛物线状的曲线表示离子振动模式简化为简谐振动。曲线Ⅱ表示体系处于激发态的情况，最低点 C 代表离子在平衡位置时的能量。处于基态和激发态的离子的核外电子密度不同，离子与配位离子的相互作用强度不同，因此，激发态和基态的平衡位置一般不同，即处于激发态和基态的离子存在相对位置变化 Δr。

由于原子或离子质量比电子大得多，运动也慢得多，因此，在电子跃迁时，晶体中离子间的相对位置和速度可以近似认为不变（即可用竖直箭头表示跃迁），这就是弗兰克-康登（Franck-Condon）原理。当发光离子吸收外界能量使电子跃迁时，体系能量从 A 升高到 B，因为基态的振动，吸收的能量值是一个范围。处在激发态的离子有回到激发态平衡位置的趋

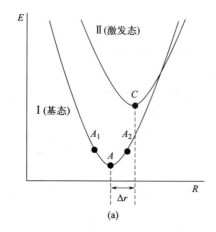
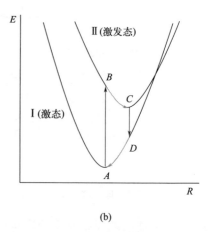

图 3.2 （a）位形坐标图表示能级；（b）位形坐标图表示发光能级跃迁过程

势（即发生弛豫），会通过晶格振动把能量传递给周围离子，变成后者的振动能，传给整个晶体，最终散发为热，同时体系能量从 B 下降到 C。当电子状态从 C 跃迁回到基态 D 点时，可能放出一个光子，由于处于激发态的离子也在振动中，因此发出光子的能量值也是一个范围。最后电子从基态的 D 点弛豫回到平衡态 A 附近，完成一个跃迁周期［图 3.2(b)］。

位形坐标图可以很好地描述发光离子的能量和发光离子与周围晶格离子位置之间的关系，是解释电子-声子相互作用的一种物理模型。位形坐标图有利于解释很多发光现象，例如：发射波长通常大于激发波长；激发光谱和发射光谱通常是宽谱且为高斯分布线型；温度升高会使光谱变宽；温度猝灭现象；一些材料不发光的现象等。位形坐标图常用来解释过渡金属离子（Mn^{2+}、Mn^{4+}、Cr^{3+} 和 Ni^{2+} 等）、主族元素离子（Bi^{3+}、Pb^{2+} 等）和基质（Y_2O_3、VO_4^{3-} 等）等发光中心的发光现象。而对于多数三价稀土离子 4f 组态内的电子跃迁发光，由于跃迁前后电子组态没有变化（$\Delta l = 0$），且有外层 5s5p 电子的屏蔽，周围离子的影响很小，因此，跃迁前后的 $\Delta r \approx 0$，可以用一组横直线表示能级，激发和发射峰都较为尖锐，温度对发光影响也较小。

3.1.1.3 能带理论简介

各种形式的固体发光都是固体内不同能量状态的电子跃迁的结果，研究固体中电子的能量状态是解释发光现象的基础，而半导体发光材料中电子的能量状态需要用能带理论描述。

能带理论的基本出发点是电子共有化。在孤立原子中，原子核外的电子按照一定的壳层排列，每一壳层容纳一定数量的电子，且这些电子具有分立的能量值。原子周期性排列形成固体时，各原子之间相互影响，内外各层的电子轨道都有不同程度的重叠，且最外层电子轨道重叠最多。由于电子轨道间的重叠，晶体中电子不再局限于某一原子，而可以通过量子隧穿效应转移到相邻原子，电子可以在整个晶体中运动，这种特性称为电子共有化。电子共有化的结果使得电子在每个原子附近出现的概率大大减小，固体中的电子不再完全被束缚在某个原子周围，而是在晶格之间离域，称之为共有化电子。但电子在运动过程中也不像自由电子那样完全不受任何力的作用，电子在运动过程中受到晶格原子势场的作用。

能级分裂形成能带。独立原子各个状态的能量，像台阶一样，形成不连续的序列，而每一个能量台阶，都称为原子的能级，即电子按能级分布。固体中的电子共有化使得原子各个状态的电子能量不再是单一的值，即原子的原有能级发生分裂，变成一组能量差别很小的能级。能级分裂的个数与原子个数有关，当原子数目很大时，分裂形成的无数能级可以看成是形成了能带（因为能带内不同能级的能量差别非常小，所以很多时候可以忽略能带内的间隔，认为能量是连续的）。能带宽度与原子间距和内外层电子状态等因素有关。原子间距越小，相互影响越大，能带越宽。对于内层电子，它们离自身核很近，受临近原子核的作用较弱，因此隧穿势垒较高，发生隧穿的概率较小，电子的共有化程度较低，因此能带较窄；对于外层电子，受临近原子作用较强，因此价电子能级分裂的能带较宽。

能带中电子的排布。对于由 N 个相同原子的晶格所形成的能带，每个能带可以容纳的电子数，等于与该能带相对应的轨道能级所能容纳的电子数的 N 倍。晶体中的每个电子都填充在某个能带中的某一轨道能级上，电子排布时仍服从能量最低原理。由于能带是由能级扩展而来的，因此能带和能级一样，相互之间存在不被允许的能量间隔，这个间隔就是禁带。

孤立原子的内层轨道能级一般都是填满的，在形成固体时，其相应的能带也填满电子，即形成满带。孤立原子的最外层轨道能级可能填满电子也可能未填满电子。若原来的能级是填满电子的，在形成固体时，其相应的能带也填满电子，也形成满带。若原来的能级是未填满电子的，在形成固体时，其相应的能带也未填满电子。若孤立原子中较高的轨道能级上没有电子，在形成固体时，其相应的能带上也没有电子，即形成空带。价电子能级分裂形成价带，价带通常是电子占据的能带中能量最高的。价带可能被电子完全占据成为满带，也可能未被完全占据。若空带中部分能级有电子进入，这些电子可以在该能带中自由移动，表现出导电性，所以空带又称为导带。如果价带只有部分能级被电子占据，也可形成导带。

导体要么有半满的能带，要么满带与空带重叠，这二者都能形成导带，使得自由电子能自由移动，容易导电。绝缘体的价带是满带，且与空带之间的禁带宽度较大，价带电子一般无法跃迁到空带形成导带，因此一般不能导电。半导体虽有禁带但禁带宽度较小，在光照或者较小电压作用下，满带电子能跨过禁带到达空带，形成导带，从而具有一定的导电性。根据半导体中电子从价带跃迁到导带的过程不同，可以将半导体分为直接带隙半导体和间接带隙半导体。对于直接带隙半导体，电子在跃迁到导带时只需要吸收能量，不需要声子（晶格振动）的参与，即发生直接跃迁，其导带的极小值和价带的极大值位于布里渊区里的同一位置，即具有相同的波矢 k，一般有较高的发光效率。对于间接带隙半导体，电子在跃迁到导带时不只需要吸收能量，还要改变动量，需要声子的参与，即发生间接跃迁，其导带的极小值和价带的极大值位于布里渊区里的不同位置，即波矢 k 不同，其发光效率一般不高。近几年研究较热的铯铅卤化物 $CsPbX_3$（X=Cl，Br，I）半导体发光材料是典型的直接带隙半导体，具有很高的发光效率[2]。

3.1.1.4 光致发光中的能量过程

发光涉及的四个基本物理过程分别是激发、辐射跃迁发光、非辐射跃迁和能量传输。激发是外部能量使材料的发光中心从基态跃迁到激发态的过程。激发能量可以使稀土离子、过渡金属离子、主族元素离子等发光离子从基态跃迁到激发态，也可以使基质材料被激发。基质的吸收可以分为两类：一是导致自由电荷载流子的光吸收跃迁，主要在半导体基质中，是半导体带隙跃迁或缺陷能级跃迁的结果，例如 $CsPbX_3$（X=Cl，Br，I）、ZnS、SnO_2 等；二是不导致自由电荷载流子的光吸收跃迁，主要在非半导体基质中，是基质中离子团能级跃迁的结果，例如 Y_2O_3、$ScVO_4$ 等。此外，高能激发总是会激发基质晶格，例如高速电子、

X射线或γ射线。近年来,研究者在$CsPbX_3$($X=Cl$,Br,I)、$NaLuF_4$:Ln^{3+}和$NaCeF_4$:Ln^{3+}等纳米晶体材料中发现了高效X射线发光,其发光机理主要涉及基质原子内层电子的激发。

辐射跃迁发光是直接产生发光的物理过程,在该过程中,处于激发态的发光中心以辐射跃迁的方式回到基态或其他较低能级,该过程放出一个光子。一般情况下,发射光子的能量和激发光子的能量大小不同(发光波长不同),我们把激发带峰值对应的波长和发射带峰值对应的波长之间的差值称为斯托克斯位移(Stokes shift)。如果发射光子能量小于激发光子能量(发射光波长大于激发光波长),则称为斯托克斯发光。反之,如果发射光子能量大于激发光子能量(发射光波长小于激发光波长),则称为反斯托克斯(anti-Stokes)发光。

从激发态通过辐射跃迁发光回到基态,并不是完成吸收-释放能量这一循环的唯一路径,还可以通过非辐射跃迁回到基态。非辐射跃迁是与辐射跃迁相互竞争的过程。材料吸收的能量,没有以辐射发光的形式释放的,都通过非辐射跃迁以热量的形式耗散在晶格中。如图3.3所示,发光中心从基态到达激发态后,若体系温度较高,则振动明显,可以到达激发态和基态的交点T,再沿着$T—D—A$弛豫回到基态平衡位置附近,即从激发态非辐射跃迁到基态,该过程没有发出光子。显然,温度对非辐射跃迁影响很大,高温有利于非辐射跃迁的发生,因此高温一般不利于发光。此外,若T点较低,则非辐射跃迁容易发生。因此,对发光材料来说,Δr越大,T点越低,越有利于非辐射跃迁,温度猝灭发光越显著。但并不是所有的非辐射跃迁都是不利的,非辐射跃迁可以使发光中心到达能产生辐射跃迁的激发态,从而有利于获得想要的辐射跃迁发光。

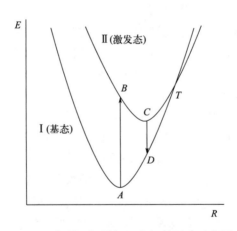

图3.3 位形坐标图解释非辐射跃迁示意图

能量传输是指发光材料在受到激发光激发后,到产生辐射发光之前的这段时间内,激发能量在材料中传输的现象。能量传输可分为能量传递和能量输运,能量传递是指某一发光中心把激发能的全部或一部分转交给另一个中心的过程,而能量输运是借助电子、空穴、激子等的运动,把激发能从晶体的一处输运到另一处的过程。如果发光材料中吸收激发能和发光的是两个不同的中心,则一定涉及能量输运。实际上,几乎所有的发光材料都涉及能量的传递和输运现象。在固体材料中,主要存在四种能量传输方式:辐射再吸收、共振传递、载流子传输和激子的能量传输。

辐射再吸收(radiative reabsorption)是指某一发光中心(给体)发射出的光子,被另一发光中心（受体）吸收，使后者能量升高的过程。如果受体吸收能量后发生辐射跃迁产生了发光，则前一发光中心称为敏化剂，后一发光中心称为激活剂。如果受体吸收能量后发生了非辐射跃迁没有产生发光，则称为猝灭剂。发生高效辐射再吸收的条件：a. 能量匹配，即受体的吸收光谱和给体的发射光谱有较大重叠；b. 受体对该能量光子的吸收系数高，因为给体发出的光子容易离开发光材料。

共振传递（Forster resonance energy transfer，FRET）是指处于激发态的给体的能量以偶极子介导（类似于给体电子振动引起临近受体电子做相似振动）或交换作用的形式向受体转移、并使受体被激发的过程。此传递过程没有光子的参与，所以是非辐射的。发生共振传递的条件：a. 能量匹配，即受体的吸收光谱和给体的发射光谱有较大重叠；b. 受体和给体之间的距离要近，一般要求距离小于10nm（约20～50个离子大小），距离越大，能量传递效率越低。

载流子传输是借助半导体材料中的载流子扩散和漂移输送能量，以电流为特征，受温度影响较大。在激子的能量传输过程中，激子（受静电吸引力束缚的一个电子-空穴对）作为一个激发中心，通过与其他中心之间的再吸收、共振传递等途径把其激发能传递出去，还可以依赖激子自身的运动，将能量从晶格的一处输送到另一处，在离子晶体中较为普遍，如CdS。载流子传输和激子的能量传输可以传输能量的距离较远。

3.1.1.5 共振能量传递

在非电导性材料中，特别是稀土或过渡金属离子发光材料中，共振传递是最主要的能量传递形式。T. Förster 于 1940 年代提出了计算共振能量传递概率的模型，在他的理论中，给体和受体离子通过电多极或磁多极之间的相互作用实现能量传递，这种能量传递可以在较大的距离上发生，即给体和受体之间的距离可以达到10nm。能量传递的概率 P 可以表示为：

$$P = \frac{1}{\tau_D}(R_c/R)^6 \tag{3.1}$$

其中，τ_D 是给体激发态的寿命；R 是离子间距；R_c 是能量传递概率等于给体激发态的衰减速率时的临界距离。如果 $R=R_c$，则在给体激发态停留时间内恰好完成了能量传递；如果 $R>R_c$，则 $P<1/\tau_D$，则发生共振传递所需时间比给体的激发态寿命还长，不易发生能量传递；如果 $R<R_c$，则 $P>1/\tau_D$，则发生共振传递的概率大于给体的激发态衰减速率，容易发生能量传递。临界距离 R_c 由下式得到：

$$R_c^6 = \frac{9000(\ln10)K^2\Phi_D}{128\pi^5 N n^4}J \tag{3.2}$$

其中，K 是取向系数；Φ_D 是给体单独存在时的发光量子效率；N 是阿伏伽德罗常数；n 是溶剂折射率；J 是受体吸收光谱与给体发射光谱的重叠积分。显然，能量传递概率和光谱重叠程度成正比，和离子间距的6次方成反比。能量传递速率与离子间距之间的关系与相互作用的类型有关。对于电多极的相互作用，传递速率与离子间距 R^{-n} 成正比，n 为6、8、10…时，分别对应于偶极-偶极相互作用、偶极-四极相互作用、四极-四极相互作用…

而对于交换作用（给体激发态电子与受体基态电子发生交换），根据 Dexter 的公式，能量传递概率与离子间距成指数关系：

$$P = \frac{2\pi}{h}DJ\mathrm{e}^{-2RL} \tag{3.3}$$

其中，h 是普朗克常数；D 是 Dexter 参数；J 是受体吸收光谱与给体发射光谱的重叠积分；L 是 van der Waals 半径和。Dexter 能量传递在离子间距很小时（小于 1nm）发生，因为交换作用需要波函数重叠。

能级跃迁的强度决定着电多极相互作用的强度。如果能级跃迁属于允许的电偶极跃迁，则容易获得较高的能量传递速率，电多极相互作用占主导地位。如果吸收强度为零，则电多极相互作用的传递速率也为零。此时，交换作用可能在起作用，因此总的能量传递速率不一定为零。

根据发生能量传递的两个离子是否相同，可分为异核发光中心间的能量传递和同核发光中心间的能量传递。相同发光中心之间肯定存在能级共振（光谱重叠），若在发光材料中，某一发光中心的浓度较高，使得其平均距离允许发生能量传递，则能量传递将会一步接一步、连续不断进行下去，这就是能量迁移。能量迁移可以将激发能从发生吸收的晶格位点带到很远。当激发能到达一个能发生能量非辐射损失的晶格位点（消光杂质/猝灭剂，对于纳米级的材料一般在颗粒表面）时，激发能被非辐射过程耗散掉，系统的发光效率将降低，这种现象就称为浓度猝灭。

3.1.2 LED 灯用发光材料

发光二极管（LED）有很多优势，包括小尺寸、低能耗、长寿命、低热辐射、响应快等。相比传统照明光源，LED 灯更加环保节能，能耗仅为普通白炽灯的八分之一、荧光灯的一半，因此正逐渐在照明和背光显示领域占据主导地位。LED 照明在 2020 年时占据照明设备的 35%，且有人预测该份额将在 2035 年达到 84%。发光材料能将 LED 芯片发出的紫外光或蓝光转化为特定颜色的光，且具有高光转换效率、高显色性、发光波长高度可调等优点，是实现白光 LED 光源的关键成分。人们在不同时期、不同应用场景对 LED 灯的需求不同，除了高效白光源这一基本需求，研究者还研发了各种新型发光材料以实现高显色性、高热稳定性、宽色域、宽带近红外发光等应用需求。

3.1.2.1 白光 LED 策略

常见的 LED 灯是电致发光和光致发光现象的组合，图 3.4 为目前常见的 LED 白光实现策略，通过蓝光或紫光 LED 的电致发光和各色荧光粉光致发光的合理混合实现白光发射[3]。

最直接的白光 LED 策略是通过蓝光、绿光和红光 LED 多芯片组合，如图 3.4(a)，通过三色光的合理比例设置实现包括白色在内的多色光源。但是这种多芯片系统成本较高，它们的驱动电压也有差别，控制电路系统较为复杂，且三种颜色芯片的热稳定性和使用寿命也不相同，不利于长时间稳定输出光颜色。因此，目前商用 LED 产品更多采用单芯片系统。

第二种策略是蓝光 LED 芯片和黄色荧光粉组合，荧光粉在蓝光的激发下产生黄光发射，黄光和芯片的蓝光混合实现白光 [图 3.4(b)]。这是一种典型的荧光粉转化 LED 策略（phosphor-converted LED，pc-LED），产生的白光属于冷白光，色温大于 6000K，最突出的优势是亮度高、成本低，是目前商用白光 LED 灯的主要实现策略。该策略有明显缺点，即因为缺少红光成分而导致显色性较差。稀土离子 Ce^{3+} 和 Eu^{2+} 的激发和发射都来自能级跃迁选律允许的跃迁，能产生较强的吸收和发光，因此是常用的黄光荧光粉发光离子。目前主要使用的黄光荧光粉是 $Y_3Al_5O_{12}$：Ce^{3+}，$Y_3Al_5O_{12}$：Ce^{3+} 在 460nm 蓝光激发下能产生峰

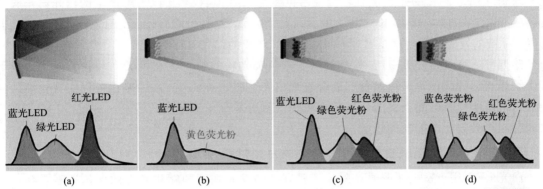

图 3.4 白光 LED 组合策略[3]：(a) 组合蓝光、绿光和红光 LED 芯片；
(b) 组合蓝光 LED 芯片和黄色荧光粉；(c) 组合蓝光 LED 芯片和绿色、
红色荧光粉；(d) 组合紫外 LED 芯片和蓝色、绿色和红色荧光粉

值在 560nm 的宽带黄光，其发光在 150℃ 时仍然保持室温发光强度的 95%，且即使达到 300℃，其发光强度也可以恢复（图 3.5）。另一种黄光荧光粉是 $(Ba,Sr)_2SiO_4:Eu^{2+}$，该荧光粉相比 $Y_3Al_5O_{12}:Ce^{3+}$ 有明显缺点，即其热稳定性较差，其发光在 150℃ 时仅为室温发光强度的 49%，温度达到 300℃ 时几乎不再发光[4]。

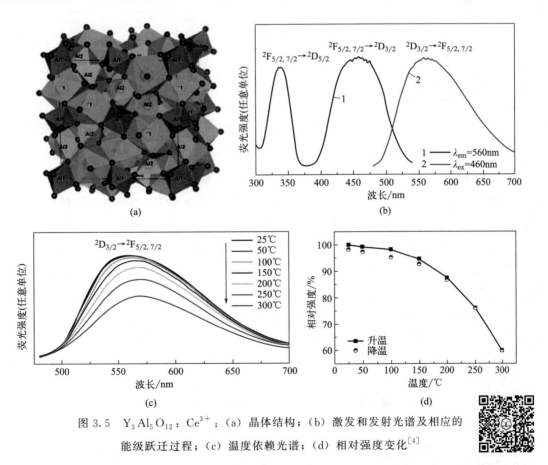

图 3.5 $Y_3Al_5O_{12}:Ce^{3+}$：(a) 晶体结构；(b) 激发和发射光谱及相应的
能级跃迁过程；(c) 温度依赖光谱；(d) 相对强度变化[4]

第三种策略是蓝光 LED 芯片和红色、绿色荧光粉的组合，荧光粉在蓝光激发下产生的红

第 3 章 光功能材料　**111**

光和绿光与 LED 芯片的蓝光混合，实现白色发光 [图 3.4(c)]。该策略产生的白光属于暖白光，色温大约在 3000～5000K 之间。由于红光的加入，这种策略有较高的显色性，但是红光容易降低系统的发光效率，这是因为人眼对于波长较长的红光非常不敏感。

第四种策略是紫外 LED 芯片和红绿蓝三色荧光粉的组合，三种荧光粉在紫外光激发下产生红绿蓝三种颜色，三种颜色的混合实现白光 [图 3.4(d)]。该策略也可以实现较高的显色性，但是紫外光可能损害器件封装从而降低使用寿命，且存在光转换效率低、三种荧光粉之间存在再吸收能量损耗等缺点。

3.1.2.2 高显色 LED 灯用绿光和红光发光材料

白光 LED 用于室内照明时，除了需要有高的发光强度和能量转化效率，还需要具备高的显色能力，即能准确地显示被照射物体的颜色。这就要求光源发出的白光要包含红绿蓝三种基本颜色，因此白光 LED 光源中需要引入红色和绿色荧光粉。而氮化物能提供较强的电子云重排效应，更有利于产生较强的红光发射，因此大多数红色荧光粉都是氮化物。表 3.1 列出了目前主要的灯用绿色和红色荧光粉及其主要性质。

表 3.1　高显色 LED 灯用绿色和红色荧光粉的主要性质

材料	晶体结构	空间群	λ_{ex}(激发波长)/nm	λ_{em}(发射波长)/nm	半峰宽/nm	参考文献
$Lu_3Al_5O_{12}:Ce^{3+}$	立方	$Ia\bar{3}d$	460	530～550	约 100	[4]
$\beta\text{-}Si_{6-z}Al_zO_zN_{8-z}:Eu^{2+}$, $z=0.18$	六方	$P6_3/m$	325	540	54	[5]
$\beta\text{-}Si_{6-z}Al_zO_zN_{8-z}:Eu^{2+}$, $z=0.03$	六方	$P6_3/m$	325	529	49	[5]
$Sr_2Si_5N_8:Eu^{2+}$	正交	$Pmn2_1$	460	602～660	约 95	[6]
$Ba_2Si_5N_8:Eu^{2+}$	正交	$Pmn2_1$	460	625	约 90	[6]
$Ca_{0.993-x}Sr_xAlSiN_3:Eu^{2+}$ ($x=0, 0.3, 0.6, 0.9$)	正交	$Pmn2_1$	460	619～650	约 95	[7]

$Lu_3Al_5O_{12}:Ce^{3+}$ 和 $Y_3Al_5O_{12}:Ce^{3+}$ 的晶体结构类似，是立方相结构，其激发和发射光谱相比 $Y_3Al_5O_{12}:Ce^{3+}$ 都发生了蓝移，能在 460nm 蓝光激发下产生峰值在 530～550nm 的绿光发射。$Lu_3Al_5O_{12}:Ce^{3+}$ 的绿色发光也有很好的热稳定性，其在 150℃ 和 300℃ 时的发光强度分别可达到室温发光强度的 97% 和 91%[4]。

β-SiAlON：Eu^{2+} 是更高效的绿色荧光粉，其化学式为 $\beta\text{-}Si_{6-z}Al_zO_zN_{8-z}:Eu^{2+}$ ($0<z\leq4.2$)，是 $\beta\text{-}Si_3N_4$ 中 Si-N 被 Al-O 取代的结果，属于六方相晶体结构。Zhang 等[5] 制备了 z 值分别为 0.18 和 0.03 的 $\beta\text{-}Si_{6-z}Al_zO_zN_{8-z}:Eu^{2+}$，即高 z 值和低 z 值 β-SiAlON：Eu^{2+}，二者都能在紫外或蓝光 LED 激发下产生绿光发射，峰值分别在 540nm 和 529nm，半峰宽分别为 54nm 和 49nm [图 3.6(a)]。因为二者 O/N 比都很低，所以发射波长的变化主要不是因为晶体场强度和电子云重排效应，而是 O 引入引起的晶体结构刚度降低，导致更大的斯托克斯位移和电子-声子耦合，因此高 z 值 β-SiAlON：Eu^{2+} 的发射波长更长、光谱更宽 [图 3.6(b)、(c)]，此外，这种变化还导致了高 z 值 β-SiAlON：Eu^{2+} 热稳定性降低。

$(Sr, Ba)_2Si_5N_8:Eu^{2+}$ 是理想的红色荧光粉，属于正交相晶体结构。随浓度增大（$x=0.02～0.40$），$Sr_{2-x}Si_5N_8:xEu^{2+}$ 在紫外到蓝紫光激发下能产生 602～660nm 的红光发射 [图 3.6(d)]，$Ba_{2-x}Si_5N_8:xEu^{2+}$ 的发光比 $Sr_{2-x}Si_5N_8:xEu^{2+}$ 存在明显蓝移。$Sr_{1.98}Si_5N_8:$

$0.02Eu^{2+}$在150℃和300℃时的发光强度分别为室温发光强度的90%和75%,高浓度的Eu^{2+}会导致更严重的热猝灭现象,这是因为Eu^{2+}-Eu^{2+}间距减小引起严重的交叉弛豫和非辐射跃迁[6]。可通过在$Sr_{2-x}Si_5N_8:xEu^{2+}$中同时引入Ca^{2+}和Ba^{2+}取代部分Sr^{2+}来增大阳离子混乱度,增加的深陷阱在高温时可以释放电子增强发光,补偿热猝灭损失的发光,从而增强材料发光的热稳定性[8]。

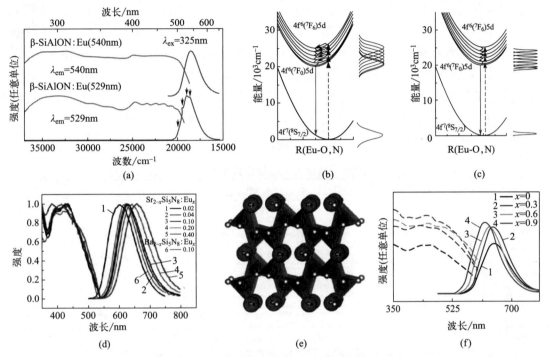

图3.6 (a) 高z值[β-SiAlON:Eu(540nm)]和低z值[β-SiAlON:Eu(529nm)]
β-SiAlON:Eu^{2+}的激发和发射光谱;(b) 高z值和 (c) 低z值β-SiAlON:
Eu^{2+}中Eu^{2+}能级结构的位形坐标图[5];(d) $Sr_{2-x}Si_5N_8:xEu^{2+}$
($x=0.02\sim0.40$)的激发和发射光谱[6];(e) $CaAlSiN_3$的晶体结构示意图;
(f) $Ca_{0.993-x}Sr_xAlSiN_3:Eu^{2+}$ ($x=0, 0.3, 0.6, 0.9$)的激发和发射光谱[9]

$CaAlSiN_3:Eu^{2+}$也是理想的高效红色荧光粉,可通过调节基质阴阳离子和激活剂离子调控其发光波长。与$Sr_2Si_5N_8:Eu^{2+}$相比,其制备温度更高(1600~1800℃),且需要高压(约5atm❶)。$CaAlSiN_3$是正交相晶体结构[图3.6(e)],Sr^{2+}和Eu^{2+}取代Ca^{2+}的位置,Sr^{2+}的取代程度高于90%时会产生杂质相。$Ca_{0.993-x}Sr_xAlSiN_3:Eu^{2+}$ ($x=0, 0.3, 0.6,$ 0.9)的激发光谱范围从325~540nm,因此可以被紫外和蓝光LED有效激发,随着Sr^{2+}不断取代Ca^{2+},其发射峰从650nm蓝移到619nm[图3.6(f)]。Sr^{2+}比Ca^{2+}尺寸更大,Sr^{2+}取代使周围的晶体场强度降低,因此发射波长变短,而短波长红光更有利于实际应用。此外,Sr^{2+}取代还使得发光强度和热稳定性都有所提升,这可能与晶体结构刚性提升有关[9]。

3.1.2.3 宽色域LED灯用窄带发光材料

当LED灯用于背光源时需要有高光色纯度,即器件的发光应具备宽色域。高色纯度光

---

❶ 1atm=101.325kPa。

可通过加滤光片实现，但是这不仅造成器件的复杂，过滤掉多余波长的光还意味着能量的浪费，更直接高效的办法是运用窄带发射荧光粉。稀土、过渡金属和主族元素离子的发光主要来自 f-f、f-d 和 d-d 电子跃迁，其中镧系稀土离子 f-f 跃迁是内层电子跃迁，能产生尖锐的发射峰，但是其激发光谱也是尖锐的，不利于实际应用，且 f-f 跃迁是宇称禁阻跃迁，发光效率一般较低，因此一般不作为灯用荧光材料的窄带发光离子。Ce^{3+} 和 Eu^{2+} 的 f-d 跃迁发光是宇称允许跃迁，容易获得较大的发光效率，其中 Ce^{3+} 的发射来自两个电子跃迁过程，能量差别为 $2000cm^{-1}$，因此不易获得窄带发射。Eu^{2+} 的 f-d 跃迁发光受晶体场强度影响较大：晶体场较强时，发光来自 $4f^65d^1$ 态到基态 $4f^7$ 的跃迁，发光波长较长；晶体场较弱时，Eu^{2+} 的最低激发态为 $^6P_{7/2}$（$4f^7$），产生尖锐的窄带发射。过渡金属离子的 d-d 跃迁也可产生可见光区的发光，例如 Mn^{4+}。Mn^{4+} 为 d^3 电子构型，Mn^{4+} 的发射来自 $^2E \rightarrow ^4A_2$ 自旋禁阻电子跃迁，可以产生尖锐的窄带发射，发光范围为红光到红外光区。因此，Mn^{4+} 和 Eu^{2+} 是常见的窄带发光离子。

表 3.2　Mn^{4+} 掺杂的窄带红色荧光粉的主要性质

材料	晶体结构	空间群	λ_{ex}/nm	λ_{em}/nm	零声子线	参考文献
$K_2SiF_6:Mn^{4+}$	立方	$Fm\bar{3}m$	450	630	无	[10]
$K_2GeF_6:Mn^{4+}$	三方	$P\bar{3}m1$	460	630	无	[11]
$K_2TiF_6:Mn^{4+}$	三方	$P\bar{3}m1$	460	631.5	无	[12]
$Na_2SiF_6:Mn^{4+}$	三方	$P321$	460	627	有	[13]
$Na_2GeF_6:Mn^{4+}$	三方	$P321$	460	627	有	[13]
$Na_2TiF_6:Mn^{4+}$	三斜	$P1$	460	627	有	[13]

Mn^{4+} 掺杂的氟化物是最常见的窄带发射荧光粉（表 3.2）。根据 d^3 电子组态的 Tanabe-Sugano 图［图 3.7(a)］，晶体场较强时，Mn^{4+} 激发光谱包含 $^4A_2 \rightarrow ^4T_2$ 和 $^4A_2 \rightarrow ^4T_1$ 两个自旋允许跃迁，激发光谱通常覆盖了蓝光区，可用蓝光 LED 有效激发。为了获得 Mn^{4+} 的红光发射，通常需要有较大的 Racah 系数（B），而氟化物基质通常有较小的 Mn^{4+}—F^- 键长，因此有较小的电子云重排效应，有利于获得较大的 Racah 系数和较大的 $^2E \rightarrow ^4A_2$ 发射能量，实现红光发射［图 3.7(b)］[14]。最典型的是 $K_2SiF_6:Mn^{4+}$，目前已经实现了商业化应用。K_2SiF_6 具有立方相结构［图 3.7(c)］，Mn^{4+} 占据单一 Si^{4+} 离子位并和周围的六个 F^- 离子配位形成 $[MnF_6]^{2-}$ 八面体；$K_2SiF_6:Mn^{4+}$ 的激发光谱在 450nm 和 350nm 处有两个激发带，分别来自 $^4A_2 \rightarrow ^4T_2$ 和 $^4A_2 \rightarrow ^4T_1$ 两个自旋允许跃迁，可用蓝光 LED 激发实现发光；450nm 激发下产生位于 630nm 附近的尖锐红光发射峰，来自 $^2E \rightarrow ^4A_2$ 自旋禁阻电子跃迁［图 3.7(d)］[10]。对于 $K_2GeF_6:Mn^{4+}$，由于 Ge^{4+} 比 Si^{4+} 半径更大，Mn^{4+} 所处晶体场更弱，因此其激发光谱相比 $K_2SiF_6:Mn^{4+}$ 发生了红移，而 ^2E 能级的能量随晶体场变化几乎不变，因此发射波长几乎不变[11]。$K_2TiF_6:Mn^{4+}$ 也有类似的发光性质[12]。对于 $Na_2SiF_6:Mn^{4+}$、$Na_2GeF_6:Mn^{4+}$ 和 $Na_2TiF_6:Mn^{4+}$，Mn^{4+} 存在多种晶格位置，且存在 Mn^{4+} 配位环境扭曲的情况，所以除了在 627nm 处有来自 $^2E \rightarrow ^4A_2$ 跃迁的发光，还有位于 620nm 附近的零声子线发射；且随着三种材料中 Mn^{4+} 的不对称度增大，零声子线发射逐渐增强[13]。Mn^{4+} 掺杂的氟化物荧光粉对湿度敏感，化学稳定性较差，可通过表面修饰疏水

层提高其化学稳定性。此外，Mn^{4+}发光衰减时间长达几毫秒，用于背光系统时会有明显残留影像。

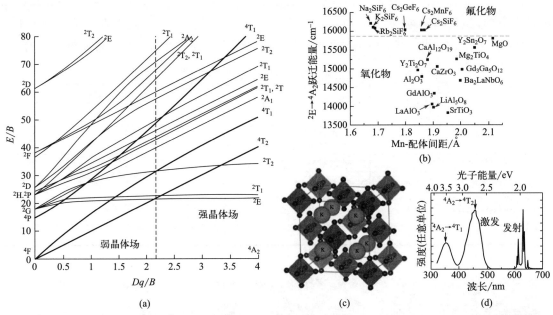

图3.7 (a) d^3电子组态的Tanabe-Sugano图，纵坐标为能量与Racah系数（B）的比值，横坐标为配体场分裂系数Dq与Racah系数的比值[14]；(b) 能级位置与Mn和配体之间键长的关系[14]；(c) K_2SiF_6的晶体结构示意图[3]；(d) 300K时K_2SiF_6：Mn^{4+}的激发和发射光谱，监测630nm处发射得到激发光谱，用450nm波长激发光测得发射光谱[10]

Eu^{2+}掺杂的窄带发射荧光粉主要是UCr_4C_4型氮化物、氮氧化物和氧化物，部分列于表3.3。$SrLiAl_3N_4$：Eu^{2+}、$SrMg_2Al_2N_4$：Eu^{2+}和$SrMg_3SiN_4$：Eu^{2+}分别是三斜、四方和四方晶体结构，分别有两种、一种和一种Sr^{2+}位置供Eu^{2+}占据。从孔道方向观察，它们的晶体结构比较类似，都有一半的孔道被Sr^{2+}占据，这些孔道由四面体构成，但在三种结构中这些四面体排布方式不同，$SrMg_2Al_2N_4$：Eu^{2+}中的排布是无序的，因此其结构刚性比其他两种结构更低[图3.8(a)~(c)]。三种材料的激发波长、发射波长和半峰宽如表3.3和图3.8(d)~(f)所示[15-17]，$SrMg_2Al_2N_4$：Eu^{2+}半峰宽较大，这是因为其结构刚性更低，电子-声子耦合更强；$SrMg_3SiN_4$：Eu^{2+}半峰宽最小，因为其不仅结构刚性较高，而且只有一种Eu^{2+}位置。此外，$SrLiAl_3N_4$：Eu^{2+}比$SrMg_3SiN_4$：Eu^{2+}有更好的热稳定性，因为其不仅结构刚性最高，而且还有较大的带隙，因此，$SrLiAl_3N_4$：Eu^{2+}更适合实际应用。此外，可通过组分调控策略降低$SrLiAl_3N_4$：Eu^{2+}的发射波长，通过玻璃化或表面修饰疏水层来提高其化学稳定性。氮氧化物$Sr[Li_2Al_2O_2N_2]$：Eu^{2+}的四方晶体结构有更好的有序度和结构刚性，也能实现窄带红光发射，其在460nm蓝光激发下能产生614nm的窄带红光，半峰宽仅为48nm，且其有很好的热稳定性，420K时的发光强度为室温的96%，其缺点是产物中含有SrO杂质[18]。$Sr[Li_{2.5}Al_{1.5}O_3N]$：Eu^{2+}在460nm激发下能产生578nm的绿光发射，但是因为严重的结构无序和结构刚性低，其半峰宽较大，且热稳定性较低[19]。Eu^{2+}掺

杂的 UCr_4C_4 型氧化物主要是碱金属硅酸锂，化学式为 $M[Li_3SiO_4]$，M 为碱金属离子。由于 $M[Li_3SiO_4]$ 中较弱的电子云重排效应，$M[Li_3SiO_4]:Eu^{2+}$ 的发光波长一般较小，主要产生绿光、蓝光等短波长发光[3]。例如，$NaK_2Li[Li_3SiO_4]:Eu^{2+}$ 为单斜结构，其晶体结构较为有序且结构刚性较高，在 450nm 激发下主要产生位于 528nm 的窄带绿光发射，半峰宽仅为 44nm[20]。因此，Eu^{2+} 掺杂的 UCr_4C_4 型氧化物是理想的蓝绿光窄带发射荧光粉。

表 3.3　Eu^{2+} 掺杂的氮化物和氮氧化物窄带荧光粉的主要性质

材料	晶体结构	空间群	Eu^{2+} 位置种类	λ_{ex}/nm	λ_{em}/nm	半峰宽/nm	参考文献
$SrLiAl_3N_4:Eu^{2+}$	三斜	$P\bar{1}$	2	440	650	50	[15]
$SrMg_2Al_2N_4:Eu^{2+}$	四方	$I4/m$	1	440	612	68	[16]
$SrMg_3SiN_4:Eu^{2+}$	四方	$I4_1/a$	1	450	615	43	[17]
$Sr[Li_2Al_2O_2N_2]:Eu^{2+}$	四方	$P4_2/m$	1	460	614	48	[18]
$Sr[Li_{2.5}Al_{1.5}O_3N]:Eu^{2+}$	四方	$I4/m$	1	460	578	80	[19]

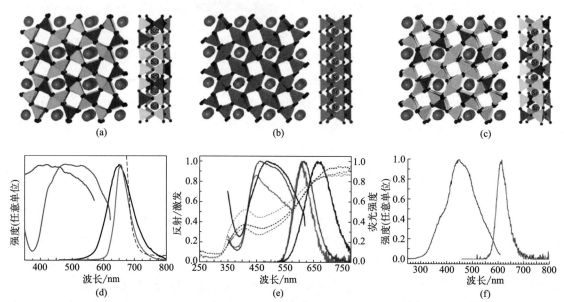

图 3.8　(a) $SrLiAl_3N_4$、(b) $SrMg_2Al_2N_4$ 和 (c) $SrMg_3SiN_4$ 的晶体结构示意图，绿色球和蓝色球分别表示 Sr^{2+} 和 N^{3-} 离子，$SrLiAl_3N_4$ 中的粉色和黄色多面体分别表示 $[LiN_4]^{11-}$ 和 $[AlN_4]^{9-}$ 四面体，$SrMg_2Al_2N_4$ 中的橙色多面体表示 $[(Mg,Al)N_4]$ 四面体，$SrMg_3SiN_4$ 中的粉色和黄色多面体分别表示 $[MgN_4]^{10-}$ 和 $[SiN_4]^{8-}$ 四面体[3]；(d) $SrLiAl_3N_4:Eu^{2+}$ 和 $CaAlSiN_3:Eu^{2+}$ 的激发和发射光谱，蓝色和粉色线为 $SrLiAl_3N_4:Eu^{2+}$ 的激发和发射光谱，浅灰色线为 $CaAlSiN_3:Eu^{2+}$ 的激发和发射光谱，虚线表示人眼敏感度上限[15]；(e) $M[Mg_2Al_2N_4]:0.1\%Eu^{2+}$（M=Ca，Sr，Ba）的室温激发、反射（虚线）和发射（$\lambda_{ex}=440nm$）光谱，橙色线 M=Ca，绿色线 M=Sr，蓝色线 M=Ba[16]；(f) $SrMg_3SiN_4:Eu^{2+}$ 的激发（蓝色线，$\lambda_{em}=615nm$）和发射（红色线，$\lambda_{ex}=450nm$）光谱[17]

3.1.2.4 近红外 LED 灯用宽带近红外发光材料

宽带近红外 LED 光源用于夜视、内部检测、食品检测等多种场景时比卤素灯等传统近红外光源更小巧、更便捷，而荧光粉转换近红外 LED 光源是获得宽带近红外光的高效手段。Cr^{3+} 是获得近红外发光的常见发光离子，其激发和发射都来自其 $3d^3$ 组态内的电子跃迁，即 d-d 跃迁。因为其 d 轨道裸露在外，所以可通过调节基质材料对其激发和发射光谱进行调节。与 Mn^{4+} 类似，d^3 电子组态 Tanabe-Sugano 图可用来理解 Cr^{3+} 的发光性质（图 3.9），但是在相同系统中 Cr^{3+} 的晶体场强度更弱，更易获得长波长的近红外发光[21]。表 3.4 列出了目前主要的近红外荧光粉材料的主要性质[3]。

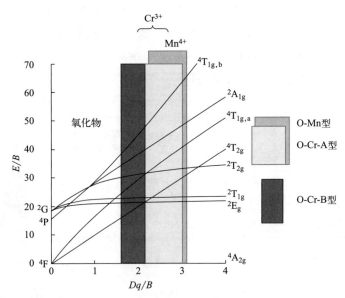

图 3.9　氧化物基质八面体对称环境中 d^3 电子组态的 Tanabe-Sugano 图[21]

表 3.4　近红外荧光粉的主要性质[3]

材料	晶体结构	空间群	λ_{ex}/nm	λ_{em}/nm	半峰宽/nm	参考文献
$La_3Ga_5GeO_{14}:Cr^{3+}$	三方	$P321$	473	750	约 330	[22]
$K_3AlF_6:Cr^{3+}$	立方	$Fm\bar{3}m$	442	约 750	约 100	[23]
$K_3GaF_6:Cr^{3+}$	立方	$Fm\bar{3}m$	442	约 750	约 100	[23]
$K_3ScF_6:Cr^{3+}$	立方	$Fm\bar{3}m$	432	770	约 115	[24]
$ScBO_3:Cr^{3+}$	菱方	$R\bar{3}c$	450	800	约 120	[25]
$ZnGa_2O_4:Cr^{3+}$	立方	$Fd\bar{3}m$	406	约 684	约 80	[26]
$(Ga,Sc)_2O_3:Cr^{3+}$	单斜	$C2/m$	442	720~850	111~145	[27]
$(Ga,In)_2O_3:Cr^{3+}$	单斜	$C2/m$	450	713~820	120~157	[28]
$(Ga,Al)_2O_3:Cr^{3+}$	单斜,三方	$C2/m,R\bar{3}c$	442	686~713	3~106	[29]

近红外荧光粉可分为两类，第一类近红外荧光粉的发射光谱接近高斯线型，发射峰宽度不大，有较高的量子效率，例如 $ScBO_3:Cr^{3+}$ 的半峰宽为 120nm，内量子效率为 65%[25]。第二类近红外荧光粉有更宽的发射带，特别是其发射峰顶部存在一个平台区域，但是通常比第一类荧光粉的量子效率要低。宽带近红外荧光粉的发光更有利于同时检测多个待测物并获得可靠的结果，因此，目前的研究主要是开发超宽带且高量子效率的近红外荧光粉。发光离

子处于多种晶格位置,处于较弱的晶体场中更有利于获得宽带近红外发光。

$La_3Ga_5GeO_{14}$:Cr^{3+} 在473nm激发下能产生600~1200nm范围内的近红外发光[图3.10(a)],由750nm和920nm两处的发射带组成,750nm发射带(来自$^4T_2 \to ^4A_2$自旋允许跃迁)是八面体配位的Cr^{3+}产生的,920nm发射带(来自$^2E \to ^4A_2$自旋禁阻跃迁)是四面体配位的Cr^{3+}产生的。该荧光粉与450nm LED芯片结合可构建近红外LED,350mA驱动电流下器件的发射光谱覆盖650~1200nm[图3.10(b)],近红外输出功率达到18.2mW,光电转换效率为76.59%[22]。K_3MF_6:Cr^{3+}(M=Al,Ga,Sc)有类似的晶体结构和发光性质[23-24],它们位于可见光区的两个宽激发带(来自$^4A_2 \to ^4T_2$ 和 $^4A_2 \to ^4T_1$自旋允许跃迁),位于750nm/770nm的近红外发射带来自$^4T_2 \to ^4A_2$自旋允许跃迁[图3.10(c)、(d)];显然它们的发射带比$La_3Ga_5GeO_{14}$:Cr^{3+}窄,这是因为Cr^{3+}只有一种配位环境。用K_3ScF_6:Cr^{3+}构建的近红外LED灯可用于夜视应用[图3.10(e)];此外,还可通过调节碱金属离子来调控K_3MF_6:Cr^{3+}的发光性质。

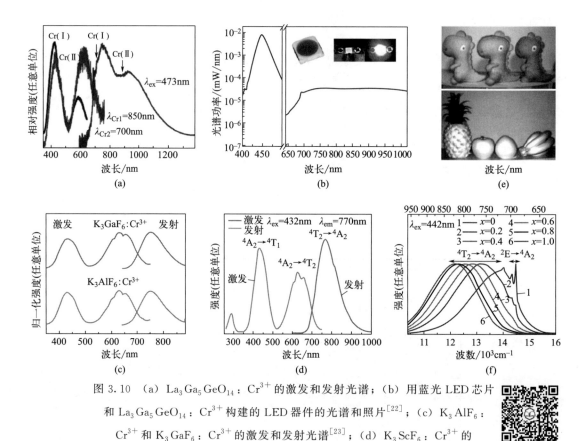

图3.10 (a) $La_3Ga_5GeO_{14}$:Cr^{3+}的激发和发射光谱;(b) 用蓝光LED芯片和$La_3Ga_5GeO_{14}$:Cr^{3+}构建的LED器件的光谱和照片[22];(c) K_3AlF_6:Cr^{3+}和K_3GaF_6:Cr^{3+}的激发和发射光谱[23];(d) K_3ScF_6:Cr^{3+}的激发和发射光谱[24];(e) 用K_3ScF_6:Cr^{3+}构建的近红外LED的成像照片[24];(f) $Ga_{2-x}Sc_xO_3$:Cr^{3+}的发射光谱[27]

$ScBO_3$:Cr^{3+}在450nm激发下也可以产生位于700~950nm范围内的宽带近红外发光,峰值在800nm,因此也可以和蓝光LED组合构建近红外LED[22]。$ZnGa_2O_4$:Cr^{3+}具有出色的近红外(650~850nm)长余晖发光性质[26],其发光来自自旋禁阻的$^2E \to ^4A_2$能级跃迁，通过掺杂其他离子可以增强其发光强度并延长余晖时间；纳米尺寸的 $ZnGa_2O_4$: Cr^{3+} 可以构建 mini-LED 器件，用于促进植物的光合作用；功能化的纳米 $ZnGa_2O_4$: Cr^{3+} 还可用于生物医学领域。Ga_2O_3 : Cr^{3+} 可以产生峰值在 713nm/720nm 附近的宽带近红外发光（来自 $^4T_2 \to ^4A_2$ 自旋允许跃迁），同时还有 700nm 附近的尖锐发射峰（来自 $^2E \to ^4A_2$ 自旋禁阻跃迁），其发射波长等性质具有高度可调性。可通过引入大尺寸的 Sc^{3+} 和 In^{3+} 离子，降低晶体场强度，使发射光谱红移［图 3.10(f)］[27-28]，或引入小尺寸的 Al^{3+} 离子增加晶体场强度，使发射光谱蓝移[29]。

3.1.3 稀土上转换发光材料

3.1.3.1 稀土上转换发光简介及机理

传统光致发光现象属于斯托克斯发光，材料受到高能量的光激发，发出低能量的光，即吸收短波长光、发射长波长光。而上转换发光属于反斯托克斯发光，其发射光子的能量大于激发光子的能量，一般需要连续吸收多个光子才发出一个光子。上转换发光是一种非线性光学过程，其光学性质依赖于激发光的功率[30]。与双光子吸收和二次谐波发生这两种反斯托克斯发光不同，稀土上转换发光的激发过程一般需要连续吸收多个光子，而不是同时吸收。因此，为了保证上转换过程能有效进行，在发光离子的基态能级和发射态能级之间通常需要一个真实存在的中间能级以便于能量存储，而镧系稀土离子丰富的阶梯状能级正好满足此条件，所以镧系稀土离子能较理想地实现上转换过程。

目前，稀土上转换发光的机理主要有激发态吸收（excited state absorption，ESA）、能量传递上转换（energy transfer upconversion，ETU）、协同敏化上转换（cooperative sensitization upconversion，CSU）、能量迁移上转换（energy migration upconversion，EMU）和光子雪崩（photo avalanche，PA）等，图 3.11 为这些上转换发光过程的能级跃迁机理示意图。激发态吸收是一个激活剂离子连续吸收两个（或多个）光子后发出一个光子的过程。其具体过程为：首先，位于基态的离子吸收一个光子后跃迁到第一激发态，这一过程叫做基态吸收；随后，位于第一激发态的离子继续吸收一个光子并跃迁到更高的激发态，这一过程

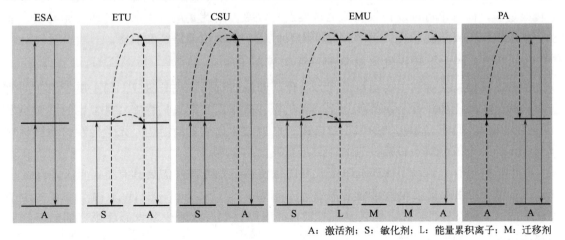

图 3.11 主要的上转换机制：激发态吸收（ESA）、能量传递上转换（ETU）、
协同敏化上转换（CSU）、能量迁移上转换（EMU）和光子雪崩（PA）

叫做激发态吸收；最后位于较高激发态的离子发生辐射跃迁回到基态并放出一个光子，产生上转换发射。激发态吸收是最简单的上转换发光机理。

能量传递上转换过程与激发态吸收类似，都涉及连续吸收两个光子产生的亚稳能级，二者的主要区别是能量传递上转换发光过程中对激发能的吸收不是激活剂离子完成，而是另外引入的敏化剂离子吸收激发能量，并通过能量传递使激活剂离子被激发到激发态后产生发光。在能量传递上转换过程中，从敏化剂到激活剂离子的共振能量传递过程能源源不断地进行，可产生较强的上转换发光。敏化剂和激活剂之间的距离决定了能量传递效率，从而严重影响上转换发光效率。

协同敏化上转换过程是两个敏化剂离子同时把吸收的激发能量传递给激活剂离子，使激活剂离子不经过中间能级、直接从基态跃迁到较高的发射能级，从而产生上转换发射。这一过程的效率一般比较低，所需的激发光功率一般较大。在特定的基质材料或者激发条件下，协同敏化上转换可以实现 Eu^{3+} 和 Tb^{3+} 等与常见敏化剂 Yb^{3+} 能级不匹配的镧系离子的上转换发光[31-32]。

能量迁移上转换是在能量传递上转换的过程中增加了一个能量迁移过程。在能量迁移上转换中，Tm^{3+} 通常作为能量累积离子将能量从敏化剂离子（通常是 Yb^{3+}）转移到迁移剂离子（通常是 Gd^{3+}，因其有较高的激发态能级），再经过 Gd^{3+} 之间的能量迁移传递到激活剂离子使其发光。这一过程同样可以用来实现 Eu^{3+}、Tb^{3+} 和 Sm^{3+} 等镧系离子的上转换发光[33]。

光子雪崩诱导的上转换涉及一个特殊的激发机制，需要特定强度的激发光作为光源。首先，离子经过一个非共振的弱基态吸收和随后的共振激发态吸收，到达一个较高的发射能级，随后该离子和周围的处于基态的相同离子发生交叉弛豫能量传递，使两个离子都达到中间能级。处于中间能级的两个离子很容易经过激发态吸收跃迁到发射能级，然后与周围的其他基态离子进一步触发上述过程，使得处于激发态能级的离子数量呈指数增加，产生很强的上转换发光。

在这些上转换机理中，激发态吸收的效率是最低的，因为 Er^{3+}、Tm^{3+} 和 Ho^{3+} 离子对 980nm 激发光吸收截面很低。光子雪崩可能产生很强的上转换发光，但是其对激发光功率有依赖且对激发的响应较慢[34]。比较而言，能量传递上转换是稳定且不依赖激发光功率的上转换过程，而且也可以取得较大的上转换发光效率，因此是最常见的上转换发光类型。能量迁移上转换需要依托特殊的纳米核壳结构来保证其能量传递路径和效率。

3.1.3.2 稀土上转换发光材料的主要构成

稀土上转换发光材料主要由激活剂、敏化剂和基质材料等成分组成。稀土离子掺杂的化合物（稀土、碱土和过渡金属的氟化物、氧化物、硫化物和氟氧化物等）是常见的上转换发光材料。其中，具有光学活性的稀土掺杂离子作为敏化剂或者激活剂，光学惰性的基质材料作为载体。各个成分对上转换发光的性质都有很大的影响。

在上转换过程中，为了便于光子吸收和能量传递，发光离子需要具有丰富且长寿命的中间能级，激发态和基态之间的能量差需要非常吻合。Er^{3+}、Tm^{3+} 和 Ho^{3+} 离子含有典型的等距能级（如图 3.12），且它们具有相对较大的能隙，能有效减少激发态能级之间的非辐射跃迁从而保证较高的上转换发光效率，因此是常用的激活剂[35]。单掺杂的上转换发光材料，激活剂的浓度必须严格控制以避免有害的交叉弛豫，且大多数激活剂离子吸收截面很低，因此上转换发光效率较低。

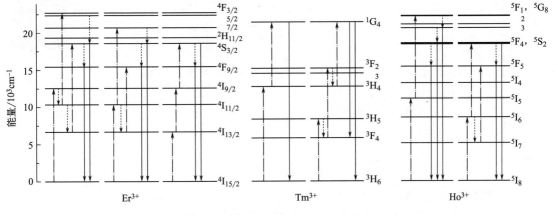

图 3.12 Er^{3+}、Tm^{3+} 和 Ho^{3+} 上转换发光能级跃迁示意图

为提高发光效率，通常在体系中引入敏化剂离子，敏化剂在近红外区有较大的吸收截面且与激活剂离子的 f-f 跃迁能量匹配，能和激活剂离子形成有效的能量传递上转换。Yb^{3+} 是最常见的敏化剂，其对 980nm 近红外光的吸收截面约为 $10^{-20} cm^2$，比发光离子 Er^{3+} 的吸收截面 $10^{-21} cm^2$ 高出一个数量级，可以有效吸收 980nm 近红外激光；其次，Yb^{3+} 简单的能级结构使其吸收的能量能有效地传递给 Er^{3+}、Tm^{3+} 和 Ho^{3+} 等激活剂离子，这些激活剂离子从激发态回到基态的同时会发出相应的可见光或者紫外光。典型的 Yb^{3+}/Er^{3+}、Yb^{3+}/Tm^{3+} 和 Yb^{3+}/Ho^{3+} 共掺杂上转换发光体系的能级跃迁过程示意图如图 3.13。此外，常见敏化剂 Yb^{3+} 只能有效吸收波长约为 980nm 近红外光，因此，研究者做了大量工作对上转换发光敏化剂进行扩展，以拓宽可用激发光波长范围[36]。例如，Nd^{3+} 能吸收 808nm 的近红外光并将能量传递给 Yb^{3+}，进而敏化 Er^{3+}、Tm^{3+} 和 Ho^{3+} 等发光离子，因此 Nd^{3+} 也可以作为敏化剂离子[37-39]；Er^{3+} 能吸收 1530nm 近红外光，敏化 Tm^{3+}、Ho^{3+} 和 Eu^{3+} 等离子的发光[40-41]；此外，Tm^{3+}、Ho^{3+} 等镧系离子，Cr^{3+}、Mn^{2+}、Ni^{2+} 等过渡金属离子，有机小分子以及量子点都可以作为敏化剂实现上转换发光[36]。

对于 Eu^{3+}、Tb^{3+}、Sm^{3+} 和 Dy^{3+} 等镧系离子，它们缺少较长寿命的中间态能级，且它们的能级和常见敏化剂 Yb^{3+} 和 Nd^{3+} 的能级匹配度较差，因此这些离子的上转换发光较难实现。在一些双掺杂的体系中，例如 Yb^{3+}/Eu^{3+} 和 Yb^{3+}/Tb^{3+}，在特定的激发条件下，也能观测到 Eu^{3+} 和 Tb^{3+} 的较弱的上转换发光，这是因为发生了协同敏化上转换[31-32]，即 $Yb^{3+}-Yb^{3+}$ 离子对将激发能量传递给了 Eu^{3+} 和 Tb^{3+} 等发光离子使其发光。此外，虽然 Yb^{3+} 没有阶梯状的能级，但在一些单掺杂 Yb^{3+} 的体系中，也可以产生蓝色的上转换发光，这也是因为形成了 $Yb^{3+}-Yb^{3+}$ 离子对[42]。

对于 Ce^{3+} 和 Gd^{3+} 等激发态能级很高的镧系离子，敏化剂直接敏化它们非常困难，但是可以通过 Tm^{3+} 作为能量累积离子将激发能累积到较高的能级，再传递给 Ce^{3+} 和 Gd^{3+} 实现它们位于紫外区的上转换发射[39]。同时，因为 Gd^{3+} 的最低激发态能量较高，不易发生能级跃迁，所以可以作为能量迁移离子，将能量继续传递给 Eu^{3+}、Tb^{3+}、Sm^{3+} 和 Dy^{3+} 等难以实现上转换发光的离子，实现它们的上转换发光[33]。在镧系离子中，Er^{3+} 的上转换发光最强。

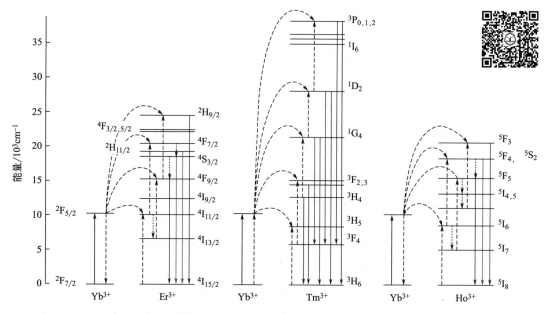

图 3.13 Yb^{3+}/Er^{3+}、Yb^{3+}/Tm^{3+} 和 Yb^{3+}/Ho^{3+} 掺杂材料上转换发光能级跃迁示意图

敏化剂和激活剂的掺杂浓度对上转换发光的效率也有很大影响，因为浓度直接决定了这些离子之间的距离，而离子间距对能量传递效率影响很大。理论上讲，Yb^{3+} 作为敏化剂主要是吸收激光的，其浓度越高则吸收越多，越有利于上转换发光，但过高的浓度会造成浓度猝灭效应，这种现象在比表面积较大的纳米材料中尤为明显，因此 Yb^{3+} 通常有一个最佳浓度值[43]。对于激活剂，由于它们一般具有丰富的能级结构，较大的浓度容易导致彼此之间强烈的交叉弛豫而不利于上转换发光，因此其浓度一般被限制在较小的范围。

基质材料通常不直接参与发光的能量过程，但仍对镧系上转换发光性质有明显影响。首先，由于电子-声子耦合作用，基质材料的声子能影响镧系离子的非辐射跃迁概率，声子能越大，处于激发态的发光离子越容易发生非辐射跃迁造成激发能量的损失，不利于上转换发光。其次，根据轨道选律，镧系离子的 f-f 跃迁是禁阻跃迁，但基质材料中的晶体场能打破这种禁阻，且低对称性的基质晶格更有利于 f-f 跃迁。发光离子掺杂在不同的基质中时，配位数和配位环境不同，离子分布和离子间距也会不同，这些因素都影响能量传递距离和效率。理想的上转换基质材料一般具备以下特点[44]：a. 对参与发光的离子要有良好的兼容性，即容易发生离子取代；b. 需要有较低的晶格声子能，以减少非辐射能量损失；c. 要有良好的光透过性，有利于激发光和发射光的穿过；d. 要有较高的化学和热力学稳定性。

重卤素的卤化物（氯、溴和碘化物）通常具有较低的声子能（$<300cm^{-1}$），但是它们易吸湿潮解所以很不稳定。氧化物一般具有较好的稳定性，但是其声子能很高，一般都大于 $500cm^{-1}$。比较而言，氟化物同时具有较低的声子能（约 $500cm^{-1}$）和较高的化学稳定性，因此是常用的上转换基质[44]。基质中的阳离子需要有和发光离子较为接近的半径和化合价才有利于掺杂。光学惰性的稀土离子（Sc^{3+}、Y^{3+}、Gd^{3+} 和 Lu^{3+} 等）与发光稀土离子的电荷和半径都较为接近，因此它们的氟化物是理想的上转换基质。此外，一些碱土金属离子（Ca^{2+}、Mg^{2+}、Sr^{2+} 和 Ba^{2+} 等）与过渡金属离子（Mn^{2+}、Zn^{2+} 和 Zr^{4+} 等）和稀土离子的性质较为接近，其氟化物也可以作为上转换基质[45]。到目前为止，最常用且最有效的上转

换基质材料是 $NaYF_4$，它有立方相和六方相两种晶型，其中六方相的上转换发光效率更高。

一般来说，块体材料具有较好的结晶性和较小的比表面积，从而有较少的晶体缺陷和表面能量损失，因此容易获得较好的上转换发光性能。而且，相对于微纳米材料，其合成方法一般较简便，更实用。但是微纳米材料方便进行巧妙的晶体结构设计（例如核壳结构），可以对发光离子进行空间上的精确布局，一方面避免共掺导致的交叉弛豫能量损失，另一方面有利于实现多种多样的能量传递路径以获得多种多样的上转换发光。另外，微纳米尺度的材料为上转换发光在生物医学等方面的应用提供了可能，例如细胞成像、药物传输、检测与光动力治疗等。

3.1.3.3 稀土上转换发光应用

稀土上转换发光材料除了具有稀土发光的窄带多峰发射、出色的发光稳定性、大的斯托克斯或反斯托克斯位移、微秒至毫秒级的较长寿命等优点，还能将低能量的近红外光转换为高能量的可见或紫外光，以近红外光作光源还是对传统紫外光源的良好补充。基于这些优点，稀土上转换发光材料在高级防伪与信息安全、近红外光检测与传感、温度检测、光催化、太阳能电池等领域都有潜在的应用前景。此外，结合纳米技术发展而来的稀土上转换纳米发光材料在生物成像、疾病诊断、药物传输、光学治疗以及超高分辨成像等领域有巨大的应用前景。这里主要介绍其在高级防伪、温度检测、生物成像与疾病诊断和光学治疗领域的最新研究进展。

（1）用于高级防伪

荧光防伪技术是常用的重要防伪技术，被广泛应用于日常生活中的货币、支票、证券等物品上。近年来，发光微纳米材料逐渐成为防伪油墨的核心组成部分，广泛用于高级别防伪，不仅可利用几种不同发光颜色的油墨打印红绿蓝（RGB）全彩防伪图案，还可利用激发光依赖发光性质（主要是颜色）变化等，设计更为复杂、精密、高级的防伪技术。发光防伪的重要特点包括高并行性、高通量、低成本等。例如，利用多色上转换发光材料可以制作彩色发光二维码[46]、条形码[47-48]；利用微米上转换发光晶体的区域颜色差异可以设计高级细节防伪[49]；结合上转换发光和下转换发光[50-52]，或耦合正交上转换过程[53-54]，可以设计激发光依赖发光防伪；还可利用上转换发光寿命的高度可调性设计时间依赖防伪图案[55-56]；通过调节光源脉冲频率或脉冲宽度，可利用非稳态多色上转换发光实现防伪[57-58]。图 3.14 为基于上转换发光的多模式光学防伪案例。

（2）用于温度检测

发光涉及的物理过程包括激发、辐射跃迁发光、非辐射跃迁和能量传递，其中非辐射跃迁是以晶格振动热的形式耗散能量，是严重影响辐射跃迁发光的物理过程，而该过程受到温度的影响较大。此外，非辐射跃迁辅助的能量传递过程也容易受温度的影响，因此环境温度的变化会对材料的荧光性能产生影响[59]。现有的荧光温度探测方法包括检测温度引起的绝对荧光强度、两个发射峰的强度比、带宽、发射峰位置和荧光寿命[60-61]等参数的变化。其中，基于荧光强度比的比率型荧光温度计既容易实现，也比其他参数的测试误差小，因此更有应用价值[62]。比率型荧光温度效应可以来自两种不同发光离子的发射峰，利用了温度对这两种离子发光影响的差异或温度对二者之间能量传递的影响。例如，Teng Zheng 等[63]用溶胶凝胶法制备了 Bi_2MoO_6：Yb^{3+}，Er^{3+}，Tm^{3+} 荧光粉，在 975nm 近红外光激发下，该荧光粉可以产生一系列 Er^{3+}（525nm、550nm 和 670nm）和 Tm^{3+}（700nm 和 800nm）的特征发光，分

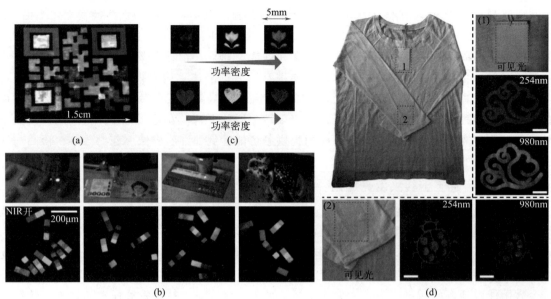

图 3.14 上转换发光材料用于光学防伪：(a) 上转换多色发光二维码[46]；
(b) 上转换多色发光条形码[47]；(c) 激发功率和脉冲宽度调节的上转换
发光颜色变化[57]；(d) 上、下转换发光材料用于标签（1）和
衣物（2）的光学防伪[51]

别来自于 Er^{3+}（$^2H_{11/2}$、$^4S_{3/2}$、$^4F_{9/2} \to {}^4I_{15/2}$）和 Tm^{3+}（$^3F_{2/3}$、$^3H_4 \to {}^3H_6$）的能级跃迁过程；随温度从 293K 增加到 623K，700nm/550nm、700nm/525nm、800nm/550nm 和 800nm/670nm 四组发射峰的强度比都发生了单指数或多指数规律变化，形成了典型的比率型荧光温度传感［部分结果如图 3.15(a)、(b)］；其中，800nm/670nm 强度比在 293K 时的相对灵敏度高达 5.9%/K，在 293~623K 温度范围内相对灵敏度都大于 2%/K。比率型荧光温度依赖性也可以来自同一种发光离子，主要利用该离子两个热耦合能级辐射跃迁产生的两个波长处的发光强度随温度的变化。当室温下两个能级的能量差在 200~2000cm^{-1} 时，由于电子-声子耦合作用，在声子的辅助下这两个能级会达到热平衡；在某温度下，处于这两个激发态能级的电子数量符合玻尔兹曼分布，即这两个能级形成了热耦合能级。处于两个热耦合能级的离子数量受到温度的显著影响，因此温度影响两个热耦合能级辐射跃迁产生的发光强度比。近期的研究表明，稀土离子 Er^{3+} 具有典型的热耦合能级，Er^{3+} 的 $^4S_{3/2}$ 和 $^2H_{11/2}$ 能级之间的能量差很小（约 680cm^{-1}），升高温度会促进 $^4S_{3/2} \to {}^2H_{11/2}$ 非辐射跃迁过程，从而增加处于 $^2H_{11/2}$ 能级的 Er^{3+} 数量并减少处于 $^4S_{3/2}$ 能级的 Er^{3+} 数量，使得 $^2H_{11/2} \to {}^4I_{15/2}$ 辐射跃迁产生的约 525nm 发光与 $^4S_{3/2} \to {}^4I_{15/2}$ 跃迁产生的约 545nm 发光的强度比随温度升高而增大，可以用于检测温度变化［如图 3.15(c)~(e)］[64]。温度变化还可能通过热膨胀或收缩效应引起敏化剂离子 Yb^{3+} 向发光离子 Er^{3+} 或 Ho^{3+} 能量传递的变化，结合声子辅助非辐射跃迁对热耦合能级分布的影响，导致发光离子不同辐射跃迁发光强度的不同变化趋势，形成发光强度比率型温度传感[65]。此外，同种发光离子非热耦合能级的发光强度比也可能随温度有规律变化，形成比率型温度传感[66]，比如基于 Ho^{3+} 的 $^5F_4/{}^5S_2 \to {}^5I_8$（约 545nm）、$^5F_5 \to {}^5I_8$（约 650nm）和 $^5S_2 \to {}^5I_7$（约 750nm）辐射跃迁发光强度比［如图 3.15(f)~

(h)][67]，Er^{3+} 的 $^4S_{3/2} \to {}^4I_{15/2}$（约 545nm）、$^4F_{9/2} \to {}^4I_{15/2}$（约 660nm）和 $^4S_{3/2} \to {}^4I_{13/2}$（约 850nm）辐射跃迁发光强度比[68]。荧光温度计与传统的热电偶和热敏电阻等接触型温度计相比，有非接触、非侵入、防腐蚀、响应迅速、精度高（<0.1℃）、灵敏度高（>1‰/K）、能实现超高空间分辨率等优点，可用于微纳流体、微纳电子、生物医学以及极端条件下的温度探测。

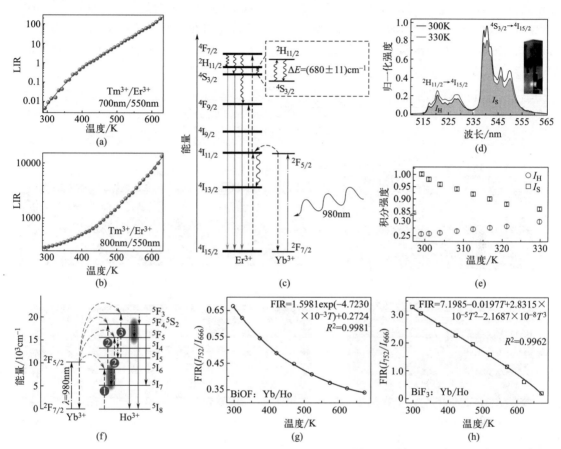

图 3.15 上转换发光材料用于温度检测：（a）、（b）$BiMoO_6$：Er^{3+}，Tm^{3+}，Yb^{3+} 中 Er^{3+} 和 Tm^{3+} 的非热耦合能级的上转换发光强度比随温度的变化[63]；（c）基于 Er^{3+} 热耦合能级 $^4S_{3/2}$ 和 $^2H_{11/2}$ 的发光强度比率型温度检测的上转换发光能级跃迁示意图；980nm 激光激发下，$NaYF_4$：$Yb/Er@NaYF_4$ 纳米流体在不同温度下的上转换发射光谱（d）和 525nm、545nm 发光强度（I_H、I_S）随温度的变化（e）[64]；（f）基于 BiF_3：Yb/Ho 微米晶中 Ho^{3+} 的非热耦合能级（$^5I_6$ 和 $^5I_7$，$^5F_4/^5S_2$ 和 $^5F_5$）的发光强度比率型温度检测的上转换发光能级跃迁示意图；（g）、（h）上转换发光强度比随温度的变化[67]

（3）用于生物成像与疾病诊断

稀土上转换纳米发光材料用于生物荧光成像与疾病诊断的优点主要包括：a. 降低了生物组织背景荧光的干扰，这是因为生物组织在紫外及可见光源照射下会产生荧光从而造成背景荧光干扰；而上转换发光材料一般采用近红外光激发，生物组织本身在近红外光源的激发下几乎不产生荧光信号，无背景荧光干扰；b. 较大的组织穿透深度，相比紫外和可见光源，长波长的近红外激发光衍射能力强，组织穿透深度大，如果产生的发射光的波长也处于近红外区,则其组织穿透深度更大;c. 不存在光闪烁和光漂白现象,这是因为稀土上转换发光是稳定、连续的发光现象,且一般存在多个位置的发射峰;d. 与常用的 980nm 近红外光源相比,使用 808nm 近红外光作为激发光源还能降低激光照射引起的局部过热效应,因为水分子对后者的吸收更少。基于癌细胞的强渗透作用和滞留作用,稀土上转换纳米发光材料可用于癌细胞成像和早期疾病诊断。例如,$NaErF_4@NaYF_4@NaYbF_4:Tm@NaYF_4@TiO_2$ 多层核壳纳米晶体可用于 A549 细胞(肺癌人类肺泡基底上皮细胞)成像,在 980nm 光源照射下可以产生红色和蓝色信号,而在 808nm 光源照射下只产生红色信号[图 3.16(a)],该材料还可以通过静脉注射进一步用于小鼠肿瘤体内成像[图 3.16(b)][69];如图 3.16(c),$NaGdF_4:Yb/Tm@NaGdF_4:Yb@NaNdF_4:Yb@NaGdF_4@mSiO_2$ 上转换发光可用于海拉细胞(一种宫颈癌细胞,808nm 激发)成像[70];聚乙二醇(PEG)修饰的 $NaYF_4:Yb/Tm$ 纳米颗粒的上转换发光(980nm 激发,800nm 发射)可用于宫颈癌肿瘤诊断,图 3.16(d)为该试剂注射后在老鼠体内的聚集情况随时间的变化:开始在肺部和肝脏,3h 后转向肝脏和肿瘤处[71]。

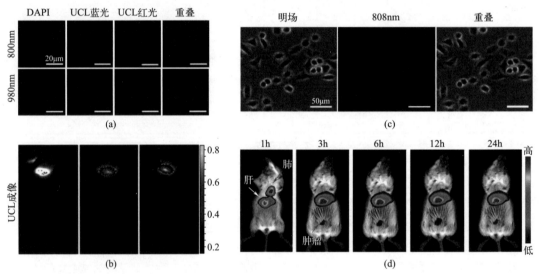

图 3.16 上转换发光材料用于生物成像和疾病诊断:(a)$NaErF_4@NaYF_4@NaYbF_4:Tm@NaYF_4@TiO_2$ 多层核壳纳米晶体处理的 A549 细胞在 800 和 980nm 光源激发下的发光照片,标尺为 $20\mu m$;(b)小鼠静脉注射该纳米晶体 2h 和 24h 后的上转换发光照片,800nm 激光照射[69];(c)$NaGdF_4:Yb/Tm@NaGdF_4:Yb@NaNdF_4:Yb@NaGdF_4@mSiO_2$ 上转换纳米颗粒处理的海拉细胞在明场和 808nm 激光下的照片及其叠加图像,标尺为 $50\mu m$[70];(d)聚乙二醇(PEG)修饰的 $NaYF_4:Yb/Tm$ 纳米颗粒注射于老鼠体内后不同时间的成像照片(980nm 激发,800nm 发射)[71]

(4)用于光学治疗

功能化的上转换纳米材料可以用于医学治疗,包括药物传输(drug delivery)、光动力治疗(photodynamic therapy,PDT)、光热治疗(photothermal therapy,PTT)等。用于药物传输时,通常需要包覆二氧化硅并修饰聚合物,聚合物提供了药物的结合力,二氧化硅可以提高负载量;聚合物的刺激响应性(pH 值、温度等)可以调节聚合物与药物的结合力,从而控制药物的释放,达到治疗的效果,而上转换纳米材料的荧光信号则提供了监测信息。例如,聚丙烯酸(PAA)修饰的上转换颗粒 $NaYF_4:Yb/Er@NaYF_4:Yb@NaNdF_4:$

Yb@NaYF$_4$-PAA,可用于负载阿霉素(DOX)在动物体内传输,808nm 光源激发下可产生绿色上转换发光用于光学成像指示药物动向,阿霉素在 pH 的调节下可控释放,最终达到治疗小鼠肿瘤的效果[图 3.17(a)、(b)][72]。光动力治疗的机理为二氧化硅包覆的上转换纳米材料携带光敏性药物进入肿瘤细胞,在近红外光的激发下,上转换纳米材料产生的发光能刺激药物将能量传递给周围的氧,生成活性很强的单线态氧(激发态氧分子),单线态氧能与附近的生物大分子发生氧化反应,产生细胞毒性进而杀伤肿瘤细胞。例如,阿霉素修饰的 NaYF$_4$:Yb/Tm@SiO$_2$-Au 复合材料用于抑制肿瘤生长,其中 Au 纳米颗粒吸收 NaYF$_4$:Yb/Tm 的上转换蓝紫光发射使复合材料发光(主要是 800nm 的近红外光),用于光学成像时有更大的组织穿透深度,在激光作用下,该复合材料能有效抑制小鼠肿瘤的发展[图 3.17(c)、(d)][73]。用于光热治疗时,上转换纳米材料与 Ag、Au 或者 C 等光热剂产生表面等离子体共振效应从而放出热量,产生的局部高温可以杀死癌细胞[74-76]。

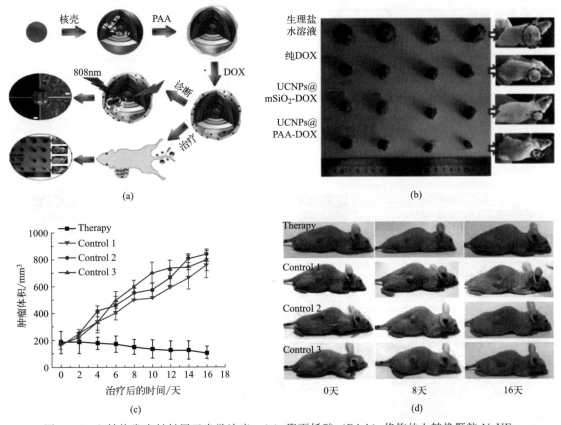

图 3.17 上转换发光材料用于光学治疗:(a) 聚丙烯酸(PAA)修饰的上转换颗粒 NaYF$_4$:Yb/Er@NaYF$_4$:Yb@NaNdF$_4$:Yb@NaYF$_4$-PAA 用于细胞成像和负载阿霉素(DOX)进行肿瘤治疗的示意图;(b) 分别以生理盐水溶液、纯 DOX、UCNPs@mSiO$_2$-DOX 和 UCNPs@PAA-DOX 进行各种治疗后切除的肿瘤照片[72];阿霉素修饰的 NaYF$_4$:Yb/Tm@SiO$_2$-Au 复合药物四种治疗模式后 HeLa 肿瘤的体积变化(c)和相应照片(d)(Therpy:注射复合药物后用 980nm 激光处理;Control 1:只激光处理;Control 2:未加复合药物也未用激光处理;Control 3:只加药物未用激光处理)[73]

3.1.4 稀土电致发光材料

电致发光是在直流或交流电场作用下,依靠电流和电场的激发使材料发光的现象,又称场致发光。电致发光除了用于 LED 光源,还可能用于电场分布检测等[77]。电致发光可分为高场电致发光和低场电致发光。在高场电致发光中,高压加速的载流子碰撞激发发光中心使之发光。低场电致发光一般基于半导体 P-N 结,载流子以少子形式注入 P-N 结并辐射复合产生发光。这里简单介绍无机稀土发光材料的电致发光。

3.1.4.1 稀土高场电致发光材料

Destriau 在 1936 年就发现了 ZnS:Cu 粉末的电致发光现象,在后来的研究中,为了提高电致发光效率,通常需要构建薄膜电致发光材料。薄膜电致发光的机理主要包括:a. 电子进入发光层;b. 电子被加速成为高速电子;c. 高速电子碰撞并激发镧系发光离子;d. 镧系离子发生辐射跃迁产生发光。

由于稀土发光离子的 4f 电子是内层电子,因此载流子碰撞激发稀土离子比较困难。早期的稀土电致发光材料如 GaN:Er^{3+}、ZnS:Tb^{3+}、SrS:Ce^{3+}、CaS:Eu^{2+}、SrS:Ce^{3+}/Eu^{2+} 等,其发光效率较低且工作电压较高。可通过材料设计增加热载流子提高其发光效率。例如,可在 ZnO:RE^{3+}(RE=Eu、Er、Tm、Nd)发光层上覆盖 $Mg_xZn_{1-x}O$ 层来增加热载流子,从而获得高效可见和近红外电致发光,且其工作电压可以低至约 5V(图 3.18)[78]。还可通过在 Al_2O_3:Er^{3+} 薄膜电致发光器件的发光层中引入 Ga_2O_3 来增强其近红外电致发光,其机理也是 Ga_2O_3 增加了热载流子注入[79]。

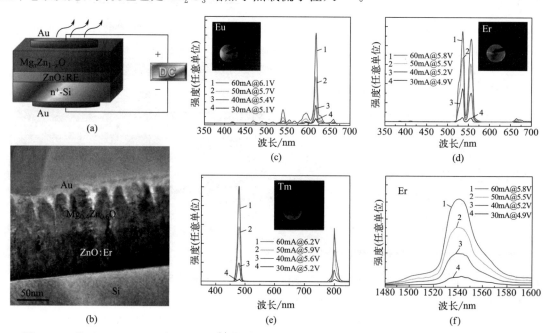

图 3.18 基于 $Mg_xZn_{1-x}O$/ZnO:RE^{3+} 构建的电致发光器件的示意图(a)和截面 TEM 图(b);
基于 $Mg_xZn_{1-x}O$/ZnO:RE^{3+} 构建的电致发光器件在不同偏压下的
电致发光光谱和照片;(c)RE=Eu;(d)RE=Er,可见光;
(e)RE=Tm;(f)RE=Er,近红外光[78]

3.1.4.2 稀土半导体电致发光材料

基于载流子与发光离子之间的碰撞来激发稀土离子的内层 4f 电子需要克服较大的载流子注入势垒，载流子注入效率较低，电致发光效率较低，且对电场强度要求较高；此外，为了避免浓度猝灭效应，其中掺杂的稀土发光离子浓度一般较低，也不利于获得高强度电致发光。而在半导体电致发光材料中，电子和空穴可以较容易地注入 P-N 结中，此外，合理设置电子和空穴传输层还可以进一步增加载流子注入，从而有利于获得较强的电致发光。因此，通过合理设计具有合适能带结构和载流子迁移率的稀土半导体发光层可获得高效的电致发光[80]。

例如，在 $CsEuBr_3$ 半导体中，其导带主要由 Eu^{2+} 的 5d 轨道构成，价带主要由 Eu^{2+} 的 4f 轨道和少量 Br^- 的 4p 轨道构成，在电场作用下，电子和空穴可直接注入 Eu^{2+} 发光离子，从而不需要碰撞激发。此外，Eu^{2+} 的 5d 轨道和 Br^- 的 4p 轨道是裸露在外的离域轨道，载流子扩散更加容易。用 $CsEuBr_3$ 半导体构筑的电致发光器件可产生 448nm 的蓝色发光，最优的外量子效率可达 6.5%，亮度为 76.77cd/m² [图 3.19(a)、(b)][81]。Cs_3CeBr_6 半导体的导带和价带分别主要由 Ce^{3+} 的 5d 轨道和 4f 轨道构成，也可用于构建电致发光器件，实

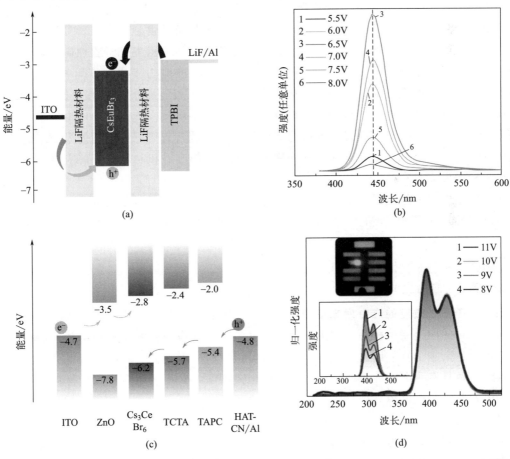

图 3.19 （a）用 $CsEuBr_3$ 构建的电致发光器件的能带结构图；（b）不同电压下 $CsEuBr_3$ 电致发光器件的电致发光光谱[81]；（c）Cs_3CeBr_6 电致发光器件的能带结构图；（d）不同电压下 Cs_3CeBr_6 电致发光器件的电致发光光谱[82]

现紫色发光，外量子效率为 0.46%［图 3.19(c)、(d)］[82]。因为 f-d 跃迁是轨道选律允许跃迁，其发光寿命（ns 到 μs 级）比 f-f 跃迁寿命（ms 级）短很多，所以基于 f-d 跃迁发光的稀土半导体电致发光材料能避免严重的载流子猝灭从而增加载流子利用率，有利于获得较强的电致发光。需要注意的是，和大多数半导体 LED 类似，稀土半导体的电致发光随电压或电流增大也存在滚降效应。

3.1.5 应力发光材料

3.1.5.1 应力发光材料简介

应力发光（mechanoluminescence）材料是指能在压缩、拉伸、摩擦力、弯曲等机械作用下产生发光的材料，其发光光谱位置通常与光致发光一致。Francis Bacon 于 1605 年在 *Advancement of Learning* 一书中记载了通过刮擦方糖产生发光的现象。1966 年，C. T. Butler[83] 发现了碱金属卤化物中的形变发光现象。印度科学家 B. P. Chandra 于 1978 年提出术语"mechanoluminescence"用来描述由于机械作用于材料而产生的所有类型的发光。1999 年，Xu 等报道了具有强应力发光的 ZnS：Mn^{2+}[84] 和 $SrAl_2O_4$：Eu^{2+}[85]，并将其应用在应力传感上，极大地促进了力致发光的研究。近年来，力致发光材料因其在压力传感等领域的应用前景而受到广泛的关注，其发展取得了长足的进步。

根据发光时材料的形变类型，应力发光材料可分为破坏应力发光、弹性应力发光、塑性应力发光、摩擦应力发光[86]。其中，弹性应力发光和摩擦应力发光属于可恢复应力发光，在不破坏材料结构的循环应力作用下，可产生重复的应力发光响应，具有较好的可重复性；破坏应力发光和塑性应力发光属于不可恢复应力发光，在材料发光过程中产生了难以恢复的结构变化。显然，可恢复应力发光在应力传感等应用领域具有更好的应用前景，因此是研究者更感兴趣的研究领域。此外，应力发光现象在无机材料和有机材料中都能实现，我们主要讨论无机应力发光材料。

无机应力发光材料的研究，主要是基于操控基质、掺杂离子、制备方法、改性手段等策略，对材料的发光强度、波长、寿命、重复性及灵敏度等发光性质进行优化，同时对应力发光机理及应力发光调控机理进行深入研究，以促进应力发光材料在应力传感、发光防伪、显示与照明等领域的有效应用。

3.1.5.2 应力发光机理

（1）基于压电效应的应力发光机理

不同材料的应力发光机理有很大差异，且随着发现的应力发光材料种类越来越多，应力发光机理也越来越丰富。因目前报道的大多数可恢复型应力发光材料都是压电材料，研究者普遍认为材料具有压电特性是实现应力发光的重要因素。对于压电应力发光材料，目前有压电诱导电致发光和压电诱导载流子脱陷两种发光机理。

对于最初发现的强应力发光材料 ZnS：Mn^{2+} 和 $SrAl_2O_4$：Eu^{2+}，研究者提出了压电诱导电致发光机制，即压力作用下材料内部产生的压电场使被捕获的载流子获得足够的能量，发光中心在载流子的冲击下被激发进而产生发光[84-85]。2010 年，Zhang 等[87] 制备了具有三明治结构的 (Ba, Ca)TiO_3：Pr^{3+} 双相陶瓷，发现该材料具有相似的应力发光和电致发光光谱，两种光谱都有来自 Pr^{3+} 的 $^1D_2 \rightarrow {}^3H_4$ 跃迁产生的发射峰，且应力发光和电致发光强度对 Ca 含量变化的依赖性一致。因此，研究者用压电诱导电致发光机理解释该材料的应力发光，但是，该材料的电致发光存在一定的电场阈值，仅在较强的压力下应力发光现象才能用压电诱导电致发光机理来解释。

压电诱导载流子脱陷机理是更普遍采用的应力发光机理。在该机理中，材料的非中心对称晶体结构在受应力刺激时产生压电势，使被束缚在陷阱中的载流子更容易脱束缚，载流子通过非辐射跃迁复合或直接与发光中心作用的方式将能量传递给发光中心进而产生发光。根据载流子脱陷机理，材料本身具有能够束缚载流子的陷阱是应力发光的前提，陷阱能够存储能量，其分布和密度影响应力发光特性，应力发光强度随着陷阱中载流子的数量减少而降低。陷阱可以来自制备过程中基质产生的本征缺陷，还可以通过非化学计量配比、离子掺杂等手段引入。材料内部的缺陷对载流子的束缚能力不同，载流子脱束缚所需的能量有所区别，由此形成深、浅不同的陷阱。浅陷阱中的载流子只需较小的压电势即可脱束缚，因此产生发光所需的应力较小；而位于深陷阱中的载流子则需要更大的压电势才能脱束缚产生发光，因此产生发光所需的应力较大。此外，浅陷阱的存在可以很好地解释应力余晖发光现象，与应力余晖发光相关的浅陷阱能级深度约为 $0.6\sim1\mathrm{eV}$[88-90]。压电诱导载流子脱陷理论可用来解释绝大多数压电应力发光材料（表 3.5）的发光现象。但是，该理论仍需进一步发展完善，特别是需要建立并完善陷阱与应力发光之间的关系，以指导设计性能更好的应力发光材料。

表 3.5 具有非中心对称晶体结构的应力发光材料

类型	基质	激活剂	空间群
硫化物	ZnS	Mn^{2+},Cu^+	$P6mm$
氧硫化物	CaZnOS	Mn^{2+}, Ln^{3+} (Ln=Tb,Eu,Pr,Sm,Er,Dy,Ho,Nd,Tm,Yb)	$P6_3mc$
	SrZnOS	Mn^{2+}, Ln^{3+} (Ln=Ho,Tb,Pr,Sm,Er,Yb,Nd,Tm,Dy)	$P6_3mc$
	$SrZn_2S_2O$	Mn^{2+},Pr^{3+},Yb^{3+}	$Pmn2_1$
铝酸盐	$SrAl_2O_4$	$Eu^{2+},Eu^{2+}/Dy^{3+}$	$P2_1$
	$CaYAl_3O_7$	Eu^{2+}	$P\bar{4}2_1m$
	$CaLaAl_3O_7$	Yb^{3+}	$P\bar{4}2_1m$
镓酸盐	$LiGa_5O_8$	Pr^{3+},Cr^{3+}	$P4_332$
	$CaGa_2O_4$	Pr^{3+}	$Pna21$
	$BaLaGa_3O_7$	Eu^{3+}	$P\bar{4}2_1m$
	$CaSrGa_4O_8$	Mn^{2+}/Yb^{3+}	$P2_1$
锗酸盐	Na_2ZnGeO_4	Mn^{2+}	$P1n1$
	Na_2MgGeO_4	Mn^{2+}	$P1n1$
钽酸盐	$LiTaO_3$	$Pr^{3+},Bi^{3+}/Tb^{3+}$	$R3c$
锡酸盐	$Sr_3Sn_2O_7$	Sm^{3+}	$A2_1am$
铌酸盐	$LiNbO_3$	Pr^{3+}	$R3c$
	$NaNbO_3$	Pr^{3+}/Er^{3+}	$Pbma$
	$Sr_2Nb_2O_7$	Pr^{3+}	$P2_1$
	$Ca_2Nb_2O_7$	Pr^{3+}	$P2_1$

续表

类型	基质	激活剂	空间群
硅酸盐	$Ca_2MgSi_2O_7$	Eu^{2+}/Dy^{3+}	$P\bar{4}2_1m$
	$CaAl_2Si_2O_8$	Eu^{2+}/Dy^{3+}	$P1$
钛酸盐	$(Ba,Ca)TiO_3$	Pr^{3+}	$P4mm+Pbnm$
	$La_2Ti_2O_7$	Pr^{3+}	$P2_1$
	$Ca_3Ti_2O_7$	Pr^{3+}	$Ccm2_1$
氮氧化物	$BaSi_2O_2N_2$	Eu^{2+}	$Cmc2_1$

在一些具有中心对称结构的非压电材料中也能实现应力发光,可以用局部压电效应理论解释。在 $CaTiO_3:Pr^{3+}$[91]、$BaZnOS:Mn^{2+}$[92]、$CaNb_2O_6:Pr^{3+}$[93]、$Ca_3Nb_2O_8:Pr^{3+}$[93]、$Li_2ZnGeO_4:Mn^{2+}$[94]、$MgGeO_3:Mn^{2+}$[95] 等具有中心对称晶体结构的非压电材料中,虽然没有本征压电效应,但是晶体中的缺陷能改变局部结构,产生局部压电势,从而使陷阱中的载流子被释放,发生向发光离子的能量传递,进而产生发光。

(2) 其他应力发光机理

摩擦发光是材料在与其他材料摩擦过程中产生发光的现象,摩擦发光的强度与摩擦材料表面材质密切相关,摩擦发光的机理比较复杂,目前有以下三种解释。一是摩擦电势诱导应力发光,即摩擦产生的表面电势使材料陷阱能级中的载流子脱束缚,进而发生向发光中心的能量传递产生发光,例如 $ZnGa_2O_4:Mn^{2+}$[96]、$MgGa_2O_4:Mn^{2+}$[96]、$ZnAl_2O_4:Mn^{2+}$[97-98] 和 $NaCa_2GeO_4F:Mn^{2+}$[99] 等材料的摩擦发光现象。二是摩擦电场直接激发发光中心,即发光中心离子被摩擦电场直接从基态能级激发到激发态,进而发生辐射跃迁产生发光,例如 $CaZnGe_2O_6:Mn^{2+}/PDMS$ 复合材料的摩擦发光[98]。三是摩擦电场诱导电子轰击机理,研究者用该机理解释 $Sr_3Al_2O_5Cl_2:Ln$ 颗粒和硅胶或 PDMS 基体复合的两种弹性材料的摩擦发光:发光颗粒与基体之间的摩擦在基体表面产生了电子,这些电子在摩擦电场作用下加速轰击发光颗粒表面使发光中心被激发[100]。

此外,还有接触带电电子云机理和声子辅助机械能量传递机理。$Lu_3Al_5O_{12}:RE^{3+}/PDMS$ 复合弹性材料的应力发光用接触带电电子云模型解释,动态拉伸应变改变了 $Lu_3Al_5O_{12}:RE^{3+}$ 发光颗粒与 PDMS 基体表面的电子云重叠,二者表面产生接触静电,电荷重组产生的宽带激发直接激发发光中心产生发光[101]。研究者提出声子辅助机械能量传递机理解释 $Lu_3Al_5O_{12}:Ce^{3+}/PDMS$ 复合材料的应力发光:在应力的刺激下,Ce^{3+} 基态能级的电子可以借助基质中声子能量转移到激发态能级,然后与空穴复合产生发光,因此应力发光不受陷阱能级的影响,从而表现出与陷阱无关的自恢复应力发光[102]。

3.1.5.3 应力发光材料应用

应力发光材料的主要潜在应用场景包括应力传感、发光防伪、显示与照明等。这里主要介绍无机应力发光材料用于应力传感和发光防伪领域的最新研究。

(1) 应力发光材料用于应力传感

应力发光的产生通常与压电势有关,而压电势的大小由应力大小决定,因此应力发光的强度通常对材料弹性范围内所受应力大小表现出一定的数学关系,可用于应力传感。应力发光材料用于应力传感可以基于应力发光强度的变化。例如,$NaCa_2GeO_4F:Mn^{2+}$ 环氧树脂复合材料的摩擦发光强度与快速机械摩擦力的强度成线性关系［图 3.20(a)］[99]；片状 $Li_{0.99}NbO_3$：Pr^{3+} 应力发光的强度随拉伸应力强度改变不仅表现出规律的变化，还有很好的重复性［图 3.20(b)］[103]。

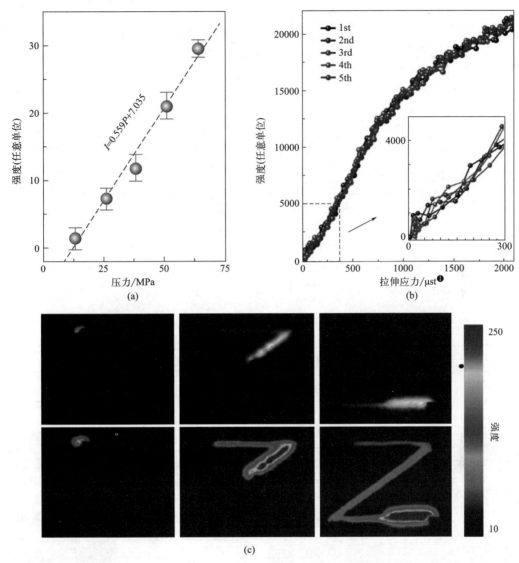

图 3.20　(a) $NaCa_2GeO_4F$：Mn^{2+} 环氧树脂复合材料的摩擦发光强度随快速机械摩擦力强度的变化及其线性拟合结果[99]；(b) 片状 $Li_{0.99}NbO_3$：Pr^{3+} 的应力发光强度随拉伸应力强度变化趋势的五次重复测试结果[103]；(c) 基于 $Y_3Al_5O_{12}$：Ce^{3+} 瞬时黄光应力发光粉末、$Ba_{0.5}Sr_{0.5}Si_2O_2N_2$：$Eu^{2+}$ 余晖绿光应力发光粉末和 PDMS 基质的触觉和应力传感器的接触追踪照片和应力发光映射图[102]

应力发光材料用于应力传感也可以基于应力发光强度比的变化。例如，Ma 等[102] 将 $Y_3Al_5O_{12}$：Ce^{3+} 瞬时黄光应力发光粉末、$Ba_{0.5}Sr_{0.5}Si_2O_2N_2$：$Eu^{2+}$ 余晖绿光应力发光粉末

---

❶　st 为质量单位英石，1 英石≈6.35kg。

和 PDMS 基质混合做成触觉和应力传感器，$Ba_{0.5}Sr_{0.5}Si_2O_2N_2：Eu^{2+}$ 的余晖绿光可以指示接触轨迹，$Y_3Al_5O_{12}：Ce^{3+}$ 瞬时黄光可以指示即时接触位置 [图 3.20(c)]，同时接触位置的 500nm 绿光和 578nm 黄光应力发光强度比 I_{500}/I_{578} 和应力大小呈现出很好的线性关系，可以用来指示 0.2~1.2N 范围内的应力。

应力发光材料用于应力传感还可以基于应力发光颜色的变化。Tian 等[88]利用 $Sr_2P_2O_7：Eu，Y$ 中蓝色发光中心 Eu^{2+} 和红色发光中心 Eu^{3+} 在应力响应性能方面的差异性，实现了 $Sr_2P_2O_7：Eu，Y/PDMS$ 复合柔性材料在应力/应变驱动下摩擦发光颜色的演变，通过建立器件的力学信息与摩擦发光颜色之间的关联，发展出一种可通过发光颜色直接感知力学信息的可视化力学传感方法。如图 3.21(a)、(b) 所示，随应力增大，Eu^{3+} 的红色应力发光和 Eu^{2+} 的蓝色应力发光的强度比逐渐降低，发光颜色从蓝色变为紫色；将 $Sr_2P_2O_7：Eu，Y$ 和 PDMS 混合后涂覆在螺纹表面，预紧固时呈现蓝色，终紧固时呈现紫色，对螺纹的原位应力可视化可用于精密仪器的保护 [图 3.21(c)]。

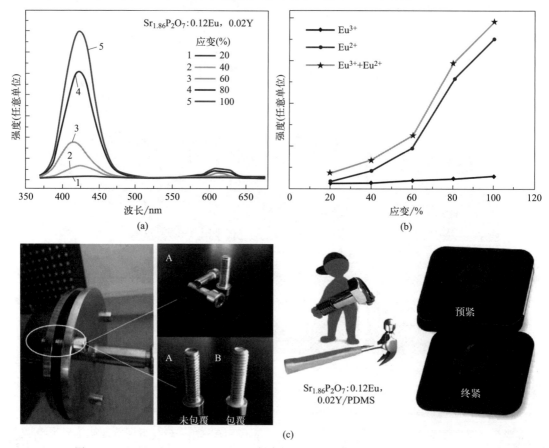

图 3.21 $Sr_2P_2O_7：Eu，Y/PDMS$ 复合材料的应变依赖：(a) 应力发光光谱；(b) 强度变化；(c) 接触机械的可视化半定量传感应用演示[88]

（2）应力发光材料用于发光防伪

利用应力发光结合普通荧光、余晖发光、温度依赖发光等实现多模式发光，可用于光学防伪等信息安全领域[89,94,95,98,99]。例如，Jun-Cheng Zhang 等[104]用固相反应法制备了 $NaNbO_3：Pr^{3+}/Er^{3+}$ 荧光粉，应力作用产生的压电势能促进缺陷电子的释放，产生 Pr^{3+} 位于 612nm 的红色应力发光;将该荧光粉与热塑性聚氨酯弹性体结合做成复合薄膜,使用普通的白光 LED 灯作为光源并通过书写的方式施加应力,利用该荧光粉的光致余晖发光和应力发光可以实现高级复合防伪。Yongqing Bai 等[100] 利用 $Sr_3Al_2O_5Cl_2$:Ln(SAOCL;Ln = Eu^{2+},Tb^{3+},Ce^{3+}) 和 $Ca_{0.98}Al_2O_4$:Eu,Dy(CAOED) 的选择性光致发光、应力发光、温度依赖发光性质,构建了柔性多模式防伪器件,该器件在紫外光、拉伸、加热等多种刺激下显示出不同颜色的发光图案,既可用于光学防伪也可用于信息加密。

3.2 光电材料

光电材料是伴随着"光电子学"和"光电子工业"的产生而迅速发展起来的一类功能材料,主要指可以实现光电转化功能并用于制造各种光电设备(各种主、被动光电传感器、光信息处理和存储器件、光通信设备、能源转换装置等)的材料。按照工作原理的不同,光电材料主要包括光电发射材料、光电导材料及光伏材料等类型。本节重点讲述部分光电材料的相关物理基础以及相关器件的特征参数、分类及应用领域等内容。

3.2.1 光电材料的基本理论[105]

当光照射到半导体上时,一部分入射光被表面反射,剩余的被半导体吸收或者透过半导体。半导体的反射率和吸收系数与入射电磁波的频率有关,半导体种类不同,光反射和透射的比率也不同。另外,入射光的强度不同,所产生的现象也不同。由于半导体种类、入射光的波长和强度不同,光和半导体的相互作用也不同。表征半导体光学性质的光学系统都是频率或波长的函数。它们的光谱特性取决于光与半导体相互作用的不同机理,且主要取决于半导体对光的不同吸收机理。光与半导体相作用的特点既取决于光的性质-光谱组成、光强度、偏振、相干性及传播方向,同时也取决于半导体的性能,并且首先取决于它的能带结构。根据入射光的光子与光电材料中的电子相互作用而产生载流子的机制,半导体的光电效应可分为外光电效应和内光电效应两类。

3.2.1.1 外光电效应

外光电效应是金属或半导体材料表面在特定波长的光辐照下会吸收光子并逸出电子的现象,能产生这种现象的物质被称为光阴极材料。性能良好的光阴极材料通常需要具有较高的光吸收系数、较大的光电子逸出深度和较低的表面势垒等特性。光电发射是电磁辐射被物体吸收的主要过程之一。利用光电发射可以制成真空光电管(或真空光电池)、光电摄像管、倍增管等仪器,它们在自动控制、电视等方面都有重要应用。光电发射的基本定律有以下两种。

(1)斯托列托夫定律(光电发射第一定律)

当照射到光阴极上的入射光频率或频谱成分不变时,饱和光电流(即单位时间内发射的光电子数目)与入射光强度成正比,即:

$$I = PS \tag{3.4}$$

式中,I 是光电流;P 是入射到样品的光功率;S 是光电灵敏度。斯托列托夫定律也可以表述为:

$$I = e\eta \frac{P}{h\nu} \tag{3.5}$$

式中，e 为元电荷；η 为光子激发出电子的量子效率；ν 为光的频率。该定律也被称为光电转换定律，是利用光电效应制备光电管、光电倍增管检测器件的物理基础。

（2）爱因斯坦定律（光电发射第二定律）

光电发射效应的能量关系也可以表述为：光电子的最大初动能只与入射光的频率（ν）成线性关系，而与入射光的强度无关。这一关系可用爱因斯坦光电效应方程表述：

$$\frac{1}{2}mv_{max}^2 = h\nu - E_w \tag{3.6}$$

式中，m 为光电子质量；v_{max} 为出射光电子的初始速度；E_w 为逸出功。

光电发射定律认为光由一群光子组成，当每个光子的能量超过某一数值（逸出功）时，就能从被照金属中释放一个电子，每个电子的能量等于光子能量减去逸出功。所以光子能量越大（即波长越短），电子速度就越大；而光子越多（即光越强），电子数目也就越多，这也进一步证实了光具有波粒二象性。光电发射是电磁辐射被物体吸收的主要过程之一。

因此，对于给定的物质，照射光都有一个能够产生光电效应的极限频率。只有当照射光的频率大于极限频率时，才能产生光电效应。反之，不论光的强度（亦称辐照度）多大和照射时间多长，都不会引起光电效应。对于单色光照射，当光频率大于极限频率时，光电流就与照射光的强度成正比，光强越强，光电流越大。基于外光电效应制成的光电转换器件的结构示意图如图3.22所示。

图3.22中，在一个可抽成真空的密闭容器中，阴极K为一块金属或金属氧化物阴极板，A为阳极。当极板受到一定强度的单色光照射时，检流计显示有电流通过，若将K板与电源正极相连，A板与电源负极相连，检流计中则无电流通过，可见被照射的金属极板放出的是电子，称作光电子。这些光电子在电场的作用下，不断地由K板向A板流动形成电流，这种电流叫做光电流。光电效应的产生是瞬时的，一个照射过程产生光电流的过程非常快，一般不超过 10^{-9} s，停止光照后光电流就立即消失。

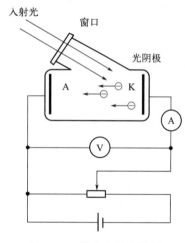

图 3.22 外光电效应装置

3.2.1.2 内光电效应

对于半导体材料而言，在光量子的作用下，价带中的电子被激发到导带中形成载流子，使其导电性增加或产生电动势的现象称为内光电效应。内光电效应又可分为光电导效应和光生伏特效应。

（1）光电导效应

原则上讲，半导体的电导率发生变化可归因于载流子浓度或迁移率的变化。当入射光照射到半导体材料表面时，半导体吸收入射光子并产生电子-空穴对，使材料本身的载流子浓度增加，进而使其自身电导率增大的现象称为光电导效应，又可分为本征型和杂质型两类。利用光电导效应制成的探测器件称为光电导探测器，也可称为光敏电阻。

在直接带隙半导体中，如果用波长足够短的光照射半导体，发生受激电子从价带至导带的跃迁，则材料的电导率增高，同时在价带中留下空穴，这也可以进一步增加电导率，这就是本征光电导，但并不一定意味着它用的是本征半导体。实现本征光电导必须要满足 $\nu > \dfrac{E_g}{h}$ 的频率条件或 $\lambda < \dfrac{hc}{E_g} = \dfrac{1.24}{E_g}$ 的波长条件。这里，E_g 和 λ 的单位分别为 eV 和 μm。

对于间接带隙半导体来说，光电导的产生必须借助于有声子参加的跃迁。这时产生本征光电导的条件除了 $h\nu > E_g$，还存在一种 $h\nu < E_g$ 的情形，这就是因光激发而形成激子。这种情形与上面所说的不同，在低温下所吸收的光子能量小于禁带宽度，受激电子和空穴是相互束缚而不是自由的，因此不能形成光电导。在适当高的温度下，激子可以离解成为自由电子和空穴，它们能对光电导的产生做出贡献。

在杂质半导体中除了上述的本征跃迁外，在光的作用下还可以发生杂质能级和允带之间的跃迁。由这样的跃迁引起的光电导称为杂质光电导或非本征光电导。在具有深施主能级的 N 型半导体中，几乎所有施主电子在低温时都被束缚于施主能级，因此电导率不大。如果半导体受到量子能量 $h\nu > E_d$ 的光照射，则电子从中性施主能级跃迁至导带，从而使材料的电导率增加。这种情形下参加导电的是受激电子，电子跃迁到导带后，留下的是电离的施主。在具有深受主能级的 P 型半导体中，产生低温光电导的条件是 $h\nu > E_a$，在这种情形下，光激发使电子从价带向中性受主跃迁，形成电离的受主，而在价带中产生可以参加导电的自由空穴。因为杂质的电离能通常比禁带宽度要小得多，所以杂质吸收和光电导的长波限比本征吸收和光电导长波限要大得多。

（2）光生伏特效应

当一定波长的光照射非均匀半导体（如 P-N 结）时，会在半导体间界面处形成内建电场，在内建电场的作用下，光生电子-空穴对会被有效自发分离，其两端会形成电动势，此时 P 区为正极，N 区为负极，该现象称为光生伏特效应，简称光伏效应。

当未受到光照时，在 P-N 节的结区会存在由 N 区指向 P 区的内建电场，阻止空穴和电子的进一步扩散，而形成载流子处于平衡状态的空间结区，同时能带发生弯曲，此时空间电荷区两端的电势差为 eV_D，如图 3.23(a) 所示。此时的空间电荷区相当于一个势垒，N 区的电子或 P 区的空穴要想进入另一区域就需要吸收足够的能量越过势垒。当有能量高于 E_g 的光子入射时，在整个 P-N 节的 P 区、结区、N 区三个区域都会同时产生自由电子-空穴

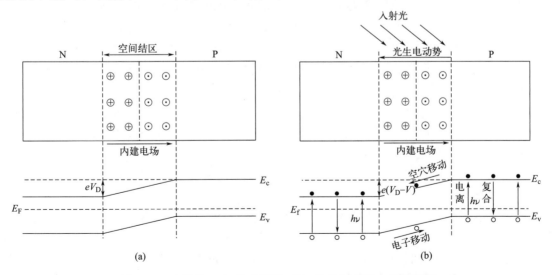

图 3.23　光照前 (a) 和光照后 (b) 的 P-N 节光电势的产生

对，如图 3.23(b) 所示。此时，在每个区域只有光照产生的少数载流子对光生电动势有贡献。在内建电场的作用下，光生电子流向 N 型区域，而光生空穴倾向于向 P 型区域运动，从而实现了正负载流子的分离，此时出现了与内建电场相反由 P 区指向 N 区的光生电动势或光生电场。这类同于在 P-N 节上施加了正向的外加电场，使内建电场的强度降低，导致载流子扩散产生的电流大于漂移产生的电流，进而产生了净正向电流。若光生电动势为 V，则空间电荷区的势垒高度下降到 $e(V_D - V)$。通过界面层的电荷分离，将在 P 区和 N 区之间产生一个向外的可测试的电压。通过光照在界面层产生的电子-空穴对越多，电流越大。界面层即电池面积越大，界面层吸收的光能越多，则在太阳能电池中形成的电流也越大。

3.2.2 光电发射材料与器件[106-107]

3.2.2.1 光电发射材料

光电发射材料是指物质受到入射光的照射时，电子可以得到足够的能量后从物质表面上放射出来的现象，称为光电子发射效应，也属于"外光电效应"。发射出来的电子称为光电子，可以发射光电子的物体称为光电发射体，光电子形成的电流即为光电流。这个现象是德国物理学家赫兹（H. R. Hertz）于 1887 年首先发现的。1888 年俄国物理学家斯托列托夫通过实验研究了该现象，但是光电效应的规律用光的波动说无法圆满解释。直到 1905 年，爱因斯坦引入光子概念才说明了这种现象。

光电发射阴极是光电发射探测器中的光电发射体，是完成光电转换的重要部件，主要作用是吸收光子能量发射光电子，它的性能好坏直接影响整个光电发射器件的性能。

（1）基本要求

良好的光电发射材料应具备的条件有：光的吸收系数大，光电子在体内传输过程中受到的能量损失小，表面势垒低，表面逸出概率大，具备一定的电导率以便能通过外电源来补充因光电发射所失去的电子。通常采用斯托列托夫定律来表征外光电效应的好坏，其相关器件（光电管、光电倍增管等）的性能可以用如下参数来进行表征。

① 灵敏度

用 S 表示，代表光电子发射材料在一定光谱和阳极电压下，光电管阳极电流与阴极面上光通量之比，也称量子效率，反映了光电管的光照特性。

② 光谱响应

用光谱响应特性曲线描述光电发射阴极的光谱响应特性，是光电阴极的光谱灵敏度或量子效率与入射辐射波长的关系曲线。

③ 暗电流

热电子发射，光电发射阴极中少数处于较高能级的电子在室温下获得了热能产生热电子发射形成暗电流，光电发射阴极的暗电流与材料的光电发射阈值有关，一般光电发射阴极的暗电流极低，其强度相当于 $10^{-18} \sim 10^{-16} \text{A/cm}^2$ 的电流密度。

（2）主要类型

根据光电子发射位置，光电阴极材料一般分为反射型与透射型两种。反射型采用不透明阴极材料，通常较厚，光线照射到阴极上，光电子从同一侧发射出来，又称为不透明光电阴极。而透射型阴极通常制作在透明介质上，光通过透明介质后入射到光电阴极上，光电子从光电阴极的另一侧发射出来，又称为半透明光电阴极。

根据表面势垒与导带底部之间的关系，光电发射材料可分为正电子亲和阴极材料与负电子亲和阴极材料。其中，正电子亲和阴极材料的表面势垒高于导带底，有银氧铯（Ag-O-Cs）、单碱-锑（Cs_3Sb 等）和多碱-锑材料（Sb-K-Cs、Sb-Rb-Cs、Sb-Na-K-Cs、Sb-Na-K-Rb-Cs 等），主要应用于光电转换器、微光管、光电倍增管等器件。

负电子亲和阴极材料的表面势垒低于导带底，一般是典型的半导体，例如硅和磷化镓等。半导体光电阴极材料的光吸收系数普遍较大，散射能量损失小，量子效率比金属大得多；光谱响应在可见光和近红外波段。对于半导体材料来说，电子的亲和力对逸出功的影响非常大，因此减小亲和力就可以减小电子逸出功，从而提高量子效率。半导体光电阴极材料主要用在变像管夜视仪上，可在特殊气候条件下照常工作（如无月光、无星光、有云、有雾）。对于单一半导体材料，亲和力 $E_A>0$，能量阈值较大。用两种不同材料可以产生负电子亲和力。目前对可见光、近红外、红外范围内量子效率较高的光电发射材料需求量大，促进了半导体光电阴极的研制。

另外，金属光电发射的反射系数大、吸收系数小、碰撞损失能量大、逸出功大，量子效率很低，光谱响应范围都在紫外或者远紫外区域，只适用于对紫外灵敏的光电器件。

3.2.2.2 典型光电发射器件

因为光照到光电发射材料表面后能够灵敏迅速地（$\leqslant 10^{-9}$s）将光信号转变为电信号，即使照射光十分微弱，一经照射也即刻放出电子，所以外光电效应广泛用于制作光电管、光电倍增管、图像转换器、电视摄像管等的光阴极结构。

（1）真空光电管

真空光电管是简单的光电探测器件，将所有部件都放置在真空管中的光电管，具有真空密封管壳和若干电极，管内抽成真空，残余气体压力为 $10^{-8} \sim 10^{-4}$Pa，所有部件都在真空环境下工作。

① 组成结构及类型

真空光电管主要由光电阴极、阳极、玻璃窗、外壳、相应的电极及管脚等几部分组成。光电阴极（K）是半导体光电发射材料，涂于玻壳内壁，受光照时可向外发射光电子。阳极（A）是金属环或金属网，置于光电阴极的对面，加正的高电压以收集从阴极发射出来的电子。按照阳极与阴极位置的不同，可分为平行平板电极型、半圆柱面阴极型、中心阴极型、中心阳极型等类型，如图 3.24 所示。

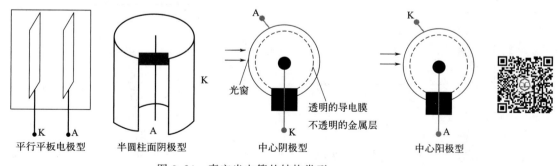

图 3.24 真空光电管的结构类型

此外，按照光阴极材料，其可分为锑铯型、银氧铯型等；按照可探测的波段可以分为对紫外光、可见光、红外光灵敏等三种类型；按照受光方式可以分为正面受光型和背面受光型等类型。

② 工作原理

当入射光线穿过光窗照到光阴极上时，由于外光电效应，光电子就从极层内发射至真空。在电场的作用下，光电子在极间作加速运动，后被高电位的阳极接收，在阳极电路内就可测出光电流，其大小取决于光照强度和光阴极的灵敏度等因素。

③ 主要特性

真空光电管的主要特性包括光照特性、光谱特性、伏安特性、频率特性以及稳定性等。

a. 光照特性。在保持光源光谱不变和一定的阳极电压下，光电流（I）与光照强度（E）之间的关系曲线，如图 3.25 所示。在一定的光照强度范围内，阳极接收到的电子数随着 E 的增加而线性增大。但是，当 E 超过一定极限时，阴极发射光电子过程会产生光电疲乏，使光电流出现饱和，E 与 I 之间线性发生偏离。因此在使用光电管时，要挑选合适的范围，使得使用条件在线性区域内。

b. 光谱特性。是指光电阴极发射能力与光波波长的关系，主要取决于光电阴极的类型、厚度及光窗材料。由于光电管的结构特点和制造工艺不同，因此即使光电阴极相同，各管之间的光谱响应曲线也都会存在一定差别。

c. 伏安特性。用具有一定辐射光谱的光源并以一定光通量照射时，光电管的输出电流（I）与阳极电压（U）的关系曲线称为光电管的伏安特性，如图 3.26 所示。正常的光电管，不论其结构如何，其伏安特性都会出现饱和区，一般在阳极电压为 50~100V 时，真空光电管的所有光电子都会到达阳极，光电流开始饱和。能使光电流达到饱和所对应的阳极电压称为饱和电压，不同电极结构的光电饱和电压不同；就同一光电管而言，由于空间电荷的影响，饱和电压也会随着照射光的光通量的增大而提高；另外，光电管伏安特性还与入射光的波长有关，即使光通量相当，波长不同，饱和电压也不同，这是因为波长短的光比波长长的光激发出的光电子初速度要大。

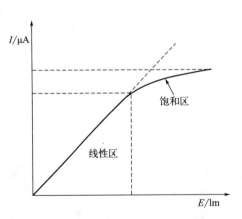

图 3.25　真空光电管的光照特性曲线

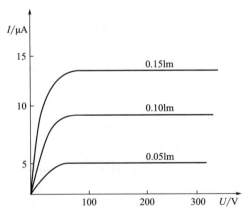

图 3.26　真空光电管的伏安特性

d. 频率特性。当光电管受到交变脉冲光照射时，阳极输出的光电流的脉冲幅度与调制光的频率间的关系称为光电管的频率特性。通常光电管在低频区工作时，光电流不受频率的影响；而在高频区工作时，光电流将随频率的提高而减小，这表明光电转换过程出现了惰性。惰性的出现与光电子在极间的渡越时间、极间电容的大小、管子的结构和工作电压有关。

e. 稳定性。光电管具有良好的短期稳定性,但若连续使用,灵敏度就有下降的趋势,特别是在强光照射下更是如此。但是灵敏度的下降在开始时快,后来就较慢,最后几乎保持不变,趋于稳定。此外,光电管的灵敏度还会受到环境温度的影响,而且这种影响对不同的光电阴极的光电管不同。

f. 暗电流。在完全没有光照射时光电管阳极的输出电流就是暗电流。光电管内产生暗电流的原因是阳极与阴极间的漏电流和阴极的热发射。可以用在阴极上加上相对阳极为正的电位,热发射应消失而漏电流不变的办法来区分这两种暗电流。降低热发射的方法是采用大逸出功的阴极与减小阴极的实际尺寸。

g. 噪声。光电管的噪声可分为暗电流脉冲噪声和寄生在信号中的噪声。产生噪声的原因主要有:阴极发射不均匀引起的散粒噪声,这种噪声对阴极的光电发射和热发射都会存在;负载电阻上产生的热噪声。光电管在探测弱光时,热噪声是主要的。散粒噪声电压与负载电阻成正比,而热噪声电压则正比于负载电阻的平方根,因此,提高负载电阻,可使热噪声小于散粒噪声。

对于光电测量应用来说,强光照射时,真空光电管将受到光照特性偏离线性的限制;而当很弱的光照射时,真空光电管则受到暗电流及暗电流的涨落所引起的噪声限制。因此,要实现对光信号的有效探测,需要对真空光电管的材料选择、器件结构等因素进行持续的改进。

(2) 光电倍增管

光电倍增管(PMT)是光电效应通过放大自由发射的电子以实现高灵敏度的光传感器,它是在真空光电管的基础上发展的可以增大、放大电子的真空器件,目前在紫外、可见光和红外波段探测微弱辐射光信号的非成像型光探测器中使用。

PMT的器件结构如图3.27所示。该装置在光电阴极和阳极的基础上增加了由二次电子发射体制成的倍增极。当微弱的光穿过入射窗时,光电阴极上被激发的光电子被加速聚焦到第一倍增极上,结果从第一个倍增极上发射出倍增后的二次电子。结果单个光电子撞击多个二次电子,这些二次电子进入第二倍增极并进一步倍增。这样二次电子通过相邻倍增极之间的电位差而加速,并在通过电子倍增器时一个接一个地倍增,最终变为数十万至一千万倍或更多,直到它到达阳极,并作为信号电流取出。例如,如果有10个倍增极,其二次电子发射比为5,则总增益达到5的十次幂(约1000万)。

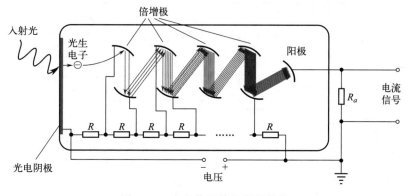

图 3.27 光电倍增管的器件结构

PMT的放大倍数很高,可达 $10^6 \sim 10^9$,具有超高灵敏度、高速运行、低噪声、受光面积大等优点,其检测精度可高达一个光子(光子计数),因此普遍用于光谱分析、高能物理、天文学、制版用鼓式扫描仪、医学诊断(伽马相机,PET)、血液分析、石油勘探、环境测量、生物技术、半导体制造、材料开发等领域。

3.2.3 光电导材料与器件

3.2.3.1 光电导材料的类型

目前,应用较为成熟的紫外探测器主要有光电倍增管和Si基紫外光电管等。其中,光电倍增管存在体积大且工作条件苛刻(低温高电压)等问题,因此很不利于实际应用的推广。而对于Si基紫外光电管,由于Si的带隙为1.1eV,处于红外光范围内,因此实际操作过程中需要配置价格高昂的高通滤波片来滤除可见光范围内的光,以避免其对紫外光探测造成干扰。此外,Si基器件随着温度升高性能衰减,不能满足某些高温环境下的应用。

由于宽带隙半导体具有带隙大(对可见光和红外光基本无响应)、辐射耐受性强、热导率大、击穿电场强度高、电子迁移率高、化学稳定性好等优点,因而特别适合制作抗辐射、大功率、高频的紫外光探测器以适应苛刻的工作环境。于是,人们开始把注意力转向了基于宽禁带半导体的紫外探测器的研制。半导体材料的选择是实现具有优异性能光电探测器的最为关键的环节。目前常用的无机半导体光电材料包括[108-110]:元素半导体(金刚石、Si、Ge、Te等)、金属氧化物(ZnO、TiO_2、SnO_2、Nb_2O_5等)、金属硫化物(CdS、ZnS等)、碳化物(SiC等)、氮化物(GaN)、钙钛矿(ABX_3)以及它们与元素或它们之间形成的带隙可调的固溶体半导体($Mg_xZn_{1-x}O$、$Zr_xTi_{1-x}O_2$等)等。此外,按照半导体元素组成的不同,光电导材料还可以分为元素半导体(如Si、Ge等)、Ⅱ-Ⅵ族化合物半导体(ZnS、ZnO、$CdTe$等)、Ⅲ-Ⅴ族化合物半导体(如$GaAs$、$InSb$、GaN等)、Ⅳ-Ⅵ族化合物半导体($SiGe$等)以及相应的掺杂化合物等。表3.6总结了一些常见无机半导体光电材料的带隙及探测波段。

表3.6 不同带隙无机半导体材料的紫外探测波段　　　　　　　　　　　eV

紫外光区(UV)				可见/红外光区	
真空紫外区(VUV)	UV-C区	UV-B区	UV-A区		
100nm	200nm	280nm	320nm	400nm	
6.20~12.4eV	4.43~6.20eV	3.88~4.43eV	3.10~3.88eV	<3.10eV	
MgF_2 10.8	HfO_2 5.93	$Sr_2Nb_3O_{10}$ 3.9	NiO 3.70	钙钛矿 ABX_3	1.57~3.17
BeO 10.6	GeO_2 5.60	$Ca_2Nb_3O_{10}$ 约3.9	ZnS 3.70	$SrTiO_3$	2.96
GaF_2 10.0	$LaAlO_3$ 5.60	—	In_2O_3 3.60	6H-SiC	2.86
SiO_2 9.00	金刚石 5.50	—	SnO_2 3.60	ZnSe	2.70
ZrO_2 7.80	$\alpha\text{-}Si_3N_4$ 5.10	—	Zn_2SnO_4 3.60	In_2O_3	2.50
MgO 7.78	$\beta\text{-}Ga_2O_3$ 4.90	—	Nb_2O_5 3.40	GaS	2.50
Al_2O_3 6.95	Yb_2O_3 4.90	—	GaN 3.39	CdS	2.50
AlN 6.20	Nd_2O_3 4.70	—	ZnO 3.37	V_2O_5	2.35
—	Zn_2GeO_4 4.68	—	WO_3 3.30	Cu_2O	2.17

续表

紫外光区(UV)				可见/红外光区	
真空紫外区(VUV)	UV-C 区	UV-B 区	UV-A 区		
100nm	200nm	280nm	320nm	400nm	
6.20~12.4eV	4.43~6.20eV	3.88~4.43eV	3.10~3.88eV	<3.10eV	
—	Ta_2O_5 4.65	—	4H-SiC 3.20	$NiCo_2O_4$	2.10
—	MgS 4.45	—	CeO_2 3.20	GaSe	2.10
—	$In_2Ge_2O_7$ 4.43	—	TiO_2 3.20	Fe_2O_3	2.10
$Mg_xNi_{1-x}O/Mg_xZn_{1-x}O/BeMg_xZn_{1-x}O/Mg_xZn_{1-x}S/Al_xGa_{1-x}N/$ $Zr_xTi_{1-x}O_2/InGaZnO/ZnGeO$				MoS_2	1.6~1.8
				GaAs	1.43
				Si	1.12

此外，一些有机半导体材料，如聚苯胺、聚乙烯二氧噻吩、聚吡咯等，由于其优异的光电及电子传输性能，目前也被用于异质结的构建及高性能光电探测器的构筑。

3.2.3.2　光电探测器的基本性能参数[110]

光电探测器的基本性能参数是评价其光电性能的重要依据。为了更好地研究探测器的光电性能，有研究者总结并提出了五个基本性能标准，即5S标准，分别为灵敏度（sensitivity）、信噪比（signal-to-noise ratio）、光谱选择性（selectivity）、响应速度（speed）和稳定性（stability），具体表述如下所示。

（1）灵敏度

光电探测器的灵敏度是指光辐射信号与探测器输出信号的关系，一般用响应度（R）和量子效率（η）两个指标来表示。常用单位入射光功率到达探测器后外电路产生的光电流大小来定义响应度 R_λ（A/W）：

$$R_\lambda = I_{ph}/(P_\lambda S) = (I_L - I_D)/(P_\lambda S) \tag{3.7}$$

其中，P_λ 代表入射光功率；S 为器件的有效光接收面积；I_L 和 I_D 分别为在光照和暗态下器件的光电流输出。R_λ 可以更直观地表示出器件在不同波长的光照下光电转化的能力，因此可以有效解决直接对比探测器的光电流大小可能受到光源在不同波长下光功率不一致的问题。R_λ 值越大说明探测器在特定波长下的光电转化能力越强。

η 是指在特定波长光辐照下，单位时间内光生电子-空穴对数与入射光子数之比，其计算公式如下：

$$\eta = \frac{I_{ph}/q}{P_{in}/(h\nu)} \tag{3.8}$$

其中，I_{ph}/q 是形成光电流被外电路收集的电子-空穴对数；P_{in} 是入射光功率；$P_{in}/(h\nu)$ 是吸收光子数。此时的 η 代表外量子效率，其和响应度存在如下关系：

$$\eta = \frac{e\lambda}{hc} R_\lambda \tag{3.9}$$

其中，e 为元电荷；λ 为光辐射波长；c 为光速；h 为普朗克常数。

（2）信噪比

在实际应用场景中，受到噪声信号的影响，当光辐射信号很低时，输入信号将不能被探测器进行有效的探测。当辐射产生的信号等于噪声产生的信号时，我们称此时的辐射功率为噪声等效功率（NEP），用公式表述为：

$$\text{NEP} = \frac{\Phi S}{U_s/U_n} \quad (3.10)$$

其中，Φ 为辐射到探测器表面的功率密度；S 为有效光敏面积；U_s 为电压信号的均方根值；U_n 为噪声电压的均方根值。通常，探测器的暗电流越小，其噪声越小，对微弱光信号的探测能力越强。

另外，噪声等效功率的倒数，即 $D = \dfrac{1}{\text{NEP}}$，也被称为探测率，代表一个探测器在固定噪声影响下探测光信号的能力，能够探测的光功率越小，D 值越高。考虑到 D 受光敏面积和带宽的影响，我们可以将 U_n 除以 $(S\Delta f)^{\frac{1}{2}}$ 以消除两者带来的影响，将光敏面积取 1cm^2，带宽选为 1Hz，这样得到的 D 被称为比探测率或归一化探测率（D^*），用公式表示为：

$$D^* = D(S\Delta f)^{\frac{1}{2}} = \frac{(S\Delta f)^{\frac{1}{2}}}{\text{NEP}} = \frac{R_\lambda}{(2eI_{\text{dark}}/S)^{1/2}} \quad (3.11)$$

D^* 的单位为 $\text{cm} \cdot \text{Hz}^{1/2} \cdot \text{W}^{-1}$，通常被写为 Jones。

（3）光谱选择性

在受到光辐射的情况下，光电探测器是基于半导体材料吸收光子而产生光生载流子进行工作的，只有入射光子的能量高于本征半导体的禁带宽度或者杂质半导体的杂质电离能才能被吸收。因此，其光谱响应曲线存在长波截止边，可以表示为：

$$\lambda = \frac{hc}{\Delta E} = \frac{1240}{\Delta E(eV)} (\text{nm}) \quad (3.12)$$

其中，ΔE 为探测器的转换能，与探测器的类型有关。对于光电导型探测器，ΔE 为半导体的带隙或杂质能级到带边的带隙；对于肖特基节探测器，ΔE 可为金属-半导体之间的势垒高度。通过对材料的选择和器件结构的设计，可以实现探测器响应截止边在不同波长范围内的调控。

（4）响应速度

响应速度是表征器件对入射信号跟随能力的重要参数。当光辐射到探测器上或者停止光照时，光生载流子的数目通常需要一定的弛豫时间才能达到一个相对稳定的状态，这个过程所需要的时间通常被认为是器件的响应时间，其长短反映了探测器对光辐射的响应速度。对于光电导型光电探测器，其主要由内部光生载流子的寿命决定。对于光伏型探测器来说，主要由耗尽区内光生载流子的漂移时间、扩散时间以及耗尽区电容等三个因素共同决定。

在实际测试中，我们通常将上升（t_{rise}）和下降时间（t_{decay}）定义为探测器分别接受和去除光照射时输出信号由光电流稳定值的 10% 上升到 90% 和由 90% 下降到 10% 所需要的时间。目前，通常利用电流-时间曲线和瞬态响应曲线来确定光电探测器件的响应速度，而瞬态响应测试仅适用于响应速度极快（≤1s）的光电器件。

（5）稳定性

光电探测器的稳定性反映出器件在某些特定测试环境下（极寒、极热、腐蚀性、高湿、形变）长时间维持稳定光电响应的能力。探测器的稳定性决定了其适合的工作环境、使用寿命和可靠性。

3.2.3.3 光电探测器的基本类型

开发低成本、高性能、便携式的光电探测器是研究者和商家们永恒不变的追求。目前，最常见的商用光电探测器主要有硅基紫外光电二极管和光电倍增管两种。其中，光电倍增管需要高真空的操作环境和很高的操作电压，使得器件体积较大、易碎且成本较高。此外，由于硅的能带较窄，对可见光和红外都有较强的响应，使得硅基紫外探测器工作时必须附带额外的滤波设备，探测器的量子效率因此较低，同时也增加了器件的成本和体积，很不利于实际应用。于是，研究者开始把注意力转向了宽禁带半导体基紫外探测器的研制。

按照不同的分类标准，可将光电探测器分为多种不同的类型：a. 依据工作波段的不同，可将其分为紫外探测器、可见光探测器、红外探测器和太赫兹探测器等类型；b. 根据器件组织形式的不同，可分为单元式探测器、线阵探测器和面阵探测器等；c. 根据其工作原理的不同，可分为光热探测器和光子探测器等类型；d. 依据探测器有源层类型和器件结构，分为光电导型探测器、光电二极管（P-N 结、N-N 结、P-I-N 结等）、雪崩光电二极管、光电晶体管、MSM 结构型探测器等。在本工作中要讨论的光电探测器，均为基于量子光电效应的 MSM 型光电探测器。

如前所述，基于内光电效应的光电探测器主要有光导体、光电二极管和光电晶体管几种类型，这些种类的探测器具有不同的结构和原理。部分常见光电探测器的结构如图 3.28 所示。

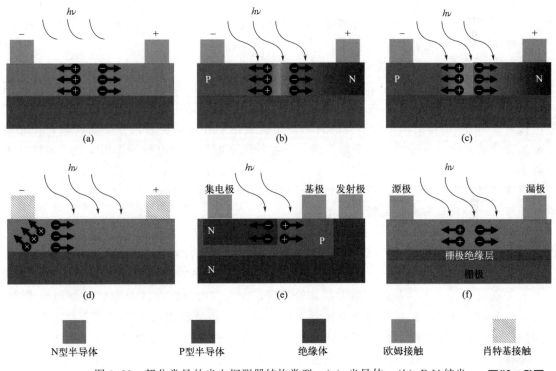

图 3.28　部分常见的光电探测器结构类型：（a）光导体；（b）P-N 结光电二极管；（c）P-I-N 型光电二极管；（d）金属-半导体-金属（MSM）型肖特基二极管；（e）光电三极管；（f）金属-氧化物-半导体（MOS）型光电场效应晶体管

光导体（photoconductors）由光电活性材料和两端欧姆接触的电极组成，具有结构简单、成本较低等优点。这类探测器属于多数载流子导电的器件。在光照下，半导体内载流子浓度发生变化，从而引起材料电导率和器件电流的改变。光导体一般需在外加偏压下工作，半导体内部的光生电子-空穴对被外加电场分离，分别向两极漂移，产生光电流。由于在外加偏压下电极向半导体内注入载流子，且载流子具有较长的寿命，因此如再辅以优化的器件结构设计，光导型探测器可以达到相当高的外量子效率。然而长载流子寿命也使得此类探测器的响应时间大大延长，难以兼得快速响应。

光电二极管（photodiodes）属于光伏型探测器的一种，一般在一层很薄的空间电荷区内产生光生载流子，并利用内建电场实现电子-空穴对的分离。根据结类型的不同，可以大致分为P-N结型（包括P-N和P-I-N）以及肖特基型。对于不同类型的结，空间电荷区内建电场的形成具有不同的机制。例如，P-N结利用P型和N型材料费米能级位置的不同，互相接触后引起载流子扩散，在界面两侧空间电荷区形成内建电场。而对于肖特基结来说，当N型材料与高功函金属互相接触，电子将由N型材料流向金属，在半导体表面产生一层空间电荷区，能带弯曲，形成内建电场；当P型材料与低功函金属接触时，情况类似。

根据偏置电压的不同，光电二极管可以分别在光导和光伏两种模式下工作。对于光导模式，外加反向偏压，增大了结耗尽区的宽度，降低了结电容，可以有效提升器件响应速度，但同时也会造成较大的暗电流。光伏模式下无外加偏压，暗电流较小，结的内建电场驱使光生电子-空穴对分离，在外电路两端产生电压，如果产生的电压较大，甚至可实现自供能光电探测。上述两种工作模式，可根据实际工作中对器件速度、暗电流和自供能的要求进行选择。相比于光导体，光电二极管可实现低暗电流和较高的响应速度，但EQE（外量子效率）一般小于100%，不产生增益。

在基本的P-N结和肖特基结的基础上，又相继发展P-I-N型和MSM等其他结构的光伏型探测器。为了改善P-N结，在结中间夹进一层本征半导体，就形成了P-I-N结构。这种结构可以扩大空间电荷区厚度，在提高吸光率的同时，降低了结电容，达到对响应率和响应速度的提升。MSM结构由两个背靠背的肖特基结构成，当外加偏压时，一个结反偏，在光照下产生并分离光生载流子；另一个结正偏，势垒较低，起到收集电荷的作用。此类器件暗电流较小，响应速度快。另外，还有一种比较特殊的雪崩二极管，它们在很高的反向偏压下运行，载流子具有很高的动能，可与价带电子碰撞，激发出更多的电子-空穴对。雪崩二极管响应速度快，而且具有高的灵敏度和增益。

光电晶体管（phototransistors）是具有双极型晶体管（bipolar junction transistors，BJT）或场效应型晶体管（field effect transistors，FET）结构的光电器件。具有双极型晶体管结构的器件也被称作光电三极管，它们由两个"背靠背"的P-N结构成，分为N-P-N和P-N-P两种类型。与一般的双极型晶体管不同，光电三极管具有较大的基极-集电极面积，可以有效吸收入射光子；并且通常基极并不引出导线，而是利用入射光来调节集电极-发射极间的输出电流。在光照下，此类器件的光生载流子主要在基极-集电极的P-N结区域产生并被分离。与光电二极管相比，光电三极管具有电流增益，但它们的工艺比较复杂，响应速度较光电二极管低，高频特性不佳。

光电场效应晶体管（photo-FET）可根据结构的不同，分为结型场效应管（JFET）和金属-氧化物-半导体型场效应管（MOSFET）。它们是典型的三端器件，除源极、漏极外，引入栅极作为第三电极，通过调节栅极电压，可以比较方便地实现沟道的开启和关闭。相较于其他器件结构，光电晶体管可以调节栅压，达到很低的暗电流水平，同时在光照下，可具有类似于光导型探测器的较高增益。近年有研究表明，如果加以适当的材料选择与优化的器件设计，光电晶体管的性能有望突破暗电流-增益-响应速度之间的制约，实现更好的性能。

3.2.3.4 光电探测器的主要应用

(1) 光电探测器的重要应用领域[111]

随着信息时代的飞速发展,信息传播与人类生活密切相关,而光信号则被广泛用作传播信息的载体。在信息传播的终端,光电探测器可以将不同的光信号通过光电转化过程以光电流的形式"识别"出来,以便于进行信息的处理与存储,而光电探测器作为能够进行光电转化的元器件,在军事和国民经济的各个领域有着广泛的应用。比如,在可见光或近红外波段主要用于射线测量和探测、工业自动控制、光度计量等;在红外波段主要用于导弹制导、红外热成像、红外遥感等;在紫外波段主要用在紫外通信、导弹预警与跟踪、人类健康与灾害监测等。

① 红外热成像

利用红外探测器、光学成像物镜和光机扫描系统接收被测目标的红外辐射,能量分布图形反映到红外探测器的光敏元上,在光学系统和红外探测器之间,有一个光机扫描机构对被测物体的红外热像进行扫描,并聚焦在单元或分光探测器上,由探测器将红外辐射能转换成电信号,经放大处理、转换成标准视频信号通过电视屏或监测器显示红外热像图。

红外热成像技术在军事和民用方面都有广泛的应用。随着热成像技术的成熟以及各种低成本适于民用的热像仪的问世,它在国民经济各部门发挥的作用也越来越大。在工业生产中,许多设备常用于高温、高压和高速运转状态,应用红外热成像仪对这些设备进行检测和监控,既能保证设备的安全运转,又能发现异常情况以便及时排除隐患。同时,利用热像仪还可以进行工业产品质量控制和管理。红外热成像技术在医疗、治安、消防、考古、交通、农业和地质等许多领域均有重要的应用。如野生动植物保护与利用、建筑物漏热查寻、森林探火、火源寻找、海上救护、矿石断裂判别、导弹发动机检查、公安侦查以及各种材料及制品的无损检查等。

② 医疗领域

红外光电探测器能够检测出人体发出的红外光强度,从而正确判断出人体的温度,为疫情防控作出贡献。同时在成像领域,光电探测器是CMOS图像传感器的核心元件之一,能够通过光电效应,将相应的可见光信号转换为电荷信号,再经过放大电路和控制模块的作用,就将这个精彩的世界呈现在我们的眼前。此外,X射线探测器是CT成像的核心,将肉眼看不到的"X射线"转换为最终能转变为图像的"数字化信号",从而对人体组织的变化做出评判。

③ 军用领域

导弹的制导方式是以红外制导为主的,同时为了提高导弹的抗红外干扰能力,引入了紫外制导和红外制导共同作用的双色制导方式,这使得导弹可以适应更加复杂的电子对抗环境,准确地探测出定位光源,从而大大地提升导弹的命中能力。例如,利用日盲紫外线的特性,避免自然环境的干扰,紫外光电探测器探测到导弹尾焰辐射的中短波紫外线信号;探测器检测紫外信号后会传输给计算机,计算机系统会依据目标特性及预定算法对输入的信号进行识别、加工,进而可以精确追踪导弹的轨迹。紫外系统与红外预警系统相比,它的结构简单、质量较轻、不需要制冷而且可以在中低空工作,抗干扰强,虚警率低。

④ 通信领域

光通信是利用光信号进行信息传输的通信方式。它是一种高速、大容量、低损耗、抗干扰能力强的通信方式，已成为现代通信领域的重要技术之一。在光通信中，光源将信息转换为光信号，通过光纤进行传输，接收端再将光信号转换为电信号进行解码。光通信的主要设备包括光源、光纤、光接收器等。光源可以是激光器或发光二极管等，通过电信号控制光源的开关和光的强度，产生光脉冲信号。这些信号经过光纤传输到达接收端，经过光接收器将光信号转换为电信号。光通信广泛应用于电信、互联网、数据中心、医疗、广电等领域。随着技术的不断进步，光通信的传输速率和容量不断提高，为人们的生活和工作带来更多的方便。

此外，光电探测器还常用于生物识别、激光测距、太空探索、气体传感、运动监测、光功率和通量测量、频率计算、测量光谱仪、光学数据存储设备、挡光板、光束分析仪、荧光显微镜、自相关仪、干涉仪、激光雷达、激光测距仪、夜视仪和量子光学实验等领域。

（2）光电探测器的研发热点

① 可穿戴[112-113]

近年来，可穿戴器件的不断发展对探测器材料自身的柔性及器件结构的设计方面提出了较高的要求。目前，实现探测器柔性的方案主要有：a. 选择自身具有良好柔性的材料（结构）进行器件的构筑，如聚合物、量子点、超薄半导体层状材料等；b. 对材料进行结构上的改进以优化材料的柔性，如将材料褶皱化、制备电纺丝纳米纤维膜等；c. 设计合适的刚性岛结构将非柔性组成部分转化为整体具备柔性的器件。

这三种构筑柔性器件的方法各具特色：第一种方案构筑的可穿戴设备具有穿戴时舒适性好及制备方法简单等优点，但柔性光电探测材料选择的有限性和该类柔性器件对应力应变敏感等问题限制了该方案的扩展；第二种基于褶皱结构的柔性器件在拉伸性、吸光效率上有大幅度的提高，但器件的有效光敏感区域面积将会受到影响；第三种方案可以将刚性器件组装成柔性的整体器件并且能在稳定输出电流的基础上平衡工作面积和柔性，但其在器件加工中面临较大的技术难度。在以上三种方案的基础上，精心挑选设计探测器的衬底材料（聚合物、纸、纤维等）、光电材料、电极材料及器件结构是实现高性能柔性可穿戴器件的关键。此外，可穿戴器件的发展对探测器的自驱动特性也提出了更高的要求。

应用于监测系统中的可穿戴光电探测器，要求能够对环境信号微小的变化做出精准而迅速的反应，以实现对光信号有效的监测。因此，应用于可穿戴监测系统中的光电探测器对其"5S"性能标准提出了更高的要求。Xiaojie Xu 等[113]设计了以 Ti 丝为电极和柔性衬底的 TiO_2 纳米管阵列和 CuZnS 组成异质结的柔性结构，该器件的最大输出光电流可高达 mA 量级，可直接被小型信号读取器读取，该信号可以通过无线传输到手机上，实现对紫外线强度的实时监测。器件特殊的纤维结构则赋予了其相当的柔性，使其可以在手腕上穿戴使用，如图 3.29（a）所示，这为实时紫外监测提供了方案[113]。此外，Chen Zhou 等[114]将柔性探测器的外电路与 LED 灯相连接，光信号产生的电流可以点亮 LED 灯，从而实现对紫外线的监测，如图 3.29（b）所示。Qiu 等将垂直于柔性衬底生长的 TiO_2 纳米棒阵列与有机半导体材料铁蓝复合构建成柔性异质结构，并成功实现在可穿戴光电探测领域中的功能化应用[115]，如图 3.29（c）所示。目前，在实现单纯的光电探测在可穿戴监测系统的应用中获得了较大的成功。然而，由于很多其他柔性探测器相关的应用（如烟雾探测器、生物探测器等）都是基于光电探测器和其他电子器件的集成系统来获取目标信息，这样的集成会对器件的制备带来更多新的挑战。

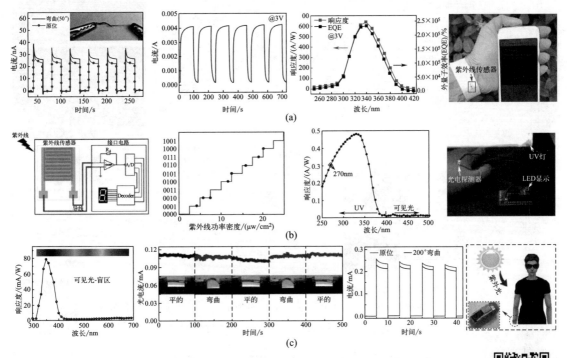

图 3.29 柔性可穿戴紫外监测系统应用场景展示[113-115]

② 光通信[116-117]

紫外光通信是基于大气对紫外光散射和吸收的无线光通信技术。它的基本原理是：在发射端将信息电信号加载到位于日盲区（200～300nm）紫外光谱的信息载波上，已调制的紫外光载波信号利用大气散射作用进行传播，在接收端通过对紫外光束的捕获和跟踪建立起光通信链路，最后经光电转换和解调处理提取出信息信号。由于紫外光通信具有保密性高、环境适应性强、灵活机动、可靠性高、全方位全天候性等优点，因此它是高性能光电探测器功能化应用的重要场景之一。Huajing Fang 等[117] 通过 TiO_2 薄膜两侧构筑的不对称肖特基结设计制备出一种新型自供电紫外光电探测器，该器件的光电响应速度高达 44ns，并且具有超过 70% 的可见光平均透过率。基于该光电探测器优异的透明度和光电转化能力，研究者设计了一种自供电的紫外通信系统，并成功实现了 UVC 波段的信息加密传输［如图 3.30(a)所示］，为下一代透明光电传感器的设计与研发提供了重要的参考。此外，基于通过控制聚合物纤维形状来控制光传输并最终实现光通信的设计原理，图 3.30(b) 展示的由聚合物纤维承载的电子元件所集成的器件，实现了在 1m 距离内的光通信[116]。然而，光信号在环境中的传输过程还会受到信号的衰减和来自外界光干扰等问题。因此，在设计应用于光通信的光电探测器时，光信号衰减和环境光的影响是需要考虑的两个重要问题。

③ 成像[118,110]

能够探测物体和环境并以图像形式呈现也是光电探测器的最重要的应用场景之一，该技术在一些特殊的场合，如盲人辅助视觉增强，有着很大的应用潜力。光电探测器阵列是光成像系统的基础元件，阵列中的每一个探测器就是一个单独的像素点。当今微纳米加工技术及无线信号传输技术的发展也为紫外成像系统的研发带来了新的契机。图 3.31(a) 展示了一种基于 $MAPbI_3$ 纳米岛阵列的成像系统[119]，但是该系统是基于刚性衬底，其实际应用的场

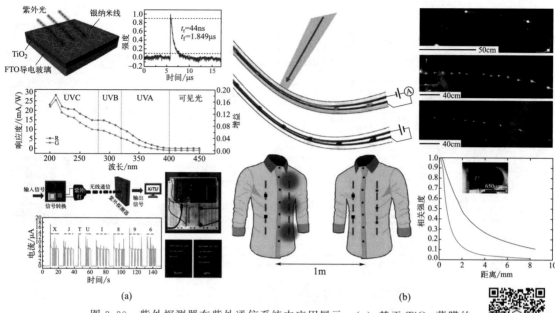

图 3.30 紫外探测器在紫外通信系统中应用展示：(a) 基于 TiO_2 薄膜的
紫外通信系统[117]；(b) 可穿戴紫外通信系统[116]

景受到了限制。目前，基于柔性光电探测器的可穿戴成像系统的应用也得到了一定的发展[120]，科研界涌现出一些像人眼成像仿生的器件。此外，紫外成像系统还可以与其他电子元器件结合以实现多功能的应用。如图 3.31(b) 所示[121]，将柔性光电探测器与忆阻器集合在柔性衬底上，可以实现光敏感记忆仿生器件。通过调节施加电压的方向，进而实现对其存储信息的有效处理。然而，由于该类系统涉及多个单独的光电探测器之间的集成，在实际的应用中需要根据工作环境的变化考虑光电器件之间的相互干扰。因此，实现高性能器件在柔性衬底上的高效集成，是未来发展高性能可穿戴光电成像系统的关键问题之一。

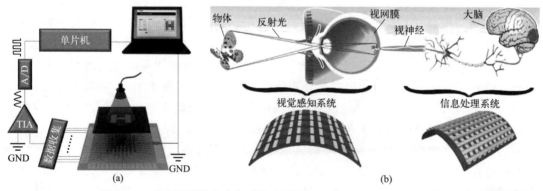

图 3.31 紫外探测器在成像系统中的应用展示：(a) 基于 $MAPbI_3$
光电探测器阵列的成像系统[119]；(b) 将光电探测器集成系统与
忆阻器结合的模拟人类视觉系统[121]

3.2.4 光伏材料及器件

太阳能是一种非常独特的自然资源，成本低廉，清洁环保，是目前地球上可利用的最丰富的可再生能源。随着社会的不断发展,人类发展与自然环境的关系也更加密切和复杂。如何高效地从自然环境中获取能源是二十一世纪最大的科学挑战之一,同时如何在人类工业和科技快速进步的同时保证环境的可持续发展也是一个必须正视的问题。

太阳能在可持续发展的能源里具有不可替代的地位。而将太阳能转化为化学能是利用光能的一个重要渠道。科学家们一直希望像植物一样,实现人工光合作用,可以在光照下将二氧化碳和水转化为有机物和氧气。这种在催化剂的作用下,利用光能将水分解成氢气和氧气的方法在近几十年来颇受关注,因为它所制备的氢气是一种高热量、清洁且取之不尽用之不竭的能源。另一个利用光能的有效方法是光伏,即将光能转化为电能,这也为当今不断增加的国际能源需求提供了一个实际的、可持续发展的解决方法。

太阳能电池是一种基于光生伏特效应将太阳能直接转换为电能的器件,又称光伏电池,是太阳能光伏发电系统的基础和核心器件。光伏器件结构相对简单,维护成本低,输出供电多样。因此,目前已被广泛应用在家用供电、通信、卫星系统和国际空间站上。也因为人类对光能转为电能的需要不断增加,近年来,光伏行业发展迅速,使得太阳能电池的成本持续降低,也使太阳能发电成为很多国家电力供应的重要部分。

现如今,太阳能电池技术的发展如火如荼,正成为世界快速、稳定发展的新兴产业之一。目前限制太阳能电池使用的主要障碍仍然是成本高和效率偏低。有关太阳能电池的新理论、新设计、新材料、新工艺和新产品不断涌现,并得以大规模应用,为解决能源问题提供了新途径。

3.2.4.1 太阳能电池的基本结构[122]

太阳能电池种类繁多,不同的电池结构有所不同。以一种典型钙钛矿太阳能电池为例介绍太阳能电池的基本结构。如图3.32所示,钙钛矿太阳能电池主要由金属前电极、空穴传输层、钙钛矿半导体层、电子传输层、导电玻璃板等几部分组成。

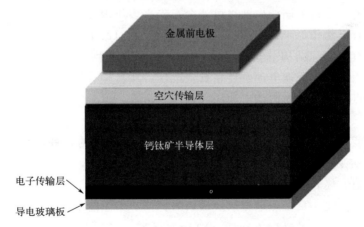

图3.32 一种钙钛矿太阳能电池的基本结构

太阳能电池工作的基本过程为:太阳光照射到电池上并被吸收,能量大于禁带宽度E_g的光子将电子从价带激发到导带,形成自由电子,价带中留下带正电的空穴,即形成电子-空穴对;自由电子和空穴在不停地运动中扩散到P-N结的空间电荷区,被内建电场分离,电子被扫到N型一侧,空穴被扫到P型一侧,从而在电池上下两面分别形成正、负电荷累积,产生电动势;在电池两侧引出电极并接上负载,负载中就有电流通过。

太阳能电池材料主要包括半导体材料、表面涂层材料、电极材料等几种，不同的电池结构所需材料有所区别，其中半导体材料是决定太阳能电池性能的关键材料。对太阳能电池材料的基本要求为：a. 能充分利用太阳光辐射，即半导体材料的禁带宽度符合太阳光谱范围；b. 高光电转换效率；c. 材料本身环保，无污染；d. 材料便于工业化生产，性能稳定，成本低。

3.2.4.2　太阳能电池的主要类型[105,122]

依据不同的分类标准，太阳能电池可以分为多种类型。根据发展历程，太阳能电池可分为三代，如表3.7所示。

第一代太阳能电池，主要包括单晶硅和多晶硅太阳能电池，是目前发展最为成熟的一类太阳能电池，在应用中居主导地位。

第二代太阳能电池，是指以薄膜技术为核心的非晶硅、化合物半导体、有机半导体等太阳能电池。其中，非晶硅薄膜太阳能电池的光电转换效率在强光作用下呈逐渐衰退的态势，这一问题是阻碍非晶硅薄膜太阳能电池进一步发展的主要障碍。多元化合物薄膜太阳能电池，主要包括砷化镓、硫化镉、碲化镉及铜铟镓硒薄膜电池，成本较单晶硅电池低，但镉有剧毒，会对环境造成严重的污染。无机化合物半导体材料种类繁多，包括ⅢA-ⅤA族化合物半导体砷化镓（GaAs）、磷化铟（InP），ⅡB-ⅥA族化合物半导体硫化镉（CdS）、硒化镉（CdSe）、碲化镉（CdTe）等，ⅠB-ⅢA-ⅥA族多元化合物铜铟硒（CuInSe）、铜铟镓硒（CuInGaSe）等。上述这些化合物半导体材料禁带宽度符合太阳光谱范围，吸收系数高，材料厚度小，通过成分调节或掺杂成低电阻P型或N型半导体材料，可制成低成本、易于大规模生产的薄膜太阳能电池。无机电池的效率比其他类型的太阳能电池高得多，但所使用的材料本质上是高度结晶的，并且具有规则的固态晶格。因此，这意味着它们通常不如其他类型的太阳能电池灵活。然而，它们仍然是最常见的类型，在柔性和可印刷太阳能电池达到相似的效率水平之前，无机太阳能电池很可能会在未来多年内成为领跑者。有机太阳能电池以具有光敏性质的有机物作为半导体的材料，以光伏效应而产生电压形成电流。主要的光敏性质的有机材料均具有共轭结构并且有导电性，如酞菁化合物、卟啉、菁（cyanine）等。有机太阳能电池作为新型太阳能电池器件，具备柔性、质量轻、颜色可调、可溶液加工、大面积印刷制备等特点，是目前太阳能电池研究领域的热点。但是效率低是限制其大规模应用的主要原因。

第三代太阳能电池，是指突破传统的平面单P-N结结构的各种新型电池，这类电池通过引入多P-N结叠层、介孔敏化、体相异质结等新型结构以及新型材料以获得低成本、高效率的太阳能电池，代表了太阳能电池未来的发展方向。目前，主要包括叠层电池、染料敏化电池、有机光伏电池、量子点电池以及最新的钙钛矿太阳能电池等。

根据电池工作原理，可以把太阳能电池分为三类：a. 同质结太阳能电池，指电池P-N结由同一种半导体材料所形成，如硅、砷化镓太阳能电池等；b. 异质结太阳能电池，指电池P-N结由不同种半导体材料所形成，如CdTe/CdS太阳能电池；c. 肖特基太阳能电池，肖特基结是一种简单的金属与半导体的交界面，与P-N结相似，具有非线性阻抗特性。具有肖特基结特点的太阳能电池称为肖特基结太阳能电池，如石墨烯（半金属）/半导体肖特基结太阳能电池。此外，按结晶状态太阳能电池可分为结晶系薄膜式和非结晶系薄膜式两大类，而前者又分为单结晶形和多结晶形。

表 3.7　太阳能电池的典型类型

太阳能电池	主要类别	典型半导体材料
第一代	晶体硅电池	单晶硅、多晶硅
第二代	硅基薄膜	非晶硅、微晶硅、低温多晶硅
	化合物类薄膜	砷化镓、碲化镉、铜铟镓硒
	有机类薄膜	酞菁化合物、卟啉、菁等
第三代	叠层太阳能电池	钙钛矿（有机-无机、无机、无机无铅等）太阳能电池（PSCs）、染料敏化太阳能电池（DSSCs）和量子点太阳能电池（QDSCs）等
	多带隙太阳能电池	
	热载流子太阳能电池	

3.2.4.3　太阳能电池的性能参数[122]

为了描述电池的工作状态，往往将电池及负载系统用一个等效电路来模拟，如图 3.33 所示。

图 3.33(a) 是利用 P-N 结光生伏特效应做成的理想光电池的等效电路图，图中把光照下的 P-N 结看作一个理想二极管和恒流源并联，恒流源的电流即为光生电流 I_L，R_L 为外负载。这个等效电路的物理意义是：太阳能电池经光照后产生一定的光电流 I_L，其中一部分用来抵消结电流 I_D，也称为暗电流，另一部分即为供给负载的电流 I_R。暗电流 I_D 的表达式为：

$$I_D = I_0 (e^{\frac{eU}{Ak_BT}} - 1) \tag{3.13}$$

式中，I_0 为平衡电流；e 为自然对数的底数；e 为基本电荷量；U 为等效二极管的端电压；k_B 为玻尔兹曼常数；T 为热力学温度；A 为二极管曲线因子，取值在 1～2 之间。因此，流过负载两端的工作电流为：

$$I_R = I_L - I_D = I_L - I_0 (e^{eU/(Ak_BT)} - 1) \tag{3.14}$$

然而，对于实际的太阳能电池，由于前面和背面的电极接触，以及材料本身具有一定的电阻率，基区和顶层都不可避免地要引入附加电阻。电流流经负载，必然引起损耗。在等效电路中，可将它们的总效果用一个串联电阻 R_S 来表示。电池边沿的漏电和制作金属化电极时，在电池的微裂纹、划痕等处形成的金属桥漏电等，使一部分本应通过负载的电流短路，这种作用可用一并联电阻 R_{SH} 来等效。则实际光电池的等效电路如图 3.33(b) 所示。此时，流过并联电阻的电流为：

$$I_{SH} = \frac{U + I_L R_S}{R_{SH}} \tag{3.15}$$

式中，I_{SH} 为流过并联电阻的电流；U 为等效二极管的端电压；I_L 为光生电流；R_S 为串联电阻；R_{SH} 为并联电阻。

而流过负载的电流为：

$$I_R = I_L - I_D - I_{SH} = I_L - I_0 (e^{\frac{eU}{Ak_BT}} - 1) - \frac{U + I_L R_S}{R_{SH}} \tag{3.16}$$

式中，I_R、I_L、I_D、I_{SH} 分别为流过负载电流、光生电流、暗电流、流过并联电阻的电流；I_0 为常数；U 为等效二极管的端电压；k_B 为玻尔兹曼常数；T 为热力学温度；A 为二极管曲线因子；R_S 为串联电阻；R_{SH} 为并联电阻。

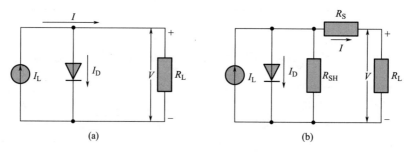

图 3.33 理想（a）和实际（b）太阳能电池的等效电路图

当流进负载 R_L 的电流为 I，负载 R_L 的端电压为 V 时，太阳能电池被照射时在负载 R_L 上得到的输出功率为：

$$P = IV \tag{3.17}$$

若在太阳能电池的正负极两端连接一个可变电阻 R，在一定的太阳辐照度和温度下，改变电阻值，使其由 0（即短路）变到无穷大（即开路），同时测量通过电阻的电流和电阻两端的电压，作图即得太阳能电池的负载特性曲线，通常称为太阳能电池的伏安特性曲线，也可以称为 $I\text{-}V$ 特性曲线，如图 3.34 所示。当负载 R_L 从 0 变到无穷大时，输出电压 V 则从 0 变到 V_{oc}，同时输出电流便从 I_{sc} 变到 0，由此即可画出太阳能电池的负载特性曲线。曲线上的任一点都称为工作点，工作点和原点的连线称为负载线，负载线的斜率的倒数即等于 R_L，与工作点对应的横、纵坐标即为工作电压和工作电流。

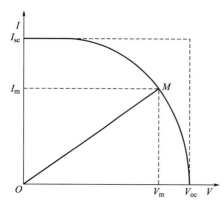

图 3.34 太阳能电池的负载特性曲线

调节负载电阻 R_L 到某一值 R_m 时，在曲线上得到一点 M，对应的工作电流 I_m 和工作电压 V_m 之积最大，即：

$$P_{max} = I_m V_m \tag{3.18}$$

一般称 M 点为该太阳能电池的最佳工作点（或称最大功率点），I_m 为最佳工作电流，V_m 为最佳工作电压，R_m 为最佳负载电阻，P_{max} 为最大输出功率。很显然，太阳能电池的串联电阻越小，并联电阻越大，越接近理想的太阳能电池，该太阳能电池的性能也越好。就目前的太阳能电池制造工艺水平而言，在要求不很严格时，可以认为串联电阻接近于零，并联电阻趋近于无穷大，也就可视为理想的太阳能电池。

从 $I\text{-}V$ 曲线图上可以得到衡量光生伏特效应的性能参数，例如开路电压 V_{oc}、短路电流 I_{sc}、填充因子 FF、光电转换效率等，可以用来表征不同太阳能电池的性能。

（1）开路电压

一般的太阳能电池可近似认为理想的太阳能电池，即太阳能电池的串联电阻为零，旁路电阻无穷大。当开路时，$I=0$，电压 U 即为开路电压 V_{oc}，也就是太阳能电池的最大输出电压，表达式为：

$$V_{oc} = \frac{Ak_B T}{e} \ln\left(\frac{I_L}{I_0} + 1\right) \approx \frac{Ak_B T}{e} \ln \frac{I_L}{I_0} \tag{3.19}$$

式中，k_B 为玻尔兹曼常数；T 为热力学温度；A 为二极管曲线因子；I_L 为光生电流；I_0 为平衡电流。

太阳能电池的 V_{oc} 与电池面积大小无关，通常单晶硅太阳能电池的开路电压约为 450~600mV。

（2）短路电流

在一定的温度和辐照度条件下，短路电流为太阳能电池在端电压为零时的输出电流，也就是伏安特性曲线与纵坐标的交点所对应的电流，通常表示为 I_{sc}，也就是太阳能电池的最大电流。太阳能电池的短路电流 I_{sc} 与太阳能电池的面积大小有关，面积越大，I_{sc} 越大，一般 11cm² 单晶硅太阳能电池的 I_{sc}=16~30mA。

（3）填充因子

填充因子（FF）是表征太阳能电池性能优劣的一个重要参数，定义为具有最大输出功率 P_{max} 时的电流 I_m 和电压 V_m 的乘积（伏安特性曲线上所对应的电流与电压乘积的最大值）与短路电流 I_{sc} 和开路电压 V_{oc} 乘积（极限输出功率）的比值。显然，在开路电压和短路电流一定时，电池的转化效率就取决于填充因子，填充因子越大，能量转化效率越高。

$$\text{FF} = \frac{I_m V_m}{I_{sc} V_{oc}} = 1 - \frac{Ak_B T}{eV_{oc}} \ln\left(\frac{eV_m}{Ak_B T} + 1\right) - \frac{Ak_B T}{eV_{oc}} \tag{3.20}$$

式中，I_m 及 V_m 分别为最大输出功率时的电流和电压；I_{sc} 及 V_{oc} 分别为短路电流和开路电压；e 为基本电荷量；k_B 为玻尔兹曼常数；T 为热力学温度；A 为二极管曲线因子。

太阳能电池的串联电阻越小，并联电阻越大，则填充因子越大，该电池的伏安特性曲线所包围的面积也越大，且伏安特性曲线越接近正方形，这就意味着该太阳能电池的最大输出功率越接近所能达到的极限输出功率，性能越好。

（4）光电转换效率

光电转换效率（η）是太阳能电池的最大输出功率 P_{max} 与入射到太阳能电池表面上的光辐射功率之比，即：

$$\eta = \frac{P_{max}}{AP_{in}} \tag{3.21}$$

式中，A 为电池能够吸收入射光子的有效面积；P_{in} 为单位面积入射光的功率；P_{max} 为太阳能电池的最大输出功率。太阳能电池的光电转换效率是衡量电池质量和技术水平的重要参数，与电池的结构、材料、工作温度和环境温度变化有很大关系。

造成太阳能电池能量损失的主要因素包括以下几部分。a. 热损失，光生载流子对能很快地将能带多余的能量以热的形式损失掉。为减少热损失，可设法让通过电池的光子能量恰好大于能隙能量，使光子的能量激发出的光生载流子无多余的能量可损失。b. 电子-空穴对复合引起的损失，为减少电子、空穴复合所造成的损失，可设法延长光生载流子寿命，这可通过消除不必要的缺陷来实现。c. 由 P-N 结的接触电压损失引起的损失，为减少 P-N 结的接触电压损失，可采用聚焦太阳光以加大光子密度的方法。

3.2.4.4 光伏电池的应用领域及发展现状

光伏太阳能电池不需要燃料，没有运动部件，也不排放气体，具有质量轻、工作性能稳定、光电转换效率高、使用寿命长、不产生污染等优点，目前在我们的生产和生活的各个方面都获得了广泛的应用，主要包括：太阳能电源、交通领域、通信领域、石油/海洋/气象领域、家庭灯具电源、光伏电站、太阳能建筑、太阳能制氢加燃料电池的再生发电系统、海水淡化设备供电、卫星/航天器/空间太阳能电站以及与汽车配套的领域等。但是在目前阶段，它的成本还很高，每生产 1kW 的电需要投资上万美元，因此大规模使用仍然受到经济上的限制。但是，从长远来看，随着太阳能电池制造技术的改进以及新的光-电转换装置的发明，各国对环境的保护和对再生清洁能源的巨大需求，太阳能电池仍将是利用太阳辐射能比较切实可行的方法，可为人类未来大规模地利用太阳能开辟广阔的前景。

自 1837 年法国物理学家首次在溶液中发现了光伏效应以来，基于该效应发展起来的太阳能电池也围绕能量转化效率和发电成本展开了大量的科研和产业化工作。历经三代（晶硅、薄膜、新型太阳能电池）的发展，太阳能电池实验室效率从 1954 年诞生时的 6% 提升到如今的 31.25%（串联硅钙钛矿）。为了解决第一代硅电池存在的能量转化效率提升困难和第二代薄膜电池存在的电池活性层材料昂贵且设备成本高等问题，现如今，多种新型的太阳能电池，主要包括钙钛矿太阳能电池、染料敏化太阳能电池、小分子太阳能电池、聚合物/量子点太阳能电池、柔性太阳能电池等，相继被研发并成为太阳能产业界和学术界的热点。

在新型太阳能电池材料中，拥有钙钛矿结构的 ABX_3 型化合物[123-124]，其中 A 可以为有机阳离子如甲胺（$CH_3NH_3^+$，MA^+）、甲脒（$CH(NH_2)^+$，FA^+）等，或无机阳离子如铯（Cs^+）、铷（Rb^+）、钾（K^+）等，B 通常为二价金属阳离子，如铅（Pb^{2+}）、锡（Sn^{2+}）、锗（Ge^{2+}）等，X 则为卤素阴离子如碘（I^-）、溴（Br^-）、氯（Cl^-）等，因其具备制备工艺简单、载流子寿命长、带隙可调、光吸收单位宽、材料可设计性强等优势，为钙钛矿电池作为未来光伏主导技术提供了无限的想象空间。

钙钛矿电池的应用有单结和叠层两个技术方向。钙钛矿太阳能电池作为一种新型光伏电池，与传统晶硅太阳能电池相比凭借效率优势、低成本优势（产业化后 GW 级别成本可达 0.6元/W）、应用广泛、叠层优势受到关注。在十余年时间里，实现了效率上的突破，目前最高的电池效率已达 25.7%，且理论效率超 30%，高于晶硅电池，逐步接近硅电池最高效率。单结钙钛矿技术与其他薄膜技术相似，但制造成本有望低于目前已产业化的薄膜技术。此外，钙钛矿材料与晶硅或不同钙钛矿材料组成叠层效率可达 40% 以上，钙钛矿与晶硅相结合的叠层技术兼具高转换效率和低制造成本的优点，有望成为未来光伏产业的技术发展方向。

参考文献

[1] Tu L P, Liu X M, Wu F, et al. Excitation energy migration dynamics in upconversion nanomaterials. Chemical Society Reviews，2015，44：1331-1345.

[2] Protesescu L, Yakunin S, Bodnarchuk M I, et al. Nanocrystals of Cesium Lead Halide Perovskites ($CsPbX_3$, X= Cl, Br, and I): Novel Optoelectronic Materials Showing Bright Emission with Wide Color Gamut. Nano Letter，2015，15：3692-3696.

[3] Fang M H, Bao Z, Huang W T, et al. Evolutionary Generation of Phosphor Materials and Their Progress in Future Applications for Light-Emitting Diodes. Chemical Reviews，2022，122：11474-11513.

[4] Chen L, Lin C C, Yeh C W, et al. Light Converting Inorganic Phosphors for White Light-Emitting Diodes. Materials，2010，3：2172-2195.

[5] Zhang X J, Fang M H, Tsai Y T, et al. Controlling of Structural Ordering and Rigidity of β-SiAlON: Eu through Chemical Cosubstitution to Approach Narrow-Band-Emission for Light-Emitting Diodes Application. Chemistry of Materials，2017，29：6781-6792.

[6] Yeh C W, Chen W T, Liu R S, et al. Origin of thermal degradation of $Sr_{2-x}Si_5N_8$：Eu_x phosphors in air for light-emitting diodes. Journal of the American Chemical Society, 2012, 134: 14108-14117.

[7] Uheda K, Hirosaki N, Yamamoto Y, et al. Luminescence Properties of a Red Phosphor, $CaAlSiN_3$：Eu^{2+}, for White Light-Emitting Diodes. Electrochemical and Solid-State Letters, 2006, 9: H22-H25.

[8] Lin C C, Tsai Y T, Johnston H E, et al. Enhanced Photoluminescence Emission and Thermal Stability from Introduced Cation Disorder in Phosphors. Journal of the American Chemical Society, 2017, 139: 11766-11770.

[9] Tsai Y T, Chiang C Y, Zhou W Z, et al. Structural Ordering and Charge Variation Induced by Cation Substitution in (Sr, Ca) $AlSiN_3$：Eu Phosphor. Journal of the American Chemical Society, 2015, 137: 8936-8939.

[10] Takahashi T, Adachi S. Mn^{4+}-Activated Red Photoluminescence in K_2SiF_6 Phosphor. Journal of The Electrochemical Society, 2008, 155: E183-E188.

[11] Wei L L, Lin C C, Fang M H, et al. A low-temperature co-precipitation approach to synthesize fluoride phosphors K_2MF_6：Mn^{4+} (M=Ge, Si) for white LED applications. Journal of Materials Chemistry C, 2015, 3: 1655-1660.

[12] Zhu H M, Lin C C, Luo W Q, et al. Highly efficient non-rare-earth red emitting phosphor for warm white light-emitting diodes. Nature communications, 2014, 5: 4312.

[13] Fang M H, Wu W L, Jin Y, et al. Control of Luminescence by Tuning of Crystal Symmetry and Local Structure in Mn^{4+}-Activated Narrow Band Fluoride Phosphors. Angewandte Chemie International Edition, 2018, 57: 1797-1801.

[14] Brik M G, Srivastava A M. On the optical properties of the Mn^{4+} ion in solids. Journal of Luminescence, 2013, 133: 69-72.

[15] Pust P, Weiler V, Hecht C, et al. Narrow-band red-emitting Sr[$LiAl_3N_4$]：Eu^{2+} as a next-generation LED-phosphor material. Nature Materials, 2014, 13: 891-896.

[16] Pust P, Hintze F, Hecht C, et al. Group (Ⅲ) Nitrides M[$Mg_2Al_2N_4$](M=Ca, Sr, Ba, Eu) and Ba[$Mg_2Ga_2N_4$]—Structural Relation and Nontypical Luminescence Properties of Eu^{2+} Doped Samples. Chemistry of Materials, 2014, 26: 6113-6119.

[17] Schmiechen S, Schneider H, Wagatha P, et al. Toward New Phosphors for Application in Illumination-Grade White pc-LEDs: The Nitridomagnesosilicates Ca[Mg_3SiN_4]：Ce^{3+}, Sr[Mg_3SiN_4]：Eu^{2+}, and Eu[Mg_3SiN_4]. Chemistry of Materials, 2014, 26: 2712-2719.

[18] Hoerder G J, Seibald M, Baumann D, et al. Sr[$Li_2Al_2O_2N_2$]：Eu^{2+}—A high performance red phosphor to brighten the future. Nature Communications, 2019, 10: 1824.

[19] Hoerder G J, Peschke S, Wurst K, et al. $SrAl_{2-x}Li_{2+x}O_{2+2x}N_{2-2x}$：$Eu^{2+}$ ($0.12 \leqslant x \leqslant 0.66$)—Tunable Luminescence in an Oxynitride Phosphor. Inorganic Chemistry, 2019, 58: 12146-12151.

[20] Fang M H, Mariano C O M, Chen K C, et al. High-Performance NaK_2Li[Li_3SiO_4]$_4$：Eu Green Phosphor for Backlighting Light-Emitting Diodes. Chemistry of Materials, 2021, 33: 1893-1899.

[21] Adachi S. Review—Mn^{4+} vs Cr^{3+}: A Comparative Study as Activator Ions in Red and Deep Red-Emitting Phosphors. ECS Journal of Solid State Science and Technology, 2020, 9: 026003.

[22] Rajendran V, Fang M H, Guzman G N D, et al. Super Broadband Near-Infrared Phosphors with High Radiant Flux as Future Light Sources for Spectroscopy Applications. ACS Energy Letters, 2018, 3: 2679-2684.

[23] Lee C, Bao Z, Fang M H, et al. Chromium (Ⅲ)-Doped Fluoride Phosphors with Broadband Infrared Emission for Light-Emitting Diodes. Inorganic Chemistry, 2020, 59: 376-385.

[24] Yu H J, Chen J, Mi R Y, et al. Broadband near-infrared emission of K_3ScF_6：Cr^{3+} phosphors for night vision imaging system sources. Chemical Engineering Journal, 2021, 417: 129271.

[25] Shao Q Y, Ding H, Yao L Q, et al. Photoluminescence properties of a $ScBO_3$：Cr^{3+} phosphor and its applications for broadband near-infrared LEDs. RSC Advances, 2018, 8: 12035-12042.

[26] Huang W T, Cheng C L, Bao Z, et al. Broadband Cr^{3+}, Sn^{4+}-Doped Oxide Nanophosphors for Infrared Mini Light-Emitting Diodes. Angewandte Chemie International Edition, 2019, 58: 2069-2072.

[27] Fang M H, Chen K C, Majewska N, et al. Hidden Structural Evolution and Bond Valence Control in Near-Infrared Phosphors for Light-Emitting Diodes. ACS Energy Letters, 2020, 6: 109-114.

[28] Zhong J Y, Zhuo Y, Du F, et al. Efficient and Tunable Luminescence in $Ga_{2-x}In_xO_3$: Cr^{3+} for Near-Infrared Imaging. ACS Applied Materials & Interfaces, 2021, 13: 31835-31842.

[29] Chen K C, Fang M H, Huang W T, et al. Chemical and Mechanical Pressure-Induced Photoluminescence Tuning via Structural Evolution and Hydrostatic Pressure. Chemistry of Materials, 2021, 33: 3832-3840.

[30] Auzel F. Upconversion and Anti-Stokes Processes with f and d Ions in Solids. Chemical Review, 2004, 104: 139-173.

[31] Zhao S S, Wang Z B, Ma Z D, et al. Achieving Multimodal Emission in $Zn_4B_6O_{13}$: Tb^{3+}, Yb^{3+} for Information Encryption and Anti-counterfeiting. Inorganic Chemistry, 2020, 59: 15681-15689.

[32] Wei T, Han Y D, Wei Y, et al. $CaSc_2O_4$ hosted upconversion and downshifting luminescence. Journal of Materials Chemistry C, 2021, 9: 3800-3805.

[33] Wang F, Deng R R, Wang J, et al. Tuning upconversion through energy migration in core-shell nanoparticles. Nature Materials, 2011, 10: 968-973.

[34] Lee C, Xu E Z, Liu Y W, et al. Giant nonlinear optical responses from photon-avalanching nanoparticles. Nature, 2011, 589: 230-235.

[35] Wang F, Liu X G. Recent advances in the chemistry of lanthanide-doped upconversion nanocrystals. Chemical Society Reviews, 2009, 38: 976-989.

[36] Cheng X W, Zhou J, Yue J Y, et al. Recent Development in Sensitizers for Lanthanide-Doped Upconversion Luminescence. Chemical Reviews, 2022, 122: 15998-16050.

[37] Xie X J, Gao N Y, Deng R R, et al. Mechanistic investigation of photon upconversion in Nd^{3+}-sensitized core-shell nanoparticles. Journal of the American Chemical Society, 2013, 135: 12608-12611.

[38] Zhou B, Yan L, Tao L L, et al. Enabling Photon Upconversion and Precise Control of Donor-Acceptor Interaction through Interfacial Energy Transfer. Advanced science, 2018, 5: 1700667.

[39] Su Q Q, Wei H L, Liu Y C, et al. Six-photon upconverted excitation energy lock-in for ultraviolet-C enhancement. Nature Communications, 2021, 12: 4367.

[40] Cheng X W, Pan Y, Yuan Z, et al. Er^{3+} Sensitized Photon Upconversion Nanocrystals. Advanced Functional Materials, 2018, 28: 1800208.

[41] Liu L, Wang S F, Zhao B Z, et al. Er^{3+} Sensitized 1530 nm to 1180 nm Second Near-Infrared Window Upconversion Nanocrystals for In Vivo Biosensing, Angewandte Chemie International Edition, 2018, 57: 7518-7522.

[42] Li Y Y, Guo J J, Liu X H, et al. White upconversion luminescence in CaF_2: Yb^{3+}/Eu^{3+} powders via the incorporation of Y^{3+} ions. Physical Chemistry Chemical Physics, 2016, 18: 16094-16097.

[43] Zheng X, Shikha S, Zhang Y. Elimination of concentration dependent luminescence quenching in surface protected upconversion nanoparticles. Nanoscale, 2018, 10: 16447-16454.

[44] Zhou J, Liu Q, Feng W, et al. Upconversion luminescent materials: advances and applications. Chemical Reviews, 2015, 115: 395-465.

[45] Li X M, Zhang F, Zhao D Y. Lab on upconversion nanoparticles: optical properties and applications engineering via designed nanostructure. Chemical Society Reviews, 2015, 44: 1346-1378.

[46] Meruga J M, Baride A, Cross W, et al. Red-green-blue printing using luminescence-upconversion inks. Journal of Materials Chemistry C, 2014, 2: 2221-2227.

[47] Lee J, Bisso P W, Srinivas R L, et al. Universal process-inert encoding architecture for polymer microparticles. Nature Materials, 2014, 13: 524-529.

[48] Ying W T, Nie J H, Fan X M, et al. Dual-Wavelength Responsive Broad Range Multicolor Upconversion Luminescence for High-Capacity Photonic Barcodes. Advanced Optical Materials, 2021, 9: 2100197.

[49] Zhang Y H, Zhang L X, Deng R R, et al. Multicolor barcoding in a single upconversion crystal. Journal of the American Chemical Society, 2014, 136: 4893-4896.

[50] Ding M Y, Dong B, Lu Y, et al. Energy Manipulation in Lanthanide-Doped Core-Shell Nanoparticles for Tunable Dual-Mode Luminescence toward Advanced Anti-Counterfeiting. Advanced Materials, 2020, 32: 2002121.

[51] Chen X, Wei W J, Wang Q, et al. Designing Multicolor Dual-Mode Lanthanide-Doped $NaLuF_4/Y_2O_3$ Composites for Advanced Anticounterfeiting. Advanced Optical Materials, 2020, 8: 1901209.

[52] Xie Y, Song Y P, Sun G T, et al. Lanthanide-doped heterostructured nanocomposites toward advanced optical anti-counterfeiting and information storage. Light: Science & Applications, 2022, 11: 150.

[53] Hong A R, Kyhm J H, Kang G, et al. Orthogonal R/G/B Upconversion Luminescence-based Full-Color Tunable Upconversion Nanophosphors for Transparent Displays. Nano Letter, 2021, 21: 4838-4844.

[54] Zhang Z, Zhang Y. Orthogonal Emissive Upconversion Nanoparticles: Material Design and Applications, Small, 2021, 17: e2004552.

[55] Lu Y Q, Zhao J B, Zhang R, et al. Tunable lifetime multiplexing using luminescent nanocrystals. Nature Photonics, 2014, 8: 32-36.

[56] Dong H, Sun L D, Feng W, et al. Versatile Spectral and Lifetime Multiplexing Nanoplatform with Excitation Orthogonalized Upconversion Luminescence. ACS Nano, 2017, 11: 3289-3297.

[57] Li Y Y, You W W, Zhao J, et al. Unique excitation power density and pulse width-dependent multicolor upconversion emissions of $Y_2Mo_4O_{15}$: Yb^{3+}, Ho^{3+} for anti-counterfeiting and information encryption applications. Journal of Materials Chemistry C, 2023, 11: 546-553.

[58] Han Y D, Li H Y, Wang Y B, et al. Upconversion Modulation through Pulsed Laser Excitation for Anticounterfeiting. Scientific Reports, 2017, 7: 1320.

[59] Wang Y B, Zhou J, Gao J X, et al. Physical Manipulation of Lanthanide-Activated Photoluminescence. Annalen der Physik, 2019, 531: 1900026.

[60] He K, Zhang L B, Liu Y, et al. Lanthanide ions doped nonhygroscopic $La_2Mo_3O_{12}$ microcrystals based on multimode luminescence for optical thermometry. Journal of Alloys and Compounds, 2022, 890: 161918.

[61] Liao J S, Wang M H, Lin F L, et al. Thermally boosted upconversion and downshifting luminescence in $Sc_2(MoO_4)_3$: Yb/Er with two-dimensional negative thermal expansion. Nature Communications, 2022, 13: 2090.

[62] Wang Q, Liao M, Lin Q M, et al. A review on fluorescence intensity ratio thermometer based on rare-earth and transition metal ions doped inorganic luminescent materials. Journal of Alloys and Compounds, 2021, 850: 156744.

[63] Zheng T, Runowski M, Stopikowska N, et al. Dual-center thermochromic Bi_2MoO_6: Yb^{3+}, Er^{3+}, Tm^{3+} phosphors for ultrasensitive luminescence thermometry. Journal of Alloys and Compounds, 2022, 890: 161830.

[64] Brites C D, Xie X J, Debasu M L, et al. Instantaneous ballistic velocity of suspended Brownian nanocrystals measured by upconversion nanothermometry. Nature Nanotechnology, 2016, 11: 851-856.

[65] Zou H, Chen B, Hu Y F, et al. Simultaneous Enhancement and Modulation of Upconversion by Thermal Stimulation in $Sc_2Mo_3O_{12}$ Crystals. The Journal of Physical Chemistry Letters, 2020, 11: 3020-3024.

[66] Wang C L, Jin Y H, Zhang R T, et al. A review and outlook of ratiometric optical thermometer based on thermally coupled levels and non-thermally coupled levels. Journal of Alloys and Compounds, 2022, 894: 162494.

[67] Liu R F, Pan Y, Zhang J, et al. Upconversion of Yb^{3+}/Ho^{3+} co-doped bismuth oxyfluoride and fluoride microcrystals for high-performance ratiometric luminescence thermometry. Journal of Luminescence, 2023, 258: 119791.

[68] Zi Y Z, Yang Z W, Xu Z, et al. A novel upconversion luminescence temperature sensing material: Negative thermal expansion $Y_2Mo_3O_{12}$: Yb^{3+}, Er^{3+} and positive thermal expansion $Y_2Ti_2O_7$: Yb^{3+}, Er^{3+} mixed phosphor. Journal of Alloys and Compounds, 2021, 880: 160156.

[69] Zuo J, Tu L P, Li Q Q, et al. Near Infrared Light Sensitive Ultraviolet-Blue Nanophotoswitch for Imaging-Guided "Off-On" Therapy. ACS Nano, 2018, 12: 3217-3225.

[70] Yang G X, Yang D, Yang P P, et al. A Single 808 nm Near-Infrared Light-Mediated Multiple Imaging and Photodynamic Therapy Based on Titania Coupled Upconversion Nanoparticles. Chemistry of Materials, 2015, 27: 7957-7968.

[71] Yi Z G, Li X L, Xue Z L, et al. Remarkable NIR Enhancement of Multifunctional Nanoprobes for In Vivo Trimodal Bioimaging and Upconversion Optical/T_2-Weighted MRI-Guided Small Tumor Diagnosis. Advanced Functional Materials, 2015, 25: 7119-7129.

[72] Liu B, Chen Y Y, Li C X, et al. Poly (Acrylic Acid) Modification of Nd^{3+}-Sensitized Upconversion Nanophosphors for Highly Efficient UCL Imaging and pH-Responsive Drug Delivery. Advanced Functional Materials, 2015, 25: 4717-4729.

[73] Han S Y, Samanta A, Xie X J, et al. Gold and Hairpin DNA Functionalization of Upconversion Nanocrystals for Imaging and In Vivo Drug Delivery. Advanced Materials, 2017, 29: 1700244.

[74] Zhu X J, Li J C, Qiu X C, et al. Upconversion nanocomposite for programming combination cancer therapy by precise control of microscopic temperature. Nature Communications, 2018, 9: 2176.

[75] Zhu X J, Feng W, Chang J, et al. Temperature-feedback upconversion nanocomposite for accurate photothermal therapy at facile temperature. Nature Communications, 2016, 7: 10437.

[76] Wei R Y, Xi W S, Wang H F, et al. In situ crystal growth of gold nanocrystals on upconversion nanoparticles for synergistic chemo-photothermal therapy. Nanoscale, 2017, 9: 12885-12896.

[77] Ji S C, Jia Y F, Yang X Y, et al. A Method for Measuring Electric Field Distribution Along Insulator Surfaces Based on Electroluminescence Effect and Its Image Processing Algorithm. IEEE Transactions on Dielectrics and Electrical Insulation, 2022, 29: 939-947.

[78] Yang Y, Li Y P, Wang C X, et al. Rare-Earth Doped ZnO Films: A Material Platform to Realize Multicolor and Near-Infrared Electroluminescence. Advanced Optical Materials, 2014, 2: 240-244.

[79] Yuan K, Yang L, Yang Y, et al. Improvement of the electroluminescence performance from Er-doped Al_2O_3 nanofilms by insertion of atomic Ga_2O_3 layers. Applied Physics Letters, 2021, 119: 201105.

[80] Yang L B, Luo J J, Gao L, et al. Inorganic Lanthanide Compounds with f-d Transition: From Materials to Electroluminescence Devices. The Journal of Physical Chemistry Letters, 2022, 13: 4365-4373.

[81] Luo J J, Yang L B, Tan Z F, et al. Efficient Blue Light Emitting Diodes Based On Europium Halide Perovskites. Advanced Materials, 2021, 33: 2101903.

[82] Wang L, Guo Q X, Duan J S, et al. Exploration of Nontoxic Cs_3CeBr_6 for Violet Light-Emitting Diodes. ACS Energy Letters, 2021, 6: 4245-4254.

[83] Butler C T. Room-Temperature Deformation Luminescence in Alkali Halides. Physical Review, 1966, 141: 750-757.

[84] Xu C N, Watanabe T, Akiyama M, et al. Artificial skin to sense mechanical stress by visible light emission. Applied Physics Letters, 1999, 74: 1236-1238.

[85] Xu C N, Watanabe T, Akiyama M, et al. Direct view of stress distribution in solid by mechanoluminescence. Applied Physics Letters, 1999, 74: 2414-2416.

[86] 敖宇辰, 王谨, 蔡格梅. 无机应力发光材料的发光特性、发光机理及应用研究进展. 发光学报, 2023, 44: 942-963.

[87] Zhang J C, Wang X S, Yao X, et al. Strong Elastico-Mechanoluminescence in Diphase (Ba, Ca) TiO_3: Pr^{3+} with Self-Assembled Sandwich Architectures. Journal of The Electrochemical Society, 157: G269-G273.

[88] Tian B R, Wang Z F, Smith A T, et al. Stress-induced color manipulation of mechanoluminescent elastomer for visualized mechanics sensing. Nano Energy, 2021, 83: 105860.

[89] Zhang N, Tian B R, Wang Z F, et al. Intense Mechanoluminescence in Undoped $LiGa_5O_8$ with Persistent and Recoverable Behaviors. Advanced Optical Materials, 2021, 9: 2100137.

[90] Wang W X, Sun Z Y, He X Y, et al. How to design ultraviolet emitting persistent materials for potential multifunctional applications: a living example of a $NaLuGeO_4$: Bi^{3+}, Eu^{3+} phosphor. Journal of Materials Chemistry C, 2017, 5: 4310-4318.

[91] Yang L, Li L, Cheng L X, et al. Intense and recoverable piezoluminescence in Pr^{3+}-activated $CaTiO_3$ with centrosymmetric structure. Applied Physics Letters, 2021, 118: 053901.

[92] Li L J, Wong K L, Li P F, et al. Mechanoluminescence properties of Mn^{2+}-doped BaZnOS phosphor. Journal of Materials Chemistry C, 2016, 4: 8166-8170.

[93] Zhang J C, Long Y Z, Yan X, et al. Creating Recoverable Mechanoluminescence in Piezoelectric Calcium Niobates through Pr^{3+} Doping. Chemistry of Materials, 2016, 28: 4052-4057.

[94] Zhang P, Zheng Z Z, Wu L, et al. Self-Reduction-Related Defects, Long Afterglow, and Mechanoluminescence in Centrosymmetric Li_2ZnGeO_4: Mn^{2+}. Inorganic Chemistry, 2021, 60: 18432-18441.

[95] Xiao Y, Xiong P X, Zhang S, et al. Deep-red to NIR mechanoluminescence in centrosymmetric perovskite $MgGeO_3$: Mn^{2+} for potential dynamic signature anti-counterfeiting. Chemical Engineering Journal, 2023, 453: 139671.

[96] Matsui H, Xu C N, Akiyama M, et al. Strong Mechanoluminescence from UV-Irradiated Spinels of $ZnGa_2O_4$: Mn and $MgGa_2O_4$: Mn. Jpn J Appl Phys, 2000, 39: 6582-6586.

[97] Matsui H, Xu C N, Liu Y, et al. Origin of mechanoluminescence from Mn-activated $ZnAl_2O_4$: Triboelectricity-induced electroluminescence. Physical Review B, 2004, 69: 235109.

[98] Wang M Y, Wu H, Dong W B, et al. Advanced Luminescence Anticounterfeiting Based on Dynamic Photoluminescence and Non-Pre-Irradiation Mechanoluminescence. Inorganic Chemistry, 2022, 61: 2911-2919.

[99] Zhang J C, Xue X Y, Zhu Y F, et al. Ultra-long-delay sustainable and short-term-friction stable mechanoluminescence in Mn^{2+}-activated $NaCa_2GeO_4F$ with centrosymmetric structure. Chemical Engineering Journal, 2021, 406: 126798.

[100] Bai Y Q, Wang F, Zhang L Q, et al. Interfacial triboelectrification-modulated self-recoverable and thermally stable mechanoluminescence in mixed-anion compounds. Nano Energy, 2022, 96: 107075.

[101] Wang W X, Wang Z B, Zhang J C, et al. Contact electrification induced mechanoluminescence. Nano Energy, 2022, 94: 106920.

[102] Ma Z D, Zhou J Y, Zhang J C, et al. Mechanics-induced triple-mode anticounterfeiting and moving tactile sensing by simultaneously utilizing instantaneous and persistent mechanoluminescence. Materials horizons, 2019, 6: 2003-2008.

[103] Tu D, Xu C N, Yoshida A, et al. $LiNbO_3$: Pr^{3+}: A Multipiezo Material with Simultaneous Piezoelectricity and Sensitive Piezoluminescence. Advanced Materials, 2017, 29: 1606914.

[104] Zhang J C, Pan C, Zhu Y F, et al. Achieving Thermo-Mechano-Opto-Responsive Bitemporal Colorful Luminescence via Multiplexing of Dual Lanthanides in Piezoelectric Particles and its Multidimensional Anticounterfeiting. Advanced Materials, 2018, 30: 1804644.

[105] Rasi S, Queraltó A, Banchewski J, et al. Kinetic control of ultrafast transient liquid assisted growth of solution-derived $YBa_2Cu_3O_{7-x}$ superconducting films. Advanced Science, 2022, 9: 2203834.

[106] 韩涛, 曹仕秀, 杨鑫. 光电材料与器件. 北京: 科学出版社 2017.

[107] 石永敬. 信息功能器件. 北京: 化学工业出版社, 2020.

[108] Chen H, Liu K, Hu L, et al. New concept ultraviolet photodetectors. Materials Today, 2015, 18: 493-502.

[109] Chen H, Liu H, Zhang Z, et al. Nanostructured photodetectors: from ultraviolet to terahertz. Advanced Materials, 2016, 28: 403-433.

[110] Li Z, Zuo C, Fang X. Application of nanostructured TiO_2 in UV photodetectors: A Review. Advanced Materials, 2022, 34: 2109083.

[111] 白成林. Ⅲ-Ⅴ族光电探测器及其在光纤通信中的应用. 北京: 科学出版社, 2017.

[112] Cai S, Xu X, Yang W, et al. Materials and designs for wearable photodetectors. Advanced Materials, 2019, 31: 1808138.

[113] Xu X, Chen J, Cai S, et al. A real-time wearable UV-radiation monitor based on a high-performance p-CuZnS/n-TiO_2 photodetector. Advanced Materials, 2018, 30: 1803165.

[114] Zhou C, Wang X, Kuang X, et al. High performance flexible ultraviolet photodetectors based on TiO_2/Graphene hybrid for irradiation monitoring applications. Journal of Micromechanics and Microengineering, 2016, 26: 075003.

[115] Qiu M, Sun P, Liu Y, et al. Visualized UV photodetectors based on Prussian Blue/TiO_2 for smart irradiation monitoring application. Advanced Materials and Technologies, 2018, 3: 1700288.

[116] Rein M, Favrod V D, Hou C, et al. Diode fibres for fabric-based optical communications. Nature, 2018, 560: 214-218.

[117] Fang H, Zheng C, Wu L, et al. Solution-processed self-powered transparent ultraviolet photodetectors with ultrafast response speed for high-performance communication system. Advanced Functional Materials, 2019, 29: 1809013.

[118] Ji Z, Cen G, Su C, et al. All-inorganic perovskite photodetectors with ultrabroad linear dynamic range for weak-light imaging applications. Advanced Optical Materials, 2020, 8: 2001436.

[119] Wang B, Zhang C, Zeng B, et al. Fabrication of addressable perovskite film arrays for high-performance photode-

tection and real-time image sensing application. The Journal of Physical Chemistry Letters, 2021, 12: 2930-2936.

[120] Li L, Gu L, Lou Z, et al. ZnO quantum dot decorated Zn_2SnO_4 nanowire heterojunction photodetectors with drastic performance enhancement and flexible ultraviolet image sensors. ACS Nano, 2017, 11: 4067-4076.

[121] Chen S, Lou Z, Chen D, et al. An artificial flexible visual memory system based on an UV-motivated memristor. Advanced Materials, 2018, 30: 1705400.

[122] 杨德仁. 太阳电池材料. 北京: 化学工业出版社, 2018.

[123] Rong Y, Hu Y, Mei A, et al. Challenges for commercializing perovskite solar cells. Science, 2018, 361: eaat8235.

[124] Jung H S, Park N G. Perovskite solar cells: from materials to devices. Small, 2015, 11: 10-25.

第 4 章 磁功能材料

四千多年前，我国就使用天然磁石指南针。在英语中磁体一词来自于 Magnesia，此名词来自古代中东地区，即发现磁铁矿的土耳其。从古时候指南针为远航的人们指明方向，到现代高性能磁盘和磁传感器为人们的生活带来便利，磁作为一种物质的基本属性，在人们生活中扮演着越来越重要的角色。

现代磁学研究大概起于奥斯特关于电流磁效应的报道，受此启发，安培、楞次、法拉第等人展开了系列实验（如图 4.1）。直到麦克斯韦建立统一的麦克斯韦方程，磁电关联从现象到理论上逐渐完备。

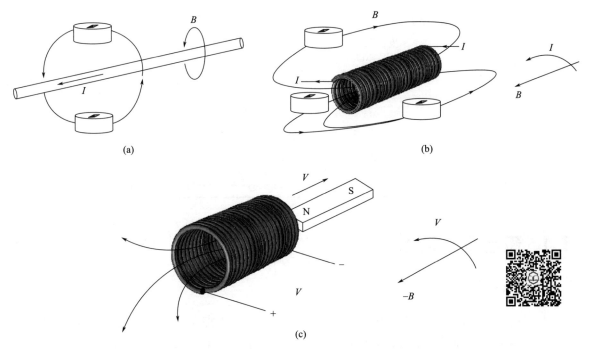

图 4.1 (a) 长直导线周围的磁场；(b) 圆筒线圈的磁场；(c) 线圈中感生的电压

本章的目的是向读者介绍基本磁学理论和典型磁性功能材料，以期建立磁性材料研究的基本框架。由于历史原因，磁学研究系统长期存在两套单位制体系，这也常常对初学者造成困惑。本章基本上采用 mks（国际系统，SI）单位制。但是，由于文献中大量数据以 cgs 和其他单位制表示，且 cgs 表示的方程和物理量也常常与 mks 一起给出。所以，我们概括了用 mks 和 cgs 单位制表示的重要磁学量的方程和换算因子。表 4.1 给出某些重要磁性物理量的方程，用 mks 和 cgs 单位制，以及它们之间的换算系数。表 4.2 给出两种单位制下麦克斯韦方程的微分和积分形式。

表 4.1 用 mks 和 cgs 单位制表示的常见磁性物理量和换算系数

mks, SI	cgs	换算
$H=NI/l(\text{A/m})$	$H=0.4\pi NI/l(\text{Oe})$	$79.6\text{A/m}=1\text{Oe}$
$B=\mu_0(H+M)(\text{T})$	$B=H+4\pi M(\text{Gs})$	$1\text{T}=10^4\text{Gs}$
$M=\chi_m H(\text{A/m})$	$M=\chi_m H(\text{A/m})$	—
$\mu=\mu_0(1+\chi_m)(\text{H/m})$	$\mu=1+4\pi\chi_m(\text{无})$	—
$p_m=\mu_m=iS(\text{A}\cdot\text{m}^2)$	$iS(\text{emu},\text{Gs}\cdot\text{cm}^3)$	—
$U_m=-\mu_m\cdot B(\text{J})$	$-\mu_m\cdot H(\text{erg})$	$1\text{erg}=10^7\text{J}$
$u=-M\cdot B(\text{J/m}^3)$	$-M\cdot H(\text{erg/m}^3)$	$10\text{erg/m}^3=1\text{J/m}^3$

表 4.2 用 mks 和 cgs 单位制表示的麦克斯韦方程的微分和积分形式

mks, SI	cgs
$\nabla\cdot \boldsymbol{E}=\rho/\varepsilon$	$\nabla\cdot \boldsymbol{E}=4\pi\rho/\varepsilon$
$\nabla\cdot \boldsymbol{B}=0$	$\nabla\cdot \boldsymbol{B}=0$
$\nabla\times \boldsymbol{E}=-\dfrac{\partial \boldsymbol{B}}{\partial t}$	$\nabla\times \boldsymbol{E}=-c^{-1}\dfrac{\partial \boldsymbol{B}}{\partial t}$
$\nabla\times \boldsymbol{B}=\mu_0 J+\mu_0\varepsilon\dfrac{\partial \boldsymbol{E}}{\partial t}$	$\nabla\times \boldsymbol{H}=(4\pi/c)J+(\varepsilon/c)\dfrac{\partial \boldsymbol{E}}{\partial t}$
$\int E\text{d}A=(1/\varepsilon)\int\rho(x-x')\text{d}^3x'=q/\varepsilon$	$\int E\text{d}A=(1/\varepsilon)\int\rho(x-x')\text{d}^3x'=q/\varepsilon$
$\int B\text{d}A=0$	$\int B\text{d}A=0$
$\int E\text{d}l=-\dfrac{\partial\int B\text{d}A'}{\partial x}=-\dfrac{\partial\phi}{\partial x}$	$\int E\text{d}l=-(1/c)\dfrac{\partial\int B\text{d}A'}{\partial x}=-(1/c)\dfrac{\partial\phi}{\partial t}$
$\int B\text{d}l=\mu_0\int J\cdot\text{d}A'=\mu_0 I$	$\int B\text{d}l=(4\pi\mu_0/c)\int J\text{d}A'=(4\pi\mu_0/c)I$

4.1 磁学基本理论

4.1.1 原子磁矩

物质的磁性来源于原子的磁性，原子的磁性来源于其内部所有电子的轨道磁矩、自旋磁矩和核磁矩的矢量和。原子核具有磁矩，但核磁矩很小，通常可忽略，原子磁矩则为电子轨道磁矩与自旋磁矩的总和的有效部分。

电子绕轨道运动，相当于一个环形电流。从原子结构的简单模型出发，电子的电荷为 $-e$，它以角速度 ω、半径为 r 作圆轨道运动时，所产生的电流为 $-e\omega/(2\pi)$。若电流 i 闭合回路的截面积为 S，这时的磁矩为 iS。因此由单个电子的圆周运动所产生的轨道磁矩，即轨道磁偶极矩为：$M=-0.5\mu_0 e\omega r^2$。又因为圆周运动中电子的轨道角动量 $L=m_e\omega r^2$，故 $M=-\mu_0 eL/(2m_e)$。

同样，电子由于自旋会产生自旋磁矩。不过，由于传统模型无法解释自旋磁矩，因此需要用到量子力学，我们这里仅作简单描述。原子中各电子轨道的磁矩的方向是空间量子化的，磁矩的最小单位为 μ_B，称为玻尔磁子。玻尔磁子数值大小等于一个电子的自旋磁矩：$\mu_B = 9.27 \times 10^{-24} \mathrm{A \cdot m^2}$。

如果一个原子中有多个电子，原子的总磁矩是各个电子总轨道磁矩与总自旋磁矩之和。在原子壳层完全充满电子的情况下，电子轨道的空间对称分布和反平行自旋电子相等，导致原子总的磁矩为零。

4.1.2 物质的磁性

宏观物质是由大量原子组成的，因此物质的磁性来源于各个原子的磁矩。但是物质中各个原子间电子相互作用，情况变得很复杂，不能简单地通过孤立原子磁矩加和定量计算。一般来说，根据磁化率 χ_m 的大小和符号可以将宏观物质分为五大类。

（1）顺磁性

原子系统在外磁场作用下，物质感生出与磁化场相同方向的磁化强度现象称为顺磁性，顺磁性物质特征是原子具有固有磁矩，在无外磁场时，受热扰动影响原子磁矩杂乱分布，总磁矩为零。当施加外磁场时，这些磁矩趋向外磁场方向，引起顺磁性，其磁化率 $\chi_m = \dfrac{M}{H} > 0$。图 4.2 显示了顺磁性物质的磁化率及其与温度的关系。在常温下，受原子热运动影响，χ_m 的大小在 $10^{-6} \sim 10^{-4}$ 数量级（在 SI 制中无单位），显示弱磁性。多数顺磁性物质的温度依赖服从居里定律 $\chi_m(T) = \dfrac{C}{T}$，少数符合居里-外斯定律 $\chi_m(T) = \dfrac{C}{T - T_\theta}$，其中 C 为居里常数，T_θ 为顺磁性居里温度。经常可以通过 $\dfrac{1}{\chi_m} - T$ 曲线拟合外推出居里常数 C 和顺磁性居里点 T_θ。顺磁性材料主要包括碱土金属、部分过渡族金属和稀土金属（如锂、镁和钽）等。

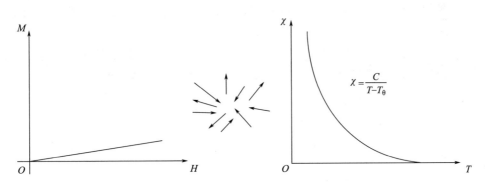

图 4.2 顺磁性物质的磁化率及其与温度的关系

（2）抗磁性

在原子系统中，在外磁场作用下，感生出与磁场方向相反的磁矩现象称为抗磁性。抗磁性起源于原子中运动着的电子相当于闭合的回路，在受到外磁场作用时，回路的磁通发生变化，回路中将产生感应电流，感应电流产生的磁通反抗原来磁通的变化。闭合感应电流产生的磁矩作用使外磁场磁化作用减弱,呈抗磁性现象。所以,抗磁性现象存在于一切物质中,是所有物质在外磁场作用下所具有的属性。图 4.3 表明抗磁性物质的磁化率及其与温度的关系。抗磁性物质的特征是原子为满壳层,无原子固有磁矩,磁化率 $\chi_m = \dfrac{M}{H} < 0$,大小在 10^{-5} 数量级。许多日常使用的金属材料都是抗磁性材料,如铜、银、金等。除此之外,稀有气体、不含过渡元素的离子晶体、共价化合物和绝大部分有机物都是抗磁性的。

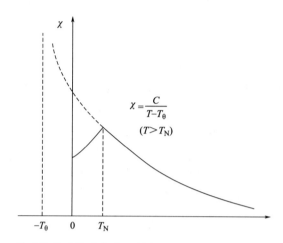

图 4.3　抗磁性物质的磁化率及其与温度的关系(T_N 为奈耳温度)

(3) 铁磁性

铁磁性物质的原子具有固有磁矩,原子磁矩自发磁化按区域呈平行排列。即便在没有外磁场情况下,铁磁性物质仍以原子磁矩的长程有序为特征。在很小的外磁场作用下,该类物质就能被磁化到饱和,磁化率 $\chi_m \gg 0$,大约在 $10 \sim 10^6$ 数量级。磁化率与磁场呈非线性、复杂的函数关系,如图 4.4 所示。T_C 是铁磁性与顺磁性临界温度,称为居里温度。在温度 $T < T_C$ 时,物质呈现铁磁性;$T > T_C$ 时,物质呈现顺磁性,并服从居里-外斯定律。在 T_C 附近铁磁性物质的许多性质出现反常现象。铁磁性物质有:a. 铁磁性元素,包括 Fe、Co、Ni 和大部分稀土元素(居里温度 T_C 在 0℃以上的只有 Fe、Co、Ni 和 Gd);b. 铁磁性合金和化合物,铁磁性金属与铁磁性金属组成的合金均是铁磁性的,铁磁性金属与非铁磁性金属或非金属组成的合金有一部分是铁磁性的,如 Mn-Bi 合金、Mn-Cr-Al 合金。

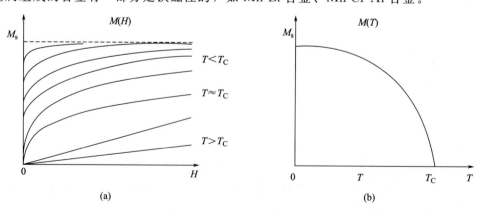

图 4.4　不同温度下铁磁性物质的磁化曲线(a)以及温度依赖关系(b)

(4) 反磁性

反铁磁性物质原子具有固有磁矩，自发磁化呈反平行排列，磁矩为零，只有在很强的外磁场作用下才能显现出来。图 4.5 表明反磁性物质的磁化率及其与温度的关系。在温度 T 高于某一温度 T_N 时，其磁化率 χ_m 服从居里-外斯定律 $\chi_m(T) = \dfrac{C}{T - T_N}$；当 $T < T_N$ 时，χ_m 随温度的降低而降低并趋于一个值。即在 T_N 处，χ_m 达到最大值，这种磁化率随温度升高先升后降的现象称为反铁磁性现象。T_N 为反铁磁性和顺磁性转变临界温度，称为奈耳温度。$T < T_N$ 时，物质呈反铁磁性，$T > T_N$ 时，物质呈顺磁性。Mn、Cr 是反铁磁性元素，MnO、Cr_2O_3、CoO、某些过渡族元素的盐类及化合物等是反铁磁性物质。

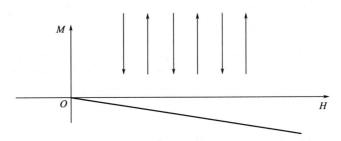

图 4.5　反磁性物质的磁化率及其与温度的关系

(5) 亚铁磁性

亚铁磁性物质宏观磁性上与铁磁性物质相同，不过其磁化率低于铁磁性物质，在 $10 \sim 10^3$ 数量级。亚铁磁材料与反铁磁材料类似，但亚铁磁材料中沿某个方向磁化的原子的磁化强度略小于磁化方向与其相反的原子的磁化强度，因此亚铁磁材料整体表现出磁性，可以作为永磁体存在。铁氧体是典型的亚铁磁性物质。

4.1.3　磁畴理论

如上所说，铁磁性物质原子磁矩自发磁化呈平行排列。那么两个铁块为什么不能像磁铁一样发生强烈的互相吸引和排斥呢？事实上是，未被磁化（或者退磁化）的铁磁性材料内部由于各种能量的平衡，整体并不呈 N 极和 S 极。只有将它放到外磁场里磁化后才会显示出磁性。这种所谓的磁化，也就是铁磁性材料能量平衡的打破过程。

(1) 相关能量项

概括来说，磁性材料的总能量可由静磁能、交换能、磁晶各向异性能、磁弹能、塞曼能等构成。

静磁能　主要是由于磁化强度法向分量通过界面时的不连续性导致的，其通常与材料形状相关，且一般是单轴对称的：

$$f_{ms} = -0.5\mu_0 M_s \int_V H_d m \, dV \tag{4.1}$$

式中，μ_0 为真空磁导率；M_s 为饱和磁化强度；H_d 为系统磁矩间长程相互作为引起的漏磁场。

交换能　倾向于使邻近的磁矩相互平行，对于块体的磁性材料，交换能表达式为：

$$f_{ex} = A\int_V \left(\frac{1}{2}m_{x,x}^2 + m_{x,y}^2 + m_{x,z}^2 + m_{y,x}^2 + m_{y,y}^2 + m_{y,z}^2 + m_{z,x}^2 + m_{z,y}^2 + m_{z,z}^2\right)dV$$

(4.2)

式中，A 为交换常数；m_{ij} 代表局部磁化强度。

如果一个铁磁体与另一个铁磁体相接触（例如多层薄膜中的情况），可能存在一个作用将这两个介质耦合在一起。一般无法通过各个层的体特性来得到其耦合强度。耦合强相界面的确切特性，与块体交换作用相比可能较弱，且一般倾向于在两层间形成非共线相对取向的耦合。层间表面能密度可表示为：

$$f_{couple} = C_{bl}(1 - \boldsymbol{m}_1 \cdot \boldsymbol{m}_2) + C_{bq}[1 - (\boldsymbol{m}_1 \cdot \boldsymbol{m}_2)^2]$$

(4.3)

式中，$\boldsymbol{m}_1$ 和 $\boldsymbol{m}_2$ 是两层界面处的磁化强度矢量；C_{bl} 是双线性耦合系数，它的正负代表双层间磁化强度的平行和反平行耦合；C_{bq} 是双二次耦合系数，如果 C_{bl} 很小，负的 C_{bq} 可能导致磁化强度的 90°相对取向。Slonczewsk 在评述[1] 中指出，双二次耦合系数归因于各种微观的空间涨落（"外禀"）机制（例如界面间的粗糙程度），且外禀的涨落机制总是导致 C_{bq} 为负值。理论上，可以在上式中加入更高阶项和非局域表达式。后者可能会在具有长程 Rudermann-Kittel 相互作用的稀土金属多层中起作用。

磁晶各向异性能 描述磁化强度沿某个结晶学方向的择优取向，对单轴各向异性材料有：

$$f_a = \int_V (K_{u1}\sin^2\theta + K_{u2}\sin^4\theta + \cdots)dV \quad \text{（单轴）}$$

(4.4)

其中，θ 是偏离单轴 c 的角度；K_u 为单轴各向异性常数。很显然，在 c 轴方向或者垂直 c 轴的平面上，磁晶各向异性能量表面有个最小值。$K_{u1} > 0$ 时，能量平面是一个扁平球形；$K_{u1} < 0$ 时，能量平面是一个沿着 c 轴拉长的长椭球。Co 和其他单轴晶体（如六方的稀土、钡铁氧体或 $Nd_2Fe_{14}B$）是典型的单轴各向异性材料。对立方各向异性材料有：

$$f_a = \int_V (K_1(\alpha_1^2\alpha_2^2 + \alpha_2^2\alpha_3^2 + \alpha_3^2\alpha_1^2) + K_2\alpha_1^2\alpha_2^2\alpha_3^2 + \cdots)dV \quad \text{（立方晶）}$$

(4.5)

式中，α_i 是磁化方向沿着三个立方坐标轴的方向余弦值；K_i 为立方各向异性常数。K_1、K_2 的值可正可负，它们的组合决定立方各向异性材料的易磁化轴。由于六阶项幂次比四阶项高两个数量级，所以易磁化轴主要由 K_1 的值来决定。一般立方各向异性材料的易磁化轴可沿着 [100]、[110]、[111] 方向。$K_1 < 0$ 表明材料易磁化轴沿着 [111] 方向；$K_1 > 0$ 表明材料易磁化轴沿着 [100] 方向。常见的立方各向异性材料有 Fe、Ni、Fe-Ni 合金（坡莫合金）、Fe-Co 合金（波明德合金）、RFe_2（R 指稀土元素）等。需要说明的是，很多文献中采用球坐标来描述各向异性，这就涉及各向异性常数在不同坐标系下的转换。

这里仅通过一个数学软件 Mathmatic 程序来展示，大家可以通过程序在软件上画出各向异性能量平面加强理解。比如对于铁（或者任何 $K_1 > 0$ 的立方材料）：

$$\alpha_1 = \sin[\theta]\cos[\varphi]; \quad \alpha_2 = \sin[\theta]\cos[\theta]; \quad \alpha_3 = \cos[\theta]$$

(4.6)

$$f = K_0 + K_1(\alpha_1^2\alpha_2^2 + \alpha_2^2\alpha_3^2 + \alpha_3^2\alpha_1^2) + K_2\alpha_1^2\alpha_2^2\alpha_3^2$$

(4.7)

$$K_0 = 0.3; \quad K_1 = 0.7; \quad K_2 = 0.5$$

(4.8)

$$\text{ParametricPlot3D}[\{f\alpha_1, f\alpha_2, f\alpha_3\}, \{\theta, 0, \text{Pi}\}, \{\varphi, 0, 2\text{Pi}\}]$$

(4.9)

如果是 Ni（或者任何 $K_1 < 0$ 的立方材料），可将上式第三步中换成：

$$K_0 = 1.0; \quad K_1 = -0.57; \quad K_2 = 0.1$$

如果是 Co（或者任何 $K_u > 0$ 的单轴材料），可将上式前三步换成：

$$c = \cos[\theta] \tag{4.10}$$
$$f = K_0 + K_{u1}c^2 \tag{4.11}$$
$$K_0 = 0.2; \quad K_1 = 0.7 \tag{4.12}$$

这里 K_0 称为零阶各向异性常数，可以被任意赋值，以确保能量表面形状容易理解。图 4.6 为铁和镍的各向异性能量表面。大家可以结合自己研究的材料，对各向异性常数分别赋不同的值，加强理解。

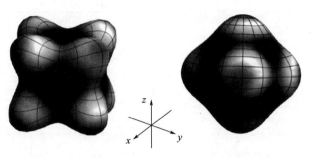

图 4.6 铁（左）和镍（右）的各向异性能量表面

磁晶各向异性不仅仅来自偶极相互作用，而是由自旋部分与电子轨道形状和取向的耦合（自旋-轨道耦合），以及原子轨道和它们的局部环境（晶体电场）的化学成键共同决定的。我们讲一种磁性材料的各向异性一般是指在特定温度下的块体材料的磁晶各向异性。因为温度可以强烈影响晶体场内部环境，所以各向异性常数也是随温度变化的。例如，图 4.7 显示了 Fe、Ni、Co 的理论各向异性与温度的依赖关系[2-4]。对于铁和镍，图中显示，在整个温度区间，$|K_1| > |K_2|$。因此，它们的易轴分别为 <100> 和 <111>，这是不变的。另一方面，对于 Co，当温度小于 500K 时，磁化强度的易轴方向是 c 轴，而当温度大于 600K 时，c 平面是易磁化的。在 Co_5Sm 中，$K(T)$ 的数值随温度的升高而增加，行为是反常的。

磁弹能 磁致弹性能是磁晶各向异性中正比于应变的一部分能量，对于立方系材料：

$$f_{ms} = \int_V \{B_1[e_{11}(\alpha_1^2 - 1/3) + e_{11}(\alpha_2^2 - 1/3) + e_{11}(\alpha_3^2 - 1/3)] \\ + B_2(e_{11}\alpha_1\alpha_2 + e_{23}\alpha_2\alpha_3 + e_{31}\alpha_3\alpha_1) + \cdots\}dV \tag{4.13}$$

式中，B_1 和 B_2 为磁弹系数；e_{ij} 为磁致伸缩应变系数。对于各向同性材料，简化为：

$$f_{el} = \int_V \frac{1}{2} c_{ijkl} e_{ij} e_{kl} dV = \int_V \frac{1}{2} c_{ijkl} (\varepsilon_{ij} - \varepsilon_{ij}^0)(\varepsilon_{kl} - \varepsilon_{kl}^0) dV \tag{4.14}$$

式中，c_{ijkl} 代表拉伸弹性张量；ε_{ij} 为总应变；ε_{ij}^0 是由于自发磁化引起的本征应变；V 代表系统体积。

塞曼（外场）能 塞曼能是在外磁场中的一个磁矩的势能。对于大量的磁矩，塞曼能可表示为：

$$f_{Zeeman} = \int_V (-M \cdot B) dV \tag{4.15}$$

（2）磁畴分析

接下来，我们将结合这些能量来理解磁畴和磁畴壁的形成，以及磁畴和缺陷之间的相互作用。这些效应形成了从磁学的基本能量到宏观磁性材料（软磁和硬磁）之间的桥梁。

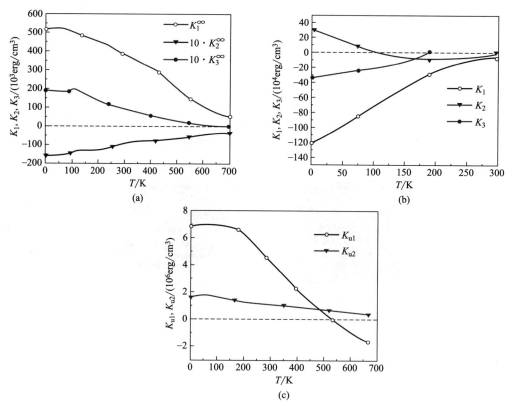

图 4.7 主各向异性常数与温度的依赖关系：(a) Fe；(b) Ni；(c) Co[2-4]

在铁磁体中，如果交换作用使整个晶体自发磁化到饱和，则磁化强度的方向沿着晶体内的易磁化轴，这样虽能使铁磁晶体内交换能和磁晶各向异性能都达到极小值，但晶体有一定的大小与形状，整个晶体均匀磁化的结果，必然在晶体表面产生磁荷，磁荷产生的退磁场会形成很大的退磁场能，分成磁畴就会减小退磁能，但又增加了畴壁能，综合考虑成为决定磁畴结构的主要因素。总之，大块材料产生磁畴的首要原因是多畴有利于降低退磁能，但多畴又带来了畴壁能，所以稳定的多畴结构取决于体内畴壁能与表面退磁场能的平衡，相应的自由能极小。

晶体沿易磁化方向均匀磁化后退磁能很大，从能量的观点出发，分为两个或四个平行反向的自发磁化的区域可以大大减少退磁能，但是两个相邻的磁畴间畴壁的存在又增加了一部分畴壁能。因此自发磁化区域（磁畴）的形成不可能是无限多的，而是以畴壁能与退磁场能之和的极小值为平衡条件。在一些比较厚的材料里，经常会出现一些波纹或者楔形磁畴结构来进一步降低材料的退磁能。在立方晶体材料中除了各向异性能和退磁能，由自发磁化引起的磁弹性能对磁畴结构的影响是必须要考虑的。当主畴的自发磁化强度与样品表面不平行，有一个微小的倾角时，会在表面出现磁荷，产生退磁场，为了减小这种影响，将会在表面出现一些附加的次级树枝状磁畴。此外，晶体中存在的空洞和非磁性杂质会引起很大的退磁场，为了减小退磁场，在空洞附近会产生局部的磁畴结构，称为 Neel 磁畴。

实际材料中，多晶体是由取向不同的许多单晶晶粒组成的，每个晶粒形成的磁畴结构与该晶粒的大小和形状有关，同一晶粒内的自发磁化的取向是相互关联的，但不同晶粒之间是无序的，所以就整块材料而言，材料是各向同性的。图 4.8 是一个多晶磁畴结构示意图，这里每个晶粒都形成了片形畴，跨过晶粒边界时虽然磁化强度改变了方向，转动了一个角度，但磁力线大多还是连续的，这就减少了边界磁荷的产生，避免了更多退磁场能的产生。

图4.8 多晶中的磁畴

铁磁颗粒小到某一尺寸，它形成畴壁后的畴壁能大于颗粒的退磁能时，铁磁颗粒将保持为单畴结构。一个球形的铁磁颗粒的退磁能为：

$$E_\mathrm{d} = \frac{1}{2}\mu_0 N M_\mathrm{s}^2 \frac{4}{3}\pi R^3 = \frac{2}{9}\mu_0 \pi R^3 M_\mathrm{s}^2 \left(N = \frac{1}{3}\right) \tag{4.16}$$

如果颗粒分为四个畴时，畴壁能为 $E_{\gamma_{90}} = 2\pi R^2 \gamma_{90}$（$\gamma$ 为畴壁能密度），令二者相等，可求得立方晶系材料单畴的临界半径为 $R_\mathrm{c} = \frac{9}{\mu_0} \times \frac{\gamma_{90}}{M_\mathrm{s}^2}$；单轴各向异性只能分为两个畴时的畴壁能为 $E_{\gamma_{180}} = \pi R^2 \gamma_{180} + \frac{1}{9}\mu_0 \pi R^3 M_\mathrm{s}^2$，其临界半径为 $R_\mathrm{c} = \frac{9}{\mu_0} \times \frac{\gamma_{180}}{M_\mathrm{s}^2}$。各种不同材料的颗粒，都有它们自己的临界尺寸，凡是颗粒小于临界尺寸的，就形成单畴，单畴颗粒的特殊性质将在以后讨论，是目前纳米磁性研究和利用的主要对象。

在一些薄膜磁性材料中经常可以发现一种圆柱形磁泡磁畴，无外磁场时看到的是蜿蜒曲折的条状磁畴，当在垂直于膜面方向施加一磁场时，条状磁畴会收缩，以致在磁场达到一定数值时，收缩为一个圆柱形磁畴，但材料表面上看是一个圆形，犹如表面上浮着的水泡，所以称磁泡，如图4.9所示。

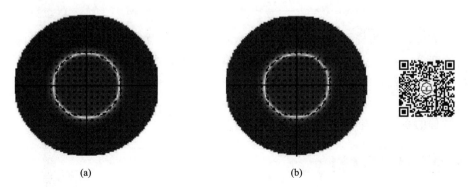

图4.9 磁泡的自旋分布图：（a）拓扑数为1的磁泡；（b）拓扑数为0的磁泡[5]

有证据表明，反铁磁物质也有磁畴，但和减小退磁场的原因无关，是晶格不完整性造成的。反铁磁性物质因磁化而产生的晶格畸变由交换畸变和磁致伸缩组成。NiO 的交换畸变（菱面体型畸变）或 CoO 的磁致伸缩（正方晶型畸变）都比其他形变大十倍以上。因此对于 NiO，在交换畸变集中的区域，可看作是一个单一的交换畸变晶体，这一交换畸变集中的区域称为 T 磁畴，边界称为 T 畴壁。对于 CoO，把磁致伸缩集中的区域称为 t 磁畴（正方晶型畸变），其边界称为 t 畴壁。反铁磁性磁畴一般用 X 射线形貌学法、双折射的光学方法和电子显微镜法观测。除了材料本身是反铁磁，多层材料直接结合也可以形成层间反铁磁耦合。

（3）微磁学模拟

磁畴微结构除了可以通过实验观测，在具体研究中经常采用微磁学模拟进行深入的理论分析。当前微磁学理论主要是在 20 世纪 30～40 年代发展起来的。微磁学理论主要适用于分析物体尺度介于经典宏观和微观领域之间的问题。在宏观尺度，利用麦克斯韦的经典电磁学理论体系，通过磁化率、磁导率等描述磁性材料的性质；在微观尺度，通过基本粒子的属性，描述材料的磁学性质。微磁学理论把两者相互结合。因而，微磁学可以用来分析宏观和微观的磁学现象和规律。当前而言，微磁学理论主要基于两类静态微磁学方程和动态微磁学分析方程，其分别适用于平衡状态分析和动力学过程的研究。从热力学平衡角度出发，系统达到自由能的最低态，则对应于系统的平衡态。因而，求解系统状态的平衡态、分析能量最小值的趋势，也可以有效分析系统磁性的变化趋势。然而，这种从能量角度的分析方法忽视了其变化过程。同时，结合动力学方程，可以从当前状态出发，根据有效场的作用，计算分析下一步的磁矩量，从而可以分析整个过程磁矩变化的行为。微磁学模拟，通常将能量最小化和动力学方程相结合，以更快速、更准确地分析磁矩运动。

在微磁学模拟中，将磁矩看作是一个力矩。通常认为，磁矩来源于原子核外电子的静力矩。对于磁矩行为理解，可以借鉴参考力学中的定义和力矩对刚体的作用。当铁磁体中的磁化强度处于平衡状态时，磁化强度平行于系统所受的等效磁场。因而，有效场作用于磁化强度的力矩为零，可以用 Brown 方程表示：$H_{eff} \times M = 0$。其中，H_{eff} 为有效场，即系统总能量对磁化强度的偏导。根据问题需要，考虑系统中的不同能量作用项，进而分析有效场的变化。一般地，在磁学系统中，我们需要考虑外加磁场、磁性交换作用场、磁晶各向异性场、退磁场等作用。动态微磁学模拟分析是当前磁学研究中使用最广泛的方法，其基本的理论核心为 Landau-Lifshitz-Gilbert（LLG）方程。求解 LLG 方程组，可以分析磁化强度 $M(x, y, z)$ 关于时间的演变，从而分析磁学动力学过程。

$$(1+\alpha^2)\frac{\partial y}{\partial x} = -\gamma_0 M \times H_{eff} - \frac{\gamma_0}{M_s} M \times (M \times H_{eff}) \qquad (4.17)$$

其中，γ_0 为旋磁比；α 为阻尼系数；H_{eff} 为有效场。H_{eff} 可以表示为总能量对局域磁化的变分。对于一些特殊问题，研究人员往往还需要根据新的能量作用，引入新的能量和作用项定义进行计算。通过求解系统能量一阶导数，可以求解能量最小值。此时对应方程的极值点。然而，对于最小值的判断，还需要额外限制条件（二阶导数大于零）。此外，无平衡态过程的系统或者动态响应的过程，该方法不适用。

4.2 软磁材料

磁性材料的磁性能通常是通过施加外加直流磁场获得的。最重要的磁性测量之一就是测量磁化强度与外加磁场（磁滞回线）的关系。磁性材料磁滞回线的形状决定了其应用范围。

通常情况下磁性材料会依据矫顽力的大小被划分为硬磁材料和软磁材料。一般将矫顽力在 50kA/m 以上的磁性材料界定为硬磁材料，而将矫顽力在 1kA/m 以下的磁性材料界定为软磁材料。软磁材料具有高磁导率、高饱和磁化强度和低矫顽力等优良特性，制成的磁芯可作为变压器、电感器、偏转线圈的元器件，已经被广泛应用于电子信息技术、各种视听设备以及家用电器等行业中。下列是几种常见的软磁材料，根据软磁材料的不同磁性能，在日常生活中也被应用在不同的方面。

4.2.1 铁和硅钢

纯铁资源丰富，价格低廉，是典型的软磁材料。该材料磁导率 μ 高（3500～20000）、饱和磁感应强度高（室温达到 2.16T）、矫顽力低、具有较好的加工性能，可应用于电磁铁的铁芯、磁屏蔽、磁极、继电器的磁路等各种磁路中的导磁部分；但磁晶各向异性常数（$K_1 = 4.8 \times 10^4 \text{J/m}^3$）和磁致伸缩常数（$\lambda_{100} = +21 \times 10^{-6}$，$\lambda_{111} = -20 \times 10^{-6}$）较小，且电阻率较低（室温 $10\mu\Omega \cdot \text{cm}$），特别是在交变磁场工作环境下会有较大的涡流损耗，因此只适合在直流或低频条件下工作。

图 4.10 是铁单晶的磁化曲线以及磁畴变化示意图，材料在外加场下沿着 [100] 易磁化方向，内部磁畴经过演化，最终出现 90°和 180°畴壁。对于给定的磁通密度，所需的外磁场越大，则线圈损耗越多；同时，磁畴壁能量密度会增强，畴壁移动受阻，进而增大矫顽力，导致能量损耗。如果材料有显著的磁致伸缩，来自内应力的定域应变场成为把磁化保持在特定方向的定域磁致弹性各向异性场，钉扎了磁畴壁的移动。

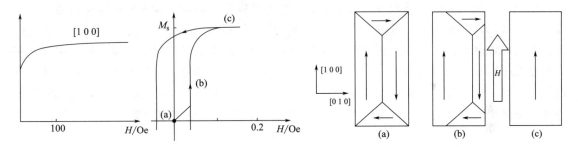

图 4.10 铁在高的外磁场和低的外磁场中沿着 [100] 方向的磁化曲线和磁畴结构随外磁场的变化

由于纯铁中包含一定的碳，导致其综合磁性能并不是十分理想。20 世纪初，研究人员制备出的 Fe-Si 合金（即硅钢片）是历史上第一种应用于交变强磁场的软磁材料。硅钢片的出现使软磁材料的研究进入新的阶段。硅钢片发展已经有 100 多年的历史，在工业生产过程中占有重要地位。硅钢的性能优于纯铁，具有电阻率高（是电工纯铁的几倍）、涡流损耗低、饱和磁感应强度高、价格便宜且稳定性好等优点，而且易于批量生产，是目前应用量最大的软磁材料，主要应用于发电机、变压器、继电器、电动机、电磁机构等电子器件。

根据加工工艺的不同，硅钢片可分为热轧、冷轧无取向、冷轧单取向和电信用无取向冷轧硅钢片。取向硅钢是一种重要的软磁合金，主要用于制造大中型变压器和大型电机。该类材料因制造工艺复杂、成分控制严格等因素，其产品质量能够反映国家特殊钢制造水平。

取向硅钢按易磁化方向可分为单取向硅钢和双取向硅钢。单取向硅钢，硅的质量分数一般为 2.8%～3.4%，其择优取向上几乎所有晶粒的 {110} 晶面都平行于轧制平面，而 <001> 晶向平行于轧制方向[6]。双取向硅钢，也称立方织构取向硅钢，硅的质量分数一般为 1.8%～3.4%，其特点是钢板轧向和横向均为易磁化的<100>方向[7]。双取向硅钢由于制备工艺极其复杂，目前尚未有工业化生产的报道。目前取向硅钢的制备工艺有传统厚板坯工艺、薄板坯连铸连轧工艺等。不同的制备方法，在成分、工艺路径等选择上有着很大的区别。

未来变压器制造将朝着耗电少、噪声低、体积小的趋势发展，需要更低铁损、更高磁感以及环保型的取向硅钢。对于大中型变压器和大型电机来说，铁损比例明显高于铜损，因而降低高磁感取向硅钢的铁损更为重要，是未来取向硅钢发展的主要目标。

4.2.2 铁镍合金

坡莫合金是指 Fe-Ni 系合金，一般镍含量在 30%～90%。与硅钢片相比，坡莫合金在弱磁场中具有良好的磁性能，对微弱信号反应灵敏，适用于弱磁场下工作的高灵敏度装置，如继电器、电流变压器、微电机、话筒振动片等。

坡莫合金的特点是初始磁导率较高，在弱磁场下具有极高的磁导率，环境稳定性较高，但是电阻率及矫顽力较低，价格昂贵，生产工艺复杂，因此其应用范围有限[8]。鉴于坡莫合金在工业生产中的广泛应用，采用增材制造技术提高坡莫合金的生产效率和质量成为必然趋势。

缺陷是影响坡莫合金磁性能及力学性能的关键因素，工艺参数选择不合理使得试样内部存在大区域性元素偏析，必然导致试样磁性能的恶化。因此，优化工艺参数并采用有效的保护气氛对于提高坡莫合金增材制造试样的性能具有重要意义。此外，坡莫合金增材制造试样中存在较多的胞状亚晶，导致坡莫合金中的晶界密度较高。例如，激光选区熔化过程冷却速度较快，试样内部元素来不及扩散，导致元素分布不均匀，在亚晶界处形成合金元素的偏析。大量的亚晶界以及元素偏析导致试样在磁化过程中磁畴壁难以移动，使试样的饱和磁感应强度低于同成分的铸造试样，同时其矫顽力也会增大。采用热处理工艺可消除亚晶粒，促进元素扩散，显著提高坡莫合金选区熔化试样的磁性能；但热处理后试样力学性能会降低。因此，如何实现磁性能与力学性能的共同提高是坡莫合金增材制造过程中亟待解决的重要问题。

4.2.3 铁钴合金

铁钴合金一般是指 Co 的质量分数为 50% 的铁钴合金。该合金具有饱和磁感应强度高、初始磁导率高、居里温度高、磁致伸缩系数较低等特点，是一类优异的软磁材料。但铁钴合金价格昂贵，且机械性能较差、不易加工，故大多应用于在高磁场下工作的小型仪器设备上，如航空发动机的转子和定子、电磁铁极头等。

一般认为，铁钴合金容易脆裂是因为合金中存在着有序结构[9]。该合金脆性大，难以冷变形加工。铁钴合金冷加工性能差的另一个原因是合金中存在 C、N、O 等杂质原子，这些杂质原子聚集在晶界处，使得铁钴合金的脆性增加。在铁钴合金中添加合金元素可消除合金的脆性，改善合金的冷加工性能。当合金中掺杂微量杂质元素，会对材料结构产生影响：添加 C、H、N 等，内部无序相会向有序相发生转变，导致材料脆性变大；添加 V（钒）、Mo（钼）、W（钨）和 Ti（钛）等元素，可以抑制无序相转变，改变加工性能，提高合金性能。元素的掺杂改性会影响材料的整体性能。例如，1.5%～4% 的钒元素可提升铁钴合金的冷加工性能[10]，但钒元素与碳、氮、氧元素有较大的亲和力，容易与它们形成细小化合物，使铁钴合金的矫顽力增大、磁导率和饱和磁化强度降低。该类合金的商用合金代表为1J222，其成分为：$\omega(V)=0.8\%\sim1.8\%$，$\omega(Co)=49\%\sim51\%$。该合金的饱和磁感高达2.4T，初始磁导率为1000，最大磁导率可达8000以上，矫顽力小于60A/m。

4.2.4 软磁铁氧体

软磁铁氧体是用铁的氧化物与其他金属氧化物制成的一种具有亚铁磁性的金属氧化物，主要被应用于调谐滤波器、负载线圈、电脑、开关电源以及信息化等领域。磁性来源于被氧离子所分隔的磁性金属离子间的超交换相互作用，它使处于不同晶格位置上的金属离子磁矩反向排列，在相反排列的磁矩不相等时，出现强磁性。软磁铁氧体主要分为Mn-Zn铁氧体和Ni-Zn铁氧体。部分Mn-Zn、Ni-Zn铁氧体中元素含量如表4.3所示。

表 4.3 Mn-Zn、Ni-Zn铁氧体材料中元素含量（质量分数）　　　　　　%

类型	Fe_2O_3	MnO	NiO	ZnO
高磁导率Mn-Zn铁氧体	51.5～52.5	25.0～27.0	—	21.5～23.0
Mn-Zn功率铁氧体	53.5～55.5	28.0～32.0	—	14.0～18.0
Ni-Zn铁氧体	50～70	—	5～40	5～40

起始磁导率大于5000的Mn-Zn铁氧体，属于高磁导率铁氧体。该类型的铁氧体磁芯体积小，可应用于小型化、轻量化的器件。起始磁化率较低的Mn-Zn铁氧体，属于功率铁氧体，主要特点为居里温度高、磁感应强度高和耗散低，以保证在器件中的连续正常工作。Mn-Zn铁氧体结构是基于Fe_3O_4尖晶石结构的改进。加入Zn元素之后，Zn^{2+}对于立方晶体配位性更好，因此会取代Fe^{3+}位置，使Fe^{3+}转移到亚晶格，导致磁矩增大，提高磁化强度。该材料最初应用在低频开关电源和电视机、收音机等设备中，后逐步在AC-DC转换器、笔记本电脑等设备中使用。

Ni-Zn铁氧体电阻率可达到$10^8\Omega\cdot m$，高频损耗小，适用于1～300MHz的高频领域；而且Ni-Zn材料的居里温度高于Mn-Zn铁氧体，B_s可达0.5T，适用于各种电感器、滤波线圈等。该材料具有较宽的频宽以及较低的传输损耗，可做成射频宽带器件，在宽频带单位内实现射频信号的能量传输和阻抗变换。Ni-Zn铁氧体的性能不及Mn-Zn铁氧体，但由于其居里温度更高，且在高频应用中具有良好的表现，因此仍然是应用广泛的一类软磁材料。

合金成分方面，主要研究不同金属的配比以及添加剂对合金性能的影响。例如，对于高磁导率铁氧体，适当地提升Zn含量，可以增强磁导率以及饱和磁感应强度，降低耗散；但过多的Zn会降低居里温度。而在高温环境下工作，居里温度要求较高，因此应当适当地减少ZnO的含量。

工艺发展方面，由于电子元器件向高稳定、高可靠、体积轻薄、适用性强等方向发展，对磁性材料提出了更高的要求，有以下几方面：a. 为满足器件小型化、轻量化要求，软磁铁氧体将向高频化、低功耗方向发展；b. 为适应数字通信及光纤通信要求，软磁铁氧体将向更高磁导率和工作频率发展；c. 为满足高分辨显示器的要求，应开发高饱和磁感应强度、低损耗的软磁铁氧体。

表4.4列出了部分国内外高功率铁氧体产品及其性能。由于射频通信、高分辨显示器等

产业的发展,加上家电产业和计算机等工业发展长盛不衰,软磁铁氧体仍具有广泛的市场需求。

表 4.4　高磁导率铁氧体的部分产品性能[11]

生产厂家及牌号		起始磁导率 μ_i	饱和磁感应强度 B_s/mT	居里温度 T_C/℃
TDK	H5C3	15000±30%	360	>105
	H5C4	12000±25%	380	>110
TOKIN	12001H	12000±30%	420	>125
	18000H	18000±30%	390	>110
飞利浦	3E6	12000±25%	400	>130
	3E7	15000±30%	400	>130
西门子	T42	12000±25%	400	>130
	T46	15000±30%	400	>130
美 SPANG	MAT-W	10000±30%	430	>125
	MAT-H	15000±30%	420	>120
涞水磁钢厂	R12K	12000±30%	340	>120
898 厂	R10K	10000±30%	400	>150

4.2.5　非晶态合金

将熔融态的合金以极高速度冷却,此时熔体中的原子来不及做规则排列,因此凝固后呈现玻璃态,称为非晶态合金。该类合金具有软磁性能好、电阻率高等特性。由于结构上的无序性,非晶态合金不存在磁晶各向异性,更容易磁化;而且没有位错、晶界等晶体缺陷,具有高磁导率、低矫顽力。非晶态合金的应用领域非常广泛,既可以用作变压器材料、磁头材料、磁致伸缩材料等,又具有极高的强度和硬度,可用于制作轮胎、传送带或者高压管道的增强纤维等。

此外,非晶态合金还具有良好的耐蚀性。主要是由于生产过程中的快冷,导致原子来不及扩散,无法产生第二相。整体的无序结构中不存在晶界、位错等,不具备晶间腐蚀的条件。非晶态合金也能够在表面形成均匀的钝化膜,阻止内部进一步腐蚀。利用该类材料的耐蚀性,可以应用于耐蚀管道等特殊用途。

但传统的非晶态合金通常是在极高的冷速下获得的薄带或细丝,这大大限制了非晶态材料的应用。若要从熔融态合金中获取块状非晶,则要求金属熔体具有很强的非晶形成能力,即满足低的临界冷却速度和宽的过冷液相区。满足该条件的合金在冷却时非均匀形核受到抑制,易于形成致密的无序堆积结构,提高了液固两相的界面能,抑制晶态相的形核和长大。同时,为了尽可能控制冷却过程中的非均匀形核,一方面要提高合金纯度,减少杂质,另一方面需要采用高纯惰性气体保护,尽量减少含氧量。

4.3　硬磁材料

对于理想情况的软磁材料,即使只施加小的磁性力也产生大的可逆响应。而如果材料受到与矫顽场反向的力后，磁性状态不可逆，即退去外磁场后仍然保留磁性，如图 4.11(b) 所示，则这种材料叫做硬磁材料。该材料具有磁滞回线大、矫顽力高等特点，衡量其性能优良与否的指标是磁能积 $(BH)_{max}$，该参数是指在单位体积内材料所具有的磁能。

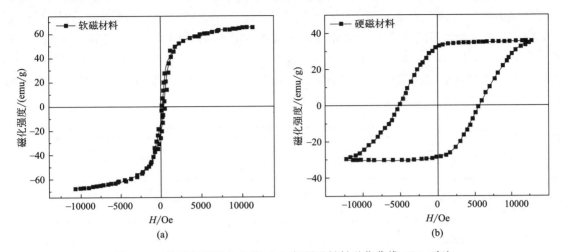

图 4.11 软磁材料磁化曲线（a）与硬磁材料磁化曲线（b）对比

硬磁材料可应用于多个方面。通信领域，硬磁材料是微波通信、人造卫星等器件中的微型元件，负责提供恒定的外磁场；医疗领域，硬磁材料是核磁共振仪等各种磁疗器械的关键元件，可有效促进医疗技术进步；交通领域，硬磁材料可用作电动机、发电机等装置中的磁极，甚至能够磁化燃油，提升汽油的燃烧率，从而节约能源。

硬磁材料主要分为三种，即铁氧体、铝镍钴以及稀土硬磁材料。

4.3.1 铁氧体硬磁材料

铁氧体永磁材料是我国最早商业化使用的永磁材料，常见材料构型为 $MFe_{12}O_9$，M 为钡（Ba）、锶（Sr）等金属及其化合物，例如钡铁氧体、锶铁氧体等。1952 年，Went 等人[12]在研究制备钡铁氧体过程中发现了具有高磁晶各向异性的钡系铁氧体硬磁材料。作为亚铁磁性物质，铁氧体永磁材料的矫顽力高，但磁能积和饱和磁化强度低。因其制造工艺简单、价格低廉、化学稳定性好等优点，是目前市场用量最大、用途最广的永磁材料。1963 年，Cochardt 等人[13]发现了锶系铁氧体硬磁材料。由于锶铁氧体原料锶的储量不及钡，因而无法大规模商业化应用。但其室温下的各向异性常数和单畴临界尺寸均大于钡铁氧体，故磁性能较好，适用于需要较大退磁作用的装置。

永磁铁氧体的高剩磁、高矫顽力以及高磁能积主要是由铁氧体内禀属性和微观晶粒形貌共同决定的，而离子取代可以提高铁氧体的内禀属性，对铁氧体的微观晶粒形貌也会产生一定的影响[14-15]。对于锶系铁氧体来说，适量掺杂也可以改善其磁性和物理性能，但对掺杂量和掺杂方法的确定却十分重要。离子取代已成为永磁铁氧体高性能化的重要途径。但大量的实验证明，单一的离子取代无法使铁氧体的磁性能得到全面提升[16]，离子联合取代是提升磁性能的有效途径。从晶体结构和微观形貌入手，可从根本上推动高性能永磁铁氧体的研究和开发进程。研究人员必须清楚不同离子的取代量对铁氧体物相组成、微观结构及其磁性能之间的影响机制，才能更好地设计出性能优异的材料。

4.3.2 铝镍钴硬磁材料

铝镍钴硬磁材料是在 20 世纪 30 年代发现的一类永磁材料，并不断开发和优化，直到 20 世纪 70 年代。该类合金的磁能积约为 $40\sim70\text{kg/m}^3$，$B_r=0.7\sim1.35\text{T}$，$H_c=40\sim60\text{kA/m}$。通过添加不同含量的微量元素，形成了一系列的 AlNiCo 合金磁体，例如 AlNiCo5、AlNiCo8 和 AlNiCo9 等，部分牌号铝镍钴合金的金属元素含量见表 4.5。其中，AlNiCo5 合金采用高温定向浇注和区域熔炼法，在具有良好磁性能的同时价格低廉，因此成为应用最广泛的铝镍钴硬磁材料。

表 4.5　部分牌号铝镍钴合金的金属元素含量　　　　　　　　　　%

牌号	质量分数				
	$\omega(\text{Al})$	$\omega(\text{Ni})$	$\omega(\text{Co})$	$\omega(\text{Cu})$	$\omega(\text{Ti})$
AlNiCo2	9~10	19~20	15~16	4	—
AlNiCo3	9	20	15	4	—
AlNiCo5	8	14	24	3	0.3
AlNiCo8	8	15	34	4	5
AlNiCo9	7.5	14	38	3	8

为了实现器件的小型化和提高器件的精度和效率，寻找超强永磁材料是近年来最重要的研究方向之一。Coehoorn 等人报道了由硬磁相和软磁相[17]的精细混合物组成的纳米复合永磁体，前者由于磁场的高各向异性而具有高的固有矫顽力，而后者由于磁场的高磁矩而具有高的磁化强度，最终导致磁能密度的增加。这一概念引发了对永磁体发展的新思考。AlNiCo 合金具有较高的居里温度，高温稳定性较好，但本征矫顽力较低，磁能密度较低。而 R-Fe-B（R=稀土）合金具有较高的本征矫顽力和磁能密度，但居里温度较低，温度稳定性较差。如果将这两种合金按一定比例组合成综合磁性能良好的复合磁体，将具有重大的科学、技术和经济意义。

4.3.3 稀土硬磁材料

稀土硬磁材料是稀土 R（Nd、Sm、Pr 等）与过渡族金属 TM（Fe、Co、Cu 等）或非金属元素（B、C、N 等）形成的化合物。目前为止，该合金的研究共经历四个阶段。第一代稀土硬磁材料为 20 世纪 60 年代的 RCo_5 型合金，例如单相的 SmCo_5 或含有少量 2∶17 沉淀相的多元化合物，该类合金磁晶各向异性高，理论磁能积约为 30.8kJ/m^3。之后是第二代 R_2TM_{17} 型硬磁材料，该类永磁材料是由稀土金属如钐（Sm）、镨（Pr）和钴（Co）等金属所形成的金属间化合物。$\text{Sm}_2\text{Co}_{17}$ 是该系列材料的主要代表。这些材料磁性能优异，居里温度高（通常可达 710~880℃），适合在高温下稳定工作。但由于其成分主要为昂贵的稀土金属 Sm 以及战略金属 Co，因此限制了其广泛的商业化应用，但它在某些特定的领域（如军工及航空航天）仍然是优先选择。

第三代稀土硬磁材料中最具有代表性的是四方相 Nd-Fe-B 系硬磁材料。该合金最大磁能积的理论值可达 512kJ/m^3，是磁能积最高的永磁体。传统的合金包括烧结永磁体和黏结永磁体。制备工艺的不同对合金的磁性能有影响。烧结永磁体的磁性能高，但工艺复杂，且成本较高,例如 $Nd_{15}Fe_{77}B_8$;而黏结永磁体虽然磁性能较低,但尺寸的精度控制度更高,且可做成复合永磁体。但该合金居里温度较低(约为593K),且化学稳定性较差,容易被腐蚀或氧化,因此限制了其适用范围。所以,应当根据不同的使用需求选择合适的制备工艺。

虽然第三代硬磁材料已具备相当高的磁能积,但在一些重要的应用领域,要求永磁材料有更加全面的综合性能。目前第四代硬磁材料主要集中在 R-Fe-C 系与 R-Fe-N 系硬磁材料(R 通常为 Sm、Nd 等)。例如,通过 Sm_2Fe_{17} 晶格中引入间隙原子 N,诱导晶格畸变产生,改变磁化方向,使其具有单轴各向异性。$Sm_2Fe_{17}N_x$ 硬磁材料的理论磁能积接近于 Nd-Fe-B,且居里温度远超过 Nd-Fe-B 材料(746K),具有广泛的应用前景。但是,由于该合金属于亚稳态化合物,在 600℃ 以上容易分解,因此只能用磁粉做成黏结硬磁体。这种方法会使 $Sm_2Fe_{17}N_x$ 硬磁材料损失大部分的磁能积,重复性很差,磁性能不稳定,导致无法批量化生产。因此,如何制备出稳定高效的第四代永磁材料仍然是该领域的重点研究问题。

4.4 磁致伸缩材料

磁致伸缩材料是大功率换能器和精密传感器核心系统的重要组件,在高精度对地观测卫星、海洋探测开发、微位移驱动机器人、高精度医疗器械等多个智能控制领域具有广泛的应用前景,更是提高国家综合竞争力的战略性功能材料。经过几十年的发展,稀土磁致伸缩合金、Fe-Ga 磁致伸缩合金、铁磁形状记忆合金、铁磁应变玻璃等逐渐成为磁致伸缩材料体系中的代表。

4.4.1 磁致伸缩现象

当施加外部磁场时,铁磁性材料发生磁化,其长度、体积均会发生不同程度的变化,该现象称为磁致伸缩效应。该现象于 1842 年被 Joule 发现,因此也称为 Joule 效应。1965 年,Villari 发现材料的长度、体积发生变化时,对应引起材料磁场的变化,该现象称为逆磁致伸缩效应。一般说来,温度和外加磁场是引起材料磁化状态改变的两个主要因素。比如,将磁性材料冷却到居里温度以下的铁磁态,材料会发生自发的形变效应,称为该温度下的自发磁致伸缩;外加磁场会使磁性材料在沿磁场方向发生一致取向而改变磁化状态,进而引起材料的体积和长度上的变化,分别被称为体致伸缩和线性磁致伸缩。由于体致伸缩比线性磁致伸缩要弱得多且用途少,因此大部分的研究工作集中在线性磁致伸缩上,所以一般提到的磁致伸缩通常指线性磁致伸缩。

当施加外部磁场时,沿磁场方向上材料的长度会发生相对变化。通常采用磁致伸缩系数 λ 来表征材料沿磁场方向的长度变化 Δl 与初始长度 l_0 的比率,表达式如下:

$$\lambda = \frac{\Delta l}{l_0} = \frac{l - l_0}{l_0} \tag{4.18}$$

其中,l_0 和 l 分别是磁致伸缩材料的初始长度以及受到外加磁场作用后的长度。因此,该式可对材料的变化情况进行直观的描述。由于材料体积不变,当 $\lambda > 0$ 时,表示材料沿磁场方向伸长,则垂直磁场方向缩短;当 $\lambda < 0$ 时,表示材料沿磁场方向缩短,则垂直磁场方向伸长。但磁致伸缩材料并不能无限变化,当外加磁场使材料的外加磁化达到饱和后,材料也就不再发生应变。

4.4.2 典型的磁致伸缩材料

磁致伸缩效应可实现电能（磁能）与机械能之间的转换，利用 Ni、坡莫合金、Fe-Co 合金、铁氧体等铁磁性材料的磁致伸缩效应制作的超声波发生器早已实用。但是这些材料的磁致伸缩量太小，仅为 $30×10^{-6}\sim60×10^{-6}$，使其作为能量转换器件的应用范围受到限制。目前，磁致伸缩材料主要分为以下几种类型：稀土基磁致伸缩合金[18]、Fe-Ga 磁致伸缩合金[19]、铁磁形状记忆合金[20]、铁磁应变玻璃[21] 等。

稀土基磁致伸缩合金　1971年，美国海军研究实验室报道 RFe_2 型金属化合物具有高的居里温度以及优异的磁致伸缩性能[18]。但由于大部分稀土金属的磁有序温度较低，室温下该材料仅能呈现极小的磁致伸缩。为探索在低场下具有大磁致伸缩的合金材料，Clark 和 Belson 在 1972 年提出用磁致伸缩符号相同，而磁晶各向异性符号相反的稀土金属与铁形成赝二元化合物，以实现对 RFe_2 合金的各向异性补偿[22]。1973 年研究人员发现 $Tb_{1-x}Dy_xFe_2$ 化合物的磁致伸缩值在 $x=0.73$ 出现峰值，同时在较低的外磁场下也能实现较高的磁致伸缩效应[23]，将这种 Tb-Dy-Fe 合金命名为 Terfelnol-D。但由于其含有重稀土金属元素 Tb、Dy，成本十分高昂，同时也限制了应用范围。因此，价格便宜、磁弹响应优异的稀土基超磁致伸缩材料的开发是关键的技术点。

准同型相界（morphotropic Phase Boundary，MPB）是铁电领域的一个重要概念。在超磁致伸缩材料体系中发现的铁磁 MPB 效应[24]，为稀土基磁致伸缩材料的高性能化开辟了一条新的可能实现路径。通过在重稀土基磁致伸缩材料体系中引入轻稀土元素，可以降低材料成本、实现各向异性补偿。此外，轻稀土基磁致伸缩材料同样也是热门领域。根据单离子模型计算，$NdFe_2$ 的本征磁致伸缩可达 $2000×10^{-6}$，$PrFe_2$ 更是高达 $5600×10^{-6}$[18]，且价格低廉，是具有巨大潜力的磁致伸缩材料；但由于 Nd、Pr 原子半径较大，在常压下几乎无法合成[25]。因此，许多研究人员也致力于探索改善 Nd/Pr 基磁致伸缩材料合成条件的方法。

Fe-Ga 磁致伸缩合金　2000 年，Clark 等人[26] 发现在 Fe 中加入非磁性元素 Ga 可使其磁致伸缩系数提高十倍甚至更高，其单晶体沿<100>方向的饱和磁致伸缩系数可达 $400×10^{-6}$[27-28]。该合金在低场下具有良好的磁弹响应，同时兼具力学性能好、磁导率高等优点，成为国际研究热点之一，我国的北京航空航天大学、北京科技大学、中国有色金属研究总院等科研院所也对这种新型磁致伸缩材料展开了一系列积极探索。FeGa 合金的饱和磁致伸缩只有 Terfelnol-D 的五分之一，因此许多研究人员都在探索如何提高其磁致伸缩性能。微量大尺寸稀土元素的掺杂是有效的方法，原因可能在于其引入 Fe-Ga 合金后会造成晶格畸变，提高磁晶各向异性。Fe-Ga 合金的磁弹响应机理仍未清晰，但上述的工作都为人们进一步认识 Fe-Ga 合金提供了一定的实验参考以及理论指导。

铁磁形状记忆合金　形状记忆合金是一种发生形变后在外场作用下，可以恢复至原始形状的金属材料，其最初起源于 1932 年 Olander 发现 Au-Cd 合金在发生形变后，对其进行加热到一定温度时，Au-Cd 合金将会恢复至发生形变前的形状[29]，人们将此特性称为形状记忆效应。而具有形状记忆效应的合金，被称作形状记忆合金。此类合金引起了研究者们的兴趣，经过多年的探索发现，研究者们开发出多体系形状记忆合金：TiNi 基、Cu 基、Fe 基和 NiMn 基等。目前一些形状记忆合金已经在诸多领域被广泛应用，比如航空航天、生物医疗、机械和微机电系统领域的驱动器和传感器等。铁磁形状记忆合金不但具有传统形状记忆合金受温度场控制的热弹性形状记忆效应，而且具有受磁场控制的磁控形状记忆效应。该类合金具有大恢复应变、大输出应力、高响应频率和可精确控制等特性；不仅具有压电陶瓷和磁致伸缩材料响应频率快和温控形状记忆合金输出应变和应力大的特点，且兼具传感和驱动功能，在科学研究和工程应用中具有广阔的前景，是智能材料研究的热门之一。

铁磁应变玻璃 近年来，在铁弹材料体系中发现了一类以纳米马氏体畴为主要特征的新玻璃现象——应变玻璃。获得应变玻璃的一般方法是在普通马氏体相变材料中掺入足够的缺陷。这些高浓度缺陷可产生巨大的相变阻力，使得体系的马氏体相变驱动力不足以克服相变阻力，进而导致母相无法完成长程晶格切变（晶格应变的长程有序化），因此马氏体相变被完全抑制[30-31]。取而代之的是，局域晶格切变的发生，由此导致了纳米马氏体畴（短程有序的晶格应变微区）的形成。纳米马氏体畴是随机分布在母相基体之中的，产生的晶格应变显现出短程有序、长程无序的特征，且处于冻结状态，故被称为应变玻璃。应变玻璃材料往往与普通马氏体相变材料的基本组元相同，但应变玻璃态与马氏体相具有本质区别，是一种全新的物态。

4.4.3 磁致伸缩材料的应用

磁致伸缩材料是国家发展的重要战略性材料，可用于大功率换能器、线性马达、高精度传感器等方面，具有广阔的应用前景。世界上许多公司，如瑞典的 ABB（Asea Brown Boverl of Sweden）公司、Volvo 公司、日本东芝公司等都已经致力于巨磁致伸缩的开发及应用研究。我国中国科学院声学研究所、中船重工七一五所、七二六所等在 20 世纪 90 年代也在磁致伸缩材料的应用方面展开了积极的探索和研究。

水声换能器（声呐） 声信号是水下通信、探测、侦察和遥感的主要手段。相比较高频声波，低频声波在水中衰减小、传播距离远，并且能够绕过潜艇消声瓦，对于探测水下潜艇更加有利。该元件的工作原理为：通过给激励线圈输入交变电流，在超磁致伸缩棒周围产生交变磁场，超磁致伸缩棒由于磁致伸缩效应发生伸缩振动，从而将电能转化为机械振动能；超磁致伸缩棒的振动带动前辐射头纵向振动，前辐射头向外部介质辐射声波，从而将振动能量转化为声能。稀土巨磁致伸缩材料 Terfelnol-D 与传统的压电陶瓷声呐换能器相比，具有相同体积下质量轻、能量密度大、转换效率高、低频响应好、驱动电压低、工作温区广等优点。除了军事上应用，由该材料制造的声呐设备在探测鱼群、海底测绘以及建筑材料的无损探伤等方面均有广泛的应用前景。

驱动马达 巨磁致伸缩材料还可以用来制造高性能精密马达。基于巨磁致伸缩材料 Terfelnol-D 制造的直线马达的核心特点为施加激励时，由磁致伸缩振子（马达定子）将电磁能转换成机械能，并通过定子和转子间的接触摩擦力推动转子运动，通过控制作动器和夹具的顺序使得材料发生前后运动。与传统的电磁马达或超声波马达相比，磁致伸缩驱动马达具有体积小、输出功率大、能量密度高和控制精度高等优点。

传感器 巨磁致伸缩材料除了可以应用于驱动设备的元器件，还可以利用其维德曼效应、维利拉效应、马陶西效应等来制作位移、磁电、压力、扭矩等传感器元件。测量中，由传感器的电子室内产生电流脉冲，波导管内电流脉冲的传输会使得波导管外产生一个圆周磁场，当该磁场和套在波导管上作为位置变化的活动磁环产生的磁场相交时，由于磁致伸缩的作用，波导管内会产生一个应变机械波脉冲信号，这个应变机械波脉冲信号以固定的声音速度传输，并很快被电子室所检测到。由于这个应变机械波脉冲信号在波导管内的传输时间和活动磁环与电子室之间的距离成正比，通过测量时间，就可以高度精确地确定这个距离。由于输出信号是一个真正的绝对值，而不是比例的或放大处理的信号，所以不存在信号漂移或变值的情况，更无须定期重标。因此该类传感器可以实现高精度的无直接接触测量，不易受油渍、粉尘等污染物的影响，可在恶劣的工业环境中应用。

目前，磁致伸缩材料实用化的研究正在世界上许多公司和大学研究机构广泛进行。目前已经问世的基于磁致伸缩的器件已达 1000 多种，除了军事航空上的水下声呐、移动通信、海洋测绘、雷达探测器、燃料注入器等，还包括微定位、超精密机械加工、计算机打印头、医用超声发生器等众多民用领域。随着科技的迅速发展，作为现代科技所必需的重要功能材料之一的磁致伸缩材料的广泛应用必将引起一场控制和执行器件的革命。

4.5 自旋电子器件

电子自旋的概念最早由美籍物理学家沃尔夫冈·泡利于 1924 年提出。随后英国物理学家保罗·狄拉克于 1928 年在相对论量子力学中进一步诠释了电子的自旋属性，该属性已成为量子力学的重要内容，并成功用于解释超导现象和铁磁学的基本原理。但是电子的自旋相关效应在微米尺度下十分微弱，因此在此后的半个多世纪里，电子的自旋属性并未在电子器件中被充分利用。基于传统电子学的半导体工业推动了信息时代的发展，极大地促进了社会生产力。随着云计算、人工智能、物联网等应用广泛的大数据时代到来，人们对速度更快、能耗更低、寿命更长的存储和计算芯片技术的需求变得更加迫切和强烈。20 世纪 80 年代后，随着微纳加工技术的进步，人们逐渐实现了对电子自旋属性的调控，观测到了诸多新奇的自旋相关效应并开始对其加以利用。

自旋电子学诞生后便迅速引发了从物理学、材料科学到微电子技术，乃至计算体系架构等各个领域的变革性与颠覆性的研究和创新浪潮，自身也逐渐成为一门具有前沿性和交叉性的新兴学科。自旋电子学的研究成果得到了极快的转化和应用，这体现了自旋电子学的旺盛生命力。巨磁电阻效应在发现后短短的 10 年里就引发了信息存储革命，开辟了大数据、云计算和高速搜索引擎的新型信息时代。然而，随着集成电路复杂程度的提高和信息存储器件尺寸的不断缩小，经典 CMOS (complementary metal oxide semiconductor) 芯片的性能已被开发得趋近其物理极限。对于以上问题，基于自旋电子学设计的非易失性磁随机存储器 (MRAM) 是一种可望缓解摩尔定律受限的解决方案。利用电子自旋作为信息载体的磁随机存储器，在速度、耐久性、功耗等方面具有不可替代的优越性，被认为是最有前景的新型存储器之一。近年来，集成电路各大领军企业纷纷开展了非易失性磁随机存储器的研发，该存储器已经在航空航天和先进电子产品等领域得到了应用。自旋电子技术已成为"后摩尔时代"的关键技术之一[32]。

4.5.1 自旋电子效应

自旋电子学利用对电子自旋属性的控制以及电子自旋的诸多效应设计电子器件。基于电子"自旋"属性的铁磁/金属和铁磁/氧化物等超薄多层膜结构中产生了一系列自旋相关效应,如巨磁电阻效应、隧穿磁阻效应和自旋转移矩效应等。这些自旋相关效应及其应用涉及超薄多层膜界面诱导磁各向异性、界面自旋注入及自旋轨道相互作用等研究内容,构成了当今凝聚态物理学领域的科学前沿,一方面极大地完善了自旋电子器件的功能,具有重大实用价值;另一方面也对基础科学相关领域的研究以及相应实验设备的设计和改进起到了积极作用,二者相互促进,相辅相成。

巨磁电阻效应 在外磁场作用下材料电阻发生变化的现象,称为磁阻效应。1988年,法国科学家阿尔贝·费尔[33]和德国科学家彼得·格林贝格[34]分别发现了巨磁电阻效应,利用电子的自旋相关效应显著改变了电子器件中的电阻,大幅提升了对电子自旋的探测与调控手段,从而可以利用电子自旋属性与电子电荷属性的强关联性来构建新型电子器件。

在铁磁材料中,电子输运与其自旋方向和材料的局部磁化状态有关,导致一个自旋方向的电子受到的散射远强于另一个自旋方向的电子。如图4.12所示,当磁性金属材料的磁化方向与电子自旋方向平行时,电子散射小,自由程长,电阻率低;反之,当材料的磁化方向与电子自旋方向反平行排列时,电子散射变强,电阻率高,故两个通道的电阻不同。

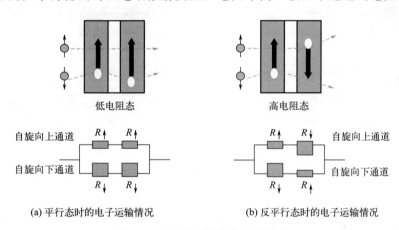

图 4.12 巨磁电阻效应理论模型

隧穿磁阻效应 在磁隧道结的两个铁磁层中,一个被称为参考层或固定层,其磁化沿易磁化轴方向固定不变;另一个被称为自由层,其磁化有两个稳定的取向,分别与参考层平行或者反平行[35]。自由层的磁化方向可以利用外磁场、自旋转移矩或者自旋轨道矩等方式实现翻转。当参考层和自由层磁化方向平行时,磁隧道结处于低阻态,如图4.13(a)所示;当参考层和自由层磁化方向反平行时,磁隧道结处于高阻态,如图4.13(b)所示,该现象称为隧穿磁阻效应。

Rashba效应 Rashba效应是一种二维的界面效应。图4.14是采用自旋轨道矩写入方式的磁隧道结,我们可以看到,它在三明治结构的下方添加了一个重金属层,电流从该金属层中流过,而非穿过磁隧道结。电流在流过金属时破坏了沿z方向的电子分布对称性,产生了一个有效的静场,并且伴随着垂直于电流方向的非平衡态自旋密度。不对称的结构,再加上自旋的效应,就产生了一个沿水平方向y轴的磁场H,可以使得自由层的磁化方向发生偏转。在铁磁层当中,由于Rashba效应产生的磁场伴随着s-d轨道的交换相互作用,能够让电子自旋传导给局部磁化M。综合以上结论,电流作用于铁磁层能够产生一个作用于固有磁性的交流调解有效场,这样我们能够获得自旋矩,使得磁性发生变化。

自旋霍尔效应(SHE) 电流在顺磁性金属中流动时,会产生横向自旋失衡,继而产生

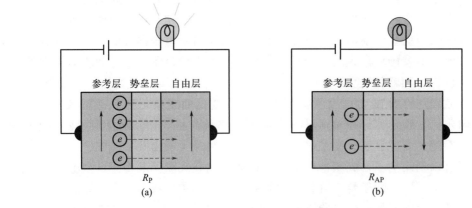

图 4.13 隧穿磁阻效应理论模型

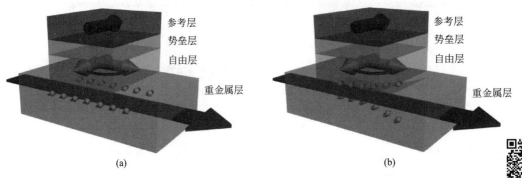

图 4.14 （a）Rashba 效应的自旋轨道写入方式；（b）自旋霍尔效应的自旋轨道写入方式

自旋流以及自旋霍尔电压的现象称为自旋霍尔效应。当带自旋和磁矩的电子在铁磁金属中经过垂直电场后会感应到一个横向力。可以分有磁场和无磁场两种情况进行讨论：当系统中有净磁场强度时，就会产生与电流流动相关的磁化电流，并且横向力在垂直于电流的方向会产生静电失衡现象，因此导致了反常霍尔效应；如果系统中没有净磁化强度，顺磁性金属或者掺杂半导体或者高于居里温度点的铁磁金属中，在磁场中产生反常霍尔效应的相同散射机制会将携带自旋的电子优先散射在垂直于电流流动的方向上，其中一个方向上都是自旋向上的电子，另外一个方向上都是自旋向下的电子，两侧的边界上会有积累的效应。

4.5.2 典型的自旋电子器件

从巨磁电阻效应被发现到现在的三十多年时间里，人们对它及相关效应的研究热情从未消散，利用这些效应可以不断优化器件性能、满足实际应用需求。1997 年，第一个基于巨磁电阻效应的硬盘驱动器磁读头问世，硬盘的面记录密度在随后 20 多年时间里提高了数万倍。同时，研究人员也在不断探索可实现更高磁阻率的新材料和结构，直到 20 世纪 90 年代中期，人们终于实现了室温下的隧穿磁阻效应。基于该效应的磁随机存储器、磁传感器等也逐渐步入商业化进程。但该产品利用磁场对磁隧道结进行数据写入，不利于器件高密度集成，且单比特写入功耗过高。自旋转移矩效应的预测及其实验证实使磁隧道结的纯电学写入成为可能。历经 20 余年的发展，自旋转移矩磁随机存储器已经实现了工业化量产，在强调低功耗的物联网嵌入式应用场景中崭露头角。但是，自旋转移矩磁随机存储器仍然面临着难以克服的写入速度、写入功耗及耐久度瓶颈。相较于自旋转移矩器件，自旋轨道矩器件的写入速度和写入能效可提升约一个数量级，同时器件的耐久度问题得以解决，从而为磁随机存储器带来了更广阔的应用空间。

自旋阀　自旋阀是巨磁电阻效应的一个简单具体的装置，它由一个非磁性导体层分割两个非磁性层。1991 年，Dieny 等[36-37]提出了一种简单的四层薄膜结构，由反铁磁层/铁磁层Ⅰ/非磁金属层/铁磁层Ⅱ构成。其中，反铁磁层使用 FeMn，铁磁层使用 NiFe，非磁金属层则是 Cu，如图 4.15 所示。

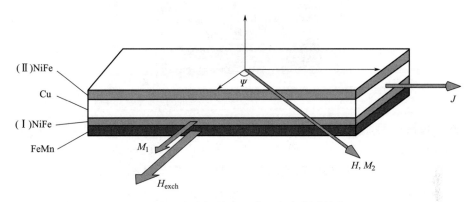

图 4.15　自旋阀效应的典型复合薄膜结构

在该结构中，反铁磁层和与之相邻的铁磁层Ⅰ形成交换偏置，将铁磁层Ⅰ的磁矩钉扎在其易磁化方向上，在一定的外磁场内保持不动。铁磁层Ⅰ通常被称为参考层。Cu、Ag、Au 等非磁性金属都可以作为间隔层将两层铁磁层隔开。其中，Cu 的电导率高，界面散射效应强，因此能够提供更高的磁阻率，而且其价格低廉，是目前最适合作为间隔层的非磁性金属材料。

从图 4.15 可以看出，外磁场指向平行于交换场，大小循环变化。铁磁层Ⅱ又称为自由层，其磁化方向在外磁场作用下会发生翻转，进而与铁磁层Ⅰ的磁化方向呈平行或反平行状态，对应着整个结构的低电阻或高电阻状态。Dieny 等将此类结构命名为自旋阀，因为这一结构通过两铁磁层的磁化方向如阀门般控制了电子的"流通"和"关断"。自旋阀利用了两种不同的交换耦合。第一种是钉扎层与反铁磁耦合层之间的强交换耦合，属于反铁磁体的单轴各向异性以及界面耦合能的函数。第二种是两铁磁性层之间较弱的耦合，通常为两层间的反平行偶极耦合平衡。

磁隧道结器件　磁隧道结与巨磁阻自旋阀最大的不同在于，磁隧道结的核心部分是由两层铁磁金属电极和中间夹着的绝缘势垒层组成的结构，而巨磁阻自旋阀的中间层则一般是非磁性金属。在一般的磁隧道结中，上下两层铁磁层具有不同的矫顽力，因此在外加磁场下，矫顽力较小的铁磁层先翻转，从而形成两个铁磁层的磁化反平行排列，实现磁隧道结的高阻态；如果继续增大磁场，两个铁磁层将重新形成磁化平行结构，实现磁隧道结的低阻态。

但对于一般的磁隧道结，上下两个铁磁层的磁矩都不固定，因此其抵抗外磁场干扰的能力和热稳定性都较差。参照自旋阀结构设计的磁隧道结可以有效改善这类问题。如图 4.16 所示，单自由层结构是基本的自旋阀结构，它由参考层、势垒层和自由层组成。参考层的作用在于给自由层提供一个相对稳定的参考磁化方向，其中人工合成反铁磁结构通常是由一个非磁间隔层和反平行耦合的上下两层铁磁层构成,同时通过例如 InMn 或 PtMn 等具有强交换偏置作用的反铁磁金属来固定参考层磁化方向。这种结构的参考层可以最大限度地降低杂散场对自由层的影响,同时使钉扎型自旋阀式磁隧道结有优秀的热稳定性。

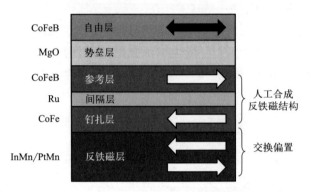

图 4.16　钉扎型自旋阀式磁隧道结

磁场驱动磁随机存储器（magnetic field-induced-MRAM）　第一代磁场驱动磁化翻转（field-induced magnetic switching，FIMS）小容量 MRAM 已经商用 10 年以上,用于航空航天等高可靠性的场景。它的局限在于磁化翻转所需的磁场是利用微电磁线圈生成的,外加电流过高,致使存储单元写入功耗过大,并且磁场的产生需要较大的面积,限制了存储密度。

自旋转移矩磁随机存储器（STT-MRAM）　第二代的 STT-MRAM 采用自旋转移矩（spin-transfer torque，STT）的写入方式,当自旋极化电流通过磁隧道结时,自旋极化电流与铁磁薄膜磁矩之间的角动量的相互转换可以实现自由层的磁化翻转,如图 4.17 所示。这一效应可以利用电流控制磁性材料的磁矩,并且写入电流随着器件尺寸的微缩而不断下降,可大大提高自旋电子器件的集成密度。与磁场写入方式相比,STT-MRAM 的优势在于翻转电流更低、写入功耗更低、单元架构更小、读写速度更快、存储容量更高。2010 年研制成功的 CoFeB/MgO 界面垂直磁各向异性（perpendicular magnetic anisotropy，PMA）的磁隧道结,由于其热稳定性由磁晶各向异性决定,无须较大的宽长比即可具有较高的稳定性,并且可以被制备成圆柱形,因此使自旋器件的工艺节点拓展到 20nm 及以下。虽然自旋转移矩是 MRAM 所采用的主流写入方式,然而,它也存在着难以克服的速度和势垒可靠性瓶颈。自旋转移矩的大小与自由层和参考层的磁化向量积呈正相关。写入之前,两个铁磁层的磁化方向几乎共线（平行或反平行）,主要靠热波动引发二者之间出现很小的夹角,所以在写入的初始阶段,自旋转移矩相对微弱,随着磁化翻转过程的进行,两个磁化向量夹角才逐渐增大,自旋转移矩得以增强。初始时,微弱的自旋转移矩导致了一个初始延迟,限制了写入速度。通过增大写入电流可以减小初始延迟,但同时也增加了势垒击穿的概率。初始延迟的存在使 STT-MRAM 还难以满足高速缓存的性能要求。

自旋轨道矩磁随机存储器（SOT-MRAM）　第三代 SOT-MRAM 采用自旋轨道矩（spin orbit torque，SOT）的写入方式,这种写入技术要求在磁隧道结的自由层下方增加一条重金属薄膜（铂、钽、钨等）,流经重金属薄膜的电流能够引发力矩以驱动自由层的磁化翻转,该力矩的成因仍旧处于探讨阶段,可能是 Rashba 效应[38-40]、自旋霍尔效应或二者兼有,但根源均是重金属材料的强自旋轨道耦合作用。因此,该力矩被称为自旋轨道矩。

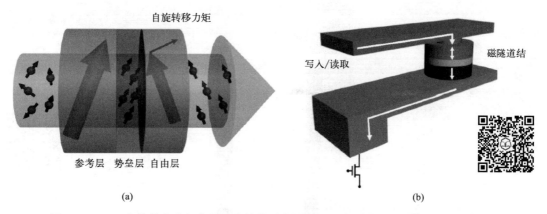

图 4.17 (a) 自旋转移力矩的原理和结构示意图；(b) STT-MRAM 的一个 bit 单元

虽然自旋轨道矩有望解决自旋转移矩所面临的速度和势垒可靠性瓶颈，但它仍旧有一个亟待解决的问题：对于垂直磁各向异性的磁隧道结来说，单独的自旋轨道矩无法实现确定性的磁化翻转，磁化在垂直向上和垂直向下两种状态下是等效的，必须沿电流方向外加一个水平磁场破坏这种对称性才能实现确定性的磁化翻转，如图 4.18 所示。外加磁场的使用增加了电路复杂度，也降低了铁磁层的热稳定性，成为限制自旋轨道矩应用的最大障碍。如何使自旋轨道矩能够在无须磁场的条件下完成确定性的磁化翻转仍是一个待解决的问题[41]。

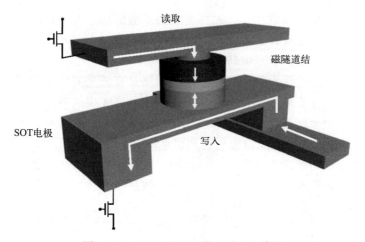

图 4.18 SOT-MRAM 的一个 bit 单元

斯格明子（Skyrmion）赛道存储器 基于以上对各种 MRAM 的简述可以看出，这些存储器各有优劣。身处信息化时代，人们期望能够拥有一种同时结合上述存储器优点的新型设备来储存信息，即价格便宜、读写速度快、信息可靠、能耗低并且非易失性好。十多年前一种新型存储模式被提出——赛道存储（racetrack memory，RM）。如图 4.19 所示，在这一模型中，纳米线作为赛道，数据全部储存在赛道上的磁畴壁中，这些畴壁是非易失的，可以实现信息的复写。有别于传统的硬盘存储，它没有运动的大部件，而是携带信息（二进制数据）的磁畴壁在赛道上来回运动，从而实现信息的读写存储。基于磁畴壁的赛道存储经历四代的发展，已经取得了长足的进步。但是磁畴壁具有动态质量，质量随速度的增大而增大，因此磁畴壁存在运动速度的上限[42]。

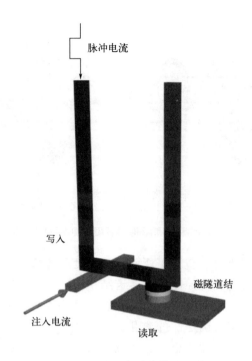

图 4.19 磁畴壁赛道存储器示意图

后来一种新型的信息存储单元——磁性斯格明子的出现，由于其极小的纳米尺寸、拓扑稳定性、驱动电流小以及比较容易写入和删除等特性被看成未来器件开发与信息存储的信息单元的有力候选者，因此成为了当前研究的焦点。

用斯格明子取代磁畴壁作为信息载体的赛道存储具有更大的发展前景。Romming 等[43]和 Sampaio 等[44] 分别在实验和理论上利用自旋极化电流实现了斯格明子的产生，这为斯格明子的赛道存储提供了无比重要的基础条件。相较于磁畴壁，斯格明子的驱动电流密度要小 5 到 6 个数量级，这可以带来更高的能耗比和更低的发热量。并且，紧凑型的斯格明子可以将直径压缩至自由斯格明子的几分之一，与此同时，斯格明子的间距也小于磁畴壁：相邻斯格明子间的距离可以做到和斯格明子直径处于同一数量级，这可以带来更高的存储密度。

如图 4.20 所示，传统斯格明子赛道存储器由三部分构成：写入头、纳米赛道和读取头。斯格明子是一种拓扑数为 1 的自旋结构，而自旋螺旋态或者铁磁态都是拓扑数为 0 的拓扑平庸态。为实现自旋结构的转换，需要克服两态之间的拓扑能量势垒。因此可以通过基于 MTJ 结构的写入头施加自旋极化电流来克服能量势垒，产生特定数量、特定频率的斯格明子；之后，在纳米赛道面内注入（current flowing in the film plane，CIP）或垂直膜面注入（current flowing perpendicular to the film plane，CPP）自旋极化电流，其通过铁磁层时会对局域磁矩产生自旋转移力矩的作用，从而驱动斯格明子进行不同速度的运动，控制信息流的写入、读取速度；读取头则基于隧穿磁阻效应来探测斯格明子的存在与否，从而得到"0"或者"1"的信息比特，不同间隔距离的斯格明子链可以表征多信息比特。

基于斯格明子的赛道存储器仍在不断发展，各式各样的模型被相继提出。例如通过调节外加电场的强度来改变局域的磁晶各向异性强度，在电流的协助下实现斯格明子运动方向有效控制的压控磁各向异性赛道存储器，根据斯格明子所在的通道而非存在与否来区分"0"和"1"信息比特的双赛道斯格明子存储器等。由斯格明子赛道存储器的优良性能及优化发

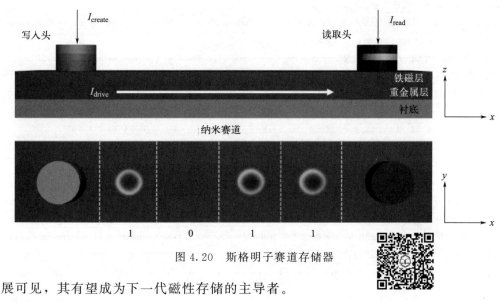

图 4.20　斯格明子赛道存储器

展可见，其有望成为下一代磁性存储的主导者。

参考文献

[1] Slonczewsk J. Overview of Interlayers Exhcange Theory. Journal of Magnetism and Magnetic Materials, 1995 (150): 13-24.

[2] Gengnagel H, Hofmann U. Temperature Dependence of the Magnetocrystalline Energy Constants K_1, K_2, and K_3 of Iron. Physica Status Solidi (b), 1968: 29 (1): 91-97.

[3] Franse J J M, Sorohan M. Pressure Dependence of the Magnetic Anisotropy Energy of Nickel between 300 K and 4.2 K. Solid State Communications, 1971, 9 (23): 2053-2055.

[4] Pauthenet R, Barnier Y, Rimet G. Magnetic Study of a Single Crystal of Cobalt in the Hexagonal Phase. Journal of the Physical Society of Japan, 1962: 309-313.

[5] Moutafis C, Komineas S, Bland J A C. Dynamics and Switching Processes for Magnetic Bubbles in Nanoelements. Physical Review B, 2009, 79 (22): 224429.

[6] Hashi S, Ishiyama K, Agatsuma S, et al. Domain Structure and Magnetostriction in Single Crystals of Cube-textured Silicon Steel. Journal of the Magnetics Society of Japan, 1997, 21: 597-600.

[7] Nakashima S, Takashima K, Harase J. Effect of Si Concentration on Secondary Recrystallization of Grain Oriented Electrical Steel Produced by Single Stage Cold Rolling Process. The Iron and Steel Institute of Japan, 1991 (10): 1717-1724.

[8] 徐泽玮. 电源技术中应用的软磁材料发展回顾和分析（一）: 金属功能材料, 2001（05）: 1-7.

[9] Wahlfarth. 铁磁材料. 北京: 电子工业出版社, 1993.

[10] White J H, Wah C V. Workable Magnetic Compositions Containing Principally Iron and Cobalt: U S 1862559. 1932.

[11] 李廷希, 张文丽. 功能材料导论. 长沙: 中南大学出版社, 2011.

[12] Went J J, Rathenau G W, Gorter E W, et al. Ferroxdure, a Class of New Permanent Magnet Materials. Philips Technical Review, 1952, 13: 194.

[13] Cochardt A. Modified Strontium Ferrite, a New Permanent Magnet Material. Journal of Applied Physics, 1963, 34 (4): 1273-1274.

[14] 杨玉杰, 邵菊香, 王藩侯, 等. La-Zn 取代对六角型锶铁氧体的显微结构及磁性能的影响. 磁性材料及器件, 2016, 47 (1): 14-17.

[15] Trukhanov S V, Trukhanov A V, Turchenko V A, et al. Magnetic and dipole Moments in Indium Doped Barium Hexaferrites. Journal of Magnetism and Magnetic Materials, 2018, 457: 83-96.

[16] 李德. Synthesization, Morphological and Magnetic Properties of M-type Hexagonal Ferrites Prepared by Solid-state

Reaction Method. 合肥：安徽大学，2019.

[17] Coehoorn R, de Mooij D, Duchateau J, et al. Novel Permanent Magnetic Materials Made by Rapid Quenching, Journal de Physique. Colloque, 1988, 49 (C8)：C8-669-C8-670.

[18] Clark A E. Chapter 7 Magnetostrictive Rare Earth-Fe_2 Compounds. Handbook of Ferromagnetic Materials：Elsevier, 1980, 1：531-589.

[19] Atulasimha J, Flatau A B. A Review of Magnetostrictive Iron-gallium Alloys. Smart Materials and Structures, 2011, 20：043001.

[20] Otsuka K, Wayman C M. Shape Memory Materials. Cambridge：Cambridge University Press, 1999.

[21] Wadhawan V K. Ferroelasticity, Bulletin of Materials Science, 1984, 6：733-753.

[22] Clark A E, Belson H S. Giant Room-Temperature Magnetostrictions in $TbFe_2$ and $DyFe_2$. Physical Review B, 1972, 5：3642-3644.

[23] Clark A E. Magnetic and Magnetoelastic Properties of Highly Magnetostrictive Rare Earth-Iron Laves Phase Compounds. AIP Conference Proceedings, 1974, 18 (1)：1015-1029.

[24] Yang S, Bao H, Zhou C, et al. Large Magnetostriction from Morphotropic Phase Boundary in Ferromagnets. Physical Review Letters, 2010, 104 (19)：197201.

[25] Cannon J F, Robertson D L, Hall H T. Synthesis of Lanthanide-iron Laves Phases at High Pressures and Temperatures. Materials Research Bulletin, 1972, 7 (1)：5-11.

[26] Clark A E, Restorff J B, Wun-Fogle M, et al. Magnetostrictive Properties of Body-centered Cubic Fe-Ga and Fe-Ga-Al Alloys. IEEE Transactions on Magnetics, 2000, 36 (5)：3238-3240.

[27] Clark A E, Marilyn W F, Restorff J B, et al. Magnetostrictive Properties of Galfenol Alloys under Compressive Stress. Materials Transactions, 2002, 43 (5)：881-886.

[28] Kellogg R A. Development and Modeling of Iron-gallium Alloys. Iowa State University, 2003, 8 (2)：15-21.

[29] Olander A. An Electrochemical Investigation of Solid Cadmium-gold Alloys. Journal of the American Chemical Society, 1932, 54 (10)：3819-3833.

[30] Wang D, Wang Y, Zhang Z, et al. Modeling Abnormal Strain States in Ferroelastic Systems：The Role of Point Defects. Physical Review Letters, 2010, 105：205702.

[31] Lloveras P, Castan T, Porta M, et al. Influence of Elastic Anisotropy on Structural Nanoscale Textures. Physical Review Letters, 2008, 100 (16)：165707.

[32] 赵巍胜，张博宇，彭守仲．自旋电子科学与技术．北京：人民邮电出版社，2022.

[33] Baibich M N, Broto J M, Fert A, et al. Giant Magnetoresistance of (001) Fe/ (001) Cr Magnetic Superlattices. Physical Review Letters, 1988, 61 (21)：2472-2475.

[34] Binasch G, Grünberg P, Saurenbach F, et al. Enhanced Magnetoresistance in Layered Magnetic Structures with Antiferromagnetic Interlayer Exchange. Physical Review B, 1989, 39 (7)：4828-4830.

[35] Yuasa S, Hono K, Hu G, et al. Materials for Spin-transfer-torque Magnetoresistive Random-access Memory. MRS bulletin, 2018, 43 (5)：352-357.

[36] Dieny B, Speriosu V S, Parkin S S P, et al. Giant Magnetoresistive in Soft Ferromagnetic Multilayers. Physical Review B, 1991, 43 (1)：1297-1300.

[37] Dieny B, Speriosu V S, Metin S, et al. Magnetotransport Properties of Magnetically Soft Spin-valve Structures. Journal of Applied Physics, 1991, 69 (8)：4774-4779.

[38] Bychkov Y A, Rasbha E I. Properties of a 2D Electron Gas with Lifted Spectral Degeneracy. Journal of Experimental and Theoretical Physics, 1984 (39)：66-69.

[39] Manchon A, Koo H C, Nitta J, et al. New Perspectives for Rashba Spin-orbit Coupling. Nature Materials, 2015, 14 (9)：871-882.

[40] Puebla J, Auvray F, Xu M R, et al. Direct Optical Observation of Spin Accumulation at Nonmagnetic Metal/oxide Interface. Applied Physics Letters, 2017, 111 (9)：092402.

[41] 赵巍胜，王昭昊，彭守仲，等．STT-MRAM 存储器的研究进展．中国科学：物理学 力学 天文学，2016, 46 (10)：70-90.

[42] 梁雪,赵莉,邱雷,等. 磁性斯格明子的赛道存储. 物理学报,2018,67(13):137510.

[43] Romming N,Hanneken C,Menzel M,et al. Writing and Deleting Single Magnetic Skyrmions. Science,2013,341(6146):636-639.

[44] Sampaio J,Cros V,Rohart S,et al. Nucleation,Stability and Current-induced Motion of Isolated Magnetic Skyrmions in Nanostructures. Nature Nanotechnology,2013,8(11):839-844.

第 5 章 热功能材料

热学性能是材料重要的基本性质之一。热本身具有能量，材料吸收热能后将其转化成其他形式，表现出各种功能特性，如热膨胀效应、形状记忆效应、热电效应、热敏变色、热敏变阻、相变储热等。在工程上，这些功能特性具有不同的应用，例如，精密天平要求材料具有低的热膨胀系数，而一些热敏元件却要求尽可能高的热膨胀系数；航天飞行器重返大气层的隔热材料要求具有优良的绝热性能，而晶体管散热器等电子元器件却要求优良的导热性能。随着科技的迅猛发展，热功能材料在某些尖端科技、航空航天以及极端条件领域备受关注，在节能减排、太阳能转换、空间科学、新能源技术、超大规模集成电路、生物医学中有重要意义。例如，在新能源技术方面，这些材料可以用于制造热电发电机，将热能转化为电能，应用于太阳能电池、燃料电池等能源领域；在医疗领域，这些材料可以用于制造人工骨骼、脊柱矫正支架等，使残疾人群拥有更好的生活质量。当前，国内外科研机构和企业都在加大对热功能材料的研发，相信热功能材料将会发挥越来越重要的作用。

5.1 材料热学基础

5.1.1 固体热传导理论

晶体点阵质点（原子或离子）总是围绕着其平衡位置作微小振动，称之晶格热振动。材料的各种热学性能均与晶格热振动有关，其中，温度体现了晶格热振动的剧烈程度。相同条件下，温度越高，晶格振动越剧烈。当温度不太高时，原子振动可看作一种"谐振子"，据量子力学，频率为 ω_i 的谐振子的振动能为：

$$E(\omega_i) = (n_i + 1/2)\hbar\omega_i \quad (n = 0, 1, 2, 3\cdots) \tag{5.1}$$

可见，晶格振动的能量是量子化的，以 $\hbar\omega$ 为单元，其中 $\hbar = h/(2\pi) = 1.055 \times 10^{-34}$ J·s，这种能量单元称为"声子"。声子不是真实的粒子，称为"准粒子"，它反映的是晶格原子集体运动状态（格波）的激发单元。使用"声子"概念，不仅能生动描述晶格振动能量量子化，在分析晶格振动、导热传热等相关问题时也带来了很大的方便。晶体中的振动能取决于声子数目和声子的能量。根据玻耳兹曼统计理论，频率为 ω 的谐振子，其平均声子数遵循玻色统计。

$$\overline{n}(\omega) = \frac{1}{e^{\frac{\hbar\omega}{k_B T}} - 1} \tag{5.2}$$

处理晶格振动时一般都取简谐近似，按照无限长单原子链模型（如图 5.1 所示），我们

可以得到第 n 个原子的经典运动方程：

$$m\frac{\mathrm{d}^2 x}{\mathrm{d}t^2} = E_\mathrm{m}(x_{n+1} + x_{n-1} - 2x_n) \tag{5.3}$$

其中，E_m 为微观弹性模量；m 为原子质量；x 为质点在 x 方向上位移，原子间距为 a。假定原子限制在沿链方向运动（x 方向），只考虑最近邻原子间的相互作用。

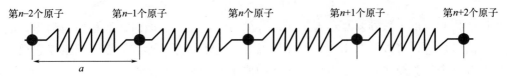

图 5.1　一维无限长的单原子链

上述振动方程具有波形式的解：

$$x_n = A \mathrm{e}^{\mathrm{i}(\omega t - naq)} \tag{5.4}$$

其中，A 为常数；ω 为振动频率；q 为波矢。带入振动方程，化简可得到：

$$\omega^2 = \frac{4E_\mathrm{m}}{m}\sin^2\left(\frac{aq}{2}\right) \tag{5.5}$$

可以发现上面的解与 n 无关，表明 N 个联立方程都归结为同一个方程，只要 ω 与 q 之间满足上式的关系，我们给定的波解就表示了联立方程的解。上述给出的波形式的解就表示了晶格中的所有原子以相同频率振动而形成的波（或某一个原子在平衡位置附近的振动是以波的形式在晶体中传播的），该波称为格波（图 5.2），振动频率 ω 随 E_m 的增大而提高。此外，一个格波解表示所有原子同时做频率为 ω 的振动，不同原子之间有位相差为 aq；因此，格波波矢 q 具有不唯一性，即将 aq 改变 2π 的整数倍，所有原子的振动实际上没有不同。波矢的数量和晶体的原胞数目相等，振动频率的数目和晶体中原子的自由度数相同。即一维材料内有 N 个质点，就有 N 个频率的振动组合在一起，每个质点的振动应该是所有振动的叠加。当温度高时，质点动能增加，导致振幅和频率增加。整个晶体的热量应该为各质点热运动时动能的总和：$\sum\limits_{i=1}^{N}$ 动能＝热量。

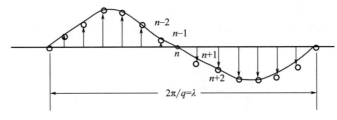

图 5.2　格波

因此，简谐振动具有以下特点：a. 每个质点都有一定振动频率；b. 各质点振动的耦合形成格波；c. 低频率格波又叫声频支格波（ω_A），相邻质点间位相差不大；高频率格波又叫光频支格波（ω_O），相邻质点间位相差很大。声频支可以看成是相邻原子具有相同的振动方向，格波类似于弹性体中的应变波；光频支可以看成相邻原子振动方向相反，形成一个范围很小、频率很高（频率往往在红外光区）的振动。

5.1.2 热容

材料在没有相变或化学反应的条件下,每升高 1K 时所吸收的热量(Q)称作该材料的热容,用 C 表示,单位为 J/K,其数学表达式为:

$$C_T = \left(\frac{\partial Q}{\partial T}\right)_T \tag{5.6}$$

晶体的热容由电子运动和晶格振动两部分的贡献构成。高温时,晶格振动强烈,电子热容远小于晶格热容,可以忽略不计。但在低温时,电子对晶格热容的影响就不能忽视。对于固体材料有两个经验规律:一是恒压下元素的原子摩尔热容为 $3R = 24.9\text{J/(mol·K)}$,即杜隆-珀蒂定律;二是化合物分子热容等于构成此化合物各元素原子热容之和,即柯普定律。该经典理论表明固体摩尔热容与具体的物质和温度都没关系。多数晶体在高温下热容的实验值仍是十分吻合的,如图 5.3 所示。但随着温度下降,实验发现固体热容随温度同时下降。热容随温度变化只能用量子理论解释。热容的量子理论主要基于两个模型:爱因斯坦模型和德拜模型。

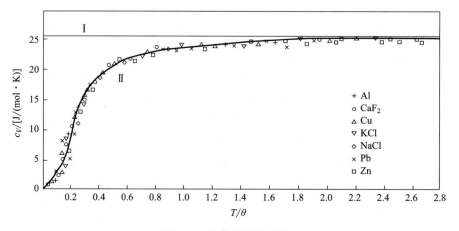

图 5.3 晶体材料的热容

5.1.2.1 爱因斯坦模型

爱因斯坦认为每个原子都是一个独立的振子,原子之间彼此无关,并且每个原子都是以相同的角频 ω 振动,则 1mol 晶格的平均能量:

$$\overline{E} = \sum_{i=1}^{3N} \overline{E}_{\omega_i} = \sum_{i=1}^{3N} \frac{\hbar\omega_i}{e^{\frac{\hbar\omega_i}{kT}} - 1} \tag{5.7}$$

则晶体的定压热容为:

$$C_V = \left(\frac{\partial \overline{E}}{\partial T}\right)_V = 3Nk\left(\frac{\hbar\omega}{kT}\right)^2 \frac{e^{\frac{\hbar\omega}{kT}}}{(e^{\frac{\hbar\omega}{kT}} - 1)^2} = 3Nkf_e\left(\frac{\hbar\omega}{kT}\right) \tag{5.8}$$

式中,$f_e\left(\frac{\hbar\omega}{kT}\right)$ 为爱因斯坦比热函数。令 $\frac{\hbar\omega}{k} = \theta_E$,即爱因斯坦温度。

因此，在高温时，$T \gg \theta_E$，$C_V = 3Nk\left(\dfrac{\theta_E}{T}\right)^2 \dfrac{e^{\frac{\theta_E}{T}}}{\left(\dfrac{\theta_E}{T}\right)^2} \approx 3Nk = 3R$，即高温时与能量均分定理 $C_V = 3R\left(\dfrac{\theta_E}{T}\right)^2 e^{\frac{-\theta_E}{T}}$ 得到的结果一致。在低温时，$e^{\frac{\theta_E}{T}} \gg 1$，$C_V = 3R\left(\dfrac{\theta_E}{T}\right)^2 e^{\frac{-\theta_E}{T}}$，即当温度趋于零时，定压热容将趋于零。

爱因斯坦模型克服了经典理论在温度趋于零时无法解释的困难。但是在低温下，该式按指数快速下降，实验结果却缓慢得多，原因是爱因斯坦采用了过于简化的假设，实际晶体中各原子的振动不是彼此独立地以单一的频率振动着的，原子振动间有着耦合作用，而当温度很低时，这一效应尤其显著。不过爱因斯坦模型首次在晶格热容分析中引入了量子理论，为之后的理论开启了新视角。

5.1.2.2 德拜模型

德拜考虑了晶体中原子的相互作用，低温时主要是低能量的低频格波的振动，色散关系可看作线性，并且低频格波可以看作连续介质中的弹性波。根据声子理论，晶体的定压热容为：

$$C_V = 9Nk\left(\dfrac{T}{\theta_D}\right)^3 \int_0^{\frac{\theta_D}{T}} \dfrac{e^x x^4}{(e^x - 1)^2} dx = 3Nk f_D\left(\dfrac{\theta_D}{T}\right) \tag{5.9}$$

式中，$f_D\left(\dfrac{\theta_D}{T}\right)$ 为德拜比热函数。令 $\dfrac{\hbar \omega_{\max}}{k} = \theta_D$，即德拜特征温度。

因此，高温时，$T \gg \theta_D$，晶格的定压热容约为 $C_V = 3Nk = 3R$，即在高温时定压热容将为一常量。低温时，$T \ll \theta_D$，晶格的定压热容约为 $C_V = \dfrac{12\pi^4 Nk}{5} \times \left(\dfrac{T}{\theta_D}\right)^3$，于是我们得到了能很好地描述在低温时和实验情况符合的 T^3 下降现象的热容公式。德拜理论是基于最简单的线性色散关系来分析的，但实际晶体中色散关系并不是简单线性，这也是导致德拜理论在解释某些复杂晶体时出现偏差的原因。

实际上，比热容的大小取决于物质的结构、物性、温度、压力等多种因素。常用比热容［即单位质量材料的热容，J/(kg·K)］、摩尔热容［1摩尔材料所具有的热容，J/(mol·K)］等来衡量材料吸热能力大小。一般来说，规则晶体结构的比热容应该低，而非规则晶体结构的比热容应该高。密度较大或热强度较大的物质会增加比热容。物质的比热容随温度降低而降低，这是因为温度降低了物质间的力学作用。压力的升高会增加比热容，这是因为压力的升高使物质间的力学作用增加。

5.1.3 热膨胀

物体的体积或长度随温度升高而增大的现象叫做热膨胀，热膨胀是大部分固体材料的常见现象，与晶格热振动和分子间作用力息息相关。热膨胀系数是其重要性能参数之一，是量度固体材料热膨胀程度的物理量，对于研究与固态相变有关的问题意义重大。

热膨胀系数（coefficient of thermal expansion, CTE）是指物质在热胀冷缩效应作用之下，几何特性随着温度的变化而发生变化的规律性系数。实际应用中，主要有两种热膨胀系数，分别是线膨胀系数 α_l 和体膨胀系数 α_V，即：

$$\frac{\Delta l}{l_0} = \alpha_l \Delta T \tag{5.10}$$

$$\frac{\Delta V}{V_0} = \alpha_V \Delta T \tag{5.11}$$

线膨胀系数是指温度升高1℃后，物体的相对伸长。体膨胀系数相当于温度升高1℃时，物体体积的相对增大值。无机材料的 $\alpha_l \approx 10^{-5} \sim 10^{-6} \mathrm{K}^{-1}$，通常随着温度 T 的升高而增大。对于各向同性材料，当膨胀系数较小时有 $\alpha_V = 3\alpha_l$。大多数情况之下，此系数为正值，也就是说温度升高体积扩大，即热胀冷缩。但是也有例外，水在0～4℃之间会出现反膨胀，而一些陶瓷材料在温度升高情况下，几乎不发生几何特性变化，其热膨胀系数接近0。

材料热膨胀的本质，归结为点阵结构中的质点间平均距离随温度升高而增大，即是由原子的非简谐振动引起的。此外，晶体中各种热缺陷的形成将造成局部晶格的畸变和膨胀虽是次要因素，但随温度升高热缺陷浓度按指数关系增加，所以在高温时缺陷的影响对材料的膨胀不容忽视。

材料的热膨胀与晶体点阵中质点的位能性质有关，而质点的位能性质是由质点间的结合力特性所决定的。质点间结合力越强，升高同样温度差 ΔT，平均位置的位移量增加得越少，因此热膨胀系数越小。材料中陶瓷的结合键（离子键和共价键）最强，金属的（金属键）次之，高聚物的（范德瓦尔斯力）最弱，因此，热膨胀系数依次增大。实际上，材料的体积膨胀系数 α_V、线膨胀系数 α_l 并不是一个常数，通常随温度升高而增大［图5.4(a)］。分析材料的热膨胀特性可以间接地获得有关原子间结合力的信息。实验得出某些晶体热膨胀系数 α 与熔点 T_m 间存在经验关系式 $\alpha = \dfrac{0.038}{T_m} - 7.0 \times 10^{-6}$。格律乃森给出了固体热膨胀的极限方程，即一般纯金属，从0K加热到熔点 T_m，相对膨胀量约为常数，即 $T_m \alpha_V = C \approx 0.06 \sim 0.076$。

热膨胀是固体材料受热以后晶格振动加剧而引起的容积膨胀，而晶格振动的激化就是热运动能量的增大，所以，热膨胀系数显然与热容密切相关而有着相似的规律。格律乃森从晶格振动理论导出膨胀系数与热容间的关系式：

$$\alpha_V = \frac{rC_V}{k_0 V} \tag{5.12}$$

$$\alpha_l = \frac{rC_V}{3k_0 V} \tag{5.13}$$

式中，r 为格律乃森常数；k_0 为绝对零度时的体积弹性模量。对于一般材料来说，r 值在1.5～2.5之间。格律乃森定律指出，体膨胀系数与定容热容成正比，它们有相似的温度依赖关系，在低温下随温度升高急剧增大，而温度升高则趋于平缓［图5.4(b)］。

对于相同组成的物质，结构不同膨胀系数也不同。通常结构紧密的晶体，膨胀系数都较大，而类似于无定形的玻璃，则往往有较小的膨胀系数，例如：石英的为 $12 \times 10^{-6} \mathrm{K}^{-1}$，而石英玻璃的为 $0.5 \times 10^{-6} \mathrm{K}^{-1}$，这是由于开放结构能吸收振动能及调整键角来吸收振动能所导致的。金属或其他晶体材料的热膨胀系数具有各向异性，一般来说弹性模量较高的方向将有较小的膨胀系数，反之亦然。固溶体的膨胀与溶质元素的膨胀系数和含量有关，溶质元素的膨胀系数高于溶剂基体时，将增大膨胀系数；溶质元素的膨胀系数低于溶剂基体时，将

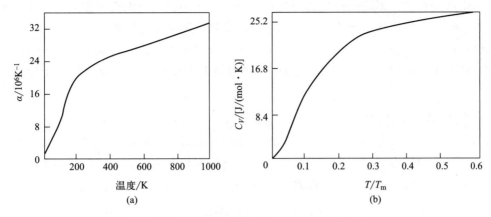

图 5.4 材料热膨胀曲线（a）与热容曲线（b）

减小膨胀系数。

由于金属、无机非金属和有机高分子材料的热膨胀系数有较大差异，相互结合使用时可能出现一系列热应力所产生的问题，因此，应尽可能选择 α 相近的材料。对铁磁性物质如铁、钴、镍及其某些合金，膨胀系数随温度变化有时不符合正常规律，在正常的膨胀曲线上出现附加的膨胀峰，这些变化称为反常膨胀。反常的原因目前用铁磁性行为去解释，认为是磁致伸缩抵消了合金的正常热膨胀现象。具有负反常膨胀特性的合金，由于可以获得膨胀系数接近于零值或者负值的因瓦（Invar）合金，或者在一定温度范围内膨胀系数基本不变的可瓦（Kovar）合金，具有重大的工业意义（请见 5.4 部分）。

5.1.4 导热系数

一块材料温度不均匀或两个温度不同的物体相互接触，材料热量将自动从热端传向冷端。实验表明：对于一根两端温度分别为 T_1、T_2 的均匀金属棒，当各点温度不随时间而变化时，热流密度正比于该棒的温度梯度。即：

$$q = -\lambda \frac{\partial T}{\partial x} \tag{5.14}$$

式中，λ 为材料热导率（导热系数），单位 J/(m·s·K) 或 W/(m·K)，它表示单位时间内通过单位截面积的热量，负号表示热量向低温处传播。该式称为简化了的 Fourier 导热定律，λ 数值越大，表明该材料的热传递速度越快，导热性能越好。它只适用于稳定传热的条件下，即传热过程中，材料在 x 方向上各处的温度 T 是恒定的，与时间 t 无关。

假如材料棒各点的温度 T 随时间 t 变化，是不稳定传热过程，即各点的温度 T 是时间 t 和位置 x 的函数，此时物体内单位面积上温度随时间的变化率为：

$$\frac{\partial T}{\partial t} = \alpha \frac{\partial^2 T}{\partial x^2} \tag{5.15}$$

$$\alpha = \frac{\lambda}{\rho C_P} \ (\text{m}^2/\text{s}) \tag{5.16}$$

式中，ρ 为密度；C_P 为恒压热容；α 称为热扩散率，也称导温系数，表征物体传递温度变化的能力。在相同的加热和冷却条件下，α 小的材料的温差大。

热阻率定义为热导率的倒数，即 $w = \dfrac{1}{\lambda}$，反映材料对热传导的阻隔能力。工程应用中可根据热阻率的数值对不同的装置进行隔热计算。热阻的概念与电阻非常类似，单位也与之相仿（℃/W），即物体持续传热功率为1W时，导热路径两端的温差。

材料的热传导是能量的传输过程。固体能量的载体可以是：自由电子、声子（晶格振动的格波）和光子（电磁辐射）。因此，固体导热包括电子导热、声子导热和光子导热（高温时）。

5.1.4.1 声子热传导

固体传导是声子碰撞的结果，声子间的碰撞引起的散射是晶体中热阻的主要来源。晶格热振动是非线性的，格波间有一定的耦合作用。格波间相互作用愈大，相应的平均自由程愈小，热导率也就愈低。固体热导率的普遍形式为：

$$\lambda = \frac{1}{3}\int C(v)vl(v)\mathrm{d}v \tag{5.17}$$

式中，C 为声子体积热容；l 为声子平均自由程；v 为声子平均速度。对于声频支来讲，声子的速度可以看作仅与晶体的密度 ρ 和弹性力学性质有关，即 $v = \sqrt{\dfrac{E}{\rho}}$。

5.1.4.2 光子热传导

固体中分子、原子和电子的振动、转动等运动状态的改变，会辐射出频率较高的电磁波。这类电磁波覆盖了一较宽的频谱，其中具有较强热效应的是波长在 $0.4 \sim 40 \mu m$ 间的可见光与部分红外光的区域，这部分辐射线也就称为热射线，热射线的传递过程也就称为热辐射。由于它们都在光频范围内，所以在讨论它们的导热过程时，可以看作是光子的导热过程。辐射的热导率为：

$$\lambda_\mathrm{r} = \frac{16}{3}\sigma n^2 T^3 l_\mathrm{r} \tag{5.18}$$

式中，$\sigma = 5.67 \times 10^{-8} \mathrm{W/(m^2 \cdot K^4)}$ 为斯特藩-玻尔兹曼常数；n 为折射率。对于辐射线是透明的介质，l_r 较大，热阻很小；对于辐射线不透明的介质，l_r 就很小；对于完全不透明的介质，$l_\mathrm{r} = 0$，材料的辐射导热性能取决于材料的光学性能。

5.1.4.3 电子热传导

对于纯金属，电子是自由的，导热主要靠自由电子，而合金导热要考虑声子和电子导热的共同贡献。将金属中大量的自由电子看作是自由电子气，可用理想气体的热导率公式描述：

$$\lambda_\mathrm{e} = \frac{1}{3}C\bar{v}l \tag{5.19}$$

式中，C 为单位体积气体的热容；$\bar{v}$ 为分子运动的平均速度；l 为分子运动的平均自由程（两次碰撞间的距离）。

实际材料的热导率受材料类型、温度、晶体结构、气孔杂质等因素影响。

① 金属材料的热导率主要为电子热导率，室温下金属材料的电子热导率（λ）与电子电导率（σ）的比值几乎相同（维德曼-弗兰兹定律）。洛伦兹发现两者的比值与温度成正比，即 $\dfrac{\lambda}{\sigma} = LT$（$L$ 为洛伦兹数）。有机高分子材料的热传导主要通过分子与分子碰撞的声子热传导来进行，一般热导率和电导率都很低，通常用作绝缘材料。无机材料中热传导机构和过程

是很复杂的,一般认为,在温度不太高的范围内主要是声子传导。

② 低温时,金属材料热导率随温度的升高而不断增大,并达到最高值;随后热导率在一小段温度范围内基本保持不变;当温度升高到某一温度,热导率开始急剧下降,并在熔点处达到最低值[图 5.5(a)]。原因是电子或声子在运动中受到热运动的原子和各种晶格缺陷的阻挡,形成热阻,主要是晶格振动形成的热阻和杂质缺陷形成的热阻。无机非金属材料的热导率在低温区随温度升高而增加;到某高温时,热容趋于定值,因此热导率趋于恒定。例如,Al_2O_3 在低温 40K 处,λ 值出现极大值,见图 5.5(b)。

③ 晶体结构越复杂,热导率越低。立方晶系的热导率与晶向无关,非立方晶系的热导率具有各向异性。这是因为声子传导与晶格振动的非谐性有关,晶体结构愈复杂,晶格振动的非谐性程度愈大,格波受到的散射愈大,因此,声子平均自由程愈小,热导率愈低。由于多晶体中晶粒尺寸小、晶界多、缺陷多、杂质也多,声子更易受到散射,故对于同一种物质,多晶体的热导率总是比单晶小。

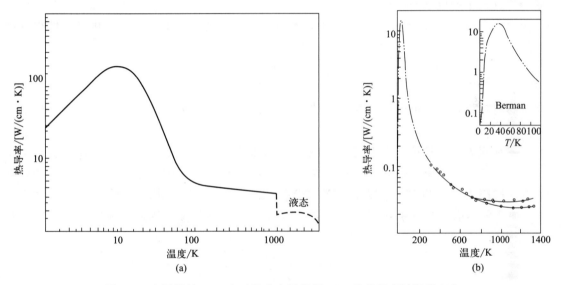

图 5.5 金属材料(a)和无机非金属材料(b)的热导率随温度变化

5.1.5 材料热稳定性

材料在未改变外力作用状态时,仅因材料热膨胀或收缩引起的内应力称为热应力,热应力可导致材料的断裂破坏或发生不希望的塑性变形。热应力的来源有多种,譬如因热胀冷缩受到限制而产生的热应力,因温度梯度而产生的热应力,因多晶多相复合材料各相膨胀系数不同而造成的热应力等。

热稳定性是指材料承受温度的急剧变化而不致破坏的能力,也称为抗热震性。热冲击损坏主要包括两类。

一种是在热冲击循环作用下,材料表面开裂、剥落,并不断发展,最终碎裂或变质。抵抗这类破坏的性能称为抗热冲击损伤性。另一种是材料发生瞬时断裂,抵抗这类破坏的性能称为抗热冲击断裂性。由于应用场合的不同,对材料的热稳定性要求各异。一般日用陶瓷只要求能承受 200K 左右的热冲击,而火箭烧嘴要求瞬时能承受 3000~4000K 的温度。目前对于热稳定性的理论解释不完善，对热稳定的评定一般采用比较直观的测定方法。例如：对日用陶瓷，将一定规格的试样，加热到一定温度，然后置于流动水中急冷，并逐次提高温度和重复急冷，直至观测到试样发生龟裂，则以龟裂的前一次加热温度来表征其热稳定性；对普通耐火材料常将试样的一端加热到1123K并保温40min，然后置于283~293K的流动水中3min或空气中5~10min，并重复这样的操作，直至试样失重20%为止，以这样的操作次数来表征材料的热稳定性；对高温陶瓷材料，加热到一定温度后，在水中急冷，然后测其抗折强度的损失率来评定热稳定性。

对于平面薄板材料，材料突然冷却时，表面温度低，内部温度高，产生热应力导致材料断裂。在断裂瞬间，热应力达到材料的极限抗拉强度σ_f，出现开裂。因此，不使材料受热冲击开裂破坏的最大温度差为$\Delta T_{max} = \dfrac{\sigma_f(1-\mu)}{\alpha_l E}$，其中$\mu$为泊松比，$\alpha_l$为热膨胀系数，$E$为弹性模量，$\sigma_f$为断裂强度。对于其他形状材料须乘以形状因子$S$使用。由此，提出热应力断裂抵抗因子的概念：

由上式可知，$\Delta T_{max} = T' - T_0$越大，则材料能承受的温度变化越大，热稳定性也就越好。所以定义：

$$R_1 = \frac{\sigma_f(1-\mu)}{\alpha_l E} \tag{5.20}$$

为表征材料热稳定性的因子，称为第一热应力断裂抵抗因子R_1（单位：K）或第一热应力因子。

第二热应力断裂抵抗因子R_2：材料是否出现断裂，不仅与热应力有关，还与材料中应力的分布、产生的速率、持续的时间、材料的特性（塑性、均匀性、弛豫性）以及原先存在的裂纹、缺陷有关。例如，在无机材料中不会出现像理想急冷那样，瞬时产生最大应力σ_{max}，而要考虑散热等因素，使得σ_{max}滞后发生，且数值衰减。因此，导出第二热应力断裂抵抗因子：

$$R_2 = \lambda \frac{\sigma_f(1-\mu)}{\alpha_l E} = \lambda R_1 \tag{5.21}$$

式中，R_2的单位为J/(m·s)；λ为热导率。材料的热导率λ越大，传热越快，热应力持续一段时间后会因导热而缓解。

第三热应力断裂抵抗因子R_3：在一些实际应用场合中，往往要关心材料所允许的最大冷却速率dT/dt，对厚度为$2r_m$的无限平板，在降温过程中，内外表面温度变化允许的最大冷却速率为$-\left(\dfrac{dT}{dt}\right)_{max} = a\dfrac{\sigma_f(1-\mu)}{\alpha_l E} \times \dfrac{3}{r_m^2}$，$a$为材料导温系数，$a$越大越有利于热稳定性。因此，定义：

$$R_3 = a\frac{\sigma_f(1-\mu)}{\alpha_l E} = \frac{\lambda}{\rho C_P} \times \frac{\sigma_f(1-\mu)}{\alpha_l E} = \frac{\lambda}{\rho C_P} R_1 = \frac{R_2}{\rho C_P} \tag{5.22}$$

式中，ρ为材料密度，单位为kg/m³；C_P为材料定压热容。则有：$-\left(\dfrac{dT}{dt}\right)_{max} = R_3 \dfrac{3}{r_m^2}$，这就是材料能经受的最大降温速率。陶瓷烧成时，不能超过此值，否则会发生制品炸裂，上述公式同时适用于玻璃，陶瓷和电子陶瓷。

通过以上热应力断裂抵抗因子可以看出，提高抗热冲击断裂性能的措施有：
① 提高材料强度 σ，减小弹性模量 E，使 σ/E 提高；
② 提高材料的热导率 λ，使 R_2 提高；
③ 减小材料的热膨胀系数 α；
④ 减小表面热传递系数 h；
⑤ 减小产品的有效厚度 r_m。

以上讨论的抗热冲击断裂是从热弹性力学的观点出发的，以强度-应力为判据，认为材料中热应力达到抗张强度极限后，材料就产生开裂，一旦有裂纹形成就会导致材料的完全破坏，这适用于玻璃、陶瓷等无机材料，但对于一些含有微孔的材料和非均匀的金属陶瓷等却不适用。研究发现这些材料在热冲击下产生裂纹时，即使裂纹从表面开始，在裂纹的瞬时扩张过程中也可能被微孔、晶界或金属相所阻止，而不致引起材料的完全断裂。无机材料中气孔率 10%～20% 时具有最好的抗热冲击损伤性，而气孔的存在是会降低材料的强度和热导率的。因此，R_1 和 R_2 值都要减小，这一现象按强度-应力理论就不能解释。

因此对抗热震性问题就发展了第二种处理方式，即抗热冲击损伤性，它是从断裂力学观点出发，以应变能-断裂能为判据的理论。该理论认为在热应力作用下裂纹产生、扩展以及蔓延的程度与材料积存有弹性应变能和裂纹扩展的断裂表面能有关。当材料中积存的弹性应变能较小，则裂纹扩展的可能性就小，裂纹蔓延时断裂表面能需要小，则裂纹蔓延程度小，材料热稳定性就好。因此，抗热应力损伤正比于断裂表面能，反比于应变释放能。这样就提出了两个抗热应力损伤因子 R_4 和 R_5：

$$R_4 = \frac{E}{\sigma^2(1-\mu)} \tag{5.23}$$

$$R_5 = \frac{E \times 2r_{\text{eff}}}{\sigma^2(1-\mu)} \tag{5.24}$$

式中，r_{eff} 为断裂表面能（J/m^2），形成两个断裂表面。R_1、R_2、R_3 从避免裂纹产生来防止材料的热应力损伤破坏，适用于致密型的材料；R_4、R_5 从阻止裂纹扩展来避免材料的热应力损伤破坏，适用于疏松性材料，可有意识地利用各向异性的热收缩而引入微裂纹，使得因材料表面撞击引起的尖锐初始裂纹钝化，从而提高材料的热稳定性，抵抗灾难性的热应力破坏。

5.2 热管理材料

5G 技术的全面普及，使消费电子产品向高功率、高集成、轻薄化和智能化方向加速发展。由于集成度、功率密度和组装密度等指标的持续上升，5G 时代电子器件工作功耗和发热量也急剧升高。在现代电子系统中，受电子器件自身效率的限制，输入电子器件的近 80% 电功率耗散会变成废热。有研究显示电子元器件温度每升高两摄氏度，其可靠性会下降 10%。美国空军航空电子整体研究项目的研究结果表明，55% 的器件失效是由温度因素导致的。为了更好地实现导热散热，热管理已经成为 5G 时代电子器件、新能源汽车三电管理的"硬需求"，广泛应用于国民经济以及国防等各个领域，控制着系统中热的分散、存储与转换。

热管理，顾名思义，就是对"热"进行管理，通过热管理，可确保高功率系统或设备有效地控制和管理产生的热量,以确保系统设备运行时保持在可接受的温度水平,最终保障系统的可靠性、性能和寿命。先进的热管理材料构成了热管理系统的物质基础,发挥了举足轻重的作用,而热传导率则是所有热管理材料的核心技术指标。从工程应用的角度而言,对于热管理材料的要求是多方面的。例如,希望热界面材料在具有高热导率的同时保持高的柔韧性和绝缘性;对于高导热封装材料,则希望高的热导率和与半导体器件相匹配的热膨胀率;对于相变储热材料,则希望高的储热能力和热传导能力。为了同时兼顾这些特性,将不同的材料复合化在一起从而达到设计要求的整体性能是热管理材料的发展趋势。

5.2.1 发热材料

发热材料是指具有发热性质的材料,它们的共同特点是能够在外部条件的刺激下,产生一定的热量。发热材料的发热原理主要有两种,一种是电热发热原理,另一种是化学反应发热原理。电热发热材料是指在外加电压的作用下,电流通过材料内部导体,由于电阻发生热量的材料。最常见的电热发热材料是电热丝和发热片。化学反应发热材料的发热原理主要是因为化学反应中的键能和化学能被释放出来,从而产生大量的热能。最常见的化学发热材料是化学荧光物和热剂。当然还有一些其他的形式的发热,如光热发热,这是指在光的作用下某些材料会吸收光能并转化成热能,这种材料通常用于太阳能电池板和热电材料等方面。

发热材料在我们的生活中有着广泛的应用。金属发热材料主要包括镍铬、铁铬、铜等。这些材料具有良好的导电性和导热性,耐高温,且价格相对较低。因此,它们广泛应用于家庭、工业和科研领域的电加热器、电烤箱、熔炼炉等设备中。主要缺点是工作时自身处于很高的温度下,在空气中容易发生氧化反应而烧断。通常使用电热合金材料制造成螺旋状态使用,通电时会产生感抗效应。碳纳米管发热材料是一种新型的高效发热材料,具有高功率、高热效率、环保等优势,在高效加热器、电暖器、干燥器中有广泛的应用。例如 Dawid 课题组第一次建立在一个反直觉的概念上的碳纳米管薄膜加热器,提供了卓越的、与时间无关的性能,无滞后地达到终端温度。1mg 这种超轻的独立薄膜比 120g 镍铬(最常用的电阻材料)的性能要好,被设想成为下一代加热材料[1]。在医疗领域,新型复合碳纤维发热材料可用于治疗各种疾病,如关节炎、肌肉酸痛等。其特殊的发热方式可通过热量的渗透和吸收,有效缓解疼痛并促进血液循环。图 5.6 为一种用作体内多功能容器的填充碳纳米管的示意图。碳纳米管外功能化可实现生物相容性。在纺织领域,新型复合碳纤维发热材料可制成发热服装,使人们在冬季寒冷环境中得到更好的保暖效果。在汽车、航空等领域,新型复合碳纤维可用于汽车座椅、方向盘、飞机驾驶舱、客舱等部位,提供暖和舒适的驾驶体验。陶瓷发热材料具有耐高温、抗腐蚀、高绝缘等优点,主要用于电热器具和高温炉等领域,能够长时间保持稳定的加热效果。其他一些非金属电热材料,如碳化硅、铬酸镧、氧化锆、二硅化钼等,具有耐高温、耐腐蚀、抗氧化、电热转换效率高等优点,正在逐步取代金属电热材料。

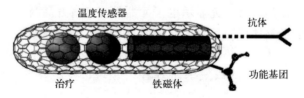

图 5.6 体内多功能容器的填充碳纳米管[2]

相变蓄热材料是一种利用物质相变过程中吸收或释放热量来实现热量储存和温度控制的材料。相变蓄热材料主要用于太阳能储存、建筑节能等领域。它们可以在白天吸收太阳能并储存起来，晚上释放储存的热量来实现室内温度的调节。该材料的基本原理将在 5.5 节详细介绍。总之，不同的发热材料具有不同的特点和适用领域。在选择发热材料时，需要根据具体的应用场景和需求进行选择。随着科技的不断进步，相信未来还会有更多新型的发热材料问世，为我们的生活带来更多的便利和舒适。

5.2.2 导热材料

导热材料通常是指涂敷在设备发热器件与散热器件间，并降低两者间接触热阻的材料的总称，是一种新型工业材料。这些材料是近年来针对设备的热传导要求而设计的，导热系数是衡量材料导热性能的关键参数。一般情况下，导热系数越高的材料，其导热性能就越佳，而导热系数越高的导热材料，其技术含量和价格也越高，所以人们在选择高导热系数的导热材料时会考虑到设备散热需求再进行确定。

目前的导热材料主要分为金属导热材料和非金属导热材料。金属导热性能中，金和银性能最佳，但缺点就是其价格太高，不能广泛应用；纯铜导热效果次之，但造价高、质量大、不耐腐蚀、塑造性较差，当铜一旦出现氧化状态，导热和散热都会大大下降。现在大多数散热片都是采用轻盈坚固的铝材料制作的，如 CPU 风冷散热器。目前市场上也出现了一种新型的工艺——铜铝结合散热器，铜铝结合就是把铜和铝通过一定的工艺完美地结合到一块，让铜快速地把热量传给铝，再由大面积的铝把热量散去，这不但补充了铝的导热不及铜，还弥补了铜的散热不如铝，从而达到急速传热、快速散热的效果。

如今很多非金属导热材料不但在导热性能上比金属导热材料高出数十百倍，而且在材料应用安全性能上也满足了电子产品的高绝缘性的要求。目前主流的高导热非金属材料，特别是氧化物为主的各种非金属导热材料，包括金刚石、氧化铝、氧化硅、氧化锌、氮化铝、氮化硼、碳化硅、石墨等。金刚石传热能力很强，其单晶体在常温下热导率理论值为 $1642W/(m·K)$，但金刚石大单晶难以制备，且价格昂贵。聚晶金刚石（PCD）陶瓷烧结过程中往往需要加入助烧剂以促进金刚石粉体的粘接，从而得到高导热 PCD 陶瓷。聚晶金刚石陶瓷既是工程材料，又是新型的功能性材料，在现代工业、国防和高新技术等领域中得到日益广泛的应用。碳化硅（SiC）是国内外研究较为广泛的导热陶瓷材料，其理论热导率达 $270W/(m·K)$，在石油、化工、微电子、汽车、航天、航空、激光、矿业及原子能等工业领域获得了广泛的应用，如高温轴承、防弹板、喷嘴、高温耐蚀部件以及高温和高频范围的电子设备零部件等。但 SiC 陶瓷材料的晶界能较高，很难通过常规方法烧结出高纯致密的 SiC 陶瓷。相比而言，Si_3N_4 陶瓷具有高韧性、抗热冲击能力强、热传导率高、绝缘性好、耐腐蚀和无毒等优异的性能，越来越受到国内外研究人员的重视。Si_3N_4 陶瓷的原子键结合强度、平均原子质量和晶体非谐性振动与 SiC 相似，具备高导热材料的理论基础，理论热导率为 $200\sim320W/(m·K)$。另外，Si_3N_4 陶瓷作为高温结构陶瓷，其综合力学性能较好，是热机部件用陶瓷的第一候选材料。AlN 陶瓷比 Si_3N_4 陶瓷结构简单，对声子散射更小，是目前应用较高的高导热材料。AlN 单晶的理论热导率可达 $3200W/(m·K)$，但是由于烧结过程中不可避免的杂质掺入和缺陷，使声子的平均自由度减小，从而大幅降低其热导率。

导热材料主要用于解决电子设备的散热问题，当微电子材料或器件相互接合时，实际的接触面积只有宏观接触面积的10%，其余的均为充满空气的间隙，而空气导热系数低于0.03W/(m·K)，是热的不良导体，这会降低系统散射效率，从而损坏组件并最终降低其寿命。热界面材料（thermal interface material，TIM）是指用于补充和填充发热源和散热器件等因固体接触表面不匹配而产生的缝隙的材料，通过排除热源和散热器之间的空气，使得电子设备的热量分散更均匀，加快散热效率，具有高热导率、可塑性和柔韧性，又称"导热介质"（如图5.7所示），所以基于高分子的复合导热材料成为了当前的研究热点[3-4]。用于导热界面材料的聚合物基体主要有有机硅、环氧树脂、聚氨酯及聚异丁烯等，而通常聚合物材料以及橡胶材料的热导率都比较低，需填充导热无机填料改善聚合物材料的热导率。导热填料类型主要有：a. 碳类，如无定形碳、石墨、金刚石、碳纳米管和石墨烯；b. 陶瓷类，如氮化硼、氮化铝、氮化硅、碳化硅、氧化镁、氧化铝和氧化硅等。填料的添加量、形状、尺寸、混合比例、表面处理及取向、团聚、网络结构等都对聚合物基导热材料的热导率有很大的影响。此外，无机填料的加入，会使聚合物材料变脆、变硬，可加工性和柔韧性下降。目前国内外针对材料柔韧性下降这个问题并没有很好的解决方案，通常使用柔韧性尽量好的聚合物基体材料，在保持材料柔韧性和获得高热导率之间寻求一个平衡。

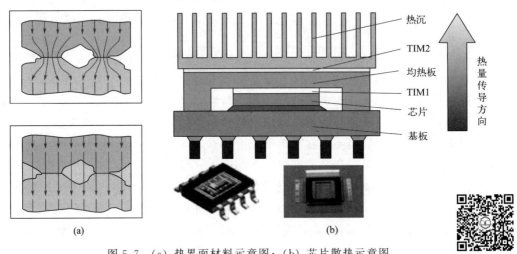

图5.7 （a）热界面材料示意图；（b）芯片散热示意图

理想的TIM材料应具备以下几种特性：a. 高热性，减少热界面材料本身的热阻；b. 高柔韧性，保证在较低安装压力条件下热界面材料能够最充分地填充接触表面的空隙，保证热界面材料与接触面间的接触热阻很小；c. 绝缘性，承受一定高压环境；d. 安装简便并具可拆性；e. 适用性广，既能被用来填充小空隙，又能填充大缝隙。目前广泛应用的导热材料如图5.8所示，包括合成石墨材料、导热填隙材料、导热凝胶、导热硅脂、相变材料等。导热复合材料主要提升热传导中的导热和均热效率，不同的导热材料有不同的特点和应用场景。为避免过热带来的器件失效，导热硅脂、导热凝胶、石墨导热片、热管、相变材料和均热板（VC）等技术相继出现。其中合成石墨类主要是用于均热，导热填隙材料、导热凝胶、导热硅脂和相变材料主要用作提升导热能力，VC可以同时起到均热和导热作用。

目前，研究者主要将精力集中在设计新型的聚合物/填料复合材料上，主要通过优化导热填料的本征化学/物理结构、定构导热填料的三维网络等方式提高聚合物复合材料的导热性能。华东理工大学吴唯教授课题组通过Cu^{2+}的原位还原，实现了在二维氮化硼（BN）片

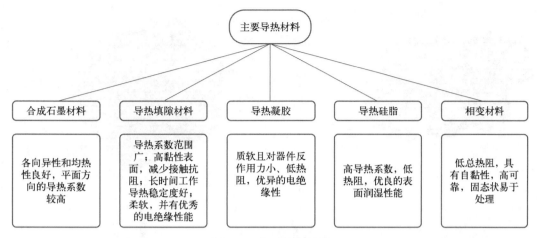

图 5.8　主要导热材料

层对零维纳米 Cu 球的负载，制备出全新的 BN@Cu 杂化填料[5]。这种 BN@Cu 杂化填料特殊的结构特征，一方面提高了填料表面粗糙度，二维 BN 填料表面因零维纳米 Cu 球的凸起更易形成稳定的导热网络；另一方面增大了填料与基体间接触面积，使热量从聚合物基体以分子传递形式经二维 BN 平台作用再通过纳米 Cu 球传导提供了更通畅的通道，减少分子散射［如图 5.9(a) 所示］，二者共同作用有效提高了聚合物的热导率。通过对不同负载量下杂化填料对聚合物导热性能的研究，获得了对构建导热网络最为有效的填料结构，将聚合物导热系数提高了 500%。上海大学纳米科学与技术研究中心丁鹏研究员团队基于可调控的强共价键作为永久交联网络，氢键作为可牺牲和可恢复的交联网络组成双交联氮化硼网络，同时结合可相变的聚乙二醇，制备了热响应聚合物复合材料［图 5.9(b) 所示］[6]。该材料通过自身结构设计实现了材料在特定温度条件下触发的主动热响应行为，得到的热响应聚合物复合材料具有良好的散热性能（$\Delta T_{max}=10℃$），将其应用于电子器件上表现出主动散热的智能热管理效果。

5.2.3　隔热材料

隔热材料主要是指具有绝缘性能、对热流起屏蔽作用的材料或材料复合体，通常具有质轻、疏松、多孔、导热系数小的特点。工业上广泛用于防止热工设备及管道的热量散失，或者在冷冻和低温条件下使用，因此又被称为保温或保冷材料，同时由于其多孔或纤维状结构具有良好的吸声功能，也广泛用于建筑行业。

隔热材料依据材质主要分为无机隔热材料和有机隔热材料（图 5.10）。无机材料主要包括石棉、硅藻土、人造陶瓷棉、玻璃棉、多孔类隔热砖和泡沫材料等。此类材料具有不腐烂、不燃烧、耐高温等特点，多用于热工设备及管道保温。有机隔热材料包括天然有机类，如软木、织物纤维、兽毛等；合成有机类，如人造纤维、泡沫塑料、泡沫橡胶、蜂窝板等。此类材料具有导热系数极小、耐低温、易燃等特点，适用于普冷下保冷材料。

隔热材料依据材料形态可分为多孔隔热材料、纤维状隔热材料、粉末状隔热材料和层状隔热材料。多孔材料又称泡沫隔热材料，具有质量轻、绝缘性能好、尺寸稳定、耐稳定性差等特点，主要有泡沫塑料、泡沫玻璃、泡沫橡胶、硅酸钙、轻质耐火材料等。纤维状隔热材料又可分为有机纤维、无机纤维、金属纤维和复合纤维等，工业上主要应用的是无机纤维，

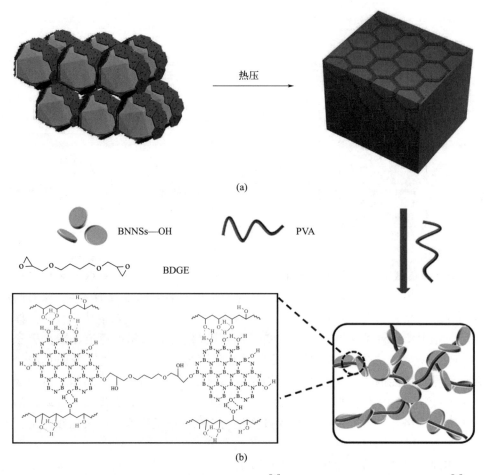

图 5.9 （a）BN@Cu/PBZ 导热复合材料示意图[5]；（b）双交联氮化硼网络示意图[6]

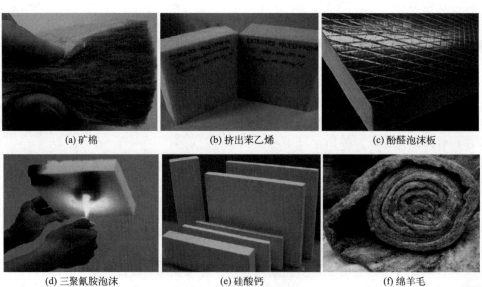

图 5.10 常见隔热材料[7]

如石棉、岩棉、玻璃棉、硅酸铝陶瓷纤维、晶质氧化铝纤维等。粉末状隔热材料主要有硅藻土、膨胀珍珠岩及其制品，主要应用在建筑和热工设备上。

使用隔热保温材料是节约能源的一个有效手段，开发科技含量高、性能优良且稳定、使用寿命长、制造成本低、环境友好的隔热材料是未来发展的重点和热点，其中憎水性保温隔热材料（如硅酸盐材料）、泡沫类保温隔热材料（如应用于核工业的泡沫陶瓷、建筑隔热的泡沫玻璃等）、环境友好型保温隔热材料（如利用粉煤灰制备热工窑炉用隔热材料）等是主要的发展方向。当前，一些新型隔热材料得到了广泛使用，如气凝胶保温隔热材料。该材料以纳米量级超微颗粒相互聚集构成纳米多孔网络结构，并在网络孔隙中充满气态分散介质，孔隙率高达80%～99.8%，密度低至0.003g/cm³，常温热导率低于空气，是一种较为理想的轻质、高效隔热材料。气凝胶隔热材料主要包括SiO_2气凝胶、ZrO_2气凝胶、Al_2O_3气凝胶、Si-C-O气凝胶及碳基气凝胶（如石墨烯气凝胶）等，在建筑、石化、航空航天等领域有广泛使用[8]。复合硅酸盐保温隔热材料具有可塑性强、导热系数低、耐高温、浆料干燥收缩率小等特点，主要有硅酸镁、硅镁铝、稀土复合材料等。海泡石保温隔热材料是复合硅酸盐保温材料中的佼佼者，硅酸铝耐火纤维可以制作薄层陶瓷纤维隔热层，广泛用于航空航天领域等。陶瓷基隔热材料因具有耐高温、高强和低热导率，在高温隔热领域被广泛关注并得到应用。然而，陶瓷基隔热材料在极端环境下，如在超高温（>2000℃）下，热稳定性较差，容易软化和内部孔隙结构坍塌，难以起到耐高温抗冲刷的作用，严重限制了其在航天航空等领域的应用。要求材料具有优异隔热性能的同时还需赋予其耐超高温性是极具挑战性的。近日，中南大学粉末冶金国家重点实验室的孙威教授和熊翔教授团队报道了一种基于高熔点碱性金属氧化物和磷酸盐溶液酸碱反应形成的$(AlCrMg)_x(PO_4)_y/MgO$复合材料（AMPC），在2400℃氧乙炔火焰下具有较好的抗烧蚀性能和隔热性能[9]。

5.2.4 阻燃材料

阻燃材料是能够抑制或者延滞燃烧而自己并不容易燃烧的材料，广泛应用于服装、石油、化工、冶金、造船、消防、国防等领域。材料的耐燃性通常以其氧指数（OI）来划分，即在规定的条件下，材料在氧氮混合气流中进行有焰燃烧所需的最低氧浓度，以氧所占的体积百分数的数值来表示。氧指数高表示材料不易燃烧，氧指数低表示材料容易燃烧。通常，氧指数在22%～27%的为难燃材料，高于27%为高难燃材料，二者统称防火阻燃材料。

卤素阻燃材料是常用的一类阻燃材料，其特点是含有溴、氯等卤族元素，其中含有溴的阻燃材料使用量最大。被阻燃材料中只需要加入少量的卤素衍生物就可以对耐火耐燃性能有显著的提高，但是卤素阻燃剂的缺点是降低被阻燃聚合物基材的紫外线稳定性，燃烧时生成大量的烟、腐蚀性气体和有毒气体。随着国家对环保的要求，绿色低碳理念深入人心，人们也逐渐意识到抑制火灾烟雾的重要性。对有些材料而言，抑烟甚至比阻燃更为重要，如广泛应用的PVC材料。此外，燃烧产生的浓烟还极大地妨碍了消防救助工作展开。多溴二苯醚及其阻燃的高聚物热裂解和燃烧产物中含有致癌物多溴代二苯并二噁英（PBDD）和多溴代二苯并呋喃（PBDF），会对自然生态环境造成无法弥补的伤害，无卤阻燃成为时代的要求。

无卤阻燃剂的品种繁多。目前主要使用的是磷系阻燃剂和氢氧化铝、氢氧化镁等无机盐阻燃添加剂。无机磷系阻燃剂包括聚磷酸铵、磷酸盐和红磷等。红磷是一种阻燃性能优良的无机阻燃剂，阻燃效率高，与其他阻燃剂相比，达到相同的阻燃级别所需添加量少。其阻燃机理为：红磷受热分解，形成极强脱水性的偏磷酸，从而使燃烧的聚合物表面炭化，炭化层一方面可以减少可燃气体的释放，另一方面还有吸热作用。此外，红磷与氧形成的自由基进入气相后，可以捕捉大量的自由基，中断自由基链式反应。有机磷系阻燃剂是与卤素阻燃剂并重的有机阻燃剂，主要有磷酸酯、膦酸酯、杂环类等。有机磷系阻燃剂有阻燃和增塑双重功效，可以使阻燃剂完全实现无卤化，并改善塑料在成型过程中的流动性能，产生较少的毒性气体和腐蚀性气体。有机磷系阻燃剂的阻燃机理为：含磷化合物受热分解出酸性物质，这种酸具有脱水作用，纤维材料在酸的作用下脱水炭化形成致密炭层而发挥阻燃效果。但是有机磷系阻燃剂多为液体，具有挥发性大、流动性强、发烟量大、热稳定性较差等缺点，因而其应用受到一定限制[10]。

无机盐阻燃剂主要有氢氧化镁、氢氧化铝等，它们集阻燃、抑烟、填充三大功能于一身，该类物质无毒、无腐蚀、稳定性好、高温下不产生有毒气体，且来源广泛，日益受到人们的青睐。该类化合物的阻燃机理为冷阱效应，高温时氢氧化物受热分解，吸热大量热量，降低火焰温度；同时分解释放出水蒸气，可以起到稀释可燃气体的作用；分解后生成的金属氧化物具有极高的比表面积，可吸收烟和可燃挥发物质，同时可覆盖在材料表面，形成保护层延缓或阻止燃烧的进行。氢氧化镁和同类无机阻燃剂相比，具有更好的抑烟效果，在生产、使用和废弃过程中均无有害物质排放，且还能中和燃烧过程中产生的酸性与腐蚀性气体。但存在的最大问题是填充含量高，一般占总质量的 40%～60%，这严重影响了材料的机械性能。

其他阻燃剂还有氮系、磷-氮系等[11]。常见的氮系阻燃剂有三聚氰胺（MA）及其衍生物。该类阻燃剂毒性低、阻燃效率高、耐热性能良好。含氮化合物分解时，产生的气体腐蚀性小，经过氮系阻燃剂整理的高分子材料发烟量低，表现出很好的抑烟效应。其阻燃作用表现为在达到分解温度时，释放出 CO_2、HN_3、N_2 及 H_2O 等气体。这些非可燃性气体一方面降低了空气中氧和可燃性气体的浓度，使得燃烧速率减慢；另一方面，这些气体带走了一部分热量，降低了聚合物表面温度，从而达到阻止燃烧的目的。

综上可知，阻燃材料的阻燃机理主要分为凝聚相阻燃和气相阻燃两种方式。凝聚相阻燃是指通过延缓或中断固相材料的分解与可燃性气体的产生而达到阻止燃烧的目的。如加入阻燃剂延缓或阻止聚合物热分解，防止被阻燃物质温度升高；加入热容较大的无机填料，起到蓄热和导热的作用，使被阻燃物不易达到热分解温度；加有阻燃剂的聚合物在燃烧时其表面生成很厚的多孔炭层，该层可以起到隔热、隔空气的作用。气相阻燃是指在燃烧气相环境中进行的阻燃反应，该类型阻燃材料在气相环境中发挥中断或延缓可燃性气体链式燃烧反应的作用。如阻燃剂受热后产生能够捕捉促进燃烧反应链增长的自由基；阻燃剂受热生成能促进自由基结合以终止链或燃烧反应的微粒子；阻燃剂受热分解能释放出大量的惰性气体，稀释空气中氧气，从而使燃烧窒息。

图 5.11 为聚合物复合材料受热分解过程以及几种常见的阻燃剂复合阻燃方法。尽管体相填充阻燃剂是多年来一直被证明有效的，但现在人们越来越感兴趣的是使用表面处理发生燃烧的材料外部，定位阻燃化学物质，以努力保持理想的阻燃性能，并降低所需添加剂的量[12]。

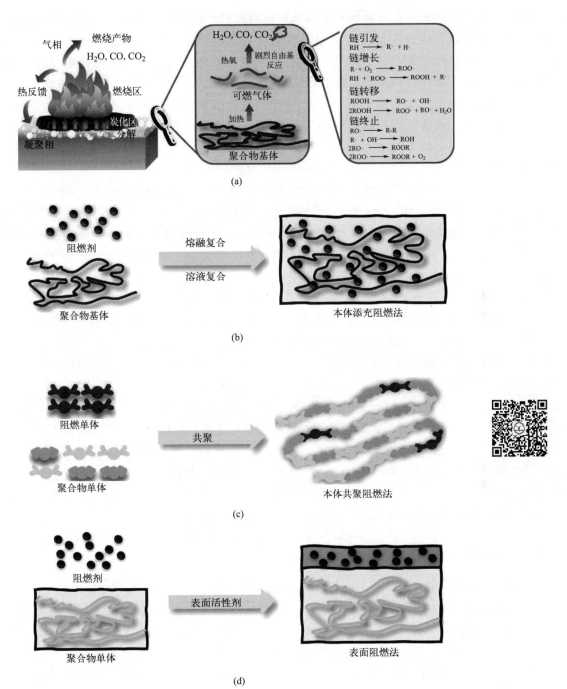

图 5.11 (a) 燃烧过程及机理，复合材料的阻燃方式；(b) 体相混合；
(c) 接枝共聚；(d) 表面修饰[13]

5.3 热膨胀材料

如前所述,热膨胀是指材料的长度或体积随温度的升高而变大的现象,其本质是原子间的平均距离随温度的升高而增大。而热膨胀系数是材料的主要物理性质之一,它是衡量材料的热稳定性好坏的一个重要指标。例如焊接或熔接,当两种不同的材料彼此焊接或熔接时,都要求两种材料具备相近的膨胀系数。如果选择材料的膨胀系数相差比较大,焊接时在焊接处容易产生应力,降低了材料的机械强度和气密性,严重时会导致焊接处脱落、炸裂、漏气或漏油。热膨胀的研究也对仪表工业具有重要意义,如微波设备、谐振腔、精密计时器、航天雷达天线、密封焊接等工艺设备。对于一些精密仪器常选用膨胀系数小的材料。

法国人纪尧姆(C. E. Guillaume)为寻找标准尺材料铂铱合金的代用品,在1896年发明了FeNi36因瓦合金,在$-50\sim100$℃范围的平均线膨胀系数低于1.5×10^{-6}℃$^{-1}$,约为普通钢的1/10,主要应用于精密仪器、标准量具等中,以保证仪器精度的稳定及设备的可靠性。因瓦合金自从十九世纪被发现以来,人们就被它的巨大的工业应用潜力和所蕴含的丰富的物理内容所吸引,因而因瓦合金是许多冶金材料学家致力于开拓的新材料领域,其机理也是凝聚态物理学家尚待解决的难题。一般来说,绝大多数金属和合金都是热胀冷缩,它们的热膨胀系数呈线性增大,但是元素周期表中的铁、镍、钴等过渡族元素组成的某些合金,由于它们的铁磁性,在一定的温度范围内,热膨胀不符合正常规律,具有因瓦效应的反常热膨胀特性。例如,中国牌号的4J36因瓦合金在居里点以上的热膨胀与一般合金相似,但在居里点以下形成反膨胀。可伐合金是一种铁镍钴合金,也被称为封接合金。在$-70\sim500$℃温度范围内,这种合金具有比较恒定的较低或中等程度膨胀系数,与玻璃或陶瓷等被封接材料的膨胀系数相接近,从而达到匹配封接的效果,也称为定膨胀材料合金。它主要用于电子工业及电真空工业作封接材料,例如发射管、振荡管、点火管、磁控管、晶体管、密封插头、继电器、集成电路引线、机箱、外壳、支架等电真空元件的玻璃封接。此外,该合金具有与硅硼硬质玻璃相近的线膨胀系数、高居里点和良好的低温结构稳定性,其氧化膜致密,能很好地被玻璃浸润,并且不与汞反应,因此适用于含汞的放电仪器。

5.3.1 热双金属材料

热双金属材料是由膨胀系数不同的两种金属片沿层间焊合在一起的叠层复合材料,较高膨胀系数金属层为主动层,较低的为被动层。如5J11热双金属是由$Mn_{75}Ni_{15}Cu_{10}$(主动层)与Ni_{36}(被动层)组成的。受热时,双金属片向被动层弯曲,将热能转化成机械能〔如图5.12(a)〕。因此,可用作各种测量和控制仪表的传感元件。

热电偶就是应用最广的一种测温原件,它是由两种不同材料导线连接成的回路,其感温的基本原理是热电效应。如图5.12(b)所示,由两种不同的导体(或半导体)A、B组成闭合回路,当两接触点保持在不同的温度T_1、T_2时,回路中将有电流通过,此回路称为热电回路,回路中出现的电流称为热电流,回路中出现的电动势E_{AB}称为佩尔捷电动势。常见的热电偶材料有铜-康铜、镍铬-镍铝、铂铑-铂、钨-铼、金-铁等,其使用温度各不相同。

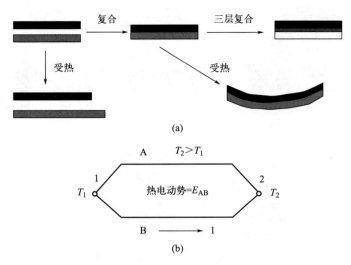

图 5.12 (a) 热双金属材料；(b) 热电偶工作原理（泽贝克效应）

5.3.2 热膨胀材料应用

无论是工程设计还是科学研究，热膨胀性质都是需要考虑的重要因素。通过了解和掌握热膨胀性质，我们能够更好地设计和制造材料，并在各种情况下确保其可靠性和性能。例如，钢轨的膨胀系数为 $16.7 \times 10^{-6} \mathrm{K}^{-1}$，弹性模量为 200GPa，温度升高 100K 时，热应力达 334MPa，完全超出了普通碳素结构钢的屈服强度。因此，在钢轨、桥梁等处应避免膨胀应力造成的变形和断裂。高速列车安全要求是要保证接轨处两侧 1.5m 内高度差不得超出 0.2mm。热膨胀性质可以用来设计和制造避免或减少热膨胀效应对结构造成破坏的材料和构件。例如，建筑物的混凝土结构在高温情况下容易出现热裂缝，为了解决这个问题，工程师会添加纤维材料或其他具有良好耐高温特性的材料来减少热膨胀效应。在汽车制造中，发动机零件通常由不同的材料制成，这些材料在温度变化时会展现不同的热膨胀性质。因此，制造商必须使用合适的技术和方法来确保零件在各种温度条件下的配合和稳定性。在光学、精密仪器领域中，材料在环境温度变化过程中的热膨胀导致了巨大的尺寸变化使元件失效，研究人员可以利用热膨胀性质来设计和制造具有稳定性的光学仪器。类似地，在航空和航天工程中，飞机和火箭在高速飞行时会受到极端温度条件的影响，需要使用特殊设计材料来抵抗热膨胀对结构和部件的影响。

控制材料的热膨胀是高精度工业的一个关键问题。传统的低膨胀材料，如因瓦合金，其密度大，热膨胀区间较小；零膨胀微晶玻璃，其脆性大，加工难度大。这些特点严重限制了它们的实际应用，因此，亟待开发出一种轻质、高强的宽温区近零膨胀材料。哈尔滨工业大学周畅、武高辉教授团队首次创新性地将增强体构型设计引入负热膨胀（NTE）颗粒增强 Al 基复合材料中，通过压力浸渗法成功制备了近零膨胀双连通钨酸锆铝（ZrW_2O_8/Al）基复合材料[14]。钨酸锆的构型设计使复合材料中双相形成双连通结构，在增强体负热膨胀效应和双连通构型抑制热膨胀的双重耦合作用下，首次在宽温区内实现了近零膨胀（图 5.13）。

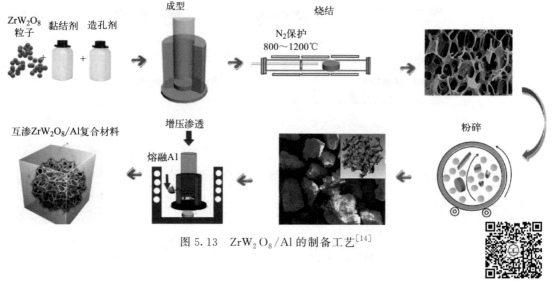

图 5.13 ZrW$_2$O$_8$/Al 的制备工艺[14]

5.4 热电材料

人们对热电材料的认识历史悠久，热电材料是一种利用固体内部载流子运动实现热能和电能直接相互转换的功能材料。热电材料的应用不需要传动部件，工作无噪声、无排弃物，和太阳能、风能、水能等二次能源应用一样，没有污染，并且性能可靠，使用寿命长，是一种具有广泛应用前景和发展前途的环保材料。热电材料的应用主要包括温差发电和温差制冷，当它通入电流之后会产生冷热两端，故可以用来冷却也可以用来保温；而如果同时在两端接触不同温度时，则会在内部回路形成电流，温差越大产生的电流越强，故利用热电材料接收外界热源可产生电力。例如，现在市面上有一种适用于旅行郊游时冰冻饮料及食品保存的移动冰箱。这种冰箱除了携带方便外，它并不使用压缩机，没有噪声，天气冷时还可摇身一变成为保温器，隐身在这种冰箱后的核心技术就是里面的热电材料。日本和德国都已开发出利用人体体温与外界环境温度差异，进而产生电力来供能的手表。

5.4.1 热电原理

材料的热电性能可以总结为泽贝克效应、佩尔捷效应和汤姆孙效应。它们为热电能量转换器和热电制冷的应用提供了理论依据。

（1）泽贝克效应

热电现象最早在 1823 年由德国人 Seebeck 发现。当两种不同导体构成闭合回路时，如果两个节点处温度不同，则在两个节点之间将会产生电动势，且在回路中有电流通过，该现象被叫做泽贝克（Seebeck）效应［图 5.14(a)］，此回路称为热电回路，回路中出现的电流称为热电流，回路中出现的电动势称为泽贝克电动势。泽贝克系数表示为：

$$S = \frac{V}{\Delta T} \tag{5.25}$$

式中，V 表示电动势；T 表示温度。当载流子是电子时，冷端为负，S 是负值；如果空穴是主要载流子类型，那么热端是负，S 是正值。

（2）佩尔捷效应

1834年，法国钟表匠Peltier发现了Seebeck效应的逆效应，即电流通过两个不同导体形成的接点时接点处会发生放热或吸热现象［图5.14(b)］，称为佩尔捷效应。佩尔捷系数Π可表示为：

$$\Pi = P/I \tag{5.26}$$

式中，P表示单位时间接头处所吸收的佩尔捷热量；I表示外加电源所提供的电流强度。

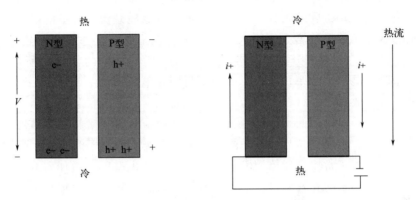

图5.14 (a) 泽贝克效应；(b) 佩尔捷效应

（3）汤姆孙效应

二十年后，汤姆孙发表了对泽贝克和佩尔捷效应的全面解释，并描述了它们之间的相互关系（称为凯尔文关系）。当电流通过具有一定温度梯度的导体时，会有一横向热流流入或流出导体，其方向视电流方向和温度梯度的方向而定。

$$\Pi = P/I = IR \approx ST \tag{5.27}$$

即，佩尔捷系数＝泽贝克系数×热力学温度。

在实际应用中，以无量纲的ZT值来衡量材料的热电性能：

$$ZT = S^2 \sigma T / k \tag{5.28}$$

式中，σ为电导率；k为热导率；S是泽贝克系数；T为温度。

5.4.2 常见热电材料

热电材料的种类繁多，研究较为成熟并且已经用于热电设备中的材料主要是半导体金属合金型热电材料，如Bi_2Te_3/Sb_2Te_3、$PbTe$、$SiGe$、$CrSi$等。目前，已经商用的热电行业的原料最主要的是Bi_2Te_3基热电半导体材料，它是室温下ZT值最高的半导体热电材料，也是研究最早最成熟的热电材料之一。其中，300～550K近室温区热电材料中，P型$Bi_{0.5}Sb_{1.5}Te_3$材料最高ZT值可达1.8。550～950K中温区热电材料主要包括PbQ（Q＝S，Se，Te）等合金体系。近年高性能中温区热电材料，如方钴矿、黝铜矿、BiCuSeO、类液态材料等被相继发现。20世纪50年代末以来，金属硅化物，如$SiGe$、$FeSi_2$、$MnSi_2$、$CrSi_2$等，成为在高温区的主要热电材料。其中，$SiGe$的ZT值在1173K下最高可达1.5。氧化物型热电材料的主要特点是可以在氧化气氛里高温下长期工作，大多数无毒性、无环境污染，且制备简单，制样时在空气中可直接烧结，无须抽真空，成本费用低，安全且操作简单，因而备受人们的关注。此外，有机类热电材料具有导热系数低、分子多样性、无毒、易加工等优点，被认为是可穿戴传感器和便携式冰箱的理想材料。

5.4.3 提高材料热电性能途径

无论用于发电还是制冷，热电材料的 ZT 值越高越好。从前面公式可知，材料要得到高的 ZT 值，应具有高的泽贝克系数、高的电导率和低的热导率，所以好的热电材料必须要像晶体那样导电，同时又像玻璃那样不导热，这在常规材料中是有困难的。因为三者耦合，都是自由电子（包括空穴）密度的函数，材料的泽贝克系数随载流子数量的增大而减小，电导率和热导率则随载流子数量的增大而增大。热导率包括晶格热导率（声子热导）k_1 和载流子热导率（电子热导）k_2 两部分，而晶格热导率 k_1 占总热导率的 90%。所以，为增大 ZT 值，最关键的是降低晶格热导率，这是目前提高材料热电效率的主要途径。

可以通过低维化改善热电材料的输运性能，如将该材料做成量子阱超晶格、在微孔中平行生长的量子线、量子点等。低维化可通过量子尺寸效应和量子阱超晶格多层界面声子散射的增加来降低热导率。当形成超晶格量子阱时，能把载流子（电子和空穴）限制在二维平面中运动，从而产生不同于常规半导体的输运特性。低维化也有助于增加费米能级 E_F 附近的状态函数，从而使载流子的有效质量增加，故低维化材料的热电势率相对于体材料有很大的提高。其次，通过掺杂修饰材料的能带结构，使材料的带隙和费米能级附近的状态密度增大。例如，当向热电材料中掺入半金属物质 Sb、Se、Pb 等，特别是引入稀土原子，因为稀土元素特有的 f 层电子能带，具有较大的有效质量，有助于提高材料的热电功率因子；同时 f 层电子与其他元素的 d 电子之间的杂化效应也可以形成一种中间价态的复杂能带结构，从而可以获得高优值的热电材料电输出功率。苏联科学家 Loffe 在 20 世纪 50 年代提出了带隙半导体热电理论，同时发现了一系列半导体材料具有较大的泽贝克系数。如 Bi-Te、Pb-Te、Si-Ge 等合金类经典热电材料，它们的最佳工作区间分别是 300～500K、500～900K、900～1200K。通过对以上材料的研究，热电现象的微观机理逐渐被解释，即高温端的高能电子向低温端扩散，使低温端电子堆积带负电，高温端逐渐缺少电子带正电，在高温端形成较高的电势，在物体内建立由高温端指向低温端的电场。当电子热扩散力和电场力相等时，两端间形成一稳定的温差电位，因两种材料不同，在各种材料中建立的电场以及热扩散力不同，产生的电势差不同。

5.4.4 热电材料的应用

热电材料的出现为解决能源紧缺和环境污染提供了广阔的应用前景。热电材料的应用主要基于热电制冷和温差发电两种形式。

（1）热电制冷

热电制冷器件是利用热电材料的佩尔捷效应，可以在通入电流的条件下将热从高温端转移到低温端，实现电到热的转化，提高电子模块封装的冷却效果，从而减少芯片结温或适应更高的功耗。热电制冷器件具有小巧、无噪声；没有活动部件，也无磨损、无泄漏，对环境不产生任何污染；体积小、质量轻，安全可靠寿命长等优点。制冷又能加热的特点可以进行主动温度控制，是固态激光器、焦平面探测器阵列等必备冷却装置，还可以应用于医学、高性能接收器和高性能红外传感器，为电子计算机、光通信及激光打印机等系统提供恒温环境，为超导材料的使用提供低温环境等。例如，热电制冷不需要氟利昂等制冷剂，可以替代目前用氟利昂制冷的压缩机制冷系统。在光通信网络中，利用热电制冷可以对单个晶体管进行局部制冷。在国防装备方面，如卫星上的预警用红外探测器需要在低温条件下才具有高的灵敏度和探测率，热电制冷器是最好的装备器件。国外将半导体制冷技术用于红外制导的空对空导弹红外探测器探头的冷却，以降低工作噪声，提高灵敏度和探测率。在空间探测方面，1995 年由多国科学家组成的小组针对罗塞塔着陆器提出了一个拥有 11 个传感器分系统的先进组件方案，将一个二级热电制冷器直接放在传感器石英晶体后面，根据需要对晶体进行加热或冷却。2002 年，哈勃太空望远镜上安装了近红外相机和多目标光谱仪，其中相机的 3 个热保护板中有两个采用热电冷却。热电制冷器件可调节的热流量大小有限，能效比要比传统的冷凝系统低，并依赖于应用环境，这些缺点主要是由于热电材料本身的局限所致的，所以热电制冷器件目前仅应用在相对较低的热流量场合。因此，开发高性能的热电材料是业界主要的研究方向之一。

（2）温差发电

将 P 型半导体和 N 型半导体在热端连接，则在冷端可得到一个电压，一个 P-N 结产生的电动势有限，将很多个这样的 P-N 结串联起来就可得到足够的电压，成为一个温差发电机。温差发电的效率很低，一般不超过 4%，但是温差发电可以利用自然界存在的非污染能源，具有较好的环境经济效益和综合社会效益，并且和传统发电装置相比，具有体积小、无污染、无噪声、无运动部件、结构简单等优点。

最初，热电材料主要应用在太空探索等一些特殊领域。20 世纪 40 年代，苏联最早研制开发了温差发电机，当时的热电转换效率达到 5%。此后，苏联和美国对温差发电技术进行了大量的研究和改进，在外太空深层探索领域的应用尤为成功。例如，美国宇航局发射的"旅行者一号"和"伽利略火星探测器"等宇航器上唯一使用的就是放射性同位素供热的热电发电器。美国宇航局 1977 年发射的 Voyager 探测器的发电系统包括 1200 个热电对，通过放射性同位素 Pu238 的衰变为温差发电器件提供热量，在长达 2.5 亿时后没有一个报废。在军事方面，早在 20 世纪 80 年代，美国就完成了 500~1000W 军用温差发电器的研制工作，并于 80 年代正式列入部队装备。自从 1999 年开始，美国能源部启动了能源收获科学与技术项目，研究利用温差发电器件，将士兵的体热收集起来用于电池充电，其近期目标是实现对 12h 的作战任务最少产出 250Wh 的电能。热电发电在医用物理学中，可开发一类能够自身供能且无须照看的电源系统。在医学领域中，温差发电主要用于向人体植入的器官和辅助器具供电，使之能长期正常工作，如人造心脏或心脏起搏器。70 年代发展起来的微型放射性同位素热源温差电池为解决上述应用需要提供了解决方案。例如，由 Medronic 制造的心脏起搏器，用 Pu238 作核热源，温差电器件为 Bi_2Te_3，工作寿命为 85 年。

我国近 30 年来经济持续高速增长消耗了大量的能量，同时也产生了大量的工业热能、机动车排放热能、环境热等，这些余热和废热约占总产生能量的 2/3。通过热电转换装置利用余热、废热直接进行温差发电不但可以有效地缓解能源短缺问题，也有利于减少环境污染。近年来，利用先进的热电转换技术，将大量废热回收转换为电能的方法，在日、美、欧等发达国家得到应用和普及。例如，火力发电厂热效率一般为 30%~40%，通过在电站锅炉炉膛内应用碱金属热电转换器，可提高系统发电效率 5%~7%。科学研究发现汽车消耗的汽油仅有 25% 用于车体动力驱动，另有一半则通过车身和排气管散失。1995 年开始，美国能源部委托海塞公司启动演示型载重汽车废热温差发电器开发计划。2004年，美国能源部启动了运载工具温差发电能量回收工程，旨在开发实用、有效的温差发电系统，将汽车发动机的废热转换成电能以改善燃料的经济性，最终目标是开发温差发电技术，建立一种能量回收系统，减少能量消耗和二氧化碳排放，并在标准车辆上实现工业化。美国、日本已开发了利用汽车尾气发电的小型温差发电机，日本能源中心开发的用于废热发电的温差发电机WAT-100，功率密度为$100kW/m^3$。日本古河机械金属公司研究人员将热电相关组件放置于车辆发动机或排气装置附近，即可将受热值的约7%转为电能进行循环再利用，这可节省2%的燃料费用。宝马530i装备了温差发电装置，它利用尾气余热进行发电，提高了燃油的利用率。2008年10月，德国柏林举办了"温差电技术——汽车工业的机遇"会议。会上展示了一辆安装温差发电器的大众牌家用轿车，该温差发电器可在高速公路行驶条件下为汽车提供600W电功率，满足其30%用电需要，减少燃料消耗5%以上。

半导体热电发电的特点特别适合对低品位能源的回收利用。就技术角度看，利用热电转换发电，不受温度的限制，有可能利用温度低于400K、温差仅几十开的低温余热，因此，热电转换的潜力是很大的。国外专门从事热电半导体制冷器生产的厂家以MARLOW、MELCOR、KOMATSU ELECTRON ICS三家公司最具代表性。目前，温差发电在需长期工作而又不需要太多维修的设备中作为能源广泛使用，包括荒漠、极地考察时的通信设备、电子仪器用电，无人值守信号中继站，自动监测站，无线电信号塔的用电；地下储藏库、地下管道等的电极保护；自动发出数据的浮标、救生装置、水下生态系统及导航、全球定位系统辅助设备等。发展高附加值的高端致冷产品制备高温差、微型化和优化的多级致冷器是致冷行业的技术发展趋势。

柔性热电材料可将人体与外界环境的温差直接转化为电能，更易于集成到可穿戴设备中，备受关注。N型硒化银（Ag_2Se）在低温下具有稳定的正交晶体结构，是典型的窄带隙半导体，其在近室温下具有高电导率σ和低热导率κ，同时该材料体系环境友好，因此研究出高热电性能柔性Ag_2Se热电薄膜以替代传统Te基热电材料是近年来热电领域的热点研究方向之一。深圳大学郑壮豪研究员课题组与澳大利亚陈志刚教授课题组合作，根据Gibbs-Wulff晶体生长定律，利用Te的掺杂引起的微应变和Se原子位置的替位掺杂降低Ag_2Se（001）平面的自由能，实现高择优生长取向Ag_2Se柔性薄膜可控生长，从而调控载流子输运实现高$S^2\sigma$；并利用Te掺杂所引入TeSe点缺陷、界面缺陷等多类型缺陷的作用，强化了声子散射，显著降低了薄膜热导率，最终大幅度地提高了薄膜的热电性能（ZT值约1.27，363K）；并利用有机材料涂覆进一步优化了材料的机械性能（在6.3mm弯曲半径下1000次弯曲测试后$\Delta R<2.5\%$）。在20K的温差条件下，利用所制备的N型Ag_2Se薄膜和P型Sb_2Te_3组装的柔性热电器件的输出功率密度可达$1.5mW/cm^2$[15]。最近，中国科学院上海硅酸盐研究院陈立东研究员等和瑞典乌普萨拉大学章贞教授合作，开发出系列高性能P型无机塑性热电材料，并基于此研制出厚度仅为0.3mm的超薄π型柔性热电器件（如图5.15所示），其功率密度不但数量级高于已报道的柔性热电器件，而且还数倍高于现有的刚性热电器件[16]。北京航空航天大学赵立东教授课题组通过调节晶体结构对称性在层外方向改善了载流子在层间的迁移，从而促进了层间方向的电子隧穿，有效解耦了声-电矛盾，成功提升了N型SnSe晶体的层外热电性能，其ZT值高达1.7（300~773K）[17]。

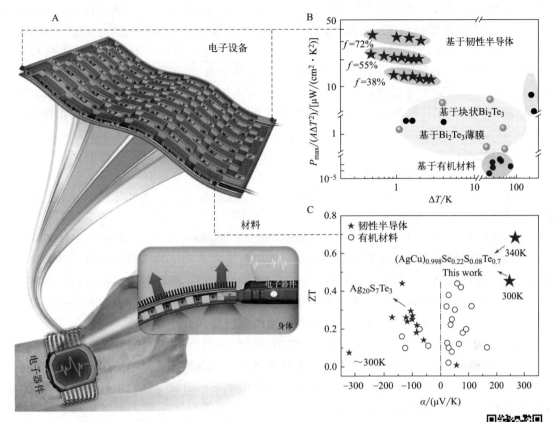

图 5.15 柔性热电材料及器件

5.5 相变储热材料

5.5.1 相变蓄热技术原理

储热方式有两大类：显热式储热和潜热式储热。显热蓄热是通过蓄热材料温度的上升或下降来储存热能的。这种蓄热方式原理简单、技术较成熟、材料来源丰富及成本低廉，因此广泛地应用于化工、冶金、热动等热能储存与转化领域。常见的显热蓄热介质有水、水蒸气、沙石等，这类材料储能密度低且不适宜在较高温度下工作。相变蓄热技术则是利用材料发生相态转变来吸收和释放热量，也叫潜热储热，具有高密度、高比热、低污染、调节便捷等特点，是目前储热技术中最有潜力、应用最多的一种技术。物质的熔解、气化、升华都会吸收相变热，而逆过程则释放相变热，这是潜热式储热所依据的基本原理。它们的典型特性是在一个温度范围内，可以消耗大量的热量而不影响它们的状态。这种材料可以应用于冷却系统、蓄热及加热系统，以满足工业和商业的冷暖需求。

5.5.2 相变蓄热材料的分类

相变储热材料根据其化学组成可分为：

① 无机相变材料主要包括结晶水合盐、熔融盐。结晶水合盐通常是传统的中、低温相

变蓄热材料中重要的一类，价格便宜，体积蓄热密度大，熔点固定，热导率比有机相变材料大，且工作温度跨度比较大。例如 KNO_3-$NaNO_3$ 熔盐、K_2CO_3-Na_2CO_3 熔盐、$CaCl_2 \cdot 6H_2O$、$Na_2HPO_4 \cdot 12H_2O$、$Na_2CO_3 \cdot 10H_2O$、$Na_2SO_4 \cdot 5H_2O$ 等。然而，无机相变材料在使用过程中会出现过冷、析晶等不利因素，导致相变潜热降低，影响水合盐的广泛应用。近期，广东工业大学以 $Na_2HPO_4 \cdot 12H_2O$ 为基体，$Na_2SO_4 \cdot 5H_2O$ 为成核剂，通过填充膨胀石墨研制了一种改良的相变储能材料，具有很低的过冷度（1.1℃），其相转变温度为 34.74℃，膨胀石墨的加入大大提高了该相变材料的循环稳定性，200 次循环储热后其相变焓仍达 164.54J/g，更重要的是，该材料应用在屋顶上有效地缓解了室内温度的变化，在建筑热管理方面表现出巨大的潜力[18]。另外，许多水合盐对容器有一定腐蚀性，这些就大大增加了投资。如 $CaCl_2 \cdot 6H_2O$ 每吨价格只有 90 美元，而以其作为相变材料制成的储能模块每吨零售价达 3000 美元。

② 有机相变材料主要包括石蜡、脂肪酸、某些高级脂肪烃、醇、羧酸及盐、某些聚合物等。大部分脂肪酸都可以从动植物中提取，其原料具有可再生和环保的特点，是近年来研究的热点。高密度聚乙烯、多元醇等发生相变时体积变化小，无过冷无腐蚀，热效率高，是很有发展前途的相变材料。有机相变材料对容器要求较低，故储热器总成本并不高，但导热系数偏低，为了达到较高的换热效率需要对换热器进行特殊设计。

③ 定形相变储热材料。为获得低成本的相变储热系统，所选用相变储热材料成本应该较低，且对容器要求不高；而为获得较高的换热效率，则希望传热介质能够与相变储热材料直接接触。由此，一类新型相变材料——定形相变储热材料引起了人们的极大兴趣。这类相变材料在相变前后均能维持原来的形状（固态），它对容器要求很低，而且某些性能优异的定形相变材料可以与传热介质直接接触，使换热效率得到很大提高。

目前定形相变材料多为固-固相变材料，如交联高密度聚乙烯和多元醇等，在受热或冷却时通过晶体有序-无序结构转变而可逆地吸放热。高密度聚乙烯经过辐射交联或化学交联之后，其软化点可提高到 150℃ 以上，但是交联会使高密度聚乙烯的相变潜热有较大降低，普通高密度聚乙烯的相变潜热为 210～220kJ/kg，而交联聚乙烯只有 180kJ/kg。多元醇的固-固转变热较大，一般在 100kJ/kg 以上，如季戊四醇的固-固转变热为 209.45kJ/kg，但多元醇易于升华，它作为相变储热材料使用时仍然需要容器。固-液定形相变材料实质上是一类复合相变材料，即选择一种熔点较高的材料为基体，将相变材料分散其中，构成复合相变储热材料。在发生相变时，由于基体材料的支撑作用，虽然相变材料由固态转变为液态，但整个复合相变材料仍然维持在原来的形态，即固态。与普通固-液相变材料相比，它不需要封装器具，减少了封装成本和封装难度，避免了材料泄漏的危险，增加了材料使用的安全性，减小了容器的传热热阻，有利于相变材料与传热流体间的换热。如在常用建筑材料中掺入硬脂酸丁酯所制成的复合相变储热材料即是其中一种，可应用在太阳房、建筑物采暖及空调系统中。近年来出现的一种新型复合定形相变材料（FSPPC），它是以高密度聚乙烯（HDPE）为基体，以石蜡为相变材料构成的，具有良好的稳定性，易于加工，成本较低，其相变温度在较大范围内可以选择，而且具有较大的相变潜热（160kJ/kg），因而有着很好的应用前景。

有机相变材料的导热系数低一直是功率密度较低的原因。在过去的二十年里，含有高导热碳基纳米添加剂的纳米复合相变材料，即纳米增强相变材料，在提高有效导热系数方面取得了很大的进展。然而，纳米添加剂的存在会降低基质相变材料的熔化潜热，导致能量密度显著损失。其次，添加剂诱导的黏度急剧增加，抑制甚至消除相变材料熔融过程中的自然对流,并可能盖过增强导热的贡献。如果将导热系数作为单一的性能指标,低功率密度的问题不会得到真正的解决。浙江大学范利武团队提出了一种新的方法来增强基质相变材料之间的氢键,特别是对于富含羟基的醇与碳纳米添加剂之间的氢键,以弥补热损失。系统地总结和评价了碳基纳米添加剂对纳米复合相变材料与能量密度和功率密度相关的性能指标的影响,从声子传输、分子间作用力和传热机制方面分析了热导率、焓值和黏度的变化[19]。

5.5.3 相变蓄热材料的遴选原则

① 相变储能材料的储能性能问题。为使储能体更加小巧和轻便,要求相变储能复合材料具有更高的储能性能。目前的相变储能复合材料的储能密度普遍小于120J/g,且其导热性能较差。通过增加相变物质在复合材料中的含量和选择相变焓更高的相变物质,有望将相变储能复合材料的储能密度提高到150~200J/g。

② 相变储能材料的耐久性。首先,相变材料在循环相变过程中热物理性质会退化。其次,相变储能材料相变过程中产生的应力使得基体材料破坏,在长期循环使用过程中会出现渗漏和挥发的现象,对附属设备产生不同程度的腐蚀。

③ 相变储能材料的经济性问题是制约其推广应用的主要障碍,表现为各种相变储能材料价格较高,失去了与其他储热方法的比较优势。在能源供给渐趋紧张的今天,相变材料以其独特性越来越受到人们的重视,越来越多的领域开始应用相变材料。在相变材料的研制中,选择合适的材料是非常重要的。首先,相变储能材料要具有适当的相变温度,具有适当的相变潜热;密度大,比热较大,导热系数大,相变过程中体积变化小。其次,凝固过程过冷度很小或基本没有,这取决于其高的成核速率和晶体生成速率;要有很好的相平衡性质,不会产生相分离。另外,化学稳定性要好,无化学分解,无腐蚀作用,无毒难燃无污染,以保证蓄热介质有较长的寿命周期。最后还要考虑其经济性能,来源方便,价格适中。

5.5.4 相变蓄热材料的应用

(1) 在太阳能蓄热方面的应用

太阳能清洁、无污染,利用太阳能是解决能源危机的重要途径之一。但是到达地球表面的太阳辐射能量密度偏低,且受到地理、季节、昼夜及天气变化等因素的制约。为保证供热或供电装置稳定不间断地运行,利用相变储能装置,在太阳能量富裕时储能,在能量不足时释能是完美的解决方案,例如:美国管道系统公司应用$CaCl_2 \cdot 6H_2O$作为相变材料制成储热管,用来储存太阳能的余热。

(2) 在工业余热利用方面的应用

在冶金、玻璃、水泥、陶瓷等部门都有大量的各式高温窑炉,它们的能耗非常之大,但热效率通常低于30%,节能的重点是回收烟气余热(有的热损失达50%以上)。传统利用耐火材料的显热容变化来储热,设备体积大、储热效果不明显。改用相变储热系统则设备体积可减小30%~50%,同时可节能15%~45%,还可以起到稳定运行的作用。

(3) 在生态建筑方面的应用

有关资料显示社会一次能源总消耗量的1/3用于建筑领域,提高建筑领域能源使用效率,对于整个社会节约能源和保护环境都具有显著的经济效益和社会效益。利用相变储能建筑材料来蓄热或蓄冷,使建筑物室内和室外之间的热流波动幅度减弱,提高室内舒适度。据

A. K. Athienitis 等报道，利用浸入了硬脂酸丁酯的相变墙板，可使房间的最高温度下降 4℃。

（4）在其他领域的应用

相变储能材料的应用涉及面很广。用 $Mg(NO_3)_2 \cdot 6H_2O$ 作为主储热材料，$MgCl_2 \cdot 6H_2O$ 作为添加剂调节相变温度，可以用于处理发热发电系统产生的城市废热（温度在 60～100℃）。在冷藏系统中，用 $Na_2SO_4 \cdot 10H_2O$、NH_4Cl 和 KCl 的混合物作为相变储能材料代替传统的换热体系，能够提高冷藏系统的性能，有利于缓解高峰制冷负荷、克服开门期间的能量损失和满足较长停电期间的制冷需要。把相变材料掺入纺织品中，可调节体表温度维持在舒适的范围内。例如：美国军方利用相变储能材料制成的温度调节织物，用于海军低温干式潜水服、空军防寒抗浸服、防红外隐身服装和陆军士兵保温靴袜等，具有良好的保温或降温效果。

如图 5.16 为有机复合相变材料在不同领域的应用前景。随着相变材料基础和应用研究的不断深入，相变材料应用的深度和广度都将不断拓展。

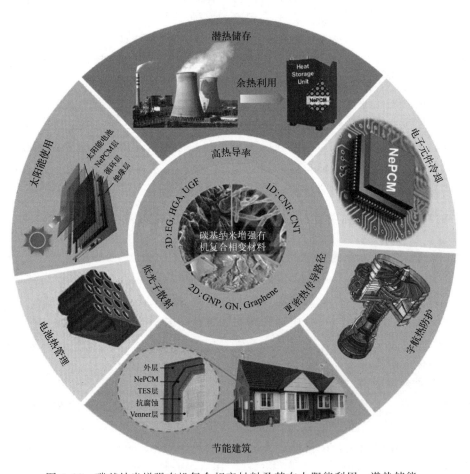

图 5.16 碳基纳米增强有机复合相变材料及其在太阳能利用、潜热储能、电子元件冷却、航空航天热防护等方面的应用[19]

参考文献

[1] Janas D, Koziol K K, Rapid electrothermal response of high-temperature carbon nanotube film heaters. Carbon, 2013, 59: 457-463.

[2] Klingeler R, Hampel S, Büchner B. Carbon nanotube based biomedical agents for heating, temperature sensoring and drug delivery. International Journal of Hyperthermia, 2009, 24 (6): 496-505.

[3] Prasher R. Thermal interface materials: historical perspective, status, and future directions. Proceedings of the IEEE, 2006, 94 (8): 1571-1586.

[4] Razeeb K M, Dalton E, William G L. Present and future thermal interface materials for electronic devices. International Materials Reviews, 2017, 63 (1): 1-21.

[5] Wang Y, Wu W, Drummer D, et al. Highly thermally conductive polybenzoxazine composites based on boron nitride flakes deposited with copper particles. Materials and Design, 2020, 191: 108698.

[6] Jiang F, Cui S Q, Rungnium C, et al. Control of a dual-cross-linked boron nitride framework and the optimized design of the thermal conductive network for its thermoresponsive polymeric composites. Chemistry of Materials, 2019, 31 (18): 7686-7695.

[7] Cuce E, Cuce P M, Wood C J, et al. Toward aerogel based thermal superinsulation in buildings: A comprehensive review. Renewable and Sustainable Energy Reviews, 2014, 34: 273-299.

[8] Li C D, Chen Z F, Dong W F, et al. A review of silicon-based aerogel thermal insulation materials: Performance optimization through composition and microstructure. Journal of Non-Crystalline Solids, 2021, 553: 120517.

[9] Zhan Z Z, Sun W, Zhang S S, et al. (AlCrMg)$_x$(PO$_4$)$_y$/MgO composite: A new thermal protection and insulation material up to 2400℃. Composites Part B: Engineering, 2022, 245: 110198.

[10] Wendels S, Chavesz T, Bonnet M, et al. Recent developments in organophosphorus flame retardants containing P-C bond and their applications. Materials, 2017, 10 (7): 784.

[11] Mishra N, Vasava D. Recent developments in s-triazine holding phosphorus and nitrogen flame-retardant materials. Journal of Fire Sciences, 2020, 38 (6): 552-573.

[12] Lazar S T, Kolibaba T J, Grunlan J C. Flame-retardant surface treatments. Nature Reviews Materials, 2020, 5 (4): 259-275.

[13] Liu B W, Zhao H B, Wang Y Z. Advanced flame-retardant methods for polymeric materials. Advanced Materials, 2022, 34 (46): 2107905.

[14] Zhou C, Zhou Y X, Zhang Q, et al. Near-zero thermal expansion of ZrW$_2$O$_8$/Al-Si composites with three dimensional interpenetrating network structure. Composites Part B: Engineering, 2021, 211: 108678.

[15] Yang D, Shi X L, Li M, et al. Flexible power generators by Ag$_2$Se thin films with record-high thermoelectric performance. Nature Communications, 2024, 15 (1): 923.

[16] Yang Q Y, Yang S Q, Qiu P F, et al. Flexible thermoelectrics based on ductile semiconductors. Science, 2022, 377: 854-858.

[17] Su L Z, Wang D Y, Wang S, et al. High thermoelectric performance realized through manipulating layered phonon-electron decoupling. Science, 2022, 375: 1385-1389.

[18] Lian P, Yan R, Wu Z, et al. Thermal performance of novel form-stable disodium hydrogen phosphate dodecahydrate-based composite phase change materials for building thermal energy storage. Advanced Composites and Hybrid Materials, 2023, 6 (2): 74.

[19] Li Z R, Hu N, Fan L W. Nanocomposite phase change materials for high-performance thermal energy storage: A critical review. Energy Storage Materials, 2023, 55: 727-753.

第 6 章　力学性能材料

材料的非均匀性是控制材料力学性能的重要因素。首先应当研究材料的化学非均匀性，包括各种尺度的析出、多相材料和化学成分的变化。同时也要研究拓扑和物理的非均匀性，包括晶界、孪晶界、晶格畸变、相界、位错等。

从纳米结构工程看，从无序金属玻璃发展到有序的纳米和玻璃混合相，其晶粒的稳定性、相互作用性和高阶的孪晶、位错的工程，都能在纳米晶材料和非晶材料中实现高强、高韧的要求，因而出现了新型复合材料。对于新型金属材料，主要利用不同的增韧机理实现高强、高韧要求，包括多层材料、梯度材料、混合晶粒材料、纳米析出材料、纳米孪晶材料、多级孪晶和超纳双相材料、超纳多相材料等。而对于多级纳米结构金属，则要对结构设计、纳米材料形式原理、演化规律、可控设备及工艺优化、生成材料后的变形机制及综合性调控、工业应用探索等做很多基础性的研究。

超硬材料以其卓越的硬度和耐磨性，在工业加工和宝石制造中有着广泛应用。超轻材料则以其低密度和高强度，成为航空航天和汽车制造等领域的理想选择。梯度材料通过其组成和结构的连续变化，实现了性能的优化和应力分布的均匀化。而形状记忆材料则以其在特定条件下能够恢复原始形状的能力，在医疗设备和智能结构中展现出巨大潜力。本章将深入介绍这些材料的基本特性、制备技术，以及它们在不同领域的应用案例。

6.1　超硬材料

6.1.1　超硬材料概述

超硬材料是指维氏硬度大于 40GPa 的结构材料，它们实际上是不可压缩的固体，具有高电子密度和高共价键。

超硬材料一般可分为两类：内在化合物和外在化合物。内在化合物包括金刚石、立方氮化硼（c-BN）、氮化碳和三元化合物，例如 B-N-C，它们具有先天硬度。相反，外在材料是那些具有超硬度和其他机械性能的材料，这些性能由它们的微观结构而不是成分决定。外在超硬材料的一个例子是称为聚集金刚石纳米棒的纳米晶金刚石。

（1）金刚石

金刚石（diamond），俗称"金刚钻"，它是一种由碳元素组成的天然矿物，是石墨的同素异形体，化学式为 C，也是常见的钻石的原身（图 6.1）。金刚石是自然界中天然存在的最坚硬的物质，其维氏硬度在 70～150GPa 范围内。金刚石同时具有高导热性和电绝缘性。

图 6.1 金刚石原石和钻石图

金刚石的晶体结构是金刚石立方晶体结构。金刚石结构中的每个原子与相邻的 4 个原子形成正四面体，故单胞内原子数为 5。金刚石晶体中，每个碳原子的 4 个价电子以 sp^3 杂化的方式，形成 4 个完全等同的原子轨道，与最相邻的 4 个碳原子形成共价键。这 4 个共价键之间的角度都相等，约为 109.28°，精确值 $\arccos\left(-\dfrac{1}{3}\right)$，这样形成由 5 个碳原子构成的正四面体结构单元，其中 4 个碳原子位于正四面体的顶点，1 个碳

图 6.2 金刚石的晶体结构示意图[1]

原子位于正四面体的中心（图 6.2）。因为共价键难以变形，C—C 键能大，所以金刚石硬度和熔点都很高，化学稳定性好。共价键中的电子被束缚在化学键中不能参与导电，所以金刚石是绝缘体，不导电。

（2）立方氮化硼

1957 年，美国 GE 公司的研究人员就采用人工方法，在超高温高压条件下首次合成了立方氮化硼，但天然的立方氮化硼一直未被发现，因此立方氮化硼被认为是一种人工合成产物，在自然界中不存在。1960 年，苏联成功研制出立方氮化硼；1964 年，日本成功研制出立方氮化硼；1966 年，国内第一颗立方氮化硼诞生；1969 年，美国通用电气开始推广立方氮化硼，以"布拉松"（BZN）商品名出现在国际市场。1974 年，戴比尔斯公司研制出一种琥珀色立方氮化硼；直到 2009 年，美国加州大学河滨分校、劳伦斯·利弗莫尔国家实验室的科学家和来自中国、德国科研机构的同行一起，在中国青藏高原南部山区地下约 306km 深处古海洋地壳的富铬岩内找到了这种矿物，其在大约 1300℃ 高温、118430 个大气压的高压条件下形成了晶体。2013 年 8 月，国际矿物学协会正式承认了这种新的矿物——立方氮化硼。

立方氮化硼是继人造金刚石问世后出现的又一种新型硬质材料（图 6.3）。它具有很高的硬度、热稳定性和化学惰性，以及良好的透红外性和较宽的禁带宽度等优异性能，它的硬度仅次于金刚石，但热稳定性远高于金刚石，并可用于铁和铁基合金等金属材料的加工。

图6.3 立方氮化硼

立方氮化硼（c-BN），是氮原子和硼原子采取 sp^3 杂化后，形成类似金刚石结构的氮化硼（图6.4），每个原子与四个异类原子以共价键相互连接，四个键长相等。立方氮化硼具有类似金刚石的晶体结构，不仅晶格常数相近，而且晶体中的结合键亦基本相同，所不同的是金刚石中的结合纯属碳原子之间的共价键，而立方氮化硼晶体中的结合键则是硼-氮原子之间的共价结合。

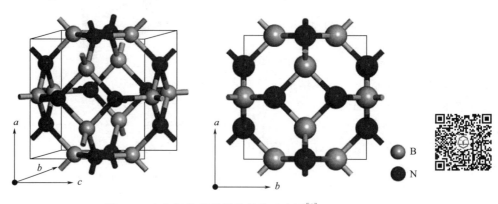

图6.4 立方氮化硼的晶体结构示意图[2]

6.1.2 超硬材料的性质

6.1.2.1 金刚石

① 金刚石单晶：金刚石单晶是原子排列规律相同，晶格位相一致的晶体，是金刚石晶体中最常见的类型，它具有非常高的硬度和优异的热导率等性能。晶体结构：金刚石单晶是由具有饱和性和方向性的共价键结合起来的晶体，结晶体内部的微粒在三维空间呈有规律地、同期性地排列，或者说晶体的整体在三维方向上由同一空间格子构成，整个晶体中质点在空间的排列为长程有序。晶体结构均匀、完整，具有均匀的化学、热力学性质。制造方法：在热力学稳定的高温高压及触媒参与的条件下合成，国内基本采用六面顶压机合成。性质：金刚石单晶硬度大、抗磨损性能好，具有良好的导热性能和耐高温性能，能够在高温高压环境下保持稳定的物理和化学性质。

② 金刚石多晶：金刚石多晶是由很多具有相同排列方式但位向不一致的小晶粒组成的。晶粒结构：多晶金刚石由众多细小的纳米级小颗粒聚集而成，经过提纯分级等后续处理得到不同粒度范围的多晶金刚石微粉，粒度一般不超过 $10\mu m$；晶体结构不均匀，缺陷严重、脆弱，具有尖锐棱角的不规则外形；结构与天然的 Carbonado 极为相似；通过不饱和键结合而成，具有很好的韧性。制造方法：金刚石多晶（微粉）是利用独特的爆破法由石墨制得的，高爆速炸药定向爆破的冲击波产生高温高压，金属飞片加速飞行撞击石墨片从而导致石墨转化为多晶金刚石；一般只有几微秒的瞬间，产品多是 5~20nm 的细小多晶体，它不同于爆轰法生产的纳米单晶金刚石。性质：金刚石多晶硬度不如单晶高，但仍具有优异的耐磨性能和导热导电性能，能够在高温高压环境下保持一定稳定性，但其晶粒界面不稳定，可能发生晶界脆化。

③ 金刚石类多晶：由于多晶金刚石有很大的市场需求，就衍生了类多晶金刚石产品。类多晶，也就是使用单晶金刚石做原材料，经过表面刻蚀处理形成蜂窝孔洞结构，以此达到类似多晶金刚石的磨抛效果，所以叫做"类多晶"金刚石。类多晶金刚石微粉，是介于单晶金刚石和多晶金刚石之间的新型磨料。由单晶金刚石微粉采用特殊工艺加工制成。

④ 金刚石聚晶：人造金刚石聚晶是一种把金刚石与结合剂在高温、高压条件下烧结而成的金刚石聚合物，聚晶金刚石具有优异的综合性能，硬度高、强度大、耐腐蚀性和耐磨性好，热稳定性和导热性也十分突出。同时，它的晶粒界面连续而稳定，不会发生晶界脆化，因此具有更好的强度和稳定性。

共性与特性：a. 生产方法上，单晶金刚石是石墨和触媒经六面顶压机合成；多晶金刚石是经过爆炸法合成；聚晶金刚石是把单晶金刚石与结合剂在高温高压下烧结而成的金刚石聚合物；b. 微观结构上，在金刚石的生长过程中会出现很多种晶面，如（100）、（110）、（111）面，若单独按照某个晶面规律地外延生长，就形成单晶，若是混合生长的就是多晶。

6.1.2.2 立方氮化硼

立方氮化硼是由六方氮化硼和触媒在高温高压下合成的，是继人造金刚石问世后出现的又一种新型产品。它具有很高的硬度、热稳定性和化学惰性，以及良好的透红外性和较宽的禁带宽度等优异性能，纯净的立方氮化硼是无色透明的，由于原料纯度、触媒及合成工艺的影响，可呈现黑色、褐色、琥珀色、橘黄色等。立方氮化硼的理论密度为 $3.48g/cm^3$，实际密度 $3.39~3.44g/cm^3$；立方氮化硼的莫氏硬度为 9.7，维氏硬度为 68.6~88.2GPa；抗压强度为 7.2GPa，抗弯强度为 294MPa。它的硬度仅次于金刚石，但热稳定性远高于金刚石，对铁系金属元素有较大的化学稳定性。

6.1.2.3 c-BN 与金刚石的性能比较

c-BN 与金刚石的性能比较如表 6.1 所示。

表 6.1　c-BN 与金刚石的性能比较

项目	c-BN	金刚石
成分	BN	C
晶格类型	闪锌矿型	闪锌矿型
晶格常数/nm	0.36165	0.35675
最小原子间距/nm	0.156	0.154

续表

项目	c-BN	金刚石
理论密度/(g/cm^3)	3.48	3.52
实际密度/(g/cm^3)	3.39～3.44	3.49～3.54
Knoop 硬度/GPa	47	70
空气中热稳定性/℃	1200～1400	600～850
热膨胀系数/K^{-1}	3.5×10^{-6}	0.9×10^{-6}
压缩率/(m^2/N)	2.4×10^{-2}	$(1.4\sim1.8)\times10^{-2}$
对铁族元素的化学作用	惰性	易反应
20℃时电阻率/(Ω·cm)	$10^{10}\sim10^{12}$	$10^{14}\sim10^{17}$

立方氮化硼的化学组成为 43.6% 的 B 和 56.4% 的 N，主要杂质有 SiO_2、B_2O_3、Al_2O_3、Fe、Mg、Ca 等；立方氮化硼的热稳定性和对铁族元素及其合金的化学惰性明显优于金刚石。立方氮化硼的硬度虽然比金刚石低，但由于其与含铁黑色金属的化学惰性和较好的热稳定性，使其金属去除率达到金刚石的 10 倍，很好地解决了淬火钢等硬而韧的难磨金属材料的加工问题。

6.1.3 超硬材料研究现状

超硬材料作为一种新材料，经过几十年的研究和发展，纳米结构金刚石和立方氮化硼已相继被成功制备，其高硬度和强韧性充分表明纳米力学增强机制是制备超强超硬材料的有效途径。目前纳米结构超硬材料的研究仍处于起步阶段，高温高压相转变的路径与机制、复杂中间相的结构与产生的条件、热力学条件对晶粒生长和微结构（孪晶和堆垛层错等）形成的作用，以及超硬材料的纳米结构对力学性能和强化机制的影响等尚未完全揭示出来。随着国家工业制造实力的不断发展，加工工件的复杂性和困难程度持续提升，工业加工从粗放式、手动式加工向精细化、自动化加工不断演进，对加工工具的稳定性、精细化程度要求不断提高，超硬材料等高性能材料的应用需求不断增长，超硬切削刀具因高精、高效、高可靠特性已成为现代制造体系中的关键执行部件，在机械加工中发挥着不可替代的作用。

6.1.3.1 立方氮化硼

目前工业领域合成的 c-BN 单晶多采用静态高温高压法制备，样品尺寸通常在 0.5mm 以内。由于缺乏大尺寸同质单晶衬底，c-BN 薄膜多采用异质衬底生长，而目前异质外延仍存在许多问题，导致 c-BN 的基础性质研究无法实践化。吉林大学殷红教授团队[3] 对 c-BN 晶体和外延生长的相关研究进展，以及 c-BN 的机械性能的研究现状进行了较为系统的论述。

c-BN 的合成与制备：通常将 h-BN（六方氮化硼）直接转变成 c-BN 时所需的温度和压力很高（约 10GPa，约 3000℃）。通过加入含氨的固态化合物 [$Co(NH_3)_6Cl_2$ 和 NH_4F]，可以显著降低反应压力和温度条件。中国科学技术大学 Ma[4] 提出了一种新的 c-BN 合成方法，通过使用氮化锂和三溴化硼为原料，氯、溴和氟化锂三元共晶混合物作为稀释剂，在 2.5GPa 的压力 450℃温度下以高产率合成 c-BN。首先氟化锂、氯化锂、溴化锂和锂金属以 6∶2∶1∶1 的质量比均匀混合，并将混合物在具有 N_2 气氛的马弗炉中在 800℃温度下处

6h。金属锂反应合成了氮和氮化锂；然后将合成的氮化锂溶解混合到氟化锂、氯化锂、溴化锂三元共晶混合物中，形成新的四元共晶混合物。将这种新型四元共晶混合物粉碎在手套箱中，与三溴化硼按质量比1∶1混合；将混合物放入铜筒中，用铜盖密封，然后将密封的铜筒装入叶蜡石模具。这比传统高温高压制备方法要容易得多，与常规相变法相比，压力降低约50%，温度降低约64%。

c-BN的机械性能：由于工业合成的c-BN与树脂的黏附性较差，使用时容易从结合剂中脱离，对工件造成划痕，影响使用，因此c-BN表面修饰金属应运而生。其中，最有益的修饰方法是表面镀覆。郑州轻工业学院桂阳海等[5]采用电镀复合镀的方式，在镀液中添加工业惰性粉体碳化物M获得了表面长有镍刺的c-BN产品，粗糙度大大增加，改善了模具性能。霍尔-佩奇效应指出了多晶体材料的强度与其晶粒尺寸之间的关系，晶粒越小则强度越高，因而适当减小晶粒尺寸成为提高材料硬度的有效方法，2013年，国内燕山大学田永君等[6]在1800~1950℃高温和12~15GPa高压条件下，采用特殊涡轮层状洋葱状结构的BN前驱体合成了平均粒度为3.8nm的纳米孪晶c-BN，具有超过100GPa的维氏硬度。2015年，四川大学寇自力领导的研究小组[7]在8GPa的压力和1800~2400K高温下烧结得到微米c-BN，烧结的c-BN压块表现出与单晶金刚石相当的硬度。

6.1.3.2 金刚石

硬度和韧性通常是成反比的关系，材料越硬，韧性就越小，由于金刚石固有的脆性，在金刚石中想要实现二者同时提高十分具有挑战性。

高温下，金刚石的热稳定性差从而限制了它的应用，如何同时提高硬度和热稳定性成为人们一直研究的关注点，通过以往对材料力学性能的研究为金刚石的增韧机制提供了有价值的线索，通过纳米结构策略可以提高金刚石的硬度，但与天然金刚石相比，人造纳米颗粒金刚石的热稳定性有所下降，在燕山大学教授田永君团队与吉林大学教授马琰铭和美国芝加哥大学教授王雁宾的联合研究下，继2013年合成出极硬纳米孪晶立方氮化硼之后再次取得了历史性突破，在高温高压的条件下成功地合成出硬度是天然金刚石两倍的纳米孪晶结构金刚石块材，田永君团队[8]在高温高压下使用洋葱碳纳米颗粒前驱体直接合成平均孪晶厚度为5nm的nt（纳米孪晶）-金刚石，微观结构如图6.5所示，并观察到在较低温度下在形成纳米孪晶结构立方金刚石的同时还共生出一种单斜结构的金刚石；这种纳米孪晶金刚石有着前所未有的硬度和稳定性，维氏硬度高达200GPa，在空气中的氧化温度比天然金刚石高200℃以上。

图6.5 洋葱碳纳米颗粒和在10GPa、1850℃下合成的大块样品[8]

纳米孪晶金刚石具有前所未有的硬度，但其物理机制仍叫人难以琢磨，Xiao[9] 等人发现纳米孪晶金刚石样品中的孪晶关于 {111} 孪晶面对称，其中的位错滑移模型分为位错穿过界面滑移模型、层限制滑移模型及位错平行孪晶界滑移模型，这三种不同位错滑移模型的临界分切应力都随孪晶厚度和晶粒尺寸的减小而增大，如图 6.6 所示，（a）表示由近平行的嵌入亚微米级晶粒中的纳米级孪晶组成的多晶纳米金刚石微结构，（b）表示 nt-金刚石中的三种滑移模式，（c）表示研究位错和一个双晶面之间相互作用的计算模型，（d）显示详细位错结构（c）中紫色矩形的局部放大图，其中蓝色线代表位错线，利用分子动力学计算相关反应热、活化能和势垒强度，发现有两个因素导致了 nt-金刚石的异常高硬度：金刚石中碳键的性质导致的高晶格摩擦应力和由于 Hall-Petch（霍尔-佩奇）效应导致的高非热应力，而这两个因素形成关键在于位错在金刚石孪晶面中形核和扩展的低活化体积和高活化能。

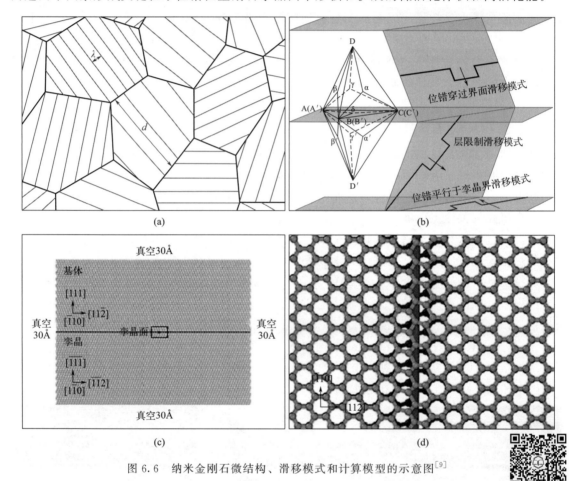

图 6.6 纳米金刚石微结构、滑移模式和计算模型的示意图[9]

燕山大学田永君团队报告了一种由连贯界面的金刚石多型（不同的堆叠顺序）、交织的纳米孪晶和紧密连接的纳米晶粒分层组装而成的金刚石复合材料结构[10]。如图 6.7 所示，（a）表示低倍率亮场下 STEM 图像，显示由纳米孪晶组成的紧密连接的晶粒，（b）表示具有纳米孪晶和共格嵌入金刚石多型畴的晶粒。

Wen[11] 等人也研究了一般纳米晶铜和纳米晶金刚石以及纳米孪晶铜和纳米孪晶金刚石的强化机制，如图 6.8 所示[12]，对于普通纳米晶材料，当晶粒尺寸小于临界值 d_c 时，纳米晶铜和纳米晶金刚石由于变形从位错主导转变为由晶界主导，出现了反 Hall-Petch 效应并

 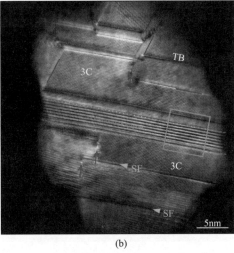

图 6.7 在 15GPa 和 2000℃下，合成的典型 nt-金刚石复合材料的微观结构[10]

发生软化。对于纳米孪晶材料，当孪晶厚度小于 λ_c 时，纳米孪晶铜中出现了去孪晶现象，失去了孪晶强化效应，从而同样发生软化。相比之下，由于共价键的作用，去孪晶过程在纳米孪晶金刚石中却很难发生，从而抑制了反 Hall-Petch 效应的产生，导致硬度随孪晶厚度减小而持续提高。

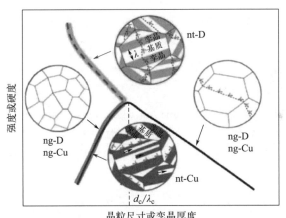

图 6.8 纳米孪晶金刚石（nt-D）、纳米晶金刚石（ng-D）、纳米孪晶铜（nt-Cu）和纳米晶铜（ng-Cu）的强度随晶粒尺寸或孪晶厚度的关系图

吉林大学郑伟涛、张侃教授团队结合实验和理论模拟研究[13] 提出了一种化学调制固溶方案，可同时提升超硬材料的强度和韧性。他们以超硬过渡族金属二硼化物 TaB_2 为基，通过调制溶剂和溶质金属原子相对电负性，构建了三元 Ta_3ZrB_8 固溶体，实现了超硬 TaB_2 硬度和韧性的同时提高（图 6.9）。此外，固溶体压痕下方具有完整的晶体结构，且受压痕形变影响而具有复杂的应变状态，理论模拟揭示了固溶后超硬材料的强韧化机制：由于溶质原子 Zr 电负性低于溶剂原子 Ta，使得固溶体形变时主要承载键 B—B 上的电荷耗尽得更少，因而导致固溶体具有更高的应变范围和相应更高的峰值应力，达到了强韧化的目标。

随着晶粒尺寸减小到纳米尺度，晶界效应在纳米多晶金刚石（NPD）中变得重要而复杂，这使得定制纳米结构具有挑战性。原子模拟结果表明，在 NPD 塑性变形后，NPD 中裂

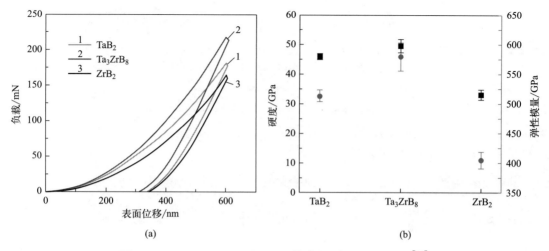

图 6.9 TaB_2、Ta_3ZrB_8 和 ZrB_2 薄膜的硬度、弹性模量[13]

纹的起始和扩展与非晶晶界（AGB）厚度有关，薄 AGB 可以减少裂纹成核和阻断裂纹扩展，因而晶界调制为合理设计具有理想高强度的高性能超硬材料提供了一种很有前途的方法。吉林大学物理学院超硬材料国家重点实验室姚明光教授团队[14]研究了通过晶界变薄制备超强纳米多晶金刚石。本文将原子模拟与实验相结合，验证了引入薄 AGB 对烧结 NPD 的强化策略。在烧结过程中，将少量富勒烯加入前驱体中，可以显著减少金刚石纳米晶中破碎的非晶态纳米畴，从而形成薄薄的 AGB。这种烧结的 NPD 具有显著的硬度和断裂韧性增强，超过了单晶金刚石。

6.1.4 超硬材料的应用

超硬材料因其优异的力学性能必将拥有广泛的工业和科研用途，未来的高端超硬材料工具可能将由纳米聚晶超硬材料主宰，并面向高精密加工与高科技研究领域。金刚石单晶和金刚石微粉，作为工业耗材，主要用于生产锯、切、磨、钻、抛光等加工工具，应用领域十分广泛。金刚石单晶分为锯切级单晶、磨削级单晶和大单晶，主要用于磨削工具、锯切工具、钻头、修整器等的制作。金刚石微粉主要分为研磨用微粉和线锯用微粉，主要用于研磨膏、研磨液、金刚石线锯、砂轮、复合片钻头等的制作。

超硬刀具主要是以金刚石和立方氮化硼为材料制作的刀具，其中人造金刚石复合片（PCD）刀具及立方氮化硼复合片（PCBN）刀具占主导地位。"以车代磨""以铣代磨""高速切削"等加工新概念都离不开超硬刀具。随着制造业高端化需求逐渐增多，超硬刀具凭借其在稳定性、加工寿命和效率上的巨大优势，越来越多地应用在汽车、航空航天、军工、新能源、电子等行业的关键设备及零部件加工中。

6.2 超轻材料

6.2.1 超轻型材料概述

随着科技的发展，对材料的性能要求越来越高，低密度材料也越来越受到人们重视，尤其是超轻材料的诞生使得低密度材料上了一个新的台阶。超轻材料是一类密度小于 $10mg/cm^3$ 的新型材料，具有良好的比强度和比刚度，是优异的物理化学性质和结构性能的统一体。超轻材料具有声吸收、能量吸收、减震缓冲、热绝缘等性能，在航空航天领域具有重要作用。超轻材料的性能主要取决于它的结构和组成材料的固体成分的性能，比如材料中孔隙的分布以及固体本身的硬度及强度都对性能有着重要的影响。毫米级的多孔材料，除了质量很轻以外，轻质多孔金属材料优异的热力学等性质也可以满足不同民用和军用需求，有些材料还可以大量低成本生产。

超轻型材料是指比空气还要轻的材料，其密度小于等于 $10mg/cm^3$。无论是在航空航天领域还是在民用领域，这种材料都具有重大的研究价值和应用前景。超轻型材料具有以下几个显著的特点：a. 密度轻，超轻型材料的密度极轻，因此可以获得极高的比强度，这样在保证强度的同时，可以大大减轻材料的质量，减轻质量是其优势之一；b. 特殊的物理性能，超轻型材料由于其物理性能的特殊性，可以在某些特殊的环境下起到极好的作用，例如具有超大的表面积，可以提高催化剂的工作效率，同时具有极高的导热性能，可以用于制作高效的线路散热器；c. 环保性好，超轻型材料的生产工艺相对简单，使用较少的能源以及不同的原始合成材料，使其具有良好的环保性，能够满足现代的环保要求。

6.2.2 超轻型材料的分类

超轻材料可以分为超轻气凝胶、超轻金属材料、超轻纳米材料、超轻晶体材料。

（1）超轻气凝胶材料

超轻气凝胶材料是目前应用最多的一种超轻型材料，它具有非常低的密度，通常在毫克-克级别。同时，其比表面积也非常高，一些超轻气凝胶材料具有数万平方米每克的表面积，从而使得它们具有更好的吸附和催化能力。

① 硅系气凝胶

硅系的气凝胶是气凝胶中最传统也是最常见的一类。硅系气凝胶中主要的就是二氧化硅气凝胶，被称作"蓝烟""固体烟"。Tillotson[15] 等通过改良的两步溶胶-凝胶过程制备出了无裂缝、密度在 $3\sim80mg/cm^3$ 的透明二氧化硅气凝胶材料，得到的二氧化硅气凝胶的密度更低。而 Kocon[16] 等通过超临界的乙醇干燥两步溶胶-凝胶过程得到的二氧化硅气凝胶，密度更小，其最小密度可达到 $2.3mg/cm^3$。

② 碳系气凝胶

碳系气凝胶又可分为碳纳米管气凝胶[17-18]、石墨烯气凝胶[19-21]、碳纳米管-石墨烯复合气凝胶[22,18] 以及碳纳米纤维气凝胶[23-24]。将碳纳米管、石墨烯等制备成超轻材料时，在质轻的同时兼具了这些碳材料的功能，这就更大程度地满足了超轻材料的多功能性。Li[19] 等通过冷冻干燥的制备方法，得到密度为 $4.4\sim7.9mg/cm^3$ 的石墨烯气凝胶，该种气凝胶最大的特点是防火。Ding[20] 等通过将酚醛树脂自组装、冷冻干燥的方法也得到了石墨烯气凝胶，这种方法制得的气凝胶密度更小，可达 $3.2mg/cm^3$。Sui[25] 等利用超临界 CO_2 合成的方法（无须搅拌）将氧化石墨烯的水分散液、碳纳米管以及维生素 C 化合制备得到一种碳纳米管-石墨烯混合气凝胶。由于其中没有使用有机溶剂等环境不友好的试剂，这种合成被认为是绿色无污染的。材料密度最小可达 $32.2mg/cm^3$，比表面积可达 $435m^2/g$，石墨烯弥补了碳纳米管电子转移的缺陷，同时碳纳米管增加了石墨烯的层间距。该种材料结合了碳纳米管和石墨烯的优点，使得材料具有很多优良的性能。

（2）超轻金属材料

超轻金属材料以其轻盈的质量和强度而备受关注。它通常由蜂窝状的金属纳米硬块组成，集轻重于一体，因此可用于制造飞行器和太空探测器等，由于其强度极大，可以在航空航天中承受极端的飞行环境，符合现代的使用要求。

① 金属泡沫

金属泡沫是 20 世纪 80 年代后期才迅速发展起来的一种结构功能材料。金属泡沫不仅具有金属本身的导电导热性，也由于该种泡沫的结构具有诸如轻质、高比表面、刚性大、减振效果好等物理性能，所以作为新型的功能材料具有广泛的应用，如汽车以及航天飞机的制造中。Tappan[26] 等在惰性气体中将活性配体苯并三唑（BTA）与金属铁配位，通过将配位体自蔓延燃烧的方法得到铁的金属泡沫，这种泡沫的密度可达到 $11mg/cm^3$，比表面积为 $270m^2/g$。他们还通过这种方法得到了钴、镍、铜的金属泡沫。

其中复合金属泡沫（CMF）由空心金属球和金属基体组成，空心金属球紧密堆积并通过铸造（熔融金属）或烧结（粉末状金属）填充金属球之间的空隙，它的比强度是普通金属泡沫的 5~6 倍；能量吸收性能比铝或不锈钢高 2 个数量级，是普通金属泡沫的 8 倍以上；具有优异的隔热性能，钢质复合金属泡沫的热导率比铝低 2 个数量级；此外还具有良好的防辐射性能，纯钢质复合金属泡沫屏蔽 X 射线辐射的能力是铝的 3.75 倍。复合金属泡沫材料被称为下一代轻质材料，在车辆轻质装甲、士兵个人防护、热防护、辐射屏蔽、有害物质运输、交通工具能量吸收器、直升机着陆能量吸收部件、可植入医疗设备等诸多领域有显著的应用潜力。

② 金属微点阵材料

金属微点阵材料是最先出现的微点阵材料的类型。2011 年美国加州大学欧文分校和加州理工大学的研究者们（Schaedler 等）利用自蔓延光聚合法制备得到的硫醇-烯聚合物微点阵作为模板，之后在模板上进行化学镀镍，再将模板刻蚀掉得到正八面体空心管微晶格镍材料，首次制备出了结构可控、材料利用率高的超轻多孔微点阵材料，密度最小可达 $0.9mg/cm^3$。该材料能量吸收强，与弹性体相似。该材料的这些优异的性能归因于材料在结构上的多级次尺度结构（从纳米到微米至毫米）。

微点阵材料与泡沫相比是一种周期性有序的多孔材料。孔隙无序的材料相对比表面积高，表观密度小，有序结构相比这方面的性质会稍微差一点，但是由于其有序性使得材料具有高的硬度和强度，而高强度材料在应用方面更占优势。从图 6.10 就可以看出点阵材料在机械强度方面的优势。

（3）超轻晶体和超轻纳米材料

超轻晶体材料则是另外一种被广泛研究的超轻型材料，通常由金属或有机离子组成长链结晶体。超轻晶体材料的特点在于物理性能稳定，比表面积宽广，尤其可吸附气体，具有非常实用的功能，如油气分离、突破室温下氢气储存量的限制等。超轻纳米材料也是一种在领域定位上已经非常在前沿的超轻型材料。超轻纳米材料通常由一些纳米材料组成，其特点在于强度大、导电性能好、具有优良的稳定性等，在许多领域都有非常好的应用前景。

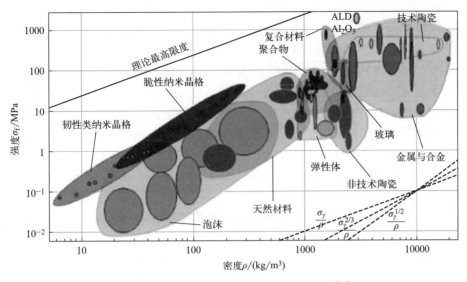

图 6.10　现有材料的强度与密度的关系图[27]

6.2.3　超轻材料的研究进展

石墨烯最早是 2004 年由英国曼彻斯特大学物理学家安德烈·海姆和康斯坦丁·诺沃肖洛夫成功地在实验室中从石墨中分离出的，并证实了它可以单独存在，石墨烯这种材料是一种由碳原子以 sp 杂化轨道组成的六角型呈蜂巢晶格的二维碳纳米材料，见图 6.11，是目前发现的最薄、最坚硬、导电性能最强的材料，也是世界上最薄、最轻的材料，超导电优于铜和银，超导热优于金刚石，硬度是钢铁的 300 倍，能够弯曲成任何形状。鉴于石墨烯材料的优异性能及其潜在的应用价值，在化学、材料、物理、生物、环境、能源等众多学科领域已取得了一系列重要进展[28]。为制备高质量、大面积石墨烯材料，研究者们致力于在不同领域尝试不同方法，并通过对石墨烯制备工艺的不断优化和改进，降低石墨烯制备成本使其优异的材料性能得到更广泛的应用，并逐步走向产业化[29]。

图 6.11　石墨烯结构图

石墨烯纤维是一种由石墨烯片层紧密有序排列而成的一维宏观组装材料，它不仅是对二维薄膜和三维石墨烯块的补充，并且对纺织功能材料和器件的发展具有十分重要的作用。通过合理的结构设计和可控制备，石墨烯纤维能够将石墨烯在微观尺度的优异性能有效传递至宏观尺度，展现出优异的力学、电学、热学等性能，从而应用于功能织物、传感、能源等领域。目前，石墨烯纤维主要通过湿法纺丝、限域水热组装等方法制备得到[30]，其性能可以通过对材料体系和制备工艺的优化而进一步提升。

浙江大学高超团队对石墨烯和石墨烯纤维的研究做出了巨大贡献，2011 年，该团队基于 GO（石墨烯）液晶的预排列取向，借鉴传统高分子材料的液晶纺丝方法，通过湿法纺丝法首次制备了石墨烯纤维，开启了石墨烯纤维基础与应用研究的新阶段[31]；2013 年，研制出了一种被称为"全碳气凝胶"的超轻材料（ultra-light aerogel），这种固态材料密度是空气密度的 1/6，即 $0.16mg/cm^3$，是目前世界上已知最轻的固体材料[22]；2016 年，在连续化湿法纺丝制备石墨烯短纤维的基础之上开发了一种"湿法融合组装技术"（wet-fusing assembly），利用氧化石墨烯纤维间的自融合现象，使无规取向的石墨烯短纤维在搭接结点处融为一体，成功研制出第一块由纯石墨烯纤维构成的无纺布织物，推动了石墨烯纤维的规模化制备和工程化应用进程（图 6.12）[32]；2017 年，通过湿法纺丝技术研发出一种新型石墨烯组装膜：它是目前导热率最高的宏观材料，同时具有超柔性，能反复折叠 6000 次，承受弯曲十万次；同年，又提出"三高三连续"设计原则，研制出的超柔性"新型铝-石墨烯"电池，可在短短几秒完成充电，具有"全天候超快长循环"性能和温度稳定性，为未来铝离子电池在极端温度下的使用打下基础[33-34]。

图 6.12　湿法纺丝法制备石墨烯纤维

2019 年，浙江大学高超教授团队[35]从构筑单元的组装方式出发详细探讨了石墨烯纤维结构与性能的关系。在组装过程中，石墨烯片的堆叠可分为两种情况：a. 松散堆叠，松散堆叠得到的石墨烯纤维在内部和外部会形成丰富的褶皱，通过调节褶皱的幅度可以制备高柔性的电子器件，也可以与其他材料实现紧密的界面结合，或者负载其他维度的分子形成具有多种性能的复合材料；b. 紧密堆叠，石墨烯片的紧密堆叠可以得到结构致密的高性能纤维。对于高性能的石墨烯纤维，可以进一步地从七个角度（密度、晶界、孔隙率、直径大小、轴向取向、径向堆叠以及层间作用力）出发对纤维的结构进行优化。这些微结构从力学性能和传导性能的角度决定着石墨烯纤维的强度、模量、导热和导电性能。

Zhu 等于 2023 年提出了一种在复杂环境中可保持极端力学稳定性能且具有优异电磁屏蔽能力的石墨烯气凝胶材料[36]，通过实验揭示了溶塑发泡石墨烯气凝胶具有面面堆叠的双曲面结构，可有效提高材料导电性能，制备流程如图 6.13 所示，在 $3.2mg/cm^3$ 密度下电导率高达 490.2S/m；结合多重界面反射，石墨烯气凝胶在 1mm 厚度下电磁屏蔽效能达到 64.1dB，比电磁屏蔽能力高达 $173243dB·cm^2/g$，证实了所制备石墨烯气凝胶展现出优异的环境耐受性，经过机械压缩、高低温、燃烧及水下等极端环境后均可保持稳定的电磁屏蔽能力，在军工国防领域展示出巨大应用潜力。优异的机械稳定性赋予了石墨烯气凝胶无损耐受真空袋装的性质，解决了超轻气凝胶材料低密度与大体积之间的矛盾，极大降低了材料的运输及使用成本，为其工业化发展奠定了基础。

图 6.13　双曲面石墨烯气凝胶制备流程图

为解决如何在宏观吸声领域中利用超薄二维片层的共振效应问题,浙江大学高分子系刘英军团队[37]通过实验及模拟揭示了超薄石墨烯的强共振效应,将氧化石墨烯浸渍到泡沫骨架上,并利用课题组提出的溶塑发泡技术[38]构筑超薄石墨烯纳米鼓结构,由独立的超薄石墨烯鼓和细胞聚合物框架组成(图 6.14)一种多尺度吸声结构模型,以充分利用超薄石墨烯片的强谐振特性,提升商用泡沫的吸声能力,实验证实了在 200~6000Hz 的频率范围内,与商用泡沫的平均吸声性能相比,高性能石墨烯吸声泡沫的平均吸声性能可提高约 320%,超过大部分已报道吸声材料。该研究通过简单的制备将商用泡沫转化为高性能吸声材料,并且价格低廉,容易量产,在噪声防护、建筑设计及声学设备等领域发挥重要实用价值。

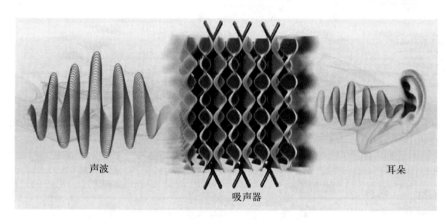

图 6.14　多尺度吸声结构模型

北京化工大学于中振教授、张好斌教授团队[39]提出一种无添加剂的湿纺方法,通过优化氧化石墨烯(GO)前驱体的表面化学控制其组装行为,制备得到高强度、高韧性、高导电的石墨烯纤维。使用表面基团较少和结构缺陷程度较低的氧化石墨烯(f-GO)进行湿法纺丝,制备的 f-GO 纤维结构致密有序,层间相互作用强,纤维力学性能优异,如图 6.15 所示。经温和化学还原后,还原 f-GO 纤维继承了优化后的纤维微结构,抗拉强度进一步提升,同时保持良好的韧性。

西安交通大学先进储能电子材料与器件研究所徐友龙教授团队[40]经过系统的筛选和优化,选用四丁基高氯酸铵/碳酸丙烯酯溶液为剥离电解液,并设计了金属网包裹天然石墨的三明治结构石墨电极,通过深入探究离子嵌入石墨产生剥离过程的机理,采用电化学和热膨胀剥离相结合的方法,实现了阴阳极同时制备高质量的石墨烯,见图 6.16。该方法制备的石墨烯不仅产率高(阴极 85% 和阳极 48%),而且石墨烯缺陷少(I_D/I_G(D 峰和 G 峰的强度比)<0.08)、氧化程度低(C/O 原子比>18.4)、电导率优异(>$3×10^4$S/m)。

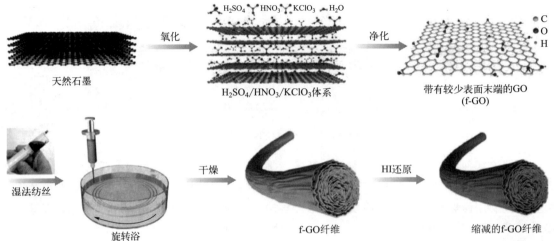

图 6.15　f-GO 前驱体、f-GO 纤维、化学还原 f-GO 纤维的制备流程图[39]

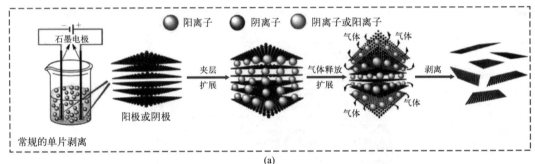

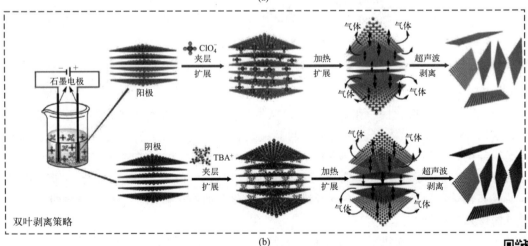

图 6.16　(a) 从石墨阳极或阴极上剥离石墨薄片的常规电化学石墨单片剥离示意图；
(b) 基于双离子的电化学插层同时制备阳极和阴极石墨烯的双叶化策略示意图[40]

传统的陶瓷海绵材料通常由陶瓷氧化物制成，陶瓷材料固有的脆性以及制备工艺复杂严重限制了实际应用。因此，制备有良好柔韧性、高压缩性、耐高低温的陶瓷海绵材料迫在眉睫，清华大学林元华教授、伍晖教授团队联合北京大学韦小丁研究员团队[41]报道了使用溶液吹纺大规模制备具有超轻、弹性和隔热性的陶瓷海绵，这些海绵材料还具有出色的抗疲劳性，在10000次大规模压缩或屈曲循环中不会累积损坏或结构倒塌。此外，这些海绵材料具有从低温（-196℃）到高温（1500℃）的优异的不随温度变化的超弹性。这项工作不仅为众多极端应用开发了机械可靠的轻质陶瓷，而且还为多晶陶瓷柔性的起源提供了新的理论见解。

6.2.4 超轻材料的应用

超轻材料在可持续制造、先进材料、无线电子产品、增材制造等方面具有较大应用前景，此外，车辆轻量化、小型化、多材料结构、综合设计优化、形状记忆轻量化、制造工艺优化也是当下超轻材料发展热点。轻量化的未来将随着无线电子、增材制造和小型化等现代技术的集成而不断进步。3D打印技术、纳米技术和计算材料技术为以微点阵材料为代表的超轻材料的发展提供了有力的保证。通过使用可持续技术和回收原材料，各行业采用环保制造工艺来减少碳排放。此外，汽车、航空航天、国防和其他制造商努力实现轻量化、高效和提高产品质量。石墨烯产业化还处于初期阶段，一些应用还不足以体现出石墨烯的多种"理想"性能，而世界上很多科研人员正在探索"撒手锏级"的应用，未来在检测及认证方面需要面对太多挑战，有待在手段及方法上不断创新。

6.3 梯度材料

6.3.1 梯度材料概述

功能梯度材料作为一个规范化正式概念，于1984年由日本国立宇航实验室提出；航天飞机中，燃烧室内外表面温差达到1000K以上，普通的金属材料难以满足这种苛刻的使用环境；1987年，日本平井敏雄、新野正之和渡边龙三人提出使金属/陶瓷复合材料的组分、结构和性能呈连续变化的热防护梯度功能材料的概念；1990年，日本召开第一届梯度功能材料国际研讨会；1993年，美国国家标准技术研究所开始以开发超高温耐氧化保护涂层为目标的大型梯度功能材料的研究；1995年德国发起一项六年国家协调计划，主要研究功能梯度材料的制备。功能梯度材料已发展为当前结构材料和功能材料研究领域中的重要主题之一。

梯度功能材料（functionally gradient materials，FGM）是两种或多种材料复合成组分和结构呈连续梯度变化的一种新型复合材料，梯度功能材料主要通过连续控制材料的微观要素（包括组成、结构）使界面的成分和组织呈连续性变化，如图6.17所示。它的主要特征有：a. 材料的组分和结构呈连续性梯度变化；b. 材料内部没有明显的界面；c. 材料的性质也呈连续性梯度变化。它的研发最早始于1987年日本科学技术厅的一项关于开发缓和热应力的梯度功能材料的基础技术研究，是依据使用要求选择两种不同性能的材料，采用先进的材料复合技术，使中间部分的组成和结构连续地呈梯度变化，内部不存在明显的界面，从而使材料的性质和功能，沿厚度方向也呈梯度变化的一种新型复合材料。这种复合材料的显著特点是克服了两材料结合部位的性能不匹配因素，同时，材料的两侧具有不同的功能。

根据材料的组合方式分为：金属/陶瓷、陶瓷/陶瓷、陶瓷/塑料等多种组合方式的材料。根据不同的梯度性质变化分为：密度FGM、成分FGM、光学FGM、精细FGM等。根据

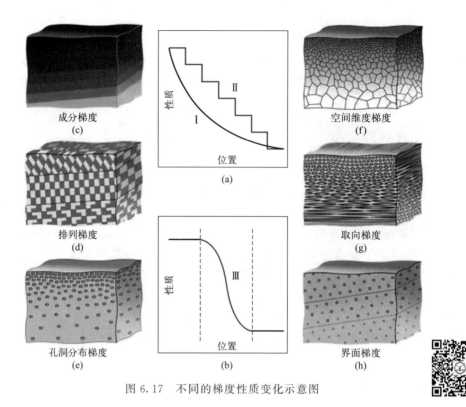

图 6.17　不同的梯度性质变化示意图

其组成变化分为：梯度功能整体型（组成从一侧到另一侧呈梯度渐变的结构材料）、梯度功能涂敷型（在基体材料上形成组成渐变的涂层）、梯度功能连接型（连接两个基体间的界面层呈梯度变化）。根据不同的应用领域可分为：耐热 FGM，生物、化学工程 FGM，电子工程 FGM 等。

梯度功能材料与混杂材料及复合材料相比，在设计思想、结合方式、微观/宏观组织以及功能上存在区别，如表 6.2 所示，梯度功能材料能有效地克服传统复合材料的不足。与传统复合材料相比 FGM 有如下优势：

① 将 FGM 用作界面层来连接不相容的两种材料，可以大大地提高黏结强度；
② 将 FGM 用作涂层和界面层可以减小残余应力和热应力；
③ 将 FGM 用作涂层和界面层可消除连接材料中界面交叉点以及应力自由端点的应力奇异性；
④ 用 FGM 代替传统的均匀材料涂层，既可以增强连接强度也可以减小裂纹驱动力。

表 6.2　梯度功能材料与混杂材料及复合材料的比较[42]

材料	混杂材料	复合材料	梯度材料
设计思想	分子、原子级水平合金化	材料优点的相互复合	特殊功能为目标
结合方式	分子间力	化学键/物理键	分子间力/化学键/物理键
微观组织	均质/非均质	非均质	均质/非均质
宏观组织	均质	均质	非均质
功能	一致	一致	梯度化

6.3.2 梯度材料的合成

目前普遍认为，复合材料的有效热物理性质除受复合组成的影响以外，同时与材料的微观结构有很大关系。当前用于预测梯度材料热物理性能的微观模型主要有线性模型和非线性模型两种。前者对材料的构成与结构要素进行简化，假定材料的性能与组成（主要是体积比）呈简单线性关系，即：

$$P = P_A f_A + P_B f_B \tag{6.1}$$

$$1/P = f_A/P_A + f_B/P_B \tag{6.2}$$

$$P = P_A f_A + P_B f_B + f_A f_B Q_{AB} \tag{6.3}$$

式中，P 为复合材料性能；P_A，f_A 和 P_B，f_B 分别是复合材料 A 组元和 B 组元的性能和组分，且 $f_A + f_B = 1$；Q_{AB} 为复合材料的热导率。这种模型对于柱状和层状结构的相分布较为适合，式（6.1）称为算术平均法则，式（6.2）称为调和平均法则，式（6.3）为 Wakashima 和 Fan 等人探讨的更通用的非线性表达式的通用法则。

复合材料中各组成相并非都是简单平板式层状分布，还可能为球状、扁球状、椭圆状、柱状、盘状、纤维状和其他不规则形状，再加上气孔和其他缺陷对材料物性都有很大影响。因此除了 Wakashima 模型外，还有很多其他非线性模型。

6.3.2.1 功能梯度材料的制备

FGM 的制备方法有很多，其中有些方法还处于开发或者探索阶段，根据制备原理的不同，可分为两大类型。第一类制备方法称为构造法，这类方法是根据设计的梯度体系和结构分布，在空间上采用粉末冶金、等离子喷涂、激光熔敷、气相沉积等手段人为地构造梯度。该方法可以构造十分精确的梯度分布，但精确的相分布代价十分昂贵而且程序复杂，需要计算机辅助或者借助现代自动化技术来完成。第二类制备方法是基于传输原理在构件内制造梯度的方法，它利用热传导、质量传输、动量传输等过程在材料的局部范围内构造梯度。利用这种方法可以在一个较窄的结构范围内，制造出最佳的功能梯度、微观结构梯度和成分梯度，但是过程难以控制，梯度构造能力有限。无论是哪种制备方法，都有其独特性和局限性，下面简单介绍几种常用于制备功能梯度材料的方法。

（1）粉末冶金法

粉末冶金法（powder metallurgy，PM）是先将原材料粉末按设计的梯度结构函数铺叠成梯度坯体，然后压制烧结，通过控制原料粉末的比例及各层的厚度，可获得热应力最小的 FGM。PM 法可靠性高、控制灵活、易于操作、可制备大尺寸材料，不足之处在于制备工艺比较复杂、制得的材料有一定的孔隙率、难以做到梯度材料层间组分的连续变化。

（2）等离子喷涂法

等离子喷涂法（plasma spraying，PS）是以气体作为载体将要喷涂的材料粉末吹入等离子体射流中，依靠等离子弧的高温将粉末熔化，随后被雾化成小熔滴，熔滴被气体进一步加速之后以极高的速度喷射在基体表面，产生强烈的塑性变形，形成扁平的沉积层，通过调整等离子射流的流速、温度及原材料中各组分的比例，均可获得梯度组织。PS 法的特点是沉积效率高，无须再次烧结，可以制备大面积的梯度涂层。

（3）激光熔注法

激光熔注法（Laser Melt Injection，LMI）是以高功率的激光加热粉体，在基体表面形成熔池，同时将设计好的一定配比的粉末喷覆到熔池中；改变混合粉末的成分比例，再次喷覆到熔池中，重复以上过程，即可在垂直熔敷层方向获得梯度涂层。LMI法的优点是既可制备梯度薄膜材料，也可制备梯度块体，制备速度快，适应面广，其不足之处在于材料的熔化也促进了晶粒的长大和再结晶，加速了材料的氧化，涂层表面有时会出现裂纹和孔洞，削弱了材料的固有性能，同时制备工艺及设备都比较复杂昂贵。

（4）电沉积法

电沉积法（electrodeposition）的原理与电镀相同，将梯度材料组分中的相配成悬浮液并将正负电极置于其中，然后注入第二相的悬浮液，在电场作用下携带电荷的悬浮颗粒便在电极上沉积下来，通过控制第二相的注入速度调节两相的浓度比，即可在电极表面获得组分连续变化的梯度层。电沉积法具有安全方便、成型温度低、生产成本低等优点，但该法多用于制备薄膜型功能梯度材料，很难制备FGM体材。

（5）气相沉积法

气相沉积法（vapor deposition）是通过控制气态物质的浓度，使其在基体上沉降得到梯度组分薄膜的技术，广泛应用于薄膜及平板型功能梯度材料的制备，按照本质原理的不同可分为物理气相沉积（physical vapor deposition，PVD）和化学气相沉积（chemical vapor deposition，CVD）两种类型。PVD法是通过加热梯度组分中的固态物质使其蒸发成气态，然后沉积在基体上，通过控制气态物质中各组分的比例，在基体上形成厚度为微米级的致密梯度薄膜。PVD法的特点是制备温度低，对基体几乎没有热影响，但沉积速度较慢。CVD法是以气态物质为原材料，通过加热等手段使原料之间发生化学反应，生成的固态物质沉积在基体上，改变原材料的比例即可在基体上获得梯度薄膜。它的优点是制备速度快并且能够得到较厚的梯度薄膜，易于实现梯度组分的连续分布。

6.3.2.2 金属梯度材料的制备

合成梯度金属材料的主要工艺为：a. 表面机械摩擦处理（SMAT）用于对板状试样进行表面机械摩擦处理；b. 表面机械磨削处理（SMGT）用于处理圆柱形样品；c. 表面机械轧制处理（SMRT）用于处理圆柱形样品；d. 高压扭转变形，是目前应用最多的方法之一。这些方法造成的梯度诱导了孪晶、位错以及层错能的梯度。非均匀的变形行为引起的微观结构差异改变了宏观的力学性能。纳米晶区强度大，粗晶区延性好，二者的协同作用促进了金属材料的高强度和高延性。梯度晶体结构是一种打破强塑性同时掣肘的很好的方法。TRIP（相变诱导塑性）和梯度结构结合使得奥氏体钢的塑性增加，但是强度维持不变。梯度结构结合TWIP（孪晶诱导塑性）可以同时提高材料的强塑性。纳米晶金属塑性差的主要原因是缺乏加工硬化行为，从而导致早期应变局部化和失效。梯度结构可以抑制应变局部化的早期发生。因为梯度结构改变了变形机制，机械驱动纳米晶粒生长。梯度结构具有弹塑性均质性和塑性非均质性，从而形成宏观应变梯度。由于不兼容的变形，应变梯度将单轴应力转变为多轴应力。从粗粒度区域可以实现应变去局部化和加工硬化。因此，特殊的应力分布可能会增强位错的形核和扩展，并导致额外的应变硬化。

6.3.3 梯度材料的研究进展

6.3.3.1 金属梯度材料

首位成功合成梯度结构金属材料的是我国沈阳金属研究所的卢柯院士，其成果发表在了

Science 期刊上,引发了全世界的研究浪潮。这篇文章介绍了通过表面塑性摩擦技术成功制备得到了梯度铜[43],其显微结构为中心部位是粗晶层,越往表层晶粒越细,在距离表面深度为 $150\mu m$ 范围内存在纳米梯度层。拉伸性能测试显示合成的梯度铜具有 10 倍于粗晶铜的强度,其塑性基本保持不变。研究发现机械力驱动梯度层中晶粒的生长是主要的变形机理。这种变形机理导致梯度铜在具有高强度的同时还能维持很好的塑性。

继成功合成梯度铜结构后,台州学院付亚波团队[44] 利用自旋转及电磁搅拌能破碎柱状晶、增加形核率的原理,实现了多组元铝青铜 $CuAl_{10}Fe_5Ni_5Mn_{1.2}$ 的成分均匀、晶粒细化,其制备工艺简图如图 6.18,通过 94.6% 大变形挤压及 Cu/Al/Fe/Ni/Mn(金属间化合物)形成稳定纳米组织,均匀分布使晶界强化,其被细小 α、β 相包围,形成了梯度纳米结构的组织,使多组元铝青铜的强韧性同时提高。其团队与江西某企业、中南大学等单位合作开发,制备了铝青铜轴套,达到高铁轴承的技术要求,且该轴套已经为中国中车等公司供货,有望解决我国高端轴承铜合金的"卡脖子"难题,缓解材料全部依赖进口的局面。

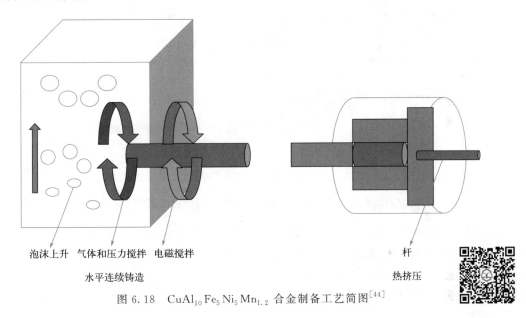

图 6.18　$CuAl_{10}Fe_5Ni_5Mn_{1.2}$ 合金制备工艺简图[44]

2013 年,卢柯研究组[45] 介绍了利用自行研发的技术装备通过高速剪切塑性变形在块体镍金属表面施加高梯度应变,可在其表层形成二维的纳米层状结构。这种新型超硬超高稳定性金属纳米结构突破了传统金属材料的强度-稳定性倒置关系,为开发新一代高综合性能纳米金属材料开辟了新途径。

Wei[46] 等通过高压扭转孪晶诱导塑性高锰钢(这种钢的力学性能特点是塑性高、抗拉强度高,但是屈服强度很低),使得合金内部沿着轴向形成梯度孪晶结构。此结构使得合金拉伸强度双倍增加而又不损失其塑性。结果表明,这种强度-塑性掣肘的规避是由于在预扭转和随后的拉伸变形过程中形成了梯度层次的纳米孪晶结构。通过一系列基于晶体塑性的有限元模拟,成功解释了为何梯度孪晶结构会导致合金强化和塑性保留,以及如何通过激活不同的孪晶体系而改变所观察到的层级纳米孪晶结构。

异构金属材料由于具有优异的强度-塑性匹配而受到广泛关注。因制备相对成熟,异构材料中的梯度结构材料(晶粒尺寸呈梯度分布变化)展现出了巨大的工程应用潜力。变形过程中,梯度结构会使层间产生极大的应变不协调,这有望激活层内约束,从而产生独特的晶体学和力学行为响应。

四川大学和北京大学的研究人员将一种梯度结构高锰钢作为实验材料，系统研究了其在拉伸变形中的应变、硬度和显微组织演化，揭示了梯度结构兼具强化和应变非局域化的特点[47]。通过旋转加速喷丸并控制喷丸速度得到了 3 种梯度结构板状样品，分别命名为 $G_{50m/s}$、$G_{40m/s}$ 和 $G_{30m/s}$。根据横截面硬度分布，将样品表面沿厚度方向分别定义为梯度表面层（GSL）和均匀粗晶（CG）中心层，其硬度分布如图 6.19 所示。

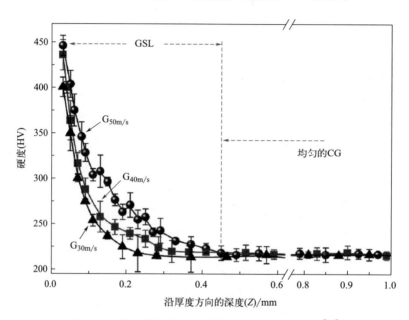

图 6.19　梯度样品从最顶端表面到心部硬度分布[47]

对比纯 GSL 以及纯 CG 组织和完整梯度组织的变形行为后可以发现，纳米结构表面层存在分散的应变集中带，将使 GSL 产生应变非局域化。CG 基体较好的韧性可阻碍应变带的扩展，从而导致应变分布较分散。而梯度组织存在高密度且分布均匀的应变集中带，使得 GSL 能进一步均匀伸长。此外，梯度组织中更密集的变形孪晶表明层间协同变形可促进孪晶诱导塑性（TWIP）。

可以看出，由于大量变形孪晶的开动以及突出的位错可动性，梯度层产生了额外的加工硬化效果（图 6.20），从而能够实现强度-韧性的协同效应。

美国普渡大学张星航教授团队[48]研究了具有优异拉伸塑性的梯度纳米结构钢，使用铁素体 9Cr-1Mo 钢（也称为 T91 钢）作为模型系统，由于其良好的相稳定性和抗应力腐蚀开裂性能，因此在核能和石化工业中被广泛用作结构材料。通过表面机械研磨处理（SMGT）制备了具有 20%（体积分数）梯度微观结构的梯度 T91（G-T91）钢。对 G-T91 进行单轴拉伸测试，并结合电子背散射衍射（EBSD）分析来探究梯度结构中的晶粒内应变演化。G-T91 表现出高屈服强度（690MPa）和大均匀延展率（10%），远大于同质 T91（H-T91），超过了大多数当前的 F/M（铁素体/马氏体）钢。梯度合金中独特的纳米层片（NL）晶粒通过一种独特的变形机制容纳了超过 100% 的真实应变，突出了梯度微观结构在实现高强高延展性方面的重要性，从而很大程度上推动了研究者们对设计强韧结构合金的理解。

强度和塑性是由材料的整体变形控制的全局机械响应，而断裂韧性是裂纹尖端"局部"

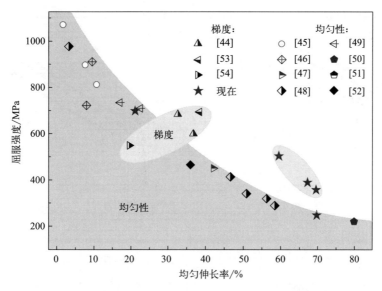

图 6.20　与均匀组织对比，梯度组织通过强化和应变非局域化实现了屈服强度和均匀伸长率的协调[47]

微观结构变形的机械响应结果，断裂韧性裂纹尖端参与的变形区域比拉伸整体变形体积小多个数量级。虽然梯度结构可以实现材料强度和塑性的优异组合，但能否保证其断裂韧性同样优越，仍是一个亟待解决的关键科学问题。与此同时，梯度结构材料中微观结构的局部变化可能导致裂纹扩展过程中的裂纹扩展阻力发生变化。因此，揭示梯度结构中微观结构的不均匀性对裂纹的启裂和扩展阻力的影响具有非常重要的意义。

Wu[49]等报告了在工程材料（如金属）中的梯度结构会产生独特的额外应变硬化，从而导致高塑性。单轴拉伸下的晶粒尺寸梯度由于不相容变形沿梯度深度的演化而产生宏观应变梯度，将施加的单轴应力转化为多轴应力，从而促进了位错的积累和相互作用，导致额外的应变硬化，应变硬化速率明显上升。这种特殊的应变硬化是梯度结构所固有的，而不存在于均质材料中，它提供了一种迄今为止未知的策略，通过构筑非均质纳米结构来开发强韧性材料，从理论上深度揭示了梯度材料的变形机制。

Zhang[50]等研究了预扭转法制备的极粗晶粒梯度 $Mo_{0.3}NiCoCr$ 中熵合金（MEAs）的显微组织、力学性能和变形亚结构。MEAs 的强度随扭转角的增大而增大，而拉伸伸长率基本保持不变，强度-延性协同作用增强。实验表征（图 6.21）和理论建模的结合能够阐明潜在的强化和应变硬化机制。扭转产生的位错呈梯度分布，导致屈服强度上升。此外，由于扭转过程中多个滑移系统的激活而产生的高阶微带，以及加载时梯度 MEAs 中附加的机械孪生形式，构成多级梯度结构。随着塑性应变的进行，微带可以不断传播和细化，以及与纳米孪晶相互作用，在这些粒度为 $500\mu m$ 的非常粗的 MEAs 中，产生逐步的高应变硬化，并在整个变形过程中稳定塑性变形。该研究为通过梯度结构设计优化结构材料的力学性能提供了指导。后来研究者们通过预扭转处理设计了一种梯度纳米孪晶钢，在不牺牲延展性的情况下将屈服强度提高了一倍。在随后的拉伸变形过程中，由于不同的孪晶体系的活化，形成了梯度分层的纳米孪晶结构。这使得理想的孪晶和位错孪晶相互作用，提供了明显的应变硬化，从而极大地提高了延性。

受此启发，基于扭转的处理已被广泛用于提高 HEAs（高熵合金）/MEAs 的力学性能，

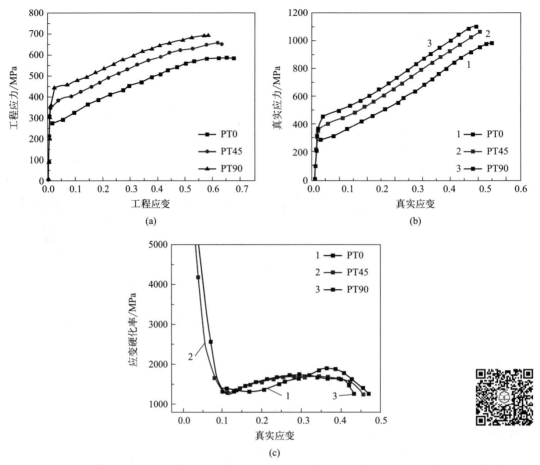

图 6.21 (a) 工程应力-应变曲线；(b) 真实应力-应变曲线；(c) 作为 MEAs 真实应变函数的应变硬化率（其中 PT0 为没有预扭转的曲线，PT45 和 PT90 为预扭转 45°和 90°形成的梯度结构）[50]

中国科学院金属研究所沈阳材料科学国家研究中心材料动力学研究部构筑材料组研究员李毅和副研究员潘杰与美国加州大学伯克利分校教授 Robert O. Ritchie 展开合作，评估晶粒尺寸跨度从 30nm 到 4μm 的梯度结构（GS）Ni 的变形和断裂行为[51]。研究发现：a. 与脆性的纯纳米晶和韧性的粗晶 Ni 相比，梯度结构 Ni 具有高断裂韧性，表现出强度和韧性的最佳组合；梯度材料在拉伸至断裂的过程中消耗的塑性功明显高于纯粗晶和纯纳米晶材料，其来源于在裂纹传播过程中内部渐变的微观结构之间的相互作用；b. 梯度材料的断裂韧性和变形行为与梯度方向有关。粗晶到纳米晶梯度方向上的起始断裂韧性比纳米晶到粗晶梯度方向的起始断裂韧性要高。当裂纹沿粗晶向纳米晶梯度方向扩展时，其 R 曲线（抗裂纹扩展阻力曲线）与纯粗晶 Ni 类似，显示出强度和韧性的最佳组合。裂纹扩展初期在粗晶区域会发生钝化，表现为韧性断裂。然而，在裂纹扩展后期，在纳米晶区域诱发脆性裂纹，并迅速扩展失效，发生不稳定的脆性断裂。

另一方面，当裂纹沿纳米晶到粗晶梯度方向扩展时，其也表现出优于纯纳米晶 Ni 的起始断裂韧性和 R 曲线，并且裂纹尖端的韧性不断增加。此外，当裂纹的扩展到达粗晶区域时，裂纹尖端发生钝化。这种裂纹尖端韧性不断增加而发生钝化的过程表明，纳米晶到粗晶的梯度方向，是脆性断裂向韧性断裂的转变过程，具有优异安全的应用前景。

6.3.3.2 生物梯度材料

增材制造（AM）技术，也称为三维（3D）打印，是一种根据预设的计算机化模型逐层添加材料来制造三维物体的制造工艺。与传统减材制造相比，AM 最大的优势之一是能够制造具有复杂几何形状的物体，成分分布如图 6.22。不仅如此，AM 技术在生产类似于生物材料的材料组成和结构组织方面也具有巨大的优势，这为创造 FGM 提供了无与伦比的机会。与现有的其他 FGM 制备方法不同，在 AM 过程中，材料是按照预定义逐步添加的，并且可以逐点、逐行或逐层逐步构建结构。因此，AM 技术具有强大的局部材料和微观结构特征组成和控制能力。根据材料成型原理，多种 AM 技术可分为选择性固化和选择性沉积两类，从技术的角度来看，利用 AM 技术实现 FGM 的关键在于材料组分/成分的实时变化和连续进行的具有特定位置特征的微观结构的生成。Aamer Nazir[52] 等人在 2023 年发表了一篇综述，全面回顾了多材料增材制造（MMAM）的最新发展。

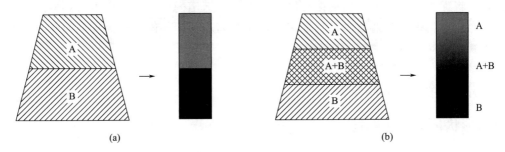

图 6.22 （a）传统的多材料增材制造；（b）功能梯度 AM

2019 年，中国科学院深圳先进技术研究院纳米调控与生物力学研究室副研究员丁振与中国科学院院士、北京大学教授方岱宁，美国佐治亚理工学院教授齐航[53] 等合作，首次通过一种新型双固化材料体系与灰度数字光处理相结合的方式，获得了性能可大幅度调控的 3D 打印梯度数字材料。首先通过灰度处理将打印图案进行光固化，如图 6.23 所示，从而使特定位置的结构具有定制化的力学特性，然后进行第二步热固化来消除大部分残留单体并增强性能梯度。通过使用这种方法，可以实现打印结构力学性能的定制化分布，其可用作 2D 和 3D 晶格、晶胞结构的打印，并可用于超材料的功能化应用。

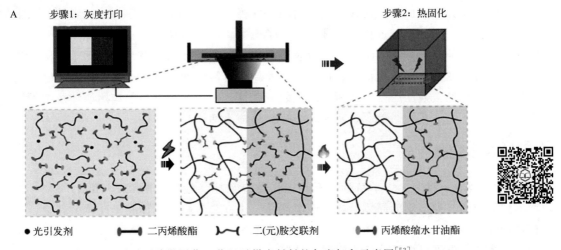

图 6.23 通过两阶段固化工艺显示梯度材料的灰度打印示意图[53]

6.3.4 梯度材料的应用

虽然 FGM 的最初目的是为解决航天飞机的热保护问题，提出了梯度化结合金属和超耐热陶瓷这一新奇想法。但随着 FGM 的研究和开发，其用途已不局限于宇航工业，在医学领域中，梯度功能材料被用来制造人体组织，如人工骨、嵌入式心脏起搏器以及注射给药系统等；在航空航天领域中，梯度功能材料的应用正在不断扩大；在能源领域中，梯度功能材料也被用来改善储能装置的性能，例如电池和超级电容器；在信息技术领域，梯度功能材料可用于制造高性能微电子器件（如芯片、传感器和存储器），并可对电子设备进行优化设计；在环境治理方面，梯度功能材料可用于制造高效地吸附有害气体和微粒的过滤器，用于净化污染空气等。

梯度功能材料在未来的发展中将呈现多元化和专业化趋势。一方面，随着梯度功能材料应用领域的不断扩大，梯度材料的类型多样化，如电子梯度材料、机械梯度材料、生物梯度材料等，这将促进梯度功能材料的多种应用，提高其运用的效率和精度；另一方面，梯度功能材料的专业化将进一步造就其市场竞争力，这将驱动梯度功能材料向分工和专业化方向发展，促进其在相应领域中的深入应用。

6.4 形状记忆材料

6.4.1 形状记忆材料概述

形状记忆材料是一种特殊功能材料，这种集感知和驱动于一体的新型材料因可以成为智能材料结构而备受世界瞩目。1951 年美国 Read 等人在 Au-Cd 合金中首先发现形状记忆效应（shape memory effect，SME）。1953 年在 In-Ti 合金中也发现了同样的现象，但当时未能引起人们的注意。直到 1964 年布赫列等人发现 Ti-Ni 合金具有优良的形状记忆性能，并研制成功实用的形状记忆合金 "Nitinol"，引起了人们的极大关注。形状记忆合金（shape memory alloy，SMA）已广泛用于人造卫星天线、机器人和自动控制系统、仪器仪表、医疗设备和能量转换材料；近年来，又在高分子聚合物、陶瓷材料、超导材料中发现形状记忆效应，而且在性能上各具特色，更加促进了形状记忆材料的发展和应用。

随着对形状记忆效应机制研究的逐步深入，对相变过程的晶体学可逆性、对马氏体变体组合及其协调动作所形成的自协作方式、对相变伪弹性（pseudoelasticity）机制等的认识取得了基本的统一，尤其是用近代实验技术如中子衍射、声发射技术、正电子湮没、穆斯堡尔谱学等配以常规的物理分析方法、X 光衍射及电子显微分析技术，极大地推动了基础理论的研究，而后者又在提高现有记忆材料性能、开发新型材料方面起着重要的指导作用。目前形状记忆材料研究论文数已居马氏体相变研究领域之首，而且该类材料的应用所涉及的领域极其广泛，包括电子、机械、能源、宇航、医疗及日常生活用品等方面。

6.4.2 形状记忆合金

SMA 主要有两种突出力学特性：形状记忆效应和超弹性，如图 6.24 所示。SMA 存在两种不同的相和 3 种不同的晶体结构，即孪晶马氏体、非孪晶马氏体和奥氏体。其中，马氏体相在低温下是稳定的，奥氏体相在高温下是稳定的[55]。此外，SMA 还有其他性能，例如相变迟滞特性、电阻可变特性、大阻尼特性等。

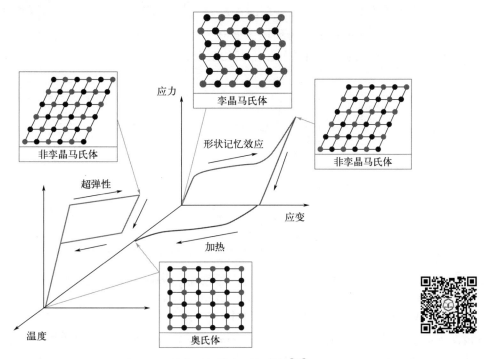

图 6.24 形状记忆效应和超弹性[54]

SMA 在环境温度低于其相变温度时,对其加载并卸载,卸载后存在残余应变,此时对 SMA 进行加热,就可以使残余应变消失,SMA 完全恢复到加载前的形状(见图 6.25)。

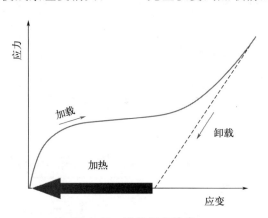

图 6.25 形状记忆效应

形状记忆效应分为三种形式。第一种称为单向形状记忆效应,即将母相冷却或加应力,使之发生马氏体相变,然后使马氏体发生塑性变形,改变其形状,再重新加热到 A_s 以上,马氏体发生逆转变,温度升至 A_f 点,马氏体完全消失,材料完全恢复母相形状。一般没有特殊说明,形状记忆效应都是指这种单向形状记忆效应。第二种称为双向形状记忆效应,即有些形状记忆合金在加热发生马氏体逆转变时,对母相有记忆效应;当从母相再次冷却为马氏体时,还恢复原马氏体的形状,这种现象称为双向形状记忆效应,又称可逆形状记忆效应。第三种情况是在 Ti-Ni 合金系中发现的,在冷热循环过程中,形状恢复到与母相完全相反的形状,称为全方位形状记忆效应。

6.4.2.1 超弹性

超弹性是指当 SMA 处于较高环境温度时,对其施加应力使其发生较大变形,当应力释放后,SMA 仍能恢复到变形前的初始形状的现象,如图 6.26 所示。

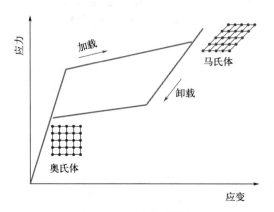

图 6.26 超弹性示意图

当 SMA 材料初始状态为奥氏体状态时,保持温度不变,加载应力至超过 σ_{M_f},此时材料转变为非孪晶马氏体;随后进行卸载,卸载完成后材料又转变为奥氏体。完全卸载后,材料的全部变形可完全自行恢复,此种特性即为完全超弹性;卸载完成后材料部分转变为奥氏体,部分仍然为非孪晶马氏体,卸载后仍有部分变形,此种特性即为部分超弹性。

图 6.27 两种过程统称为超弹性(super elastic effect)过程,根据初始温度不同又分为完全超弹性($T>A_f$)和部分超弹性($A_f>T>M_s$),二者的区别是材料的温度不同。

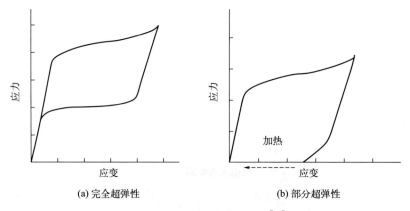

(a) 完全超弹性　　　　　　　　　　(b) 部分超弹性

图 6.27 超弹性效应示意图[56]

6.4.2.2 形状记忆效应

(1) 热弹性马氏体相变

形状记忆效应与马氏体相变存在着不可分割的关系,它是热弹性马氏体相变的一种特殊表现。具有形状记忆效应的合金绝大部分都发生热弹性马氏体相变,只有铁基形状记忆合金例外。

马氏体相变是无扩散的共格切变型相变。在由母相(P)转变成马氏体(M)的过程中,没有原子的扩散,因而无成分的改变,仅仅是晶体结构发生了改变。这已由大量实验证实,例如在 Fe-Ni-V-C 合金中可以在 -78°C 以 $0.5\mu\text{s}$ 速度完成由面心立方的母相向体心正方的马氏体相转变，在如此低的温度以高速进行相变，这是由扩散理论无法解释的。用穆斯堡尔谱仪已证实钢中发生马氏体相变时，碳在奥氏体中的位置直接遗留给马氏体。一些具有有序结构的母相在相变后得到有序的马氏体。可以说明马氏体型相变只有原子的位移（小于一个原子间距），而不存在原子位置的调换。此外，马氏体与母相之间存在一定的取向关系，例如低碳钢（C<0.2%）中测得如下关系：

$$(111)_\gamma // (011)_M, [01\bar{1}]_\gamma // [\bar{1}11]_M$$

马氏体相变过程中发生原子的切变位移，即马氏体发生相变时，除体积变化外，还有形状的改变。因此马氏体相变是由母相的原子以协同的、队列式的有次序的方法进行位移，位移量不超过一个原子间距。由此可见，马氏体与母相的相界面上的原子既属于母相，也属于马氏体相，这使得两相间具有共格性。实际上在完成马氏体相变过程中，如果只存在前述的宏观均匀切变，可以得到实测的形状变化，但不能获得实际的马氏体点阵，或者可以得到马氏体点阵，但不可能使界面成为不变应变平面，或者说不能得到实际的形状。因此在由母相点阵产生切变的同时还伴有滑移或孪生等过程，故在马氏体相内往往出现亚结构，其中包括位错、层错或者孪晶等。可见马氏体内的亚结构是相变时局部（不均匀）切变的产物。

马氏体相变与其他相变一样，具有可逆性。当冷却时，由高温母相变为马氏体相，称为冷却相变，用 M_s、M_f 分别表示马氏体相变开始与终了的温度。加热时发生马氏体逆变为母相的过程，该逆相变的起始和终止温度分别用 A_s 与 A_f 表示。一般材料的相变温度滞后（A-M）非常大，例如 Fe-Ni 合金约 400°C。各个马氏体片几乎在瞬间就达到最终尺寸，一般不会随温度降低而再长大。而在记忆合金中，相变滞后比前者小一个数量级，例如 Au-47.5%Cd（原子分数）合金的相变滞后仅为 15°C。冷却过程中形成的马氏体会随着温度变化而继续长大或收缩，母相与马氏体相的界面随之进行弹性式的推移。这两种马氏体的差别可以从马氏体形核总能量的变化 ΔG 进行解释：

$$\Delta G = \pi r^2 t \Delta g_c + 2\pi r^2 \sigma + \pi r^2 t(A + B) \tag{6.4}$$

式中，Δg_c 为单位体积化学自由能的变化；r、t 为透镜状马氏体核半径及平均厚度之半；σ 为单位面积界面能；$A(t/r)$、$B(t/r)$ 分别为单位体积弹、塑性应变能。马氏体形核引起的总能量变化由三项组成，它们分别是化学自由能、表面能及应变能（包括弹性及塑性应变）。在第二种马氏体相变中，由于界面能和塑性变形所需的能量可以小到忽略不计，因此式(6.4)可表示为：

$$G = \pi r^2 t \Delta g_c + \pi r^2 t A \tag{6.5}$$

这样只有由热效应引起的化学自由能及弹性应变能两项。因此，在低于 M_s 温度时，随着冷却，马氏体长大，但当长大到一定程度时，自由能的减少与弹性的非化学自由能的增加相当时，便停止长大。这种由热效应与弹性效应之间的平衡控制的马氏体相变的产物称为热弹性马氏体。热弹性马氏体相变驱动力小，相变滞后小，而且马氏体量是温度的函数。应该强调，热弹性相变的特征由弹性协调是形状应变，马氏体内的弹性储存能可作为马氏体逆相变的驱动力。

SMA 的马氏体相变属于热弹性马氏体相变。所谓热弹性马氏体相变是指在相变过程中，总能量的变化主要与化学自由能和弹性应变能相关，可忽略界面能和塑性应变能的一种特殊相变形式。热弹性马氏体相变一般以下三个特点：a. 临界相变驱动力小，热滞小；b. 相界面能作往复迁动，奥氏体相和马氏体相之间的相界面共格性好；c. 形状应变为弹性协作应变，储存于马氏体内的弹性应变能对逆相变驱动力有贡献。SMA 具有形状记忆效应、超弹性等特殊性能与其热弹性马氏体相变密切相关。

（2）应力诱发马氏体相变及伪弹性

在 M_s 以上温度，如果对某些合金施加一定外应力，则在已抛光的表面呈现明显的浮凸，也就是诱发了马氏体，这种由外部应力诱发产生的马氏体相变称为应力诱发马氏体相变（stress-induceed martensite transformation）。这些合金的马氏体数量为外加应力的函数，即当施加的外应力增加时，母相转变成马氏体相的数量增加，当应力减少时则进行逆相变使母相增多。外应力对诱发相变的作用不仅与合金种类有关，而且受试验温度的影响。在 M_s 以上，某一定温度以下，应力或形变会导致马氏体的形成，将此温度称为 M_d 温度。

当 $T<A_f$ 时，试样承受的应变在卸载后没有能完全得到恢复，如果 $T<M_f$，由于材料中马氏体随应力增加而发生应变，卸载时，应力、应变曲线几乎成直线，说明仅仅恢复了弹性应变部分，保留了由虚线所示的永久变形。若将试样加热到 A_f 以上，则残余应变几乎可以完全消失，这时就呈现形状记忆效应。

上述两种使应变恢复为零的现象均起因于马氏体的逆相变，只不过是诱发逆相变的方法不同而已。在相变伪弹性中，卸载使产生塑性应变的马氏体相完全逆转变成母相，而形状记忆效应中，通过加热使马氏体产生逆相变导致应变完全复原。它们都是因晶体学上相变的可逆性引起的，因此，事实上，具有热弹性马氏体相变的合金不仅有形状记忆效应，也都呈现伪弹性特征。

6.4.2.3 Ti-Ni 基形状记忆合金

Ti-Ni 基合金是最早发展的记忆合金，它具有记忆效应优良、性能稳定、生物相容性好等一系列的优点。但制造过程较复杂，价格高昂。

（1） Ti-Ni 基记忆合金中的基本相和相变

在 Ti-Ni 二元合金系中有 TiNi、Ti_2Ni 和 Ni_3Ti 这三个金属间化合物。Ti-Ni 基记忆合金就是基于 Ti-Ni 金属间化合物的合金。Ti-Ni 相在高温时的晶体结构是 B_2（CsCl 结构），点阵常数约为 0.301~0.302nm，也称之为母相。高温冷却时发生马氏体相变，母相转变为马氏体，马氏体的结构为单斜晶体，点阵常数为 $a=0.2889$nm、$b=0.412$nm、$c=0.4622$nm、$\beta=96.80\%$。在适当的热处理或成分条件下，TiNi 合金中还会形成 R 相，这个相的结构是菱面体点阵，习惯上称之为 R 相，其点阵参数为 $a=0.602$nm，$\alpha=90.7°$。在 Ti-Ni 合金冷却时依成分和预处理条件的不同，会呈现两种不同的相变过程。一是母相直接转变为马氏体；二是母相先转变为 R 相（通常称为 R 相变），然后 R 相转变为马氏体。

（2）合金元素对 Ti-Ni 合金相变的影响

加入合金元素对 Ti-Ni 记忆合金的相变乃至记忆效应有显著的影响。合金化是调整 Ti-Ni 合金特性的重要手段。Cu 在 Ti-Ni 合金中固溶度可高达 30%。在 Ti-Ni 合金中加入一定量的 Cu 置换 Ni 后，合金形状记忆效应和力学性能仍然很好，而合金的价格就降低了很多。

与 Cu 的作用相反，在 Ni-Ti 合金中加入一定量的 Nb，可得到很宽滞后的记忆合金。与 Ni-Ti-Cu 合金不同的是 Nb 不是以置换原子的方式溶入 Ni-Ti 相的点阵中，Nb 也不与 Ni 或 Ti 原子形成第二相。它主要是以纯 Nb 相弥散分布在 Ni-Ti 基体中。由于 Nb 相很软，其流变应力与马氏体相相近。在施加应力使马氏体变形时，Nb 相也相应地发生塑性变形。逆转变时，马氏体的变形是可恢复的，而 Nb 相的变形是不可恢复的，而且 Nb 相的变形对马氏体的逆转变有阻碍作用，从而导致逆转变温度显著升高，得到宽滞后的记忆合金。宽滞后的记忆合金也有许多重要的用途。添加 Fe 对 Ti-Ni 记忆合金的相变也有显著的影响。加铁使合金显现出明显的 R 相变，这时合金的相变过程明显分为两个阶段。即冷却时母相（B_2 结构）首先转变为 R 相，进一步冷却又使 R 相转变为马氏体。加热时的相变过程则相反。$Ti_{50}Ni_{47}Fe_3$ 是显现上述现象的一个典型合金成分。在 Ti-Ni 合金中加入适量的 Co 也有类似的作用。

（3） $Ni_{50}Ti_{50-x}La_x$ 形状记忆合金的力学性能

① 合金的硬度

$Ni_{50}Ti_{50-x}La_x$ 合金在室温时（25℃），基体以马氏体相为主，因此应力诱发马氏体相变不是合金硬度改变的主要原因。合金中的沉淀相应该是影响合金硬度的主要原因，少量的沉淀相可以起到强化基体的作用，使硬度增大；但沉淀相数量增加又会割裂合金基体，弱化晶界，使合金的硬度减小。随着 La 元素掺杂量增大，合金中沉淀相的数量和体积逐渐增大，使合金的硬度减小（如图 6.28 所示）。

② 合金的拉伸

合金的强度反映了合金抵抗破坏的能力，$Ni_{50}Ti_{50-x}La_x$ 合金的拉伸强度的变化与合金中沉淀相的数量、大小密切相关。当掺杂量较少时，合金中的沉淀相很少，颗粒也很小，因而它对合金起到了强化作用，即沉淀相对合金中位错运动起到了阻碍作用，导致位错滑移临界剪应力增加，使合金的拉伸强度增大。但沉淀相的数量和大小增加，大量的沉淀相割裂合金基体、弱化晶界，导致合金拉伸强度减小。沉淀相既能强化合金基体、增大合金强度；又能割裂合金基体、减小合金强度。

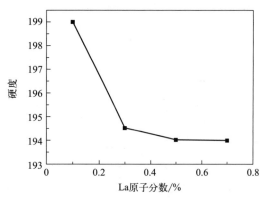

图 6.28 $Ni_{50}Ti_{50-x}La_x$ 合金的硬度随 La 元素掺杂量变化曲线

所以适量掺杂 La 元素，使两种作用达到较平衡的状态，成为提高合金拉伸强度的关键。

$Ni_{50}Ti_{50-x}La_x$ 合金的应力-应变曲线，并由此计算得到的力学性能指标见图 6.29，从图 6.29 中可看出 $Ni_{50}Ti_{50-x}La_x$ 合金的弹性模量、屈服强度和断后伸长率均随 La 元素掺杂量的增加而逐渐减小，拉伸强度随 La 元素掺杂量的增加先增大后减小，在掺杂量为 0.3%（原子分数）时达到最大值。

③ 合金的断口分析

随着 La 元素的增加，$Ni_{50}Ti_{50-x}La_x$ 合金断口的平整度逐渐增加，河流图样逐渐出现并拓宽；韧窝和撕裂脊逐渐减少，合金的塑性逐渐降低，这都是因为随 La 元素掺杂量的增加，合金中沉淀相的数量和尺寸都增加，这些沉淀相会割裂基体，增加合金的裂纹源，使合金更容易产生裂纹并扩展，进而断裂。

6.4.2.4 Cu 基形状记忆合金

Cu 基记忆合金主要由 Cu-Zn 和 Cu-Al 这两个二元系发展而来，Cu-Zn 二元合金的热弹性马氏体相变温度极低，通过加入 Al、Ge、Si、Sn、Be 等第三元素可以有效地提高相变温

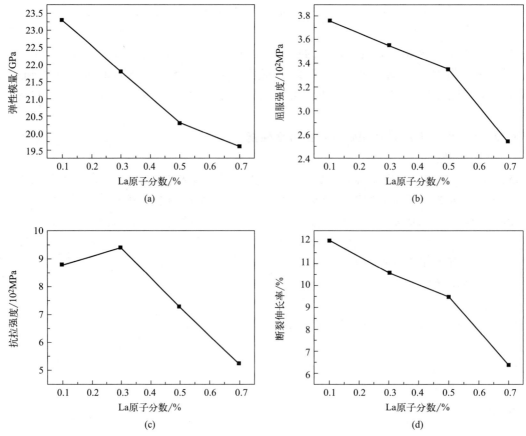

图 6.29 $Ni_{50}Ti_{50-x}La_x$ 合金力学性能随 La 含量变化曲线[57]：(a) 弹性模量；
(b) 屈服强度；(c) 拉伸强度；(d) 断后伸长率

度，由此发展了一系列的 Cu-Zn-X (X=Al、Ge、Si、Sn、Be) 三元合金。在 Cu-Al 二元合金中，随 Al 含量的增加，由 β 相区淬火易于形成 β′ 相。但是 Al 含量高时 γ_2 相也随之析出。通过加入 Ni 可增加 β 相的稳定性，抑制 γ_2 相析出，由此发展出 Cu-Al-Ni 系记忆合金。Cu-Zn-Al 基和 Cu-Al-Ni 基形状记忆合金是最主要的两种 Cu 基记忆合金。它们具有形状记忆效应好、价格便宜、易于加工制造等特点。但是与 Ti-Ni 记忆合金相比，它们的强度较低，稳定性及耐疲劳性能差，不具有生物相容性。

(1) Cu-Zn-Al 基记忆合金的稳定性及其影响因素

Cu 基记忆合金的稳定性受到多个因素的影响。首先其相变点对合金的成分十分敏感，在 Cu-Al-Ni 合金中随 Ni、Al 含量的增加，相变点显著降低，在 Cu-Zn-Al 合金中随 Zn、Al 含量的增加，相变点也显著降低。根据实验规律，Cu-Zn-Al 合金的 M_S 点与成分的关系可近似由如下的经验公式表示：

$$M_S(℃) = 1890 - 5100\omega(Zn) - 13450\omega(Al) \tag{6.6}$$

由于微量的成分变化会导致相变点发生很大的变化，而在熔炼中有时又难以做到十分准确的成分控制，因此会导致生产出的合金的相变点发生波动。在这种情况下，可以采用一些后续的处理，在一定的范围内调整合金的相变点。通常提高淬火温度可使相变点有所提高，但升高的幅度一般不超过 10℃。另一种方法是将淬火温度降低到略低于 β 单相区的 α+β 两相区，α+β 两相区的 β 相中的 Zn 的含量比在单相 β 区时高，因此，按式(6.6)，将淬火温

度降低到 α+β 两相区，M_s 则显著降低。但是，这时合金的组织是 β 相的基体其中分布少量的 α 相，但 α 相是不具有热弹性马氏体相变的，α 相过多不利于合金的形状记忆。但在 α 相的数量不是很多，并且形态、分布较好时，合金的性能不会受到明显的损害。

Cu 基记忆合金还存在较为严重的马氏体稳定化现象，其表现为淬火后合金的相变点会随着放置时间的延长而增加直至达到一稳定值。稳定化严重时，马氏体在加热的过程中甚至不能逆转变，合金失去记忆效应。马氏体的稳定化主要是由淬火引入的过饱和空位，偏聚在马氏体界面钉扎甚至破坏了其可动性而造成的。采用适当的时效或分级淬火可以消除过饱和空位，从而消除马氏体的稳定化。

时效处理也是影响 Cu 基记忆合金稳定性的重要因素。时效是指将记忆合金在一定的温度下放置一段时间的处理。通常在母相态时效对记忆合金会产生显著的影响。例如：将 Cu-ω(Zn)26%-ω(Al)4% 记忆合金在较高温度（约 100～150℃）进行时效后，其 M_s 点下降约 15℃，但是接着将其在较低温度进行时效，其 M_s 点又回升到未失效前的值。一般认为，母相的有序结构在高温时效过程中会发生变化，从而导致相变点的变化。将高温时效后的母相在较低的温度时效，母相的有序结构又会复原，相变点也随之复原。如果时效的温度过高或时间过长，会发生贝氏体相变，析出第二相等过程，合金的记忆效应会被损害乃至完全丧失。

Cu 基记忆合金的稳定性还受到热循环（即相变循环）、热机械循环（thermal-mechanical-cycling，也称为热机循环）的影响。热循环对合金的相变点略有影响，随热循环次数的增加而变化。在大多数情况下 M_s、A_f 温度升高，而 A_s 和 M_f 下降或保持不变，马氏体转变的量也会有所降低，即有部分马氏体失去热弹性。循环一定次数后，相变点与马氏体转变量都趋于稳定值。热循环中相变点与马氏体转变量发生变化的主要原因是热循环导致合金内位错密度增加，位错密度增加使马氏体的形核更加容易，所以 M_s 升高。但位错本身及周围应力场影响热弹性马氏体转变，引起马氏体稳定化，所以 A_f 升高，马氏体转变量降低。热-力循环对合金的记忆效应的影响则更加显著，随热-力循环的进行，M_s、A_s、A_f 等上升，且上升的幅度比热循环所引起的更大，M_f 则略有下降，相变热滞显著增大。同时，能可逆转变的马氏体的量也减少，即有一部分马氏体失去了热弹性。从微观结构看，热-力循环过程中合金内的组织转变有显著的不均匀性，热-力循环后在马氏体内引入微孪晶和缠结的位错，其缺陷的密度远高于热循环造成的缺陷密度。

（2） Cu 基记忆合金的力学性能及晶粒细化

表 6.3 列出了 Ni-Ti 和 Cu-Zn-Al 合金的部分力学性能。

表 6.3　Ni-Ti 合金与 Cu-Zn-Al 合金的力学性能比较[58]

性能	Ni-Ti	Cu-Zn-Al
抗拉强度/MPa	1000	700
屈服点/MPa	50～200（马氏体相） 100～600（母相）	50～150（马氏体相） 50～350（母相）
伸长率/%	20～60	8～12
断裂方式	延性，穿晶	脆性，沿晶
耐蚀性	好	比黄铜略好
生物相容性	好	差

由表6.3可见，Cu基记忆合金的力学性能与Ti-Ni基记忆合金相比有较大的差距。另外，Cu基记忆合金的疲劳强度和循环寿命也远低于Ni-Ti记忆合金。Cu基记忆合金的力学性能较差主要是因为它们的弹性各向异性常数很大、晶粒粗大，因而变形时很容易产生应力集中，导致晶界开裂。因此，阻止Cu基记忆合金的晶间断裂，提高其塑性和疲劳寿命的方法主要有如下两种：一是制备单晶或形成定向织构；二是细化晶粒。细化晶粒是目前采用的主要方法。细化晶粒的方法有添加合金元素、控制再结晶、快速凝固、粉末冶金等，目前主要采用添加微量元素的方法来细化晶粒。通过单独或联合添加对Cu固溶度很小的元素，如B、Cr、Ce、Pb、Ti、V、Zr等再辅以适当的热处理，可以在不同的程度上达到细化晶粒的效果。例如，Cu-Zn-Al合金经β相区固溶处理后平均晶粒尺寸约为1mm，加$\omega(B)0.01\%$，晶粒尺寸降至约0.1mm，加入$\omega(B)0.025\%$，晶粒尺寸降至约$50\mu m$。又如，在800℃保温不同时间的固溶处理条件下，Cu-Al-Ni合金和加入$\omega(Ti)0.5\%$的Cu-Al-Ni合金的晶粒尺寸分别是$0.2\sim0.8mm$和$15\sim100\mu m$。晶粒细化后，Cu基记忆合金的力学性能有显著的改善，例如，晶粒尺寸由$160\mu m$细化到$60\mu m$时，伸长率提高40%，断裂应力提高约30%，疲劳寿命提高10~100倍，同时合金的记忆效应保持良好。

6.4.2.5 Fe基形状记忆合金

20世纪80年代发现许多Fe基合金中也存在记忆效应，使记忆合金的种类拓展到具有非热弹性马氏体相变的合金体系。Fe基形状记忆合金分为两类，一类基于热弹性马氏体相变，另一类基于非热弹性可逆马氏体相变。铁基记忆合金具有强度高、易于加工成形等优点。但基于非热弹性可逆马氏体相变的Fe基记忆合金的形状记忆机制与基于热弹性马氏体相变的机制有所不同。

(1) 基于非热弹性可逆马氏体相变的形状记忆机制

热弹性马氏体相变的驱动力很小（仅为几卡每摩尔~几十卡每摩尔）、热滞很小，在略低于T_0（两相热力学平衡温度）温度就形成马氏体，加热时又立刻进行逆相变，表现出马氏体随加热和冷却分别呈现消、长的现象。在热弹性马氏体相变中，马氏体内的弹性储存能对逆相变的驱动力作出贡献。但在铁基合金中，马氏体相变的点阵畸变较大，发生相变需很高的驱动力（大于几百卡每摩尔），热滞很大。其逆相变所需的驱动力完全由化学驱动力来提供。

由前述的形状记忆效应的机制可知，马氏体变体的自协作形成和相变在晶体学的可逆性是实现形状记忆的关键条件。对于非热弹性可逆马氏体相变而言，由于相变时点阵畸变大、相变驱动力高，马氏体形成时常形成位错来协作相变所产生的形状应变，导致马氏体的自协作性差，因此不呈现形状记忆效应。另外，母相由于相变热滞大，使马氏体逆转变的温度很高，马氏体在开始逆转变前常常发生分解，例如：钢中的马氏体在回火过程中先分解为α-Fe和Fe_3C相。因此，一般铁基材料（如普通碳钢、工具钢）中虽然发生马氏体相变，但是不能产生形状记忆效应。

具备形状记忆功能的铁基合金通常需要满足如下几个条件：a. 母相具有高的屈服点或低的弹性极限；b. 马氏体相变引起的体积变化和切变应变较小；c. 马氏体的正方度(c/a)大，有利于形成孪晶亚结构；d. M_s较低，有利于形成孪晶亚结构并提高母相的屈服点。从马氏体的形态方面考察当达到上述的要求时，铁基合金中的马氏体一般呈薄片状。通过适当的合金化，在铁基合金中可以实现热弹性或非热弹性可逆马氏体相变，进而发展出基于这两种相变的铁基形状记忆合金。

（2）基于热弹性可逆马氏体相变的铁基形状记忆合金

具有热弹性可逆马氏体相变的铁基形状记忆合金主要有 Fe-Pt、Fe-Pd 和 Fe-Ni-Co-Ti 等。前两个由于含有极为昂贵的 Pt[约 $\omega(Pt)25\%$] 和 Pd[约 $\omega(Pd)30\%$]，工业应用的价值不大。Fe-Ni-Co-Ti 合金的典型成分是 Fe-$\omega(Ni)33\%$-$\omega(Co)10\%$-$\omega(Ti)4\%$，将该合金进行 793K 时效 30min 的预处理，即可获得热弹性马氏体相变。母相是 fcc（面心立方晶格）结构的 ξ 相，马氏体是 bct（体心四方）结构的 α′。但是该合金含有较多的 Co，价格依然偏高，更为不利的是其马氏体相变温度太低（M_s 约为 200K），使其应用受到局限。

（3）基于非热弹性可逆马氏体相变的铁基形状记忆合金

在 Fe-Mn-Si 合金中，由于冷却形成的马氏体是非热弹性的，马氏体变体不能在外力作用下发生再取向，因此不能像热弹性马氏体那样在马氏体状态通过再取向变形，然后在加热过程中，通过逆转变使变形消失来实现形状记忆效应。但是在 Fe-Mn-Si 合金中，由应力诱发形成的薄片状 ε 马氏体在加热时能够逆转变为奥氏体，因此，当在 M_s 以上施加应力时，马氏体以其相变应变适应应力的方向形成并使合金产生宏观变形，将之加热到 A_f 以上应力诱发形成的马氏体逆转变回奥氏体，变形随之消失，从而实现形状记忆。研究表明：Fe-$\omega(Mn)(28\%\sim33\%)$-$\omega(Si)(5\%\sim6\%)$ 成分范围的合金有较好的记忆效应，而且其 M_s 点在室温附近，对于在常温下的应用十分有利。与 Fe-Mn-Si 类似，Fe-Cr-Ni-Mn-Si-Co 合金也有较好的记忆效应，其可恢复变形高达 4%，合金的 M_s 点在 173~323K 之间，而且耐蚀性很好。

6.4.3 形状记忆聚合物

20 世纪 50 年代初，Charlesby 和 Dule 发现聚乙烯在高能射线作用下能产生辐射交联反应。其后 Charlesby 进一步研究发现辐射交联聚乙烯当温度超过熔点达到高弹性态区域时，施加外力随意改变其外形，降温冷却固定形状后，一旦再加热升温至熔点以上时，它又恢复到原来的形状，这就是形状记忆聚合物（shape memory polymer，SMP）。形状记忆聚合物以其优良的综合性能，较低的成本，加工容易，潜在巨大的实用价值而得到迅速的发展。日本目前已拥有聚降冰片烯、反式 1,4-聚异戊二烯（TPI）、苯乙烯-丁二烯共聚物以及聚氨酯（PU）等 SMP 工业生产应用技术。

高聚物的各种性能是其内部结构的本质反映，而聚合物的形状记忆功能是由其特殊的内部结构决定的。形状记忆聚合物不同于马氏体相变，而是基于高分子材料中分子链的取向与分布的变化过程。目前开发的形状记忆聚合物一般由保持固定成品形状的固定相和在某种温度下能可逆地发生软化-硬化的可逆相组成。可逆相是能够随温度变化在结晶与熔融态间可逆转变的相，使之发生软化、硬化。固定相则在工作温度范围内保持不变。固定相的作用是初始形状的记忆和恢复，第二次变形和固定则是由可逆相来完成。图 6.30 为形状记忆高分子材料的形状记忆机理图。

形状记忆通常是借助热刺激实现，以聚降冰片烯为例，聚降冰片烯平均相对分子量达 300 万，T_g 为 35℃，其固定相为高分子链的缠结交联，以玻璃态转变为可逆相，在黏流态的高温下进行加工一次成型，分子链间的相互缠绕，使一次成型形状固定下来。接着在低于 T_f（流动温度）高于 T_g（玻璃化转变温度）的温度条件下施加外应力作用，分子链沿外应

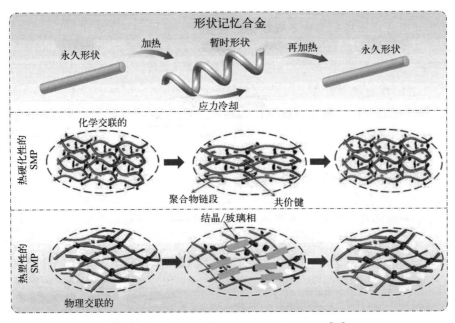

图 6.30 形状记忆聚合物结构机理示意图[59]

力方向取向而变形,并冷却至 T_g 点温度以下使可逆相硬化,强迫取向的分子链"冻结",使二次成型的形状固定。二次成型的制品若再加热到 T_g 以上进行热刺激,可逆相熔融软化其分子链解除取向,并在固定相的恢复应力作用下,逐渐达到热力学稳定状态,材料在宏观上恢复到一次成型品的形状。除了热刺激方法产生形状记忆外,通过光照、通电或用化学物质处理等方法刺激也可产生形状记忆功能。例如,偶氮苯在紫外光照射下,从反式结构变为顺式结构,4,4′位上碳原子之间的距离从 0.9nm 收缩至 0.55nm,分子偶极矩由 0.5D 增大至 3.1D,光照停止后发生逆向反应,又转变为反式结构,可见光照可加速其恢复过程。又如,将交联聚丙烯酸纤维浸入水中,交替地加酸和加碱,就会出现收缩和伸长,说明 pH 值的变化可导致聚丙烯酸反复离解、中和,而产生分子形态的变化。

凡是具有固定相和转化-硬化可逆相结构的聚合物都可作为形状记忆聚合物。SMP 可以是单组分聚合物,也可以是软化温度不同、相容性好的两种组分嵌段或接枝共聚物或共混物。根据固定相的结构特征,形状记忆聚合物可分为热塑性 SMP 和热固性 SMP。下面简述一些重要品种及其特性。

(1)聚降冰片烯

法国煤化学公司于 1984 年开发的环戊烯橡胶是在 Diels-Alder 催化条件下由乙烯和环戊二烯合成降冰片烯,然后开环聚合得到含双键和五元环交替键合的无定形聚合物。日本杰昂公司发现它具有形状记忆功能并投入市场。该聚合物平均相对分子质量达 300 万,固定相为高分子链的缠绕交联,以玻璃态与橡胶态可逆变化的结构为可逆相。聚降冰片烯属热塑性树脂,可通过压延、挤出、注塑等工艺加工成型;T_g 为 35℃,接近人体温度,室温下为硬质,适于作为人用织物制品;而且强度高,有减震作用;具有较好的耐湿气性和滑动性。

(2)反式 1,4-聚异戊二烯(TPI)

TPI 是采用 AlR_3-VCl_3 系 Ziegler 催化剂经熔液聚合制得的。TPI 是结晶性聚合物,结晶度为 40%,熔点为 67℃,可通过硫磺或过氧化物进行交联,交联得到的网络结构为固定相，能进行熔化和结晶可逆变化的部分结晶相为可逆相。TPI 具有变形速度快、恢复力大、形变恢复率高等特点，但 TPI 属热固性树脂，不能再度加工成型，而且耐热性和耐候性也较差。

（3）苯乙烯-丁二烯共聚物

日本旭化成公司于 1988 年开发成功的由聚苯乙烯和结晶聚丁二烯的混合聚合物，商品名为阿斯玛。其固定相是高熔点（120℃）的聚苯乙烯单元，可逆相为低熔点（50℃）的聚丁二烯单元的结晶相。当需要显示记忆性能时，只需加热到高于 60℃，使聚丁二烯结晶相熔化，在聚苯乙烯内应力作用下，即可恢复到一次成型时的形状。苯乙烯-丁二烯共聚物属热塑性 SMP，变形量大，可高达 400%，形状恢复速度快。重复形变时，恢复率虽有所下降，但至少可使用 200 次。而且具有优良的耐酸耐碱性，着色性好，应用范围广泛。

目前已发现的 SMP 还有交联聚乙烯、聚乙烯醇缩醛凝胶、乙烯-醋酸乙烯共聚物、聚氨酯、聚酰胺、聚氟代烯烃、聚酯系聚合物合金等。通过在聚合物中引入特殊功能的软段或硬段，可设计形状记忆聚合物使其多功能化。例如，中国科学院兰州化学物理研究所研究人员合成了系列含偶氮形状记忆聚氨酯并研究了其光致异构作用。结果表明作为硬段的偶氮苯的加入，由于增加了聚氨酯的硬度及内部结合力诱导偶极-偶极作用引起的相分离的增加，能够得到良好的机械性能、形状固定率和形状恢复率（接近 99.9%）。由可逆相和固定相构成的形状记忆聚氨酯，由于其生物相容性、生物降解和可控转变温度，在智能材料领域（如生物、医药和仿生）具有广泛的应用前景[60]。

SMP 与形状记忆合金相比具有许多优点。首先，SMP 的形变量高，如形状记忆 TPI 和聚氨酯均高于 400%，而形状记忆合金一般在 10% 以下。其次，SMP 形状恢复温度可通过化学方法加以调整，而对于确定组成的形状记忆合金的形状恢复温度一般是固定的。最重要的是，SMP 的形状恢复应力一般比较低，在 9.81~29.4MPa 之间，而形状记忆合金则高于 1471MPa。然而，缺点在于 SMP 耐疲劳性较差，重复形变次数低于 5000 次，而形状记忆合金的重复形变次数可达 10^4 数量级。此外，SMP 只有单程形状记忆功能，而形状记忆合金中已发现了双程形状记忆和全程形状记忆。

6.4.4 形状记忆陶瓷

20 世纪 60 年代人们确认陶瓷材料也存在马氏体相变，一个著名的例子就是 ZrO_2 陶瓷中的马氏体相变，这一相变现象可以使陶瓷材料具有形状记忆效应。近 10 年来，某些陶瓷和无机化合物的位移和马氏体相变已得到公认。目前，广泛研究的形状记忆陶瓷是以氧化锆（ZrO_2）为主要成分的形状记忆元件。ZrO_2 陶瓷中无论是应力还是热力学，由于相变塑性和韧化的存在，都能激发四方晶体向单斜晶体的转变，而且是可逆的变化，也是马氏体相变。引起塑性变形的温度为 0~300℃，负荷应力为 50~3000MPa，其形状记忆受陶瓷中 ZrO_2 的含量以及 Y_2O_3、CaO、MgO 等添加剂的影响。例如，将 Mg-半稳定二氧化锆陶瓷试样在负载条件下冷却到 ≤M_s 点，变形开始；再加热到 A_s 点，形状开始恢复，温度达到 A_f 点，变形完全恢复，可成为能量储存执行元件和特种功能材料。麻省理工学院 Christopher A Schuh 教授团队成功设计出一种由氧化锆新变种的新型形状记忆材料，该材料的发现可以开辟新的应用范围，特别是对于高温环境，例如喷气发动机或深钻孔内的致动器[61]。此外，在 $BaTiO_3$、$KNbO_3$ 和 $PbTiO_3$ 等钙钛石类氧化物陶瓷中所共有的立方晶向四方晶系的转变均具有明显的马氏体转变，表现出形状记忆的特征。

6.4.5 形状记忆材料的应用

形状记忆材料作为新型功能材料在航空航天、自动控制系统、医学卫生、能源转换等领域具有重要的应用（如图 6.31 所示）[62]。

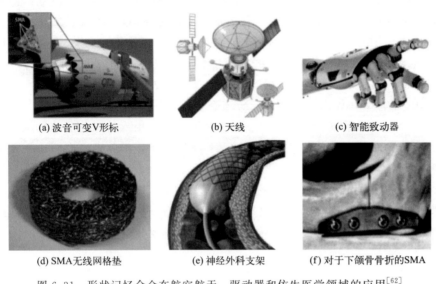

(a) 波音可变V形标　　　　(b) 天线　　　　(c) 智能致动器

(d) SMA无线网格垫　　　(e) 神经外科支架　　(f) 对于下颌骨骨折的SMA

图 6.31　形状记忆合金在航空航天、驱动器和仿生医学领域的应用[62]

（1）高科技中的应用

形状记忆合金应用最典型的例子是制造人造卫星天线。美国宇航局（NASA）曾利用 Ti-Ni 合金加工制成半球状的月面天线，并加以形状记忆热处理，然后压成一团，用阿波罗运载火箭送上月球表面，小团天线受太阳照射加热引起形状记忆而恢复原状，即构成正常运行的半球状天线，可用于通信。各种管件的接头大量使用形状记忆合金。将 Ti-Ni 合金加工成内径稍小于预接管外径的套管，使用前将此套管在低温下加以扩管，使其内径稍大于预接管的外径，将接头套在欲连接的两根管子的接头部位，加热后，套管接头的内径即恢复到扩管前的口径，从而将两根管子紧密地连接在一起。由于形状记忆恢复力大，故连接得很牢固，可防止渗漏，装配时间短，操作方便。美国古德伊尔公司最早发明形状记忆合金管接头。美国自 1970 年以来，已在 F14 喷气战斗机的油压系统配管上采用了这种管接头，其数量超过 10 万个，迄今未发现一例泄漏事故。这类形状记忆合金管接头还可用于核潜艇的配管、海底管道、电缆系统的连接等。

（2）智能方面的应用

形状记忆合金作为一种兼有感知和驱动功能的新型材料，若复合在工作机构中并配上微处理器，便可成为智能材料结构，可广泛用于各种自动调节和控制装置。如农艺温室窗户的自动开闭装置、自动电子干燥箱、自动启闭的电源开关、火灾自动报警器、消防自动喷水龙头。尤其是形状记忆合金薄膜可能成为未来机械手和机器人的理想材料，它们除了温度外不受任何外界环境条件的影响，可望在太空实验室、核反应堆、加速器等尖端科学技术中发挥重要作用。

（3）能量转换材料的应用

形状记忆合金可作为能量转换材料——热发动机。它利用形状记忆合金在高温和低温时发生相变，伴随形状的改变，产生极大的应力，从而实现热能-机械能的相互转换。1973年，美国试验制成第一台 Ti-Ni 热发动机，当时只产生 0.5W 功率（至 1983 年功率已达 20W）。联邦德国克虏伯研究院也制作了形状记忆发动机，其中大部分元件由 Ti-Ni 合金管制成，热水和冷水交替流过这些管子，管子由于收缩而把扭转运动传到飞轮上，推动飞轮旋转。日本研制的涡轮型发动机的最大输出功率约为 600W。尽管目前这些热机的输出功率还很小，但发展前景非常诱人，它可以把低质能源（如工厂废气、废水中的热量）转变成机械能或电能，也可用于海水温差发电，其意义是十分深远的。

（4）医学上的应用

作为医用生物材料使用的形状记忆合金主要是 Ti-Ni 合金。Ti-Ni 合金强度高，耐腐蚀，抗疲劳，无毒副作用，生物相容性好，可以埋入人体作生物硬组织的修复材料。例如，Ti-Ni 合金丝插入血管，由于体温使其恢复到母相的网状，作为消除凝固血栓用的过滤器。用 Ti-Ni 合金制成的肌纤维与弹性体薄膜心室相配合，可模仿心室收缩运动，制造人工心脏。用 Ti-Ni 合金制成的人造肾脏微型泵、人造关节、骨骼、牙床、脊椎矫形棒、骨折固定连接用的加压骑缝钉、颅骨修补盖板，以及假肢的连接等，疗效较好。SMP 树脂用作固定创伤部位的器具可替代传统的石膏绷扎，这是医用器材的典型事例。SMP 材料还可用作牙齿矫正器、血管封闭材料、进食管、导尿管，可生物降解的 SMP 树脂可作为外科手术缝合器材、止血钳、防止血管阻塞器等。

6.5 非晶态合金材料

非晶态材料是一种原子长程无序排列的固体材料，包括玻璃、部分高分子材料和非晶态合金（也称为金属玻璃）。其中，玻璃呈脆性材料的特征，高分子材料有玻璃态、高弹态和黏流态三种形态。非晶态合金由于材料内部不存在位错和晶界，其力学性能一直受到研究人员的关注。主要的非晶合金系有：贵金属基、铁基、钴基、镍基、钛基、锆基、铌基、钼基、镧系金属基、铝基、镁基合金等。

6.5.1 非晶态合金材料概述

1938 年，Kramer 首次报道了用蒸发沉积法制备出了非晶态薄膜；1958 年，Tumbull 等人讨论了液体过冷对玻璃形成能力的影响，揭开了通过连续冷却制备非晶合金的序幕；1960 年，美国加州理工学院的 Duwez 教授首次采用快淬方法制得 $Au_{70}Si_{30}$ 非晶合金薄带，这是第一次用快速冷却的方法制备而成的非晶合金；1969 年，Pond 等制备出具有一定宽度的连续薄带状非晶合金，为大规模生产非晶合金提供了条件。至此为止，非晶合金材料由于受到冷却速度的限制，为保证热量快速散出，制得的非晶合金为薄带、薄片、细丝或粉末等。由于形状的限制，非晶合金材料的许多优良特性无法在实际应用中得到发挥，人们希望得到可与晶态合金相比拟的大尺寸非晶合金，因此，随后很多人投入开发新的制备非晶合金的方法中去，发明了许多固相非晶化技术，如机械合金化、离子束注入、氢吸收等。1974年，贝尔实验室的 H. S. Chen 发表文章指出原子尺寸和混合热对玻璃合金的玻璃化转变温度的影响,并利用吸铸法在较低冷却速度下得到了直径为毫米级的 Pd-Cu-Si 非晶合金棒,被认为是"大块非晶合金"研究的开端。

6.5.1.1 结构特征

(1) 短程有序而长程无序性

晶体的特征是长程有序,原子在三维方向有规则地重复出现,呈周期性。而非晶态的原子排列无周期性,是指在长程上是无规则的,但在近邻范围,原子的排列还是保持一定的规律,这就是所谓的短程有序而长程无序性。短程有序区小于 1.5nm。

(2) 均匀性和各向同性

非晶合金的均匀性也包括两种含义。a. 结构均匀,它是单向无定形结构,各向同性,不存在晶体的结构缺陷,如晶界、晶格缺陷、位错、层错等;b. 成分均匀,无晶体那样的异相、析出物、偏析以及其他成分起伏。

(3) 热力学不稳定性

当温度升高时,在某个很窄的温度区间,会发生明显的结构相变,因而它是一种亚稳相。

6.5.1.2 性能特性

结构决定性质,性质决定用途。晶态和非晶态截然不同的结构特点导致它们的性能存在巨大差别。相比晶态合金,非晶态合金具有以下优异的力学性能,除此之外非晶合金还具有良好的加工性能,优良的抗腐蚀性能,优良的软磁、硬磁以及独特的膨胀特性。

(1) 非晶态合金的弹性

表 6.4 给出了非晶态合金的弹性模量。同晶态合金相比,非晶态合金的弹性模量值要低 30% 左右,这与非晶态合金中较大的原子体积有关。

表 6.4 非晶合金的弹性模量[63]

材料	抗拉强度/MPa	弹性模量/GPa
$Pd_{80}Si_{20}$	1330	67
$Pd_{77}Cu_6Si_{17}$	1530	96
$Pd_{64}Ni_{16}P_{20}$	1560	93
$Pd_{16}Ni_{64}P_{20}$	1760	106
$Pt_{64}Ni_{16}P_{20}$	1860	96
$Fe_{80}B_{20}$	3530	166
$Fe_{80}P_{13}C_7$	3040	122
$Fe_{80}P_{16}C_3B_1$	2440	135
$Fe_{78}B_{10}Si_{12}$	3330	118
$Ni_{78}Si_{10}B_{12}$	2450	64
$Co_{78}Si_{10}B_{12}$	3000	88

非晶态合金的弹性应变量可以很大,最高可达 2.2%,而一般金属则小于 0.2%,即使用作弹簧的钢,也只有 0.46%。此外,非晶态合金的弹性极限很高,接近屈服强度,因此具有极高的弹性比功。如 Zr 基非晶态合金的弹性比功为 $19.0MJ/m^2$,比性能最好的弹簧钢高出 8 倍以上。

（2）非晶态合金的强度、硬度和刚度

非晶态合金具有很高的拉伸强度，一般比对应的晶体合金要高得多，例如，$Mg_{80}Cu_{10}Y_{10}$ 非晶态合金的室温拉伸强度超过 600MPa，比 Mg 基合金强度高出近 3 倍；又如 Fe 基非晶态合金的抗拉强度达 2440~3530MPa，远高于相近铁含量的不锈钢和超高强度钢，并接近工程陶瓷。非晶合金中原子有较强的键合，特别是金属-类金属非晶中原子键合比一般晶态合金强得多，而且非晶合金中原子排列长程无序，缺乏周期性，合金受力时不会产生滑移，因而非晶合金具有很高的强度、硬度和较高的刚度。

（3）非晶态合金的塑性

非晶态合金和传统的晶态合金不同，在非晶合金中原子排列无序，没有晶态合金中的位错、晶界等典型晶体缺陷。因此，非晶合金没有好的塑性形变能力，也就是说非晶对于外加应力没有好的耗散机制。通常情况下室温变形时，几乎所有的应力和应变都高度集中在厚度只有几十个纳米左右的剪切带内，由于剪切带附近局域温度升高和剪切膨胀效应，剪切带迅速软化并扩展成裂纹，造成非晶合金的灾难性断裂。因此剪切带的产生对非晶断裂有重要作用。但多重剪切带的产生和相互作用，如网络型的多重剪切带，可以起到耗散能量、分散应力的作用，从而在体系中产生一定的塑性形变。

在较高温度下，由于自由体积较大，许多相距较远的原子可以同时发生移动，使非晶态合金均匀变形。此外，由于非晶态合金中不存在晶体中的位错滑移，在高温下具有很大的黏滞流动，可发生超塑性应变。如 $La_{55}Al_{25}Ni_{20}$ 在过冷液相区，伸长率达 15000%，可像玻璃一样吹成表面非常光滑的非晶态合金球，此时一般发生均匀的变形。

（4）非晶态合金的韧性和延性

非晶合金不仅具有很高的强度和硬度，与脆性的无机玻璃截然不同，还具有很好的韧性，并且在一定的受力条件下具有较好的延展性，其中 $Fe_{80}B_{20}$ 非晶合金的断裂韧性可达 $12MPa \cdot m^{1/2}$，这比强度相近的其他材料的韧性高得多，比石英玻璃的断裂韧性约高两个数量级。

（5）非晶合金的埃尔因瓦（Elinvar）特性

材料在一定温度范围内，弹性模量随温度的变化极小。许多非晶态铁基合金由于大的自发体积磁致伸缩导致其弹性模量的变化，形成 ΔE 效应，即埃尔因瓦特性，使其在室温附近，弹性模量和剪切弹性模量不随温度而变化。

6.5.2 非晶态合金材料的研究进展

对非晶合金而言，最重要、最基本的参量是非晶形成能力，因为它直接决定了某种合金成分能形成多大尺寸的完全非晶态材料并表现出非晶合金特有的性能。探索非晶形成能力强的合金体系一直是非晶合金领域的核心科学问题，关系到非晶合金工程应用的关键技术难题。

中国科学院物理研究所柳延辉团队[64]采用材料基因工程理念开发了独特的高通量实验方法，充分利用已知的经验准则和物理量关联关系，设计了一个全新的、有可能具有强的非晶形成能力的 Ir-Ni-Ta-(B) 材料体系。同时，采用材料基因工程的思路，运用多靶磁控溅射共沉积技术制备出同时含有上千种合金成分的组合样品，磁控管示意图如图 6.32，通过高通量结构表征初步确定了非晶形成成分范围。

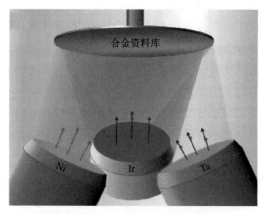

图 6.32 磁控管配合示意图

利用非晶合金的电阻率和非晶形成能力的关联，进一步提出了用以判断非晶形成能力的高通量电阻测量方法，在 Ir-Ni-Ta-(B) 合金体系中确定了最佳的非晶形成成分范围（图 6.33），并获得了具有优异综合性能的高温块体非晶合金。

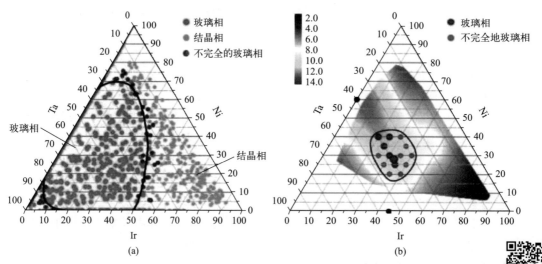

图 6.33　(a) Ir-Ni-Ta 三元系在高冷却速率下的溅射玻璃形成范围；(b) 电阻率随成分的变化，电阻较高的黄色区域表示较好的玻璃形成能力[64]

然而，大部分非晶合金因为玻璃化转变温度和晶化温度低而在高速往复摩擦过程中容易出现结构弛豫或晶相的析出，导致局部裂纹的产生，磨损抗性随之降低，因而提高结构稳定性和断裂韧性成为降低非晶合金磨损率的关键。近期，该团队的李福成博士在柳延辉、汪卫华研究员的指导下，针对非晶合金的力学性能设计了高通量表征方法（图 6.34），结合前期发展的高通量制备和非晶筛选技术，研发出摩擦系数、磨损率均和类金刚石材料相当的超耐磨高温非晶合金[65]。选择具有良好的非晶形成能力和高玻璃化转变温度的 Ir-Ni-Ta 非晶合金体系为突破口，利用前期发展的高通量实验技术制备了同时含有大量合金成分的组合样品，确定了非晶形成成分范围，基于非晶合金剪切变形的特点以及剪切带数量和材料韧性之间的关联，利用纳米压痕技术施加大变形量诱导剪切带和裂纹形成的高通量表征方法，并结合压痕形貌表征，在 Ir-Ni-Ta 组合样品中的富 Ta 区域发现了具有极低摩擦系数和磨损率的非晶合金。微观力学测试显示，该富 Ta 非晶合金的压缩强度高达 5GPa，大量剪切带的形成表明该合金具有较好的韧性。此外，热稳定性测试和高温氧化测试证明该富 Ta 非晶合金还具有极好的结构稳定性（晶化温度 T_x>1073K，氧化温度>920K）。

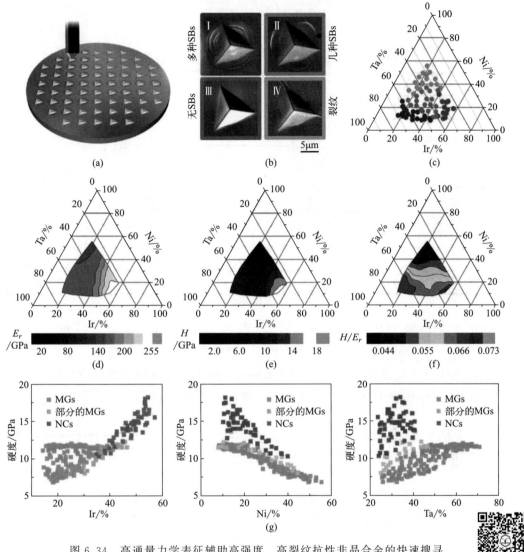

图 6.34　高通量力学表征辅助高强度、高裂纹抗性非晶合金的快速搜寻

中国科学院物理研究所孙保安团队[66]通过全新成分设计思路（如图 6.35），即选择合适的铁磁性元素比例（例如 Fe，Co 等）以提高交换耦合作用并保持较高的非晶形成能力，同时添加微合金化元素（例如 Cu，V 等）以形成可控的纳米晶结构，成功开发出了一种结构介于传统非晶合金和纳米晶合金之间的新型软磁合金材料，表现出超高的 B_s（高达 1.94T）和低至 4.3A/m 的 H_c，突破了铁基非晶纳米晶合金体系中 B_s 和 H_c 之间的互斥关系。不同于以往通过提高铁磁性元素含量的成分设计方法，这里通过添加适量 Co 元素以提高其交换耦合作用，并微合金化 Cu、V 等元素来平衡非晶形成能力、软磁性能和形核长大之间的相互关系，通过适量实验验证，设计了成分为 $(Fe_{0.8}Co_{0.2})_{85}B_{12}Si_2V_{0.5}Cu_{0.5}$ 的合金。

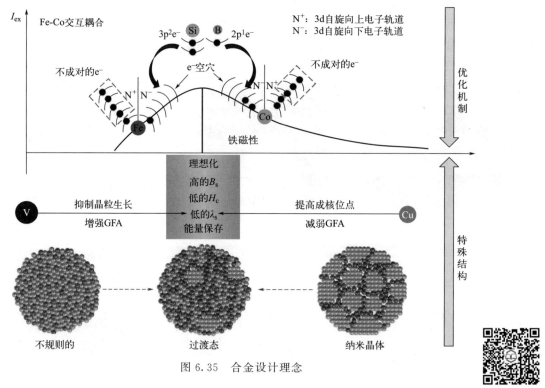

图 6.35 合金设计理念

西北工业大学乔吉超、吕国建[67]等人选取非晶形成能力良好、热稳定性高的 $Zr_{48}(Cu_{5/6}Ag_{1/6})_{44}Al_8$ 块体非晶合金作为模型体系,借助于动态弛豫及应力松弛,在动态弛豫温度谱图中,非晶合金储能模量和损耗模量随温度演化过程呈现等构型阶段、老化阶段、玻璃化转变和晶化四个阶段,并分析了合金高温变形机制与微观结构非均匀性之间的关联。

中国科学技术大学高敏锐教授、南京理工大学兰司教授[68]等人设计了一种 Ni-Mo-Nb 非晶金属来作为非铂 HOR(氢氧化反应)催化剂。在 Ni-Mo 合金中加入 Nb 显著提高非晶金属的形成能,这与它允许深层共晶以及组成元素之间存在更负的混合熵有关,而缺乏 Nb 的合金会导致结晶;还可以增强电子传递能力,因而增强 HOR 活性。研究发现,$Ni_{52}Mo_{13}Nb_{35}$ 金属玻璃的交换电流密度为 $0.35mA/cm^2$,优于 Pt 箔催化剂 ($0.31mA/cm^2$)。同时,该催化剂在碱性电解液中也表现出显著增强的稳定性,稳定电位窗口可达 $0.8V$。

西安交通大学吴戈教授、香港城市大学吕坚院士、李扬扬教授[69]等人提出了一种基于热力学的设计策略,如图 6.36 所示,使用 Al 来作为催化剂的主要元素,并使用少量 Ru 作为贵金属成分,通过组合磁控共溅射合成了 $Al_{73}Mn_7Ru_{20}$ 金属催化剂。研究发现,该新型电催化剂由约 2nm 的中熵纳米晶和约 2nm 的非晶态区所组成。同时,该催化剂表现出优异的析氢反应(HER)活性,与单原子催化剂类似,且优于纳米团簇催化剂。该设计策略为开发用于大规模制氢的电催化剂提供了一条有效的途径。此外,纳米双相结构的协同效应所创造的优越的 HER 性能,有望指导开发用于其他高性能合金催化剂。

北京大学徐莉梅教授和清华大学陈娜副教授[70]等人通过逆向思维,在不透明的 Co-Fe-Ta-B 非晶合金中掺入氧诱导金属-半导体转变制备出一系列成分、结构与光学性能精准可调的非晶合金衍生物,其电学性能涵盖了金属、半导体和绝缘体的导电特性,如图 6.37

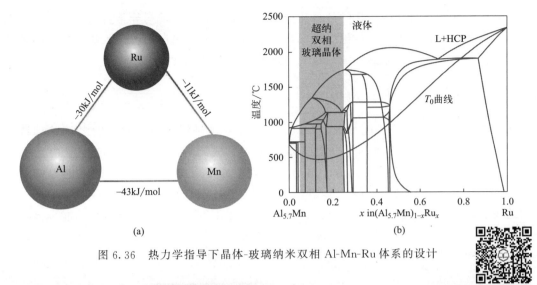

图 6.36　热力学指导下晶体-玻璃纳米双相 Al-Mn-Ru 体系的设计

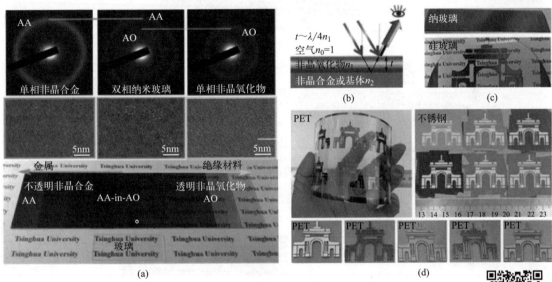

图 6.37　(a) 非晶合金衍生物的结构与光学性能；(b)~(d) 复合膜在可见光波段的全色谱可调性

所示。随氧的不断加入，非晶合金逐渐变得透明，结构从单相非晶合金过渡到纳米非晶和纳米非晶氧化物的双相纳米玻璃，最后转变为完全透明的单相非晶氧化物。该研究复合高反射率的非晶合金与高透过率的非晶氧化物薄膜形成了双层膜结构，通过调控透光层非晶氧化物薄膜的厚度（$t \sim \lambda/4n_1$），利用薄膜干涉效应，实现了该复合膜在可见光波段的全色谱可调，如图 6.37(b)~(d) 所示。通过这种氧调控制备出涵盖金属、半导体和绝缘体所有类型的非晶材料，形成被氧"点亮"的多彩非晶合金及其衍生物的材料家族，用于光电薄膜器件的研制。

Wang[71] 等人用原子模拟的方法研究了 Cu-Zr 和 Lennard-Jones 体系中的 B_2-液相界面，证实了以前在稀 Al-Sm 和 Cu-Zr 合金中观察到的层错与界面自由能对温度的负相关性之间的关联可以扩展到高浓度成分和具有 fcc 以外晶体结构的固相。此外，还观察到只有当 B_2 相保持等原子组成时以及在 Al-Sm 和 Cu-Zr 中的小溶解度时，才会发生错配和负温度依赖性。表明金属间化合物的非化学计量比或固溶体的溶解度可能与异常行为有关。从吉布斯界面热力学和结构特征出发，讨论了界面自由能对温度的负温度依赖性。从形核和生长的角度讨论了当前研究结果对非晶形成的意义，对非晶合金的设计提供了理论基础。

6.5.3 非晶态合金材料的应用

非晶材料的研发态势如图 6.38 所示。非晶合金材料领域当前面临四大类基础科学问题[73-74]：a. 玻璃化转变机制，即合金液体如何凝聚成结构长程无序、能量亚稳定的非晶态；b. 形变机制，即结构无序合金体系如何耗散外力作用发生形变，其耗散能量的结构单元的标定；c. 非晶结构还没有统一模型能有效描述；d. 没有建立结构与性能、形成、形变之间的关系，这阻碍了非晶材料的高效研发、性能设计和调控。作为结构和功能一体化的新型金属材料，非晶合金产业化前景非常广阔。目前，非晶合金的主要应用领域有 4 个，分别是高性能结构材料、软磁材料、催化材料、制造业基础材料。

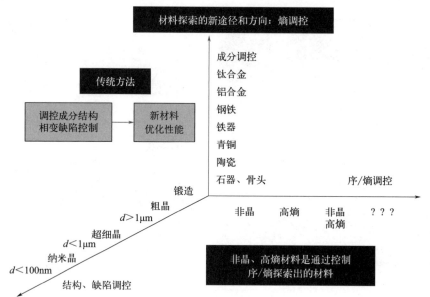

图 6.38　非晶合金等无序材料探索途径和传统晶态材料探索途径的比较[72]

目前，用于器件电源和电感的软磁材料饱和磁感低、高频损耗高，这严重制约了氮化镓、碳化硅等第三代半导体电子元件提高功率密度和工作频率，使其优势难以充分发挥[72]。研制匹配第三代半导体器件功率密度和工作频率的软磁材料有望促进第三代半导体在大功率、高频器件中的应用，进而推动 5G 通信基站、卫星通信、雷达航空、智能汽车等关键领域的发展。

新材料产业是战略性、基础性产业，也是高科技竞争的关键领域，新的结构材料或功能材料的发展将会对科技和社会发展产生重要影响。在金属材料领域，非晶、高熵等无序合金作为新金属材料，具有广泛应用场景，且我国已具备国际先进的科技研发优势；通过在金属材料这个老材料领域中引入新理念，创造性工艺和技术，发展丰富产业应用场景，完全可使金属材料研究和产业在国内有飞跃发展，带动金属材料产业升级。Inoue 教授[75] 根据块体非晶态合金的特性，提出了非晶态合金可能存在的应用，列于表 6.5。

表 6.5　非晶态合金的基本特性及应用前景[75]

基本特性	应用前景	基本特性	应用前景
高强度	高性能结构材料	高黏滞流动性	生物医学材料
高硬度	光学精密材料	高弯曲比	复合材料
高断裂韧性	磨具材料	优良软磁性	复写材料
高冲击断裂性	工具材料	高频磁导率	体育用品
高疲劳强度	切削材料	高磁致伸缩	链接材料
高弹性能	电极材料	高效电极	软磁材料
高抗腐蚀性能	耐腐蚀材料	高储氢性	高磁致伸缩材料

参考文献

[1] Tien T S, Nguyen N V, Thang C S, et al. Analysis of temperature-dependent EXAFS Debye-Waller factor of semiconductors with diamond crystal structure. Solid State Communications, 2022, 353: 114842.

[2] Mei H Y, Cai X H, Tang M, et al. Electronic and mechanic properties of a new cubic boron nitride. Computational Materials Science, 2019, 162: 111-115.

[3] 刘彩云, 高伟, 殷红. 立方氮化硼的研究进展. 人工晶体学报, 2022, 51 (5): 781-800.

[4] Ma K. Synthesis of cubic boron nitride under relatively lower pressure and lower temperature via chemical reaction. Glass Physics and Chemistry, 2020, 46 (2): 181-185.

[5] 桂阳海, 王海燕, 马甜甜, 等. 立方氮化硼表面刺状物的生长及机理研究. Journal of Synthetic Crystals, 2016, 45 (3): 4.

[6] Tian Y J, Xu B, Yu D L, et al. Ultrahard nanotwinned cubic boron nitride. Nature, 2013, 493: 385-388.

[7] Liu G D, Kou Z L, Yan X Z, et al. Submicron cubic boron nitride as hard as diamond. Applied Physics Letters, 2015, 106 (12): 121901.

[8] Huang Q, Yu D L, Xu B, et al. Nanotwinned diamond with unprecedented hardness and stability. Nature, 2014, 510: 250-253.

[9] Xiao J W, Yang H Z, Wu X Z, et al. Dislocation behaviors in nanotwinned diamond. Science Advances, 2018, 4 (9): 8195.

[10] Yue Y H, Gao Y F, Hu W T, et al. Hierarchically structured diamond composite with exceptional toughness. Nature, 2020, 582: 370-374.

[11] Wen B, Tian Y J. Mechanical Behaviors of Nanotwinned Metals and Nanotwinned Covalent Materials. Acta Metallurgica Sinica, 2021, 57 (11): 1380-1395.

[12] Wen B, Xu B, Wang Y B, et al. Continuous strengthening in nanotwinned diamond. npj Computational Materials, 2019, 5: 117.

[13] Gu X L, Liu C, Gao X X, et al. Solving Strength-Toughness Dilemma in Superhard Transition-Metal Diborides via a Distinct Chemically Tuned Solid Solution Approach. Research, 2023, 6: 0035.

[14] Yao M G, Shen F R, Guo D Z, et al. Super Strengthening Nano-Polycrystalline Diamond through Grain Boundary Thinning. Advanced Functional Materials, 2023, 33 (18): 2214696.

[15] Tillotson T M, Hrubesh L W. Transparent ultralow-density silica aerogels prepared by a two-step sol-gel process. Journal of Non-Crystalline Solids, 1992, 145: 44-50.

[16] Kocon L, Despetis F, Phalippou J. Ultralow density silica aerogels by alcohol supercritical drying. Journal of Non-Crystalline Solids, 1998, 225: 96-100.

[17] Mecklenburg M, Schuchardt A, Mishra Y K, et al. Aerographite: Ultra lightweight, flexible nanowall, carbon microtube material with outstanding mechanical performance. Advanced Materials, 2012, 24: 3486-3490.

[18] Gutierrez M C, Carriazo D, Tamayo A, et al. Deep-Eutectic-Solvent-Assisted Synthesis of Hierarchical Carbon Elec-

trodes Exhibiting Capacitance Retention at High Current Densities. Chemistry A European Journal，2011，17：10533-10537.

[19] Li J H，Li J Y，Meng H，et al. Ultra-light，compressible and fire-resistant graphene aerogel as a highly efficient and recyclable absorbent for organic liquids. Journal of Materials Chemistry A，2014，2（9）：2934.

[20] Ding A L，Wang B，Zheng J S，et al. Sensitive Dopamine Sensor Based on Three Dimensional and Macroporous Carbon Aerogel Microelectrode. International Journal of Electrochemical Science，2018，13（5）：4379-4389.

[21] Xu Y X，Sheng K X，Li C，et al. Self-assembled graphene hydrogel via a one-step hydrothermal process，ACS Nano，2010，4（7）：4324.

[22] Sun H Y，Xu Z，Gao C. Multifunctional，Ultra-Flyweight，Synergistically Assembled Carbon Aerogels. Advanced Materials，2013，25（18）：2554-2560.

[23] Jiang F，Hsieh Y L. Super water absorbing and shape memory nanocellulose aerogels from TEMPO-oxidized cellulose nanofibrils via cyclic freezing-thawing. Journal of Materials Chemistry A，2014，2：350.

[24] Wu Z Y，Li C，Liang H W，et al. Ultralight，Flexible，and Fire-Resistant Carbon Nanofiber Aerogelsfrom Bacterial Cellulose. Angewandte Chemie International Edition，2013，52：2925-2929.

[25] Sui Z Y，Meng Q H，Zhang X T，et al. Green synthesis of carbon nanotube-graphene hybrid aerogels and their use as versatile agents for water purification. Journal of Materials Chemistry，2012，22：8767-8771.

[26] Tappan B C，Huynh M H，Hiskey M A，et al. Ultralow-density nanostructured metal foams：combustion synthesis，morphology，and composition. Journal of the American Chemical Society，2006，128（20）：6589-6594.

[27] Meza L R，Das S，Greer J R. Strong，lightweight，and recoverable three-dimensional ceramic nanolattices. Science，2014，345（6202）：1322-1326.

[28] 于琦，梁锦霞. 石墨烯制备与功能化应用的研究进展. 中国科学：化学，2017，47（10）：1149-1160.

[29] 姜丽丽，鲁雄. 石墨烯制备方法及研究进展. 四川：西南交通大学，2015.

[30] 蹇木强，张莹莹，刘忠范. 石墨烯纤维：制备、性能与应用. 物理化学学报，2022，38（2）：2007093.

[31] Xu Z，Gao C. Graphene chiral liquid crystals and macroscopic assembled fibres. Nature Communications，2011，571.

[32] Xu Z，Liu Y J，Zhao X L，et al. Ultrastiff and Strong Graphene Fibers via Full-Scale Synergetic Defect Engineering. Advanced Materials，2016，28：6449-6456.

[33] Peng L，Xu Z，Liu Z，et al. Ultrahigh Thermal Conductive yet Superflexible Graphene Films. Adv Mater，2017，29：1700589.

[34] Chen H，Xu H Y，Wang S Y，et al. Ultrafast all-climate aluminum-graphene battery withquarter-million cycle life. Science Advances，2017，3：eaao7233.

[35] Fang B，Chang D，Xu Z，et al. A review on graphene fibers：Expectations，advances and prospects. Advanced Materials，2019，32：1902664.

[36] Zhu E H，Pang K，Chen Y R，et al. Ultra-stable graphene aerogels for electromagnetic interference shielding. Science China Materials，2023，66（3）：1106-1113.

[37] Pang K，Liu X T，Pang J T，et al. Highly efficient cellularacoustic absorber of graphene ultrathin drums. Advanced Materials，2022，34（14）：2103740.

[38] Pang K，Song X，Xu Z，et al. Hydroplastic foaming of graphene aerogels and artificially intelligent tactile sensors. Science advances，2020，6（46）：2375-2548.

[39] Tang P P，Deng Z M，Zhang Y，et al. Tough，Strong，and Conductive Graphene Fibers by Optimizing Surface Chemistry of Graphene Oxide Precursor. Advanced functional materials，2022，32（28）：2112156.1-2112156.11.

[40] Zhang Y，Xu Y L. Simultaneous Electrochemical Dual-Electrode Exfoliation of Graphite toward Scalable Production of High-Quality Graphene. Advanced Functional Materials，2019，29（37）：1902171.

[41] Li L，Jia C，Liu Y，et al. Nanograin-glass dual-phasic，elasto-flexible，fatigue-tolerant，and heat-insulating ceramic sponges at large scales. Materials Today，2022，54：72-82.

[42] 杜海燕，吴伟明. 梯度功能材料的制备及应用评述. 江西有色金属，2004，（02）：41-43，48.

[43] Fang T H，Li W L，Tao N R，et al. Revealing Extraordinary Intrinsic Tensile Plasticity in Gradient Nano-Grained Copper. Science，2011，331：1587-1590.

[44] Fu Y B, Huang Y D, Liu Z Z, et al. Mechanical behaviors of novel multiple principal elements $CuAl_{10}Fe_5Ni_5Mn1.2wt\%$ with micro-nano structures. Journal of Alloys and Compounds, 2020, 843 (10): 155993.

[45] Liu X C, Zhang H W, Lu K. Strain-induced ultrahard and ultrastable Nano-Laminated structure in nickel. Science, 2013, 342: 337-340.

[46] Wei Y J, Li Y Q, Zhu L C, et al. Evading the strength-ductility trade-off dilemma in steel through gradient hierarchical nanotwins. Nature Communications, 2014, 5: 3580.

[47] Cheng Q, Wang Y F, Wei W, et al. Superior strength-ductility synergy achieved by synergistic strengthening and strain delocalization in a gradient-structured high-manganese steel. Materials Science & Engineering A, 2021, 825: 141853.

[48] Shang Z X, Sun T Y, Ding J, et al. Gradient nanostructured steel with superior tensile plasticity. Science Advances, 2023, 9 (22): eadd9780.

[49] Wu X L, Jiang P, Chen L, et al. Extraordinary strain hardening by gradient structure. Proceedings of the National Academy of Sciences of the United States of America, 2014, 111 (20): 7197-7201.

[50] Zhang X, Gui Y, Lai M J, et al. Enhanced strength-ductility synergy of medium-entropy alloys via multiple level gradient structures. International Journal of Plasticity, 2023, 164: 103592.

[51] Cao R Q, Yu Q, Pan J, et al. On the exceptional damage-tolerance of gradient metallic materials. Materials Today, 2020, 32: 94-107.

[52] Nazir A, Gokcekaya O, Md Masum Billah K, et al. Multi-material additive manufacturing: A systematic review of design, properties, applications, challenges, and 3D printing of materials and cellular metamaterials. Materials & Design, 2023, 226: 111661.

[53] Kuang X, Wu J T, Chen K J, et al. Grayscale digital light processing 3D printing for highly functionally graded materials. Science Advances, 2019, 5 (5): eaav5790.

[54] 闫晓军, 张小勇. 形状记忆合金智能结构. 北京: 科学出版社, 2015.

[55] 李军超. 纳米尺度功能梯度形状记忆合金力学性能研究. 天津: 中国民航大学, 2022.

[56] 朱玉萍. 形状记忆合金材料的细观力学模型若干问题研究. 北京: 北京交通大学, 2007.

[57] 李维雅, 赵春旺. La 掺杂对 Ni50Ti50 形状记忆合金力学性能的影响. 内蒙古工业大学学报（自然科学版）, 2021, 40 (03): 199-204.

[58] 朱敏. 功能材料. 北京: 机械工业出版社, 2002: 116.

[59] Luo L, Zhang F H, Wang L L, et al. Recent Advances in Shape Memory Polymers: Multifunctional Materials, Multiscale Structures, and Applications. Advanced Functional Materials, 2024, 34: 2312036.

[60] Zhang Y M, Wang C, Pei X Q, et al. Shape memory polyurethanes containing azo exhibiting photoisomerization function. Journal of Materials Chemistry, 2010, 20 (44): 9976-9981.

[61] Pang E L, Olson G B, Schuh C A. Low-hysteresis shape-memory ceramics designed by multimode modelling. Nature, 2022, 610: 491-495.

[62] Costanza G, Tata M E. Shape Memory Alloys for Aerospace, Recent Developments, and New Applications: A Short Review. Materials, 2020, 13 (8): 1856.

[63] 赵新兵, 凌国平, 钱国栋. 材料的性能. 北京: 高等教育出版社, 2006: 243.

[64] Li M X, Zhao S F, Lu Z, et al. High-temperature bulk metallic glasses developed by combinatorial methods. Nature, 2019, 569: 99-103.

[65] Li F C, Li M X, Hu L W, et al. Achieving Diamond-Like Wear in Ta-Rich Metallic Glasses. Advanced Science, 2023, 10: 2301053.

[66] Li X S, Zhou J, Shen L Q, et al. Exceptionally high saturation Magnetic Flux Density and Ultralow Coercivity via an Amorphous-Nanocrystalline Transitional Microstructure in an FeCo-Based Alloy. Advanced Materials, 2023, 35: 2205863.

[67] 黄蓓蓓, 郝奇, 吕国建, 等. 锆基非晶合金的动态弛豫和应力松弛. 物理学报, 2023, 72 (13): 136101.

[68] Gao F Y, Liu S N, Ge J C, et al. Nickel-molybdenum-niobium metallic glass for efficient hydrogen oxidation in hydroxide exchange membrane fuel cells. Nature Catalysis, 2022, 5 (11): 1-13.

[69] Liu S, Li H K, Zhong J, et al. A crystal glass-nanostructured Al-based electrocatalyst for hydrogen evolution reaction. Science Advances, 2022, 8 (44): 6421.

[70] Zhang Y Q, Zhou L Y, Tao S Y, et al. Widely tunable optical properties via oxygen manipulation in an amorphous alloy. Science China Materials, 2021, 64 (9): 2305-2312.

[71] Wang L, Hoyt J J. Layering misalignment and negative temperature dependence of interfacial free energy of B_2-liquid interfaces in a glass forming system. Acta Materialia, 2021, 219: 117259.

[72] Wang W H. Development and implication of amorphous alloys. Bulletin of Chinese Academy of Sciences, 2022, 37 (3): 352-359.

[73] Ngai K L. Relaxation and Diffusion in Complex Systems. New York: Springer New York, 2011.

[74] Wang W H. Dynamic relaxations and relaxation-property relationships in metallic glasses. Progress in Materials Science, 2019, 106: 100561.

[75] Inoue A. Stabilization of metallic supercooled liquid and bulk amorphous alloys. Acta Materialia, 2000, 48 (1): 279-306.